投資＆創業の

白皮書

White Paper

魔法講盟 CEO

吳宥忠——

著

投資&創業の白皮書

本書採減碳印製流程，碳足跡追蹤並使用優質中性紙（Acid & Alkali Free）通過綠色環保認證，最符環保需求。

作者／吳宥忠

出版者／魔法講盟 委託創見文化出版發行

總顧問／王寶玲　　　　　　　　主編／蔡靜怡
總編輯／歐綾纖　　　　　　　　美術設計／蔡瑪麗

郵撥帳號／50017206 采舍國際有限公司（郵撥購買，請另付一成郵資）
台灣出版中心／新北市中和區中山路2段366巷10號10樓
電話／（02）2248-7896　　　　　傳真／（02）2248-7758
ISBN／978-986-271-869-8
出版日期／2019年11月初版

全球華文市場總代理／采舍國際有限公司
地址／新北市中和區中山路2段366巷10號3樓
電話／（02）8245-8786　　　　　傳真／（02）8245-8718

全系列書系特約展示門市
新絲路網路書店
地址／新北市中和區中山路2段366巷10號10樓
電話／（02）8245-9896
網址／www.silkbook.com

國家圖書館出版品預行編目資料

投資&創業の白皮書 / 吳宥忠著. -- 初版. -- 新北市：
創見文化出版, 采舍國際有限公司發行,2019.11　面；
公分--（MAGIC POWER ；07）
ISBN 978-986-271-869-8（平裝）

1.創業　　2.創業投資

494.1　　　　　　　　　　　　　　108011156

保證有結果

二十幾年前我在補教業教書時就發現一個培訓業的根本問題，就是很會招生的補習班，通常都很賺錢並不斷地擴大版圖，反觀有些特重花大錢買大樓並重金裝潢，還請名師加持進駐入股的補習班，最後反而落到結束營業收場。所以在 2018 年我與眾弟子們創立了全球華語魔法講盟就非常注重招生的管道和來源，由於招生的效果相當亮眼，魔法講盟成立的第一年就賺回了半個資本額。

加上魔法講盟也極注重培訓業一個鮮為人知的問題，就是培訓之後的結果和效果，例如你參加公眾演說的課程，學習的成果很棒，甚至在競賽中得到很好的名次，但是結訓後卻沒有任何的舞台可以讓你發揮，更別說靠演講賺錢，有鑑於此，魔法講盟所有的課程都講求「有結果」。

公眾演說班保證有舞台、出書出版班保證出一本暢銷書、講師培訓班保證有課可教、眾籌班保證眾籌成功、接班人團隊培訓保證有班可接、區塊鏈班有四張國際級的區塊鏈證書等等，都是有結果的保證。

宥忠這本《白皮書》從創業觀念談到最新創業趨勢風口，內容深入淺出，對於想要創業的朋友們可以參考效仿，宥忠從年輕到現在從事過的工作多達三十多種，也創業過十幾種行業別，所以宥忠在課堂上分享創業的內容，是我聽過最落地、乾貨最多的講師之一，他的內容結合了他自己

己以往成功與失敗的經驗，宥忠跟我一樣也非常熱愛學習，所以他的分享往往也是吸收許多人經驗之累積，真的是聽宥忠老師的一堂課可勝讀十年書，而要聽宥忠老師的課程也只有在魔法講盟的課程中才聽得到。

魔法講盟目前在台灣已是最大的開放式培訓機構，我對魔法講盟志業的願景是培養一千家成功創業的公司，其中最好是有基於區塊鏈技術來發行自己的 STO 並成為世界知名的獨角獸企業，這是我對魔法講盟創業課程與企業責任的期許。

目前魔法講盟的課程相當多元化，種類更多達數十種以上，其中有關於創業的就有 Business & You、WWDB642、區塊鏈賦能班、密室逃脫創業培訓、CEO4.0、接班人密訓班、公眾演說、眾籌等課程，這些都是創業者必須學習應用的知識，之前有幾位培訓界老師說過，創業一定要創業失敗三次以上，創業才會成功，這並不全然正確，我相信只要學習過魔法講盟有關創業的一系列課程，首次創業你就懂得借力、懂得對接資源、懂趨勢風口、懂得創業流程、懂得創業的秘密甚至在課堂上模擬過創業過程，當然你的首次實體創業就成功的機會是很高的。魔法絕頂，盍興乎來！

魔法講盟股份有限公司 董事長 王晴天

改變命運的財商教育

　　2016 年，我第一次與宥忠見面。那時我還是個懵懵懂懂的工程師，因知自己不足而來上成人培訓課程，和他一起加入了王道增智會（魔法講盟前身），同時開啟了我的新思維，並在此認識了我的貴人王晴天董事長。王博士灌輸我跨界思維、平台思維、原點心態，也常用費曼學習法不時地提點我商業上的眉角與常人不知的秘辛。我沒有過創業經驗，但王博士從留學歸來就開始創業，於出版業與知識服務業中嶄露頭角，初創公司就很成功，在同一個領域已經營逾三十年。我沒有富爸爸，但王博士重塑了我的生命軌跡，帶給我全新的精神面貌。

　　在 2017 下半年的玉蘭茶園論劍時，弟子們間的談論萌發了成立全台最大開放式培訓機構的想法，而這家公司是植基於王道增智會已上軌道的學習平台上，同時又有幸取得成資系統與杜拉克學院大師群授權代理華文版 BU。這個世紀是屬於「強強合作」的世界，魔法講盟集團的采舍國際為國內知識服務與圖書發行總代理商，整合業務團隊、行銷團隊、網銷團隊，建構全國最強之文創商品行銷體系，擁有海軍陸戰隊鋪天蓋地的行銷資源。同時擁有創見文化、典藏閣、知識工場、啟思文化等二十餘家知名出版社，中國大陸則於北上廣深分別投資設立了六家文化公司，是台灣唯一有實力兩岸 EP 同步出版，貫徹全球華文單一市場之知識服務出版集

團，為強強聯手做了最好的印證。

　　近幾年來我多多少少也接受了財商教育，深刻明白財商教育的重要性。沒有財商教育，人們就無法將信息轉化為可以利用的知識。沒有財務知識，人們手頭有餘錢，只會想到先存下來再去買房置產，認為房子能保值可作為資產，卻沒有意會到自從 1971 年以來金錢已不再是金錢，而僅僅是一種貨幣。羅伯特・清崎曾經說過：「是財商教育使人們掌握了財富信息，並將信息轉化為知識……然而多數人卻沒有接受過可以改變他們命運的財商教育。」我完全認同這個觀點。而本書豐富而落地的財商知識，更進一步教你如何利用資源將知識變現，甚至可以投資知識型有前景的公司。

　　魔法講盟因為在知識服務業深耕，所以能提供你最新最有效的資訊，引導你藉由投資自己而從 ES 象限跨入 BI 象限，成為投資者或創業者。沒錯，此時你就擁有一個千載難逢的機遇。我建議你用心閱讀這本書。屆時你將會走在財務自由的正確道路上，走在通往成功的正確道路上。順便說一句，不要忘記，心有多大，舞台就有多大。我們將在成功的富人堆裡看到你。

魔法講盟營運長　黃一展

一起成長一起創富

　　宥忠老師從給人打工到創業自己當老闆，一路走來波波折折，直到幾年前與王博士的相遇，成為博士的弟子開創了魔法講盟。魔法講盟這本白皮書我們大家等待了一年，在這一年裡魔法講盟除了原有的王道增智會的課程外，更增加了國際級課程 Business & You，並在 2019 年更取得國際級區塊鏈的證照項目，無論是本業優化，異地複製，也做到了跨界績值，而現在又有宥忠老師操刀寫出這本白皮書，將魔法講盟的優勢、未來發展、企業藍圖，立體而透明地完整呈現，結合了天時，地利，再加上如今有更多的精英朋友加入成為魔法弟子，強大了人和!!

　　相信在師父晴天大師的領導之下，魔法講盟定能快速壯大，展翅高飛!

　　　　　　　　雷神講座創辦人暨魔法講盟行銷長　雷神李建龍

進入 I 象限，開拓新格局

　　2017 年 6 月 24 日是我第一次見到王晴天董事長，當時我是參加 2017 年的亞洲八大名師高峰會，坐在台下的我深深被王晴天董事長的演講風采所吸引，因為他的演講內容充滿人生智慧與創富思維，讓我很希望能拜他為師，在他身邊學習，所以我就加入了他的弟子團隊，成為王晴天董事長的弟子後，我非常認真上課學習，透過優質課程的培訓，我不但勇敢站上舞台，也讓自己的公司快速成長，在學習的過程中，除了打開了我的財商，了解到 ESBI 象限區別，更讓我明白唯有進入 I 象限才能真正的財富自由！提升人生的格局！

　　因為我很希望自己有機會能進入 I 象限！所以我一直在等待一個好的項目，而這個好項目就是世界首富之一巴菲特先生所說的：一間體質良好的公司！我明白機會是留給準備好的人，一定要不斷的學習、精進自己，才有能力抓住機會，而全球華語魔法講盟這個團隊就是一個最好的學習環境，王董事長經營的出版集團有上萬本的暢銷書可以閱讀，有各種最專業的優質課程可以培訓，於是我就像海綿般地吸收知識持續成長。在一次王董事長的課程裡，董事長說他的出版事業已經非常成熟穩健，培訓事業也蒸蒸日上，為了讓培訓事業規模可以更擴大，他決定要把培訓事業獨立出來，當時的我就很希望董事長能開放給弟子們投資，但當初董事長並沒有

要開放入股的想法，因為開公司對他來說是一件易如反掌的事情，於是我懇請王董事長給我一個入股的機會，因為我加入了董事長的弟子圈後真的透過學習啟發良多，思維改變重塑，成長很多，我更加意識到這是一家體質健全的公司，就是我所等待的項目、等待的機會。

董事長經過思考後決定開放給所有的弟子們入股這家公司，因為他認為他教弟子們要有 I 象限的思維，就應該要協助弟子們進入 I 象限！王晴天董事長發揮企業經營的最高智慧：聚合力，凝聚了團隊及弟子的力量，一起成長一起創富。所以我投資了全球華語魔法講盟這家優質的公司，成為大股東進入 I 象限！

世界首富比爾‧蓋茲先生說過一句話：「幫自己遠離貧窮是一種責任，協助他人改變思維創造財富，就是一種大愛。」我很感謝自己做了一個翻轉人生的選擇，加入了王晴天董事長的弟子團隊，更感恩王晴天董事長的大氣與大愛，他協助眾多弟子們從平凡到卓越！

希望此刻在閱讀這本書的你能夠加入「全球華語魔法講盟」這個團隊，讓自己進入 I 象限，開拓人生新格局！

珍昕國際企業有限公司 林暄珍

共同培養2100萬的區塊鏈專業認證人才

　　期待了很久的白皮書終於和大家見面了。吳老師的白皮書以區塊鏈應用規劃師課程架構為基礎，覆蓋了整個行業生態及應用場景，內容非常豐富，無論是已認證或尚未認證的學員，都值得認真去閱讀和學習，本書的每一章，每一句都是我們這幾年總結的經驗精髓。

　　這是一本真正有價值能幫助企業加區塊鏈應用落地的書籍。從事區塊鏈認證已數年，我閱讀過大量的區塊鏈書籍，但這本書卻帶給我與眾不同的感受。這本書，既實戰，又深入；既高效，又落地。書中講述的各種應用落地案例，令人拍案叫絕；各種商業模式，令人開拓視野。

　　在中國2018年5月，國際區塊鏈專業認證機構CBPRO為首批學員授與乙太坊證書。我那時就深刻感受到，區塊鏈目前對於各方的人才需求非常緊缺，其中包括區塊鏈架構師、區塊鏈應用技術、數位資產產品經理、數位資產投資諮詢顧問等，都是目前區塊鏈市場非常短缺的專業人員。而能提供這方面的專業培訓機構就非常少，國際區塊鏈專業認證機構是少數能提供專業認證的機構。

　　國際區塊鏈專業認證機構給首期參與區塊鏈專案分析培訓的學員頒發了專業認證證書，此證書的認證能通過官方網站線上查詢。國際區塊鏈專業認證機構目前在美國、馬來西亞、新加坡、印尼、澳大利亞、香港等國家均已落地。並與多所大學合作開辦相關的認證課程，導師來自新加

坡、美國、澳大利亞、馬來西亞、香港、臺灣等地的區塊鏈實戰專家。

　　機構總部在美國，亞洲總部設在馬來西亞，也是亞洲第一批提供認證區塊鏈課程的機構。CBPRO 國際區塊鏈專業認證是一個為執行數位資產相關服務的專業人士提供認證。

1. 致力於推廣區塊鏈的應用及其健康發展的生態，幫助更多的人取得專業資格。

2. 建立了加密貨幣標準，幫助確保安全性、開放性、隱私性和可用性以及信任的平衡。

3. 在政府扶持下不斷完善區塊鏈技術帶給人民的安全便利，在一帶一路政策下，協助跨國界的金融科技專案創新及應用。

　　國際認證機構帶著使命，在臺灣落地培育區塊鏈專業人士。機構聯合魔法講盟，除了目前已開展的國際認證區塊鏈項目分析專業，後續會提供認證區塊鏈導師專業，區塊鏈技術應用，智慧合約設計，區塊鏈通證設計專業，及針對區塊鏈專案的評級認證服務。機構的使命是希望能培養至少 2100 萬的區塊鏈專業認證專業人才。

　　拿到這一本書，先要讀薄，就是提煉框架體系出來，拿到這精髓，就像學會了北冥神功，以後見到任何武功招式都會被吸進來成為你自己的。再從薄讀到厚，就是把每一招填充到骨架裡，知道來龍去脈，這樣就可以學以致用。

國際區塊鏈專業認證機構秘書長　陳　玲

創業知能養成

　　2018 年第一次與吳老師合作演講，發現他跟我以往接觸的講師很不一樣，他的授課內容生動有趣不死板，完全不懂區塊鏈的人也可以聽得懂，這就是演說家的功力，令我大開眼界。之後陸陸續續邀請吳老師來演講，發現台下聽眾的反應特別好，因為吳老師可以把區塊鏈講解得非常生動有趣，於是後來，包括我經營有聲有色的愛絲蜜直播平台也跟吳老師緊密合作。

　　我發現魔法講盟是一家非常厲害的公司，因為我很少看到有培訓公司課程開得如此完整和頻繁，重點是每班學生都很多，這是我在馬來西亞、中國大陸、香港等地所看不到的。能把課程開得如此成功一定有他的一套方法，所以我也跟吳老師交流並緊密合作，把我旗下眾多的產業跟魔法講盟深度綑綁。

　　吳老師的這本白皮書關於創業的部分我也是非常有感覺的，我創立愛絲蜜直播平台經營了三年才開始賺錢，期間當然也走過一些冤枉路，途中經歷很多挫折和困難，好在我的意念和人脈可以克服這一切，若換成一般人或許已經放棄了。所以請不要輕易決定要創業，一旦決定就要有誓死的精神，當然可以的話先去參加魔法講盟的課程，尤其是吳老師與王博士

的課程，相信透過學習課程中的知識及方法，你在創業這條路上就不會碰到我當初那些種種的危機了，吳老師常常說的一句話：「學習很貴，但不學習付出的代價更貴」。

拿督 鐘凱倫

金融科技基金會主席

馬來西亞文化暨經濟促進會（GABEM）署理會長

久和投資控股董事長

愛絲蜜創辦人

搜秀鏈 SCA 創辦人兼首席執行官

迎來區塊鏈落地關鍵年

　　從初次在臺灣的一場區塊鏈國際論壇上與吳老師見面，就感覺吳老師對區塊鏈落地應用的支持。過去一段時間，我們一直在探討區塊鏈如何真正地幫助企業家，而不是只是停留在炒幣或數字貨幣的角度。因為從我們的觀點，數字貨幣沒有應用場景就像是一個空氣項目。

　　基於這個使命及相同的價值觀，吳老師開始在臺灣大力推動區塊鏈應用規劃師課程，並通過實踐落地自己的區塊鏈專案。同時結合他本身在其他行業及行銷的實戰經驗，整理出這樣一本實用的書及資料。相信能節省大家很多的時間，少走彎路。

　　區塊鏈應用規劃師已在臺灣培養了超過百位，並獲得了中國的官方認證能力崗位認可。也幫助更多的人孵化他們的落地項目。

　　目前市場上大部分的傳統企業家聽到「區塊鏈」就會聯想到資金盤及非法傳銷等，其實是因為沒有辦法接觸到市場的正規的「區塊鏈技術的應用」。區塊鏈是一個互聯網的升級，從資訊互聯網到價值互聯網，它解決的最大問題及商機就是「信任」兩個字。因為這樣的一個技術，讓很

多看似無價的資訊及應用，無形及有形的資產都等於放大其中的價值，並獲得市場的認可。

　　而吳老師就是這樣的一位實踐者，不斷地將最有價值的區塊鏈資訊帶給臺灣的商家及每一個人。相信不久的將來，他一定能在臺灣的區塊鏈落地應用的領域獲得更多的掌聲。

拿督　曹耀群　博士

CBPRO　國際區塊鏈專業認證機構主席

金融科技國際基金會會長

廣東財經大學客座教授

廣東省科技廳智慧商務工程 - 區塊鏈研究中心主任

中國區塊鏈應用規劃師授權考證老師

企業互聯網盈利地圖，顛覆模式，區塊鏈創富學作者

金融科技頭條雜誌社長

投資與創業的最佳平台

在這個資訊快速且爆炸的時代，產業不斷推陳出新，新時代的來臨，區塊鏈產業的應用蓬勃發展。眾多的投資與創業者，踏入新的領域。開始替區塊鏈領域注入新血。發展出基於區塊鏈的各種應用，也根據鏈圈、幣圈、礦圈，深耕在目前有著超過 2000 億美金的市值的大樹上扎根。

我身為魔法講盟的股東，目前也從事區塊鏈產業之中的礦圈領域，深耕在晶片設計、加解密演算法、雲端儲存應用上，發展台灣自有礦機品牌。身為區塊鏈的創業者。更知悉投資與創業有一本白皮書的重要性！

在五年前我就持續斷跟著魔法講盟的創辦人王晴天博士學習投資與創業的知識，目前也踏入實戰操作的部分，過程中也不斷參考過去王博士所教授的知識與經驗，並且也由魔法講盟保駕護航，也經由魔法講盟的引薦成就不少百萬級別的合作案。

而透過魔法講盟的學習與課程，更鏈結不少兩岸大咖有力人士的支持，甚至有機會注資與合作，跨足兩岸產業。在魔法講盟的帶領下，能找出自己的一片藍海市場。

魔法講盟靠培訓起家，廣招人才，教育人才，發展人才，建立屬於自己的產業生態系。也投資區塊鏈產業，成為台灣少數產教學合一的培訓平台。透過魔法講盟的學習，也能考取區塊鏈相關證照，至兩岸各地講課

培訓，創造自己的聲量，實在是不可多得的好平台。

　　身為魔法講盟的股東實在是與有榮焉能推薦本書，在這本白皮書的規畫之下，我相信所有的創業從業人員，都能從中得到啟發與規劃一條正確的道路，少繞很多路，更往成功的坦途邁進！

幣星球科技 創辦人 林柏凱

《虛擬貨幣之幣勝絕學》
作者

成功一定是學、做、教

　　某日我在廣州出差，突然接到宥忠的電話，以為又有事情要討論，因為我們常常溝通激盪很多想法，不只是事業上的創新、課程、企業的媒合，幾乎無話不談，我在宥忠身上學到非常多，他是一個極具像「阿米巴」的人，在他身上我看到了真的能隨著趨勢、時機和變化學習成長並且進步的人，令我打從心底佩服！

　　本書結合了宥忠幾十年的人生經驗，加上十幾個不同工作經驗的累積，不少的投資及創業心得與實際案例可以供對創業有興趣及已經創業的人參考，滿滿都是一般大眾不易得知的眉角，了解為什麼有些人不斷失敗後他還是會成功，讓我們得以借鑒成功者的經驗，吸取失敗者的教訓！相信本書一定能成為你成長和成功路上最棒的指導手冊！當然，更重要的是「action is power」，在未來的人生路上，一定要將真理踐行在自己的生活與事業中！真心希望所有看到這本書的讀者，都能從書中獲得力量！

　　成功一定是學、做、教。學了不做就是沒結果，做了不教就是無法複製。人要成長就是要學習，而且要不斷學習才會成功，告訴大家一個秘訣，就是找到一個你欣賞並且嚮往的人，跟隨在他身邊和他一起工作，學習他的思考模式，這樣你很快就會成功了！

引銷力股份有限公司執行長
中華民國區塊鏈策進會秘書長　麥祐睿

作者序

懂得借力、對接資源，
學會錢賺錢的能力

　　改變我人生最重要的恩師王晴天大師，常讓我想到海角七號的一句話「我是國寶ㄟ」，在我心中王晴天大師也是一個國寶，有幸成為王晴天大師的弟子，也感恩大師的提攜與永遠將最好的機會讓給弟子之故，現在才能在兩岸區塊鏈的領域有一點成就，當初若不是恩師把上台的機會引薦給弟子的我，現在我是不可能在區塊鏈領域裡有這小小的成就，更與王晴天大師在 2018 年 01 月 01 日成立全球華語魔法講盟有限公司（已升級全球華語魔法講盟股份有限公司），經過兩年的時間魔法講盟成長之速度堪稱培訓界之最，在上櫃上市之路踏出完美的第一步，若是一般公司要有如此神速的進步是不可能的，因為魔法講盟並不是一家從零開始的公司，而是從六十分開始起跳，為什麼呢？這完全是因為王晴天大師無私地用所有的資源扶持魔法講盟，才可以在競爭激烈的培訓環境裡脫穎而出，在台灣、大陸各地、星馬已有不少斬獲。2019 年更對接到區塊鏈的認證班的商機，更難能可貴的是對接到的對岸中國的官方機構及區塊鏈國際認證單位的合作，完全是靠著王晴天大師的名號才有這個機會對接。

　　以前我的人生視野都是在《窮爸爸‧富爸爸》裡面講的 ESBI 象限中的 ES 象限中打轉，完全不知道 BI 象限如何去打造，現在的我完全都是以 BI 象限為人生的規劃藍圖，印證了一句話，你的成就決定於你跟誰混在一起，我是跟身價破數十億的王晴天董事長；跟華語非文學類出書最多

的作者王晴天大師；跟上知天文下知地理的王晴天博士；跟培訓業的泰斗王晴天導師；跟商業鬼才王晴天顧問，總之是集眾才華於一身的王晴天大師和他同等級別的人相處在一起，這樣想不成功都很難，因為你跟他們聚在一起時，你隨時看他們在學習、聽到他們的分享、跟著一起實作，無時無刻有一位導師從身教到言教到示範到督促，時時刻刻用蘇格拉底式的培訓（提問式教育）教育我，以至於我進步神速。

如今這本書是我的第四本書，我不藏私地公開我在晴天大師身邊所學到的一切，這些全都是精華中的精華，也希望在閱讀此書的你可以成為魔法講盟的弟子之一，魔法講盟的弟子可享有跟我一樣的機會、一樣的培訓、一樣的舞台，想要成功致富的你別猶豫了，人生最大的成本就是時間，錢沒了可以再賺，時間過了機會也過了，機會就不會再回來了，這點我深深感受到，以前的我走太多的冤枉路了，不希望你也一樣地白白走一遭又回到原地，一個人走得快，一群人走得久，期待你的加入。

一個真正做事業的人，不會在出錢投資一家公司之後就只是等著分利潤，比如股神巴菲特投資一家公司就不會一直在那邊等待，孫正義投資了阿里巴巴也沒有在那裡等它上市，而是會調動一切資源和資本去支持阿里巴巴，包括找來了好朋友楊志遠以及美國的一些機構一同來投資馬雲，是因為孫正義看到了這是一家具有投資價值和高成長性質的公司和團隊，即便是阿里巴巴連續六年連盈利方向都還未定的時候，還是堅定地投資和支持馬雲一路走下去直到成功。真正的投資者和投機者的區別是，投機者只看到每天的回報和收益，而投資者看中的是這家企業是不是每天在進步、每天在落地應用、持續在成長，這個時候真正的投資人明白是時候該長期

持有，並且調動所有的資源和資本去支持它成長，無論是資金投資還是股權投資，最重要的都是價值的投資，而價值的投資指的是這家公司的成長性、落地的能力和創造價值的能力，我們唯一要做的只有兩件事：第一件事就是給它時間；第二件事就是利用自己的時間和資源去全力支持它，因為我們是投資人，就意味著這家公司的價值和未來，是由我們投資人和經營者共同創造完成的。沒有對比就沒有差距，有些人還真的是沒救了，他們已經無法改變，只能讓時間來證明他們已經被時代淘汰了。

例如，沒有夢想的人，我們不要去打擾他；藉口太多的人，我們不要去打擾他；沒有主見的人，我們不要打擾他；因為他們寧願平穩受窮，也不願意改變一丁點，也不願抱著一絲絲的風險去創造未來，人的差異其實很小，你在賴床，他在鍛鍊，所以他比你健康；你在看電視，他在上課學習，所以他比你有知識；你應付上班，他用心工作，所以他成為你們的部門主管；你在完成今天的計畫，他在策劃明年的計畫，所以他能掌握到比你更多的先機；你在找藉口，他在解決問題，所以他比你事業有成；你在消費，他在理財，所以他比你更加富有；你在算計自己的利益，他在考慮對方的利益，所以他比你更有人脈；所以說等市場成熟了，哪裡還有你成功賺錢的機會啊?!

本書就是要教讀者們如何找到好的投資標的，進行有價值能升值的投資，找到致富賺錢、投資創業的商機。打造屬於自己的賺錢機器！

吳宥忠

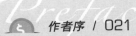

Contents

第三篇　**培訓市場**

Contents

Contents

第六篇 魔法講盟區塊鏈應用

第七篇 魔法講盟區塊鏈培訓

Contents

第八篇　Kore 區塊鏈旅宿交易平台

第九篇　如何由ES象限晉級至BI象限而財務自由

第十篇　美國 KS 集團 IPO 上市白皮書

破除迷思踏上財務
自由之路

[第一篇]

破除迷思踏上財務自由之路

　　白皮書又稱商業計畫書（Business Plan）是創業者進入資本市場的第一塊敲門磚。一份好的白皮書，可以引起投資人關注，進而得到進一步溝通的機會。很多成功的創業者和投資人都分享過商業計畫書該怎麼寫，有些人說寫個十多頁就夠了，力求精簡；有些人說要在計畫書裡體現未來五年，甚至十年的公司發展規劃。設想剛創業的你按照網上的那些範例、範本，花了幾個晚上挑燈夜戰，寫完商業計畫書，加上精美的封面，約好一位項目投資經理（VC）喝咖啡。實際的情形可能那些投資方連目錄都沒看，直接跳過你前面花費心血寫的項目介紹、市場分析等，只看其他像是財務規劃和風險分析這幾個項目。雖然整體來講，他還是有瞄幾眼，但那些跳過的部分不就白寫了嗎？為什麼這次魔法講盟的白皮書卻以一本書的形式來呈現呢？因為要表達的內容實在太多了，而且裡面有許多的Business Model 就是所謂的 BM 商業模式，是很多產業可以參考的。

　　我們現在正處於世界變化最快的世代，如果用以往他人創業的經驗當作你的創業寶典，最後你可能會發現，過往的創業經驗並不能運用在現行的時空中，羅伯特・清崎的《窮爸爸・富爸爸》一書中提到 ESBI 象限，正可以讓我們用來規劃朝向財務自由的步驟與階段，現在大部分的人都處於 E 象限，少部分的人處於 S 象限，極少數的人則處於 BI 象限，也就是靠系統、靠投資賺錢，為什麼只有極少部分的人可以處於 BI 象限呢？

最主要的原因在於「教育」，我們從小學六年級、國中三年級、高中三年級、大學四年級、碩士班兩年，真正接受學校教育大約有 18 年，這 18 年的教育都是教我們如何做一名好員工，並沒有教我們如何創業成功、如何投資自己、如何靠系統賺錢等等，為什麼沒有教導這方面的知識呢？這是我們人生中最黃金的學習歲月卻沒有學到，為什麼呢？最主要的就是教導我們的老師本身也是沒有創業過，他只是一位好老師、稱職的員工而已，一位沒有創業過的人是沒有辦法教你如何創業成功的。

　　如今的世代變化非常快，現在的高中生或是大學生學的東西，必須要經過四到七年出社會才會用到，但是現在學的東西經過了三、四年基本上已經被淘汰了，所以現在大部分學生學的東西都是未來用不上的，所以我的恩師王晴天博士，當初離開了年收上千萬的補教業，最主要的原因是因為失去了熱情，因為教學生數學每一年教的內容都一樣，但是王博士，當初就認為學生不應該只懂得如何解題，更應該懂得如何面對將來出社會的競爭，所以在課堂上時常與學生分享他的人生智慧，卻被一些家長抗議，家長們認為他們送孩子來學數學，就應該聚焦在數學的學習上，王博士卻認為除了了解數學之外，時常分享將來出社會應具備的競爭力有哪些也是很重要的，所以王博士離開了令人稱羨的補教業，轉而開始從事成人培訓的工作，培訓出來的學生在社會上發光、發熱的人不計其數，我就是王博士一手培養出來的，之前我在 ES 象限老鼠圈裡面打轉，如今提升到 BI 象限，全是仰賴博士的指引與教導，而「魔法講盟」就是讓你從 ES 象限直接晉級到 BI 象限最好的途徑，因為一個好的投資案在市場上並不常見，為什麼投資「魔法講盟」將會是你這一生最棒的投資之一，以下將一一說明。

改變收入結構是 要解決的根本問題

全球著名的財商教育專家羅伯特·清崎將人們按照收入來源的不同分成四個象限：雇員象限（E）、個體經營者象限（S）、企業主象限（B）、投資者象限（I）。

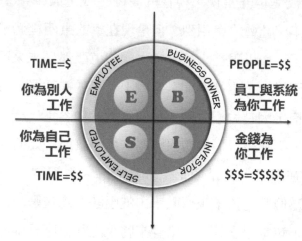

▶ **雇員象限（E）**：是工薪一族，他們是在為別人工作，用時間換取金錢，用自己的才華為別人創造了財富，一份時間換取一份金錢，收入較少，沒有時間和財務自由。

▶ **個體經營者象限（S）**：是自由職業者和小資生意人，他們為自己工作，比如說：開餐廳、美容院、咖啡館、診所等等，也是用時間換取金

錢，憑藉自己的能力賺錢，高收入、高支出，沒有時間和財務自由。

● **企業主象限（B）**：是生意擁有者，他們同樣是為自己而工作，但擁有一個系統，是讓系統為自己工作，來槓桿他人的時間和金錢，他們通過系統為自己創造財富，擁有時間和財務自由。

● **投資者象限（I）**：他們透過投資賺錢，用金錢為自己創造財富，但這有很高的門檻和一定的風險，擁有時間和財務自由。

從 ES 象限跨到 BI 象限

世界上 90% 的人擠在 E 象限和 S 象限，但是他們只擁有世界上 10% 的財富。所以，在 E 與 S 象限的絕大多數人都是不如意的，不過 E 象限的門檻相對比較低，很多的人都是透過這個象限獲得了能力，發展到自雇者，甚至生意擁有者或投資者。

當我們處在 E 與 S 象限的時候，我們是沒有財富自由的，一旦突然失去了工作，就立即沒了收入，這是非常現實的問題。所以我們必須祈求老天爺別讓意外找上自己，也要保持身體的健康才有本錢持續工作，但是天有不測風雲，人有旦夕禍福，誰都不能保證可以一生無災無禍無病，現實如此也只能接受，並積極找方法讓影響變小，若是在你可以控制的範圍內。

只有處於 B 與 I 象限的人才能夠實現財富自由，不用辛苦工作也會有穩定的收入。因為 B 象限的人是企業主或老闆或是直銷的高階領導，他們建立系統來為自己工作，有員工、下線為他們打工，他們自己不用幹活也能賺到錢。I 象限的人則是投資者，是讓錢為自己打工，他的房地

產、股票和金錢可以每天都為他賺更多的錢，所以投資一家很賺錢的公司也是打造賺錢機器所必備的。至於如何評估一家公司是否值得投資呢？後文篇章我將會與大家分享。

前圖左邊 E、S 象限的人還是停留在人賺錢的層次，右邊 B、I 象限的人擁有錢賺錢的能力，將賺來的錢做好投資規劃，讓錢成為自己的雇員，替自己去賺錢。

位於左、右兩邊不同象限人們的根本差別在於：左邊象限的人們從事的是挑水型的工作，從事某種職業，獲得主動收入；右邊象限的人們從事的是修建管道型的工作，擁有屬於自己的事業，獲得被動收入。很多人混淆了職業和事業的區別，比如一個銀行家，如果他並不擁有一個銀行系統，而是為某個銀行系統工作，那麼銀行家就是他的職業而不是他的事業。職業人士為事業擁有者工作，為實現別人的夢想而不是自己的夢想而努力工作。

我們再來看看右邊 B 象限的人，開辦一個企業，並不保證永遠成功，衡量一個成功的企業主的標準，就看你能不能離開你的生意一年或一年以上，即使沒有你，你的生意依然如常運作，甚至營運得比以前更好。不過，在 B 象限中，企業主的收入仍然無法擺脫與人之間緊密的關係，因為，企業還是維繫在由人組成的團隊工作上。

羅伯特‧清崎認為，I 象限是真正達到財務自由的人所處的象限，因為在這個象限中，投資者運用他手中的錢到他所選擇的投資標的物去替他賺錢。舉例來說，投資房地產，如果以房租收入為目的，就等於是我們派我們的錢在那個房子裡上班，房租收入就像我們的錢在房子上班的工資收入。

是什麼限制了你？

為什麼我們身邊大多數的人都選擇做挑水型的工作，將自己置於左邊象限呢？是什麼限制了人們去修建自己的管道，進入右邊象限呢？

首先，是觀念，我們受到的教育告訴我們，好好讀書，考個好大學，找份好工作，獲得安全和穩定的收入。他們在教育我們將來成為一名高薪僱員「E」，或者是一個高薪個體經營者「S」，例如醫生、律師或者會計師，成為左邊象限的人。這影響了我們看問題的角度和思維的習慣，使我們認為挑水型的工作是最理想的選擇，不知還有修建管道這個選項，而且也沒有人教我們如何去修建管道，我們不相信自己也可以修建通往財務自由的管道。

其次，進入右邊象限需要我們投資金錢、時間、精力和人際關係，這是必須要投資的，沒有付出就沒有回報。而創立或者通過購買來加盟一個成熟的企業系統以及投資金融證券，往往投資巨大，需要足夠多的經驗技巧、專業知識和人脈等等。

最後，是恐懼，由於風險難以控制，超出人們的承受能力，使得人們畏縮不前。因此，絕大多數的人終其一生只能待在左邊象限，命運掌握在別人手中，失去了財務的自由和保障。

2 | 認真工作只能讓他人致富

很多人擔憂上班的收入不穩定或不夠儲蓄，於是上班族急於尋找雙薪，下班之後還要辛勤工作，以為這樣就可以遠離貧窮。其實，無論兼做幾份工作，單靠增加工時獲得的收入永遠無法令你擺脫貧窮。

馬雲說：「很多人輸就輸在，對新興事物第一看不見，第二看不起，第三看不懂，第四來不及！」

切記不要只掙死薪水，要改變收入結構，你是領薪水，還是賺營收，剛發了工資打算好好犒勞一下自己！但結果是繳了房租、水電費……錢包就又扁了！心疼每個月工資還沒捂熱就即將花得精光的自己。大部分的家庭約90%的收入都是來自上班工作所獲得的薪水，只有10%的家庭在不工作時，還能擁有投資收入、房租收入、退休金、版稅等的持續收入。因此要改變收入結構，我們就必須增加「不工作時的收入」。若能將原本只佔約10%的不工作時的收入提升到90%以上，我們就可以擁有真正的財富，並且打造一個永不缺錢的計畫！那時候，無論你想什麼時候看世界，都可以說走就走。

「認真上班工作的人，為什麼工作20年，還是存不到錢投資？」

他是一位美髮師，多年來辛苦加班工作，每天都超過晚上11點才能回家休息，就為了存下一筆錢，想靠投資退休。

「你目前存下多少錢？」

「200萬元」他說，200萬元如果對剛出社會的新鮮人來說，是筆

不小的數字，但對於一個年過四十想退休的人來說，用這筆錢投資還是太少。

他的月收入超過 10 萬元，但照顧家庭和孩子的開銷也很高，每天時間都被工作綁住，隨著體力衰退，對未來的退休生活也是越來越煩惱。

我問他：「以他的資歷其實可以多請幾個人，分擔你的工作並把事業擴大？」

他說：「可是請人很貴又不好合作，我還是靠多接案子就好了。」

即使這個方法有可能幫他舒緩時間的壓力，但因為還有家庭要照顧，他不敢嘗試會增加支出的選擇。他的問題在於，他賺的是薪水，而不是營收。

而他的問題正是大多數人都會遇到的盲點，以下分享一個小故事，看完你就能明白，為什麼薪水和營收兩種收入來源，是窮人與有錢人的決定性差異。

有兩個人，分別是窮先生和富先生，窮先生是個保守的上班族，他擁有高學歷，追求穩定高薪的工作。富先生是個創業家，他高中沒畢業，但四處尋找可能讓自己致富的機會。

他們兩人過去都累積了一筆小資本，當時城裡的教育事業還沒飽和，於是兩人同時看上了這個機會，踏入教育事業。

財富原則 1 窮人賺薪水，有錢人賺營收

窮先生因為具備高學歷，口才也不錯，加入當地補習班後，馬上就成了知名的補教名師，要往來各地跑課，學生數量持續累積。有人建議他自己開補習班，但窮先生認為成本就等於風險，因此並不喜歡付出成本。如果不是百分之百穩定並且立即回報的機會，他絕對不願意投入時間與資

金。

富先生則是召集人手，開了一家補習班，除了聘請知名的講師，也投入大量的人力在行銷宣傳上。他認為，只要能帶來更大利潤，就應該加倍投入成本！在事業初期，富先生支出成本較高，收入不穩定。相比之下反而窮先生賺得更多更穩定。

💰 財富原則 2　窮人看成本，有錢人看效益

窮先生和富先生兩人經營一段時間後，業務都漸漸穩定成長，市場規模似乎還能擴大，窮先生踏入補教事業之後，把心力花在增加自己的教學技巧，並接更多的課程，填滿自己的時間表，藉此讓自己有更高的收入。

富先生由於有老師、行銷人員分擔工作，因此更有時間思考如何永續經營的方法，他判斷在補教產業中，學生人數往往有起有落，名師也可能會跳槽，「穩定的顧客來源」也就是招生的行銷能力，才是補習班長期穩定的關鍵，於是他將大多數的資源投入在行銷上，建立優秀的行銷招生團隊，也試圖將事業系統化與品牌化，讓生意更加穩固。

💰 財富原則 3　窮人賺得快，有錢人賺得久

靠「時間」賺錢可以賺得快，但是靠「系統」賺錢才能賺得久，終於，第四年補教市場迎來衰退的一年，窮先生收入因此大幅衰退很多，讓他思考是否該投入更多行銷資源，但因為收入縮減，讓他遲遲不敢出手，只能期待景氣轉好。

而富先生因為頭兩年在行銷上投入大量的成本，且已初步建構了自己的品牌，因此衰退幅度不大。

財富原則 4　窮人靠薪水投資，有錢人靠營收投資

為什麼你努力投資，卻賺得很少？其實原因很簡單：

投資需要大量的資金與經驗，靠薪水賺太慢，而且沒有累積任何事業經營的經驗，每個月投資 1 萬元，即使報酬率高達 8%，也要 35 年才能財務自由。

在《富爸爸‧窮爸爸》系列書中有提到，許多人都想靠投資創造穩定的現金流，來達成財務自由，讓自己不必再被工作限制。但實際上窮人只靠薪水來投資，金額太小，有錢人則是靠企業的資金來投資，隨著規模擴大，成果當然也會有巨大的差異。

結論：如果害怕投入成本，你一輩子不會變有錢。

◉ 要賺營收，而非薪水

薪水只能靠時間交換，只要時間滿檔就會遇到上限。靠營收雖然要付出成本，但若事業有成長機會時，有可能帶來更大而無上限的營收。

◉ 重效益輕成本

窮人會擔心「投入之後會不會沒有回報？」「投入成本是不是要負債？」於是他們不想投入金錢、不願花時間學習，與其付出的無法收回，不如不要付出。有錢人卻十分明白，投入資源只是一種必要的手段，負債只是一種方法，他們並非不在乎風險，而是他們知道：什麼都不做，才是人生最大的風險。

▶ 求賺得久，而非賺得快

任何個人與事業都有遭遇風險的時候，窮人覺得薪水很安全，卻不知道沒有選擇才是真正的危險。有錢人深知任何事業都有風險，因此早在衰退之前，就已經做好準備。

▶ 靠營收來投資

現實就是靠薪水賺太慢，投資需要大量的資本，想靠投資達到財務自由至少需要 2,000 萬，以 5% 的報酬率，每年才創造 100 萬的現金流入。

有錢人往往是靠著事業的營收來做投資，也可以使用財務槓桿，進一步取得一般人無法接觸的投資機會。

如果害怕投入成本，你一輩子不會有錢，成本不僅僅是金錢，時間成本更可怕，許多時候投入時間的重要性，遠高於投入金錢。

我們得想清楚，一個人需要存多少錢才能退休，才足以抵擋通貨膨脹。聰明的人，知道利用閒暇時間，幫自己找到一份持續收入，斜槓創業賺大錢！

每個人都擁有同樣的致富機會

想知道你是否有全力打造富足的未來嗎？檢視看看自己是否有永遠無法致富的跡象，以下就是你難以累積財富的 10 個慣性：

① 只知道努力工作，但沒有聰明地工作

在學校，我們學到的是，努力工作可以讓我們擁抱富裕的人生，如果你只是非常努力地工作，你永遠無法致富，我們要確保未來的財富，你也得聰明地工作。

其中一種聰明工作的方法，就是將金錢投資於一間賺錢的公司或一檔基金，好好利用複利的優勢，用錢來賺錢。若真能辦到這點，就不必承受巨大風險，也不必花費大量時間和心力。

② 太重視省錢，不夠積極賺取收入

另一個聰明賺錢的方法，就是增加收入，而不只是省錢。節流是累積財富的關鍵，但也不能過度重視省錢、忽視賺錢，開源才是有錢人關注的重心，大多數人太過注重省錢和節儉度日，因而錯失了重大機會。

你不必放棄務實的省錢策略，但如果你想用有錢人的方式思考，就得「停止憂心沒錢，而是將焦點放在如何賺更多錢。」

百萬富翁累積財富的共同點之一就是，他們會打造多個收入來源，並採行聰明的省錢習慣。

窮人從不會認真思考過用錢致富方面的事，為何他們不認真思考有關錢的事？曾經有一位女性諮商者巧妙地回答：「因為覺得考慮錢很麻煩呀，而且又很俗氣……」然而有趣的是，「不會認真思考金錢」的一般人，才是最常考慮到錢的人。其實他們經常在思考，只是自己沒有意識到而已。

　　所謂「認真思考金錢的事」，是指謹慎地對待金錢，認真思考「因為金錢的問題，人生變得無趣的現況」的意思。大多數人雖然經常思考有關「使用金錢」方面的事，卻不曾想過該如何學會管理金錢。想成為財富自由的人，就要認真看待金錢，每天思考人生該如何度過。蕭伯納說過：「一般人在一生中幾乎不動頭腦。我一個星期只動兩至三次頭腦，就成了有錢人。」這實在是絕佳名言。

　　很多人會說就是因為沒錢、沒有資本，如何能思考「用錢來致富」這件事呢？其實這是倒因為果的想法：「沒有錢」是結果，而非原因呀！我們要設法進入一個良性循環，而非一直在惡性循環中打轉！

③ 買了無法負擔的東西

　　入不敷出，自然無法致富，就算收入開始增加、獲得大幅加薪，也不要以此為由，拉高自己的消費模式。

　　富人與窮人相比，不僅在財富上的多寡，在心理上也有巨大反差，因為富人知道財富是從一分一毫累積起來的，也十分珍惜錢財，該花的時候肯定是一擲千金，不該花的時候是分文都不肯出。

　　窮人呢？在他的眼裡，口袋裡的幾文錢怎麼積攢也不可能變得很有錢，乾脆就全部拿出來，花光了也無所謂，完全是一種破罐子不怕摔的心境。就是因為這個原因，許多富人其實很吝嗇，不肯白花一分錢，時刻牢

記積少成多的道理。

　　我們也會看到有些窮人表面很慷慨，其實是打腫臉充胖子，過著花天酒地的生活，生怕人家看出他就是外強中乾，實際卻囊中羞澀，不肯在開源節流上花心思。窮人與富人相比，都存在一個機遇問題，但是也有一個努力的問題。

　　窮不扎根，富不傳萬代！在我們這個世界上，只要肯做自然就會有富有的機會，而渾渾噩噩就沒有富裕的前景。可以說想要富有，就必須開源節流、必須增收節支，這是毫無疑問的。

　　清初朱柏廬《治家格言》說道：「一粥一飯，當思來處不易；半絲半縷，恒念物力維艱」，告訴我們衣食均來自辛勤的勞作，不能輕易浪費，哪怕你是富豪也不行。富人和窮人，最大的差距，就在心理素質，如果你能想的和做的和富人一樣，你當富人的日子也不遠了。

　　采舍國際集團 & 全球華語魔法講盟的王晴天董事長，身價數十億的他依然是以最便利的機車代步，轎車也是 TOYOTA WISH 的國產車，價值台幣 75 萬而已。

　　人人都知道「由儉入奢易，由奢入儉難」，但若真的成為超級富豪後，卻沒有幾個人可以維持過去節儉的習慣，尤其是在汽車等奢侈品的追求上更是如此，巴不得蒐集各種名車，可是卻有五位超級富豪至今仍維持節儉的習慣，而且這五人坐駕的價值也相當令人驚訝。

　　根據外媒《CNBC》整理，這五位世界知名富豪的財產幾乎花不完，但卻連一輛名車都沒有，甚至其中一位的坐駕僅價值 2 萬美元（約 61 萬元台幣），比一般民眾的愛車都還要便宜。

▶ 股神巴菲特（Warren Buffett）

坐駕：Cadillac XTS，售價：4 萬 5000 美元（約 137 萬元台幣）。

擁有僅次於比爾·蓋茲（Bill Gates）的財富，卻僅有一輛如此普通的轎車，而且巴菲特上一輛車也是 Cadillac，會換車還是因為女兒受不了。反觀比爾·蓋茲最近才剛購入一輛 Porsche 911。

▶ 臉書創辦人祖克伯（Mark Zuckerberg）

坐駕：Acura TSX，售價：3 萬美元（約 91 萬元台幣）。

他是全球第五富有的人，而且相當年輕，印象中可能會以為他擁有各式超跑，但祖克伯只愛 Honda 旗下高階品牌 Acura 的 TSX，甚至大讚這款車「安全、舒適而且不鋪張」，這令許多暴發戶情何以堪。

▶ 世界女首富沃爾頓（Alice Walton）

坐駕：Ford F-150，售價：4 萬美元（約 121 萬元台幣）。

在全球最大化妝品集團 L'Oreal 繼承人過世後，沃爾瑪（Wal-Mart）集團總裁 Alice Walton 便成為世界女首富，平時代步的車輛竟是 Ford 經典皮卡 F-150，而且 Alice Walton 的父親，也是就沃爾瑪創辦人也是駕駛 F-150，父女都相當低調。

▶ Ikea 創辦人坎普拉（Ingvar Kamprad）

坐駕：Volvo 240 GL，售價：2 萬美元（約 61 萬元台幣）。

過去二十幾年來都開 1993 年出廠 Volvo 240 GL，這輛車原本售價約 2 萬美元，比起許多一般民眾家裡的車都還要便宜，甚至坎普拉還表示，「我身上應該沒有一件物品不是來自跳蚤市場。」

▶ NBA 快艇隊老闆 Steve Ballmer

坐駕：Ford Fusion（台灣稱 Mondeo），售價：2 萬 8000 美元（約 85 萬元台幣）。

不僅是 NBA 球隊老闆，更曾擔任微軟執行長，身價相當驚人，但愛車卻只是一輛普通的平價房車，而且 Steve Ballmer 從過去到現在都開 Ford 的汽車，原因只是其父親是 Ford 的經理。

▶ 采舍國際集團 王晴天 董事長

坐駕：TOYOTA 七人座 WISH，售價：約 75 萬元台幣。

身價上看數十億的王晴天董事長，住在台北市信義區青雲街的別墅區裡，房價早已超過四億以上，但是王董事長平常的代步工具只是一台摩托車，青雲街的別墅區裡連傭人外出都開車，唯獨王董事長只求方便，從來不因為面子的問題去購置高級轎車，如果需要開車的話，也只會開公司的公務車 TOYOTA WISH，絕對不是王董事長買不起高級名車，而是他是那種看是似輸了面子卻贏了裡子的人。

④ 滿足於穩定薪水

一般人選擇用時間賺取穩定、定期的收入，例如月薪或時薪，富有者則選擇依照成果獲取收入，而且通常是自雇者。

席博德表示，「確實有表現一流的人甘於朝九晚五領薪水，但對大部分的人來說，這是最慢的致富道路，只是大家都說它最安全。能力優秀的人知道，自己當老闆才是最快的致富之道。」一流人才開始創業、打造財富之際，「大多數人選擇了薪資一般、加薪幅度也一般的工作，也幾乎註定只能擁有平凡的財富。」

⑤ 還沒有開始投資自己及優質項目

想長期賺取更多金錢，最有效的方式之一就是投資，而且越早開始越好。塞提（Ramit Sethi）在暢銷書《我教你變成有錢人》中寫道，「平均來說，百萬富翁每年會投資 20% 的家庭收入。他們的財富並不是以一年賺多少錢來衡量，而是以他們長期存下了、投資了多少來衡量。」

你不必是個人理財專家、不必出身豪門，甚至不必擁有高收入，也都可以開始投資。先從投資退休基金或低成本目標期限基金開始，長期下來，你就會發現那能帶來巨大的報酬。

窮人們也幾乎都沒有投資自己的腦袋，要成為有錢人，必須了解許多基本知識，例如金錢的知識、稅務或商業、法律、創業的實務知識。然而，卻沒有一個地方全面傳授這些基本知識。我認為如果不懂這些，就必須繞遠路才能獲得成功。有錢人會教導自己的孩子相同的金錢哲學，他們認為，教會孩子「增加及守住財富」，比起「把財富留給孩子」來得重要。相反地，一般人不知道要致富必須具備有系統的知識。即使聽到相關的事，也只是覺得很可疑而已。（幸福的有錢人，會平均地分配投資的金錢與讓自己快樂的金錢。與金錢無緣的人不懂哪些錢該投資、哪些錢該拿去玩樂、他們經常依著自己的心情來使用金錢。）

⑥ 追尋他人的、而不是自己的夢想

想成功，就得熱愛你做的事，也就是下定決心追隨熱情。花費五年專門研究白手起家的百萬富翁柯利（Thomas Corley）表示，許多人犯下的錯誤，就是追尋父母等其他人的夢想。

他在《改變習慣，改變生活》中寫道，「追尋他人的夢想或目標，最終可能會讓你不喜歡你選擇的職業，影響著你的表現和薪資，你會變得

只能勉強度日，在財務上陷入掙扎。」

所以富人是追尋自己的熱情！而窮人則是幫別人追尋夢想！

7 極少跨出舒適圈

想致富、想成功，就必須習慣不確定性或不安；有錢人則能自在地面對不確定性。席博德表示，「中產階級心態的首要目標，就是生理、心理和情緒上的安定。一流思想家則早早就學到，成為百萬富翁並不容易，對安心的需求亦有可能破壞力十足。他們學會如何在持續的不確定性之下工作，並保持自在。」同樣地，有錢人也知道，克服恐懼和明智地承擔風險，都是邁向成功的關鍵要素。

所以富人會勇於跨出舒適圈！而窮人則習慣安於現狀！

8 沒有訂下財富目標

先有明確的目標，再制訂財務計畫，打造財富的過程也會比較輕鬆愉快。想買房子？想移居國外？想每月旅行一次？想享受輕鬆的退休生活？現在就把這些目標寫下來吧。

白手起家百萬富翁艾克（T. Harv Eker）表示，富有者選擇全心專注在財富取得，而這需要專注、勇氣、知識和大量的努力，但只要有明確的目標和遠景，就有可能成真。他說：「大多數人得不到自己想要的東西，最重要的原因就是，他們不知道自己想要什麼。有錢人則非常清楚他們想要財富。」所以富人會訂定目標，然後以終為始地去規劃，奮力達成目標。

⑨ 先花錢，再把剩下的存起來

想致富，先付錢給自己吧！巴赫（David Bach）在《自成百萬富翁》中說：「大多數人在賺到錢的時候，會先付錢給其他人。他們付錢給房東、信用卡公司、電信公司、政府⋯⋯等等。」與其先花錢再把剩下的存起來，你應該先存錢。把每天的一小時收入存起來，而且要讓此事自動完成。這讓人不必花費心思來存錢，並確保金錢可以抓住複利的效果、隨著時間呈現指數性成長。

要成為有錢人，就必須以長遠眼光來看待事情。你要時時刻刻思考，現在所花費的錢，對於自己的未來將會帶來什麼樣的衝擊。一般人在年輕時能用的錢應該差不多，而那些具有成為富豪潛質的年輕人，會把有限資源發揮到極致。一輩子與金錢無緣的人，眼光非常短淺，認為把錢包中的錢全花光也沒關係。這種想法上的小差異，累積數十年後，就會變成極大的差異。因為有錢人考量的是人生中所支付的總金額；而與金錢無緣的人，則思考多少錢才夠支付每個月的日常開銷。

⑩ 不相信自己可以致富

一般人相信，只有幸運之人才能致富。真相則是，在資本主義國家，只要你能為其他人創造巨量價值，你就可以致富，先問問你自己：「為什麼不是我？」接著就應該是大膽思考，然後就去行動！

與金錢無緣的人，在一開始就會認為「自己與金錢沒有關係」而放棄，因為他們深信「自己沒有財運，一輩子都與金錢無緣」。

邁向「財富自由」的道路上，最大的阻礙就是「認為自己做不到」。無論條件再怎麼差的人，只要永不放棄，總能找到出路。關於此，亨利・福特曾說過一句有趣的話：「有人相信自己會成功，有人相信自己會失敗，這兩種人都沒有錯。」那麼你要做哪種人呢？

評估十要素：決定一個公司是否值得投資

巴菲特曾說：「投資只要學會兩件事情：如何評估一家企業以及如何思考市場。」只要依據以下十大標準來逐一檢視將要投資的公司，相信你一定可以找到未來在市場上發光發熱的好公司。也可以用這十點來評估「魔法講盟」是不是值得大家投資的一家好公司呢？

① 新創公司的白皮書

白皮書是最重要的資訊。雖然白皮書也可能在畫大餅，但絕對可以看出未來公司發展的方向，如果看了之後你還是不清楚這家公司的未來方向，最好直接不考慮。除了清楚未來發展方向，還要了解現在及未來潛在的競爭對手，如果對方聲稱沒有競爭對手，那通常是誇口，任何產業幾乎不存在沒有競爭對手的項目，有了方向當然要有進程，無論是技術上或市場需求上，是不是真有可能達成項目所提的發展進程，或者只是過度包裝吸引人盲目投入而已？什麼時間才是項目發展成熟的時間點？是否能夠真正「適配」到市場需求上？這才是關鍵。

「魔法講盟」未來經營的方向，會以培訓台灣優秀人才為主要核心師資，中國大陸及東盟為主要市場，因為魔法講盟代理 Business and You（B&Y）、密室逃脫創業訓練、WWDB642、區塊鏈等國際級課程之全球華語的代理權，中國正處於知識渴望年代，目前有 14 億人口，而一胎化的政策已經解禁，想必未來大陸的人口會進一步地成長，目前 14 億人

口只要做到 5% 的市場，就會有七千萬的準客戶有機會來魔法講盟上課，而且魔法講盟打造的是一系列國際級的課程，並不是只有一位超級名師，所以將來魔法講盟會有很多的講師，一同詮釋 **B&U** 等國際課程，所以可以大量地複製講師，跟一般成人培訓業比較不同。將來每一位講師都可以一同與魔法講盟創造營收，創造雙贏，每位講師也不必是全職講師，可以有斜槓的概念，所以從台灣向大陸幅射出去，未來整個中國大陸都將會有魔法講盟的據點，目前已有北京、上海、杭州、廈門、重慶、廣州六個據點，未來魔法講盟將以中國大陸的 657 個一、二、三級及大馬等東盟的主要城市合作，將 Business and You 等國際級課程推廣到亞洲各地。

還會對接最流行的區塊鏈課程，與大陸工信部合作，由魔法講盟認證可以直接發放大陸地區塊鏈講師證書，證書是由中國大陸工信部認證的，這一塊市場極大無比，也會與東盟最大的區塊鏈認證單位合作，整合整個東盟 10 + 3、台灣到中國大陸的市場。

2 ▶ 核心技術

公司擁有的新技術是否真的應用在其核心本業上，或者只是硬框上去而已，有的項目其實根本不需要應用核心的技術就能做得更好。如果使用者很樂意使用基於原本技術的解決方案，對於新的核心技術的服務並沒有特別需求，又如何能期待使用者轉移到新技術的解決方案來應用呢？

「魔法講盟」擁有出版集團和培訓機構等，所謂一條龍的知識服務，對講師師資部分可以有能力透過幫講師出書與影音自媒體打造其專業形象，也會提供大、中、小各類型的舞台讓其發揮，對學員而言可以透過專為其設計的教案達到最佳學習效果，並且透過一次繳費終身 100% 免費複訓（不用再繳交任何錢）認識其他想成功的同學，建立優質的人脈圈，

尤其在中國愛學習的高端人脈更是要透過學習而熟識，激勵、能力、人脈三者一體到位。

③ 核心團隊、顧問團隊及相關成員

顧問團隊成員是否長時間和核心團隊一起配合，或者只是為了行銷的目的而臨時整合在一起，顧問團隊成員知名度高不代表這個項目就一定成功，通常好項目的核心團隊成員，可能多少都小有名氣，可以從網路上搜索得知，看看這些人的過往經歷，以及在該項目中是否全職，核心技術人員的技術背景等等。

「魔法講盟」的核心團隊，是已經從事培訓多年的團隊，從之前的王道培訓系統完整移轉到魔法講盟，從課程安排、課程設計、教案出版、師資培訓等等，都是擁有豐富經驗的團隊，課程總策劃更是由擁有三十餘年出版經驗，和數十年培訓經驗集一身的王晴天博士操刀，加上許多優秀的講師群共同主講，教案的設計更是以國際級的標準來編制。

④ 投資者

儘管有些赫赫有名的投資者在名單內，也並不代表這些投資者　定是百分百看好這個項目，有的或許只是所謂的乾股，他根本沒有出錢投資，是公司送他的，這樣好讓公司的股東名冊上好看，例如有郭○○、張○○等知名企業老闆或大型 VC，大家會想說他們都看好這個項目而投資了，應該是沒有問題吧！就像許多知名 ICO 加入者的幣都是公司送的，所以見到赫赫有名的投資者在名單內，就參考看看即可，不要盲於過度信任。

「魔法講盟」的投資者大多是上過 Business and You 與 WWDB

642 課程的學員們，他們對 Business and You 等國際級課程深具信心，當初一開始成立公司募資金額八百萬，卻溢收了三千萬，為什麼一開始的資本額不要設那麼高呢？因為一開始公司的定位就是輕資產而高成長，加上公司大部分的開銷資源都是低成本地借用采舍集團的資源（員工、辦公室、教室，辦公設備等等），魔法講盟所要付出的成本就不多了，王晴天董事長的心願就是要將魔法講盟推向知識服務業的盟主地位，所以才會傾盡所有的資源到魔法講盟，但是可貴的是王董事長擁有的股份並不是最多的，跟其他的股東比起來只佔少部分，王董事長他是希望可以讓魔法講盟的股東賺大錢，因為王董事長他自己已經很有錢了，能讓股東及弟子賺大錢是他最大的心願。

5 項目的獲利能力

簡單來說，股價是否上漲，上漲過程是否扎實，最重要的還是長期獲利能力，畢竟投資人買進股票當股東，就是想要獲得滿意的回報，包括配息和股價上漲利益，而這一切和基本面絕對相關，除了產業趨勢外，個股財報同樣是觀察重點，一家公司的獲利能力、管理能力，財務狀況健康與否，獲利模式與體質的變化，都會在財務報表中呈現出來。

「魔法講盟」從 2018 年 01 月 01 日正式成立，逐月申報的 401 表呈現大幅度地往上飆升（401 報表，其實就是「營業人銷售額與稅額申報書」的簡稱，在現行的制度下，一般從事買賣業的公司，在單月月初會向稅務主管機關提出申報，看看是否需要繳納營業稅之用，再簡單說明，就是看公司在當期（一期兩個月）的銷項營業稅—進項營業稅＝應繳納之營業稅），可參閱本書 P251 起檢附的相關報表。

6 看賺錢能力

評估該公司未來是否會賺錢，要看它用多少本錢來賺了多少錢，若所募集的資金比類似企業來得多，那麼就算彼此賺到一樣的錢，它的資本報酬率仍然較低，這是用做評估該公司是否有過度圈錢的風險；評估公司的營利點，它的使用者數量及收費機制是否合理，是否能夠達到預期的效益及收益？賺到的錢是否還需做後續其他的轉投資或購買後續資產？營利點是否能長期存在或僅是曇花一現？這些都攸關該公司的未來存續。

「魔法講盟」是從事知識變現的產業，邊際成本極低，毛利率很高的產業，未來更要結合資訊型產品行銷全中國及東南亞華人區域，長期的收益可觀。

7 看市場面

通常白皮書中會有市場現況分析，說明公司所面對的是否是紅海市場又或者是藍海市場，市場面只要不要太差，公司的獲利率都有可能很高的。當然，最終獲利率仍取決於該公司利基（Niche）之強弱與綜效（Synergy）之發揮。

「魔法講盟」主要的市場在中國，先前會以 Business and You 國際課程、區塊鏈和 WWDB642 系統以及密室逃脫創業訓練，四種課程為前驅，因為中國目前直銷市場蓬勃發展，但是缺乏傳直銷長期落地的經驗，換句話來說就是少了直銷的講師分享經驗，教導如何創造組織、倍增組織的方法，台灣在直銷這一塊已經歷經了五、六十年以上，在WWDB642 體系之下也創造出許多萬人團隊，這方面的經驗是中國所欠缺的，Business and You 國際級課程更是所有創業者、創新者、心靈成長者所需要的課程，重點是 Business and You 國際級課程，是由五位國

際級大師所先後加持過的，從富勒博士、彼得‧杜拉克、布萊爾‧辛格、羅伯特‧清崎、博恩‧崔西五位國際級大師先後參與的課程，魔法講盟將之全面中文化，並積極培養 Business and You 國際級課程的認證講師，每培育出一位國際級課程的講師，就等同幫魔法講盟打造一台印鈔機，而區塊鏈更是未來的趨勢。所以不論就 Niche 與 Synergy 兩個層面來說，魔法講盟都是非常具有競爭力的一家公司。

8 ▶ 看推廣面

如果公司的技術本身很好，但是幾乎沒有做任何的行銷，有時候再好的東西缺少了行銷，不一定能讓更多人知道並廣泛運用，這種公司的團隊很有可能就是純技術都不懂行銷的團隊，投資這種公司只能等待未來伯樂之出現，才可能有起飛的一天。

「魔法講盟」的推廣面，要從陸海空三軍＋海軍陸戰隊說起──

▶ 陸軍

舊有的王道增智會將近 500 位會員，加上逾百位的魔法弟子群們還有數百位的魔法講盟股東，及上過魔法講盟課程的學員，加起來數千位的人員大家共同推廣魔法講盟的課程。由於推廣者都是基於「信任感」而為的口碑營銷，轉介紹之效果極佳！

▶ 海軍

與雷神孵化器團隊＋多元商招生團隊＋矽谷幼龍團隊＋每年的世界八大明師＋亞洲八大名師＋不定期的講座共同招生。銷講氣勢磅礴，兩年

內僅憑會議營銷，魔法講盟即躍居台灣培訓界第一品牌！並得以向全球華人知識服務產業進軍。

▶ 空軍

臉書廣告、圖書雜誌廣告、關鍵字廣告、LINE 及微信行銷廣告皆有運作。台灣區前五名網銷大師團隊皆與魔法講盟在「空戰」中密切合作！

▶ 海軍陸戰隊

采舍國際集團為全國排名第二的圖書發行公司，每一本發行出去的書籍都會夾帶相關的課程DM，稱之為海軍陸戰隊，王董事長旗下於兩岸計有二十餘家出版機構，全面深入的良性置入性行銷亦長期施行中。

9　看有沒有務實做事

如果公司一天到晚到處談論自家項目有多好，市場有多大，但卻沒有詳細描述項目開發或經營的現況，那麼這種公司團隊很可能就屬於只會誇海口畫夢的團隊，投資這種公司就要格外小心。

「魔法講盟」每年開課逾百場，從線上講座到實體的小舞台、中舞台乃至大型國際性的舞台都有，魔法講盟強調的是一步一腳印，而且根據潮流搭配教案不斷調整課程內容與方向，更依據講師的能力調整授課區域，從教案設計到師資培訓都踏踏實實地一步一腳印地前進著。

⑩ 看未來性

評估一家公司未來如何增值？是因為公司的客戶數增加，還是項目本身能夠帶來高額的利潤？最理想的情況是，公司的項目本身與公司的品牌要能深度結合，如果沒有深度結合的話，有時候即使項目本身成功，但是公司股價也不一定會大幅升值。所謂股價，其實就是將公司未來的盈利加總後的貼現值。

「魔法講盟」項目本身有獨特性，是市場上模仿不來的，加上魔法講盟是台灣最大的開放式培訓機構，與其他培訓機構不同的是，公司將提供舞台給我們培育出的講師，讓優秀的人才可以有所發揮，公司代理的 Business and You 與 WWDB642 等國際級課程，也可以透過培訓出的講師發光發熱，創造互利雙贏，不但講師能賺錢，公司也因為講師的授課而有持續性營收。

以上十點魔法講盟都有其優勢特點，所以魔法講盟絕對是你 ESBI 象限裡的 I 象限，幫你創造以錢賺錢的被動收入以及未來倍增投資的一個非常好的投資項目之一。

看白皮書
看核心技術
看團隊及顧問
看投資者
看市場面

投資項目

看賺錢能力
看項目融資量
看推廣面
看有無務實做事
看未來性

毛澤東曾問喜饒嘉措大師：「佛教說人有輪迴，怎樣才能讓人相信呢？」

大師問道：「今天你能看見明天的太陽嗎？」

毛澤東：「看不見」

大師又問：「那你相信明天會有太陽嗎？」

毛澤東笑著說：「我明白了！」

人生總是，先相信，後看見！有時候相信才是最大的人生成本。

微軟的比爾‧蓋茲與合夥人艾倫，當他們在雜誌上看到第一台個人電腦介紹時，欣喜若狂，因為他們知道他們的機會來了，那時候他們就認為軟體才是電腦真正的利潤來源。後來接到 IBM 的訂單，製作出電腦開機系統內的 DOS，之後又研發出 WINDOW3.0，WINDOW95，WINDOW98 取得了電腦開機系統的控制權，成為世界首富，他們靠的是什麼，答案是預見力。

Google 現在已經是搜索引擎龍頭業者，股票一股將近 1000 多美元，還一股難求。在剛創業時，他們因為付不出房租，房東好心地建議，用股票來扣抵房租，但兩位創業夥伴，始終不願意，因為他們相信他們研發出來的搜索系統，一定會成功，事後證明他們是對的，他們靠的是什麼，答案就是預見力。

要先相信才有力量

「成功的人是因為先相信所以才會看見，但一般人卻是要看到，才會相信這就是兩者最大的不同，成功的人在完成夢想前，腦海中都有一個畫面，而他們只是把腦海中的畫面實現而已，但一般人卻無法相信看不到的東西，一定要眼見為信，因為腦海中沒有畫面，所以當他們看到別人完成夢想，取得巨大的成功之時，也只能用羨慕或妒忌的心情來看待，辯稱是因為他們運氣好、時機好、有個有錢的老爸，或本身才華洋溢，而自己沒有這些條件。但真是如此嗎？資訊社會現在最需要的就是創新，要先在腦海中不斷地想像一個畫面，然後試圖將它實現、落地。

但如何能夠想出好的創意呢？二次諾貝爾獎得主蘭納斯包林博士曾說：「好創意的來源，就是必須先有 1000 個爛創意，才會有一個好的創意。」但關鍵不是你有沒有創意，而是你相不相信你會成功？當你相信你會成功，你才會想辦法努力去實現它，而不是看到別人成功，才相信這件事會成功，因為當你看到別人成功的時候，通常這件事情就不是機會了，

因為機會永遠是給先相信才成功的人，而不是看到別人成功，才會相信的人，「先相信，再讓它被看見。」在達陣成功的路上必然艱辛，唯有從心相信，才能讓夢想成真，財富的累積也亦然。

Topic 6 趨勢創造巨富

人最大的成本並不是金錢而是時間，趨勢一旦過了就永不復返，1998 年，面對 100 萬美元收購 Google 的交易，雅虎拒絕了。2002 年，雅虎覺得還是收購 Google 比較好，開價 30 億美元，Google 還價 50 億美元，雅虎放棄。

2006 年，雅虎提出以 10 億美元加股票收購 Facebook，適逢 Facebook 內憂外患，雅虎隨即又把價碼縮水到 8.5 億美元，感到不被尊重的祖克伯在董事會上當眾撕掉了協議書；2008 年，微軟帶著 400 億美元現金希望收購雅虎，雅虎內部在討論了數月之後，拒絕了微軟；2016 年：雅虎以 46 億美元價格賣給了 Verizon。

每個人的人生都會有三～六次的翻身機會，就在於你有沒有把握住，我記得在我國中國小的時候，那時候賺錢的趨勢是股票市場，還記得有一本書《理財聖經》，作者是黃培源老師，在那個股市當道的時機，「隨時買、隨便買、不要賣」這九字訣是投資股票的標準，在當下來看的確沒有錯，因為當時的趨勢就是股票市場，隨著股票市場漸漸退場之後，緊接而來的就是房地產，許多人靠買房致富，因為那個時候還沒有所謂的奢侈稅以及房地合一稅，買一間房子還沒過戶到你的名下就又可以轉賣出去了，甚至去搶個預售屋的紅單，只要過一天的時間賣出去就可以賺取十萬元的差價，目前房地產在幾年前也已經不再是投資趨勢了。

先知先覺創造機會

如今正是區塊鏈的世代，區塊鏈乃是物聯網的升級，區塊鏈並不是橫空出世，而是由互聯網→大數據→ AI 人工智慧→區塊鏈一個一個科技世代堆疊而來的，從歷史的角度來看，人類從農工業時代發展了數百數千年，改變比較劇烈大概是從工業革命之後，所以那個時代的趨勢就是重資產的世代，誰擁有最多的重資產誰就是贏家，所以那個時代的世界首富就是鋼鐵大王安德魯‧卡內基。從農工業時代進化到電腦世代，這時候誰擁有電腦裡面的技術誰就是贏家，所以當代的世界首富就是微軟的比爾‧蓋茲。從電腦世代又演進到手機時代，這時候講求的是平台，誰擁有最大的平台、最快速的服務誰就是贏家，所以現在的世界首富就變成了：亞馬遜的老闆貝佐斯。

現在正從手機時代邁向區塊鏈時代，《2018 胡潤區塊鏈富豪榜》比特大陸 39 歲的詹克團以財富 295 億元成為「區塊鏈大王」，今年中國「85 後」和「90 後」白手起家新首富均出自區塊鏈領域，也來自比特大陸，分別是財富 825 億的吳忌寒和財富 34 億的葛越晟，幣安、OKCoin 和火幣的創始人均位列榜單，數字貨幣交易平台幣安 41 歲的趙長鵬以 750 億位居行業第三，主營礦機的最多，占三分之二；其次是數字貨幣交易平台，北京是區塊鏈富豪之都，有 8 位居住於此；其次是杭州，有 4 位；上海和美國各有 1 位，平均年齡不到 37 歲，是百富榜上最年輕的行業，公司平均創立 5 年，區塊鏈行業成為胡潤百富榜上成長最快的行業，在之前發布的《胡潤百富榜》

上，第一次有區塊鏈相關領域上榜者，便有 14 位。

胡潤表示：「全球還沒有一個真正的區塊鏈行業上市公司，今年是區塊鏈元年。雖然有借殼想上市的火幣和 OK，有提交港交所想上市的比特大陸，提到區塊鏈，大多數人能馬上想到比特幣和以太坊，當我們細分這個行業以後，看到以礦機為主業的最多，交易平台居第二。

在區塊鏈領域找到 14 人財富超過 100 億，可能還遺漏 50 多人，比我們百富榜上遺漏掉的人數比例要高，主要原因是很難找到虛擬貨幣的真正所有者，但可以看到，比特幣價格從 2017 年 12 月最高峰已經下降了70%，很多原來有資格上榜的人現在已經排不到，我相信三年內憑藉區塊鏈上我們榜單的會有上百人，區塊鏈行業是一個頗受爭議的行業，主要受到空氣幣炒作等行業亂象的影響。但是，區塊鏈技術應該會對未來產生深遠的影響。

任何一次財富的締造必將經歷一個過程：「先知先覺經營者；後知後覺跟隨者；不知不覺消費者！」而你還在不知不覺嗎？快跟上區塊鏈這個未來的趨勢吧！

選擇比努力重要？

　　選擇比努力重要，真的是這樣嗎？早期我從事保險業的時候，前輩們常常跟我們說選擇比努力重要，當時聽到這句話覺得非常有道理，但是經過了人生許多的磨練之後體會到並不是那麼精準，怎麼說呢？

　　選擇當然比努力來得重要這點我很認同，但仔細深究其中有貓膩的部分在於「選擇」，我舉個例子來說明你應該就能理解我的想法，例如我們今天要從台北去高雄旅行，有以下的交通工具讓你選擇，第一是用步行的方式前往高雄，你必須要走個十幾天才能從台北走到高雄。第二是學柯文哲市長騎兩天的腳踏車，很拼命地從台北騎到高雄。第三則是開六小時的車從台北到高雄。如果給你的選擇只有這三種你會選擇哪一種呢？

　　我常常在課堂上問我的學員這個問題，從來沒有人會選擇用走路的方式從台北到高雄，大部分都是選擇開六個小時的車從台北到高雄，但是通常會有人跳出來說三者我都不要，他們想搭高鐵從台北到高雄只要一個半小時，但是我會跟他們說：「你們的交通工具的選項裡面並沒有這個選項」，看出問題點了嗎？

　　「選擇比努力重要」這固然是百分之百正確的，重點是你可以選擇的縱然有千百種也比不上最好的只需要一種，從以上這個例子來看，會選擇搭高鐵的學員是因為他知道有這個交通工具，如果學員當中沒有人知道有高鐵這個便利又快速的交通工具可以迅速到達，那他們也只能從三個選項中選出最好的一項。

如同我們投資一樣，不管是透過學習來投資我們的大腦，又或者是實質的投入金錢來做投資，以前我創業過很多的行業，都自以為是不錯的事業，直到我接觸到更多的行業之後，才知道之前可以選擇創業的選項是如此地差，很多人現在選擇投資學習、投資大腦，並且花了許多的學費去學習如何買賣房子，教你怎麼買下二、三十年老舊公寓，再重新裝潢成套房出租，或是教你如何買賣法拍屋，或是教你如何投資農地，這些項目並不是說不好，而是房地產這個趨勢已經過去了，最佳的時機已經過去了，等你學會了，競爭對手也學會了，自然導致市場環境變不好。而且要投入的資金多、回收的速度也很慢，加上法律的規範，所以要從房地產中間獲大利已是很困難的事了。

　　因為趨勢可以創造財富，現在已經是區塊鏈發光、發熱的初期，很多人不懂區塊鏈，被媒體的錯誤報導框架限制住，認為區塊鏈就是虛擬貨幣就是騙人的，所以內心就排斥區塊鏈，殊不知現在世界在短時間產生的巨富，都是透過區塊鏈這個行業項目達成的，幣安的老闆趙長鵬只花了六個月的時間就賺了 589 億，從默默無名的小卒到榮登《富比士》雜誌封面的傳奇人物，就是靠這區塊鏈的趨勢，如果趙長鵬當初創業的選項裡面沒有區塊鏈這個選項，相信他不會有如今的成就，所以選擇的確比努力重要！但其中的選擇其實是非常重要的，你一定要擴大你的工作半徑以及交友半徑，你才可以看到許多不同的產業，重點是你一定要借力學習。

借力學習

　　什麼是借力學習呢？

　　簡單來說就是參加各種培訓課程以及各種發表會。培訓業主要有三大顯學，第一是提升能力、第二是成功激勵、第三是人脈，能力就是參

加教你技能的課程，例如學英文、日文、德文又或者是教你商業技巧、談判、銷售技巧等等。激勵就是如同安東尼‧羅賓老師的課程，不斷地激勵你認為自己是最棒的，提升自信心與正能量。人脈也就是如同大家所知的 EMBA 課程，那些大老闆企業家們，其實都是去交朋友，那在這邊我也順便推薦一下魔法講盟的一個國際級的課程 Business and You，這套課程是結合了培訓的三大顯學能力、激勵、人脈，在 15 天的課程當中全部給了你，透過學習再去擴展你的選擇項目，有時候我們在三樓看的風景以及遠景，一定與十樓的人看的風景與遠景有所不同，所以我們必須提升自己能力才有辦法有更好的選擇機會，而學習就是最佳途徑。

使用權 VS 擁有權

在我們既有的認知裡面，總是認為真實擁有一樣資產是最重要的，例如租房子和買房子，實際上都是住在房子裡，使用房子的空間，兩者並沒有什麼不同，最明顯的不同就是房屋權狀上的名字是不是你。有的人為了要有擁有權，犧牲了人生大部分的歲月來償還房貸，也因為每個月有固定的房貸壓力，所以有好的機會或是有風險性的挑戰對他來說就是不能去做的，最後失去了致富翻身的機會。

之前在網路上看到一個真實的故事感觸良多，故事是這樣子說的，有一個跨國企業的 CEO，嚮往在海邊有個渡假的別墅，於是他貸款買下海邊一棟景觀大別墅，因為每個月都必須還房貸，使得他更加勤奮地工作賺取更多的獎金，一年 365 天頂多也只有 35 天可以待在別墅裡面，即使人在別墅裡面也沒有辦法放鬆、好好享受，因為他無時無刻都在擔憂案子的進度，片刻都離不開手機以便掌握最新的訊息，每次回來別墅便匆匆忙忙住一晚之後一早就離開。他有請一個打掃的阿姨幫他維持別墅的整潔，那個阿姨一天上班的時間是 8 小時，但是因為主人很少回來的關係，環境都維持得很好，所以每天打掃阿姨只需要花一兩個小時的時間便可以完成，剩下的六個小時就泡杯咖啡坐在別墅外頭的大躺椅上，吹著海風、聽著音樂、看著無敵海景，悠閒地享受眼前的一切，你看出問題了嗎？

這位 CEO 是擁有別墅的擁有權，而清潔的阿姨則是擁有別墅的使用權。我們再想一想，很多窮人戰戰兢兢地辛苦工作，把每個月省東省西辛

苦存下來的錢存入銀行，而那些富人則是跑去銀行，把一群窮人存入銀行的辛苦錢借了出來，利用這一大筆錢去創業、開公司，再找一群窮人來為他工作，這群窮人在為他工作的時候，一樣是每個月辛苦存下薪水存入銀行，富人再去銀行借更多窮人存的錢出來擴展他的事業，因為擴大企業的關係又需要更多的窮人來為他工作，這樣子循環下去企業自然越做越大，所以我們看那些跨國的大企業，他們的公司員工少則幾萬人多則數十萬的到上百萬人皆有，乍看之下那些企業家的老闆們是非常有錢的，但是每每到繳稅的季節，他們就必須把名下的股票拿去賣或是質借換取現金，用來繳交龐大的稅金，所以有一句話說，越成功的企業家欠銀行越多錢，不欠銀行錢的人通常都是窮人，因為企業家知道他要的是金錢的使用權而不是擁有權。

我們的觀念一定要隨著時代而改變，有時候為了擁有權真的沒有必要付出龐大的金錢去取得，這樣往往就被龐大的金錢綁架而無法大顯身手，這世間上沒有一樣東西是永遠屬於你的，包括你最愛的人、你的孩子，甚至你的財富、你的身體，最後也會回歸塵土。世間的一切我們只有使用權而非永久擁有權，世間的一切都是借給我們用的。

這世界上最大的地主是誰？答案是中國共產黨！因為中國土地的所有權都是黨的！但是只有「使用權」，就使中國產生了百萬名千萬鉅富！覺醒吧！

人無股權不富的迷失

最近看到網路上流行一段視頻，是關於採訪一位阿里巴巴公司創業初期打掃衛生的阿姨，馬雲剛開始騎著自行車到處遊說人投資阿里巴巴，沒人願意，而這阿姨就是簡單的相信投了一萬，於是 2008 年拿到了 26 億，到 2016 年時這位阿姨可以分紅 316 億的短視頻。另外「滴滴打車」最早投資人在 4 年前投了 70 萬，如今回報遠超 35 億！於是這陣子就流行一句話「人無股權不富」，可是你瞭解什麼是股權投資嗎？真的是人無股權不富嗎？

在談「股權」之前，有關私募股權投資的一系列相關概念，我們需要搞清楚：

私募股權基金（PE）

私募股權基金，又指私募股權投資，也就是我們常說的 PE，是根據投資領域劃分的，私募股權基金投資的是未上市公司的股權，是對未上市企業進行的權益性投資。主要是通過未來上市流通收回投資收益和成本，或者通過上市公司的收購實現退出。

股權私募的盈利點，主要就是一級市場和二級市場之間的價差，IPO 火熱對一級市場的帶動作用很大。

天使投資（Angel）

　　大多數時候，天使投資選擇的企業都會是一些非常非常早期的企業，他們甚至沒有一個完整的產品，或者僅僅只有一個概念。而天使投資的投資額度往往也不會很大，一般都是在 5 ～ 100 萬這個範圍之內，換取的股份則是從 10% ～ 30% 不等。大多數時候，這些企業都需要至少 5 年以上的時間才有可能上市。

風險投資（Venture Capital）

　　一般而言，當企業處於創業初期階段，比如說雖然已有了相對成熟的產品，或者已經開始了銷售，但尚未形成市場規模，也沒法產生大量的現金流；天使投資那會兒的 100 萬資金對於他們來說已經猶如毛毛雨，無足輕重了。因此，風險投資成了他們最佳的選擇。一般而言，風險投資的投資額度都會在 200 萬～ 1000 萬之內。少數重磅投資會達到幾千萬。但平均而言，200 萬～ 1000 萬是個合理的數字，換取股份一般則是從 10% ～ 20% 之間。能獲得風險投資青睞的企業一般都會在 3 ～ 5 年內有較大希望上市。

投資銀行（IB，Investment Banking）

　　他有一個我們常說的名字：投行。一般投行負責的都是幫助企業上市、重組、兼併收購，還有證券發行、承銷等等，然後從成功融資後的金額中，收取一定的手續費。

MA（Mergers and Acquisitions）

　　即企業併購，包括兼併和收購兩層含義、兩種方式。國際上習慣將

兼併和收購合在一起使用，統稱為 MA，儘管這兩個詞經常作為近義詞連在一起出現，兩個詞義之間還是有細微的差別的。

收購（Mergers）

當一個公司接管了另一個公司，並作為新的所有者確立了自己的統治地位，那麼這樣的行為被稱之為收購。從法律的角度上來說，被收購的公司已經不存在了，收購者吞併了其業務而繼續存在於股份交易市場上。

兼併（Acquisitions）

嚴格意義上來講，兼併發生在兩個實力相當的公司，強強聯合達到資源整合。雙方達成協議成立一個新的公司來取代原來兩個公司單獨運營。這種情況更精確地被稱為「對等兼併」。原來兩個公司的股份將會被新公司的一支股份替代。例如，戴姆勒·奔馳和克萊斯勒兼併成為新的戴姆勒·克萊斯勒公司。

MA 與天使投資、PE、VC 的關係有哪些？

併購基金目前多出現在成熟市場，屬於私募股權投資（PE）中的高端，也是目前歐美成熟市場 PE 的主流模式。與天使基金和 VC 不同，併購基金選擇的對象主要是成熟企業，而天使基金和 VC 主要投資於創業型企業；傳統的併購基金旨在獲得目標企業的控制權、謀求對企業的管理權，而天使基金、VC 以及狹義的 PE 則以參股形式存在、較少參與企業的日常經營管理。

投資市場有分為一級、二級、三級、四級市場，早年我們投資二級

市場的時候，無論是買股票、買基金、買外匯，市場都會提供一個公開的交易平臺和清晰的波動價格，供我們做出買入或賣出的決定。稍微專業些的投資者，也可以根據基本面和技術面的分析，做出更理性的判斷。而一級市場則不然，散戶們對自己資金的投資去向、所投資項目的實際虧損和收益，根本無從追蹤，更無法根據市場的變動，去檢驗自己的投資，或者做出終止的決定。某些產品所謂的投資一級市場，無非是藉一級市場之手，借著知名投資公司之背書，將包裝精美的「價值投資」產品，賣給了錢多人傻的個人投資者。那些背書人，確實有非常輝煌的投資戰績，我們也都在網路上查得到他們的名字，無非是因為他們「成功過」。但我們不知道的，是他們究竟投資了多少個項目，才成功了這一個；而你購買的這款產品，所投資的這些項目，又到底是這些投資公司成功機率裡的分子，還是分母呢？大部分投資者，無非是懷著坐等上市，收益翻倍的憧憬，在漫長的等待中漸漸麻木甚至淡忘，只記得自己有一筆很「高級」的投資，反正說是會賺很多倍。

股權投資的風險

這年頭，幹啥事都有風險？借出的錢，對方都有不還的風險！更何況做股權投資！

如果真得論風險這回事，我們無時無刻處於風險當中，任何投資均有風險！中國有句古話「不入虎穴，焉得虎子」，那股權投資一定是入虎穴嗎？

作為個人股權投資者，如果你沒有敏銳的投資眼光並不善於做股權投資，看準一家好的私募基金公司幫你做投資也是一個不錯的選擇。如果基金公司框架紮實，風險控管機制完善，運作流程規範，管理人員實務操

作經驗豐富，風險是可以規避的。現在最常見的一種規避風險的方法是「雞蛋不放在一個籃子裡，籃子不放在同一個地方」，也是廣大投資者容易理解的一種方法。比如，某投資者購買某基金公司 100 萬的私募股權投資基金，這家投資機構怎樣分配這 100 萬的投資基金呢？首先投資機構會從眾多的行業、企業選出多家優質企業去投資，投資者的這 100 萬，會根據相應的比例分配給不同行業的優質公司 A、優質公司 B、優質公司 C……任何一家基金公司都無法保證投的每家優質企業都一定會賺錢，即使投資的那些公司不幸賠了，但賠的金額是固定，只是當初投給的那些公司的固定資金，但如果所投的其中幾家公司賺了，就不僅彌補了當初虧損的本金，更會有不菲的額外收益！因為股權投資的利潤是非常可觀的！這也是股權投資吸引人的地方！

目前市場上可以被找到的大額資金，似乎已經越來越少了。於是，機構便將雙手伸向了無知的散戶，通過很多三方的財富公司，代銷私募股權類產品。這機構和財富公司在接過這塊「豬肉」的時候，手上都沾滿了豬油，而最終購買這塊豬肉的人，是那些相信「人無股權不富」的普通投資者。

至於 5 ～ 8 年之後，這塊豬肉會變成一塊價值高昂的「伊比利亞火腿」，還是最終變得腐爛惡臭不得不丟掉，對於包裝它的機構和銷售它的財富公司都不重要了，畢竟投資有風險這件事，已經在 5 年前寫進了那合約裡了。而當年賣你產品的銷售人員，可能早已在你的幫助下，早你一步實現了財務自由。我並不是否定私募股權類的產品，而是在如此亂象叢生的投資市場裡，個人投資者最穩妥的策略，就是四個字「看懂才投」。

「魔法講盟」經營的內容公開透明，在本書的第四篇、第五篇均有

詳細的介紹說明，一定讓您看得清清楚楚、明明白白的。

一級市場

金融市場中的一級市場，是政府或企業首次發售證券給最初投資者以籌集自身發展所需資金的地方。通常，一級市場的交易過程是不公開的，交易一般通過「投行（投資銀行）」角色來進行媒合的。

投行屬於非銀行金融機構，主要從事證券發行、承銷、交易、企業重組、兼併與收購、投資分析、風險投資、項目融資等業務，是資本市場上的主要金融仲介，也是一級市場上協助證券首次售出的重要金融機構。投資銀行可以確保政府或公司發行的證券（股票、債券）能夠按照某一價格銷售出去，之後再進一步向公眾推銷這些證券。

通過一級市場，發行人籌集到了企業發展所需的資金，而投資人則擁有了公司的股票成為公司的股東，實現了儲蓄轉化為股權投資的過程。天使投資、PE、VC 大多在一級市場，如馬雲把阿里巴巴股份賣給孫正義、馬化騰把騰訊股份賣給李澤楷，然後募集企業發展資金，這就是一級市場。

在西方國家，一級市場又稱證券發行市場、初級金融市場或原始金融市場。在一級市場上，資金需求者可以通過發行股票、債券取得資金。在發行過程中，發行者一般不直接與購買者進行交易，需要有中間機構辦理，即證券經紀人，所以一級市場又是證券經紀人市場。一級市場形成了資金流動的收益導向機制，促進了資源配置的不斷優化。

二級市場

二級市場是有價證券的交易、流通場所，以已經發行的有價證券為

買賣對象。台灣證券交易所、上海證券交易所、深圳證券交易所都屬於二級市場。二級市場是任何二手金融商品的交易市場，可為金融商品的最初投資者提供資金的流動性。這裡金融商品可以是股票、債券、抵押、保險等。

二級市場在新證券被發行後即存在，所以有時也被稱為「配件市場」。一旦新發行的證券被列入證券交易所裡，也就是做市商開始出價和提供新證券之後，投資者和投機客便可以比較輕易地進行買賣交易。各國的股票市場一般都是二級市場。

二級市場維持了有價證券的流動性，使證券持有者隨時可以賣掉手中的有價證券，得以變現。也正因為為有價證券的變現提供了途徑，所以二級市場同時可以給有價證券定價，來向證券持有者表明證券的市場價格。

一級市場和二級市場的關係

一級市場（發行市場）是二級市場（流通市場）的基礎和前提，證券進入二級市場必須先經過一級市場。

一級市場決定二級市場的規模和價格。一級市場的規模決定二級市場的規模，影響著二級市場的交易價格。在一定時期內，一級市場規模過小，容易使二級市場供需脫節，造成過度投機，股價飆升；發行節奏過快，股票供過於求，對二級市場形成壓力，股價低落，市場低迷，反過來影響發行市場的籌資。

二級市場為一級市場提供獲利空間，二級市場（流通市場）是一級市場（發行市場）得以存在和發展的條件。如果沒有二級市場的存在，一級市場成交的股票就會鎖死在股東手裡，股東沒辦法通過轉售獲利，就不

會有人願意去一級市場認購股票成為股東，一級市場會成為一灘死水。

所以，發行市場和流通市場是相互依存、互為補充的整體。

三級市場

是指那些已在正式的股票交易所內上市的股票，但其買賣卻在股票交易所之外進行的市場。

四級市場

是指大機構和富有的個人之間，繞開通常的證券經紀人，彼此之間利用電子通信網路直接進行的證券交易。

簡言之用一種「特色」理解是，一級市場是發行市場；二級市場是交易市場，如上交所、深交所；三級市場是未上市股票；四級市場是個別交易市場。當然了，對於廣大普通投資者來說，主要的戰場還是在二級市場。

獨角仙變獨角獸企業的估值內幕

什麼是獨角獸企業？

獨角獸（Unicorn）原為希臘神話中一種傳說生物，外型如白馬，因頭上長有獨角，加上雪白的身體，是稀有的物種，更被視為純潔的化身。

2013 年，美國 venture capital fund 創辦人 Aileen Lee 以獨角獸的概念來代表市值達 10 億美元的新創公司（start-up），意謂著這些企業在投資市場上相當稀有。爾後，「獨角獸」一詞的概念隨即被媒體廣泛運用，主要用來形容市值預估達 10 億美元以上的企業，例如 Uber、螞蟻金服、抖音、Alibaba 等。

獨角獸企業的主要特徵包括成長極為快速，而且是創投資金樂於投資的公司。這類企業在尚未獲利前，會先將公司發展到一定規模，並在佔有一定市佔率後，轉向專注在公司的獲利上。

在各大財經媒體的分類中，獨角獸企業可再依其財務狀況及掛牌進度分為未掛牌、已被併購、IPO 等等類型。

此外，若新創公司市值達 100 億美元，又被稱為十角獸公司（Decacorn）、1,000 億美元以上則被稱為百角獸（Centicorn）。

風險投資數據網站 CB Insights 近日發布最新的全球獨角獸創企榜單。據統計，截至 2019 年初，全球獨角獸創企共計 315 家（台灣一家都沒有），估值總計約 1058 億美元。

根據胡潤研究院發布《胡潤大中華區獨角獸指數》，2018 中國「獨

角獸」（估值 10 億美元以上企業）由 120 家增至 186 家，平均每 3.8 天就誕生一家新獨角獸，新增 97 家獨角獸的估值總和為 1.2 兆元人民幣（約 5.4 兆台幣）。

2018 年中國多了 97 隻獨角獸，以網路金融為大宗，報告中指出，大中華區獨角獸指數上榜的 186 家獨角獸企業的估值合計逾 5 兆元人民幣（約 22.5 兆台幣），以城市區分，北京擁有 79 家獨角獸，比重達 42.5%，仍是大中華區獨角獸企業最多的城市；上海和杭州分列第二及第三，獨角獸企業數量分別為 42 家和 18 家；深圳則以 15 家名列第四。

紅杉資本、騰訊以及 IDG 是獨角獸背後的三大投資人。去年，騰訊以及阿里巴巴在過去一年時間裡都在加快擴張速度，並在雲計算、實體零售、娛樂等行業投資或創立企業。

去年中國產生的 97 隻獨角獸，涵蓋的產業遍及消費者互聯、網上購物及電動汽車等各個產業，其中，網路金融獨角獸以總估值超過 1.6 兆元人民幣，高居各產業之首。

儘管去年大中華區平均每 3.8 天就誕生一隻獨角獸，但值得注意的是，去年 12 月僅誕生 11 個獨角獸，低於前三個月均值三十多個。

由於估值偏差、科技新創企業的投資力度減少、擔心金融風險的北京政府嚴格管理網貸供應商，以及加密貨幣市場發展未達到預期，阿里巴巴集團的副主席蔡崇信發出預警，新創企業估值失真，也許會在未來六到九個月內下滑，並點名共享單車等新創產業發展過熱。

根據胡潤研究所的數據，加密貨幣挖礦北京比特大陸科技有限公司以 500 億元的估值榮登新獨角獸榜首；網貸供應商以及電動汽車製造商的估值也非常可觀，例如小鵬汽車。

White Paper

台灣有獨角獸嗎？

很遺憾「獨角獸」目前台灣一隻都還沒有（獨角仙倒是很多），很多人不知道，東南亞共有十隻獨角獸，其中印尼就佔了四隻，包括 Go Jek、Tokopedia、Traveloka、Bukalapak。可說是除了美國和中國之外，印尼是養出最多獨角獸的單一國家。

「這是最好的時代，也是最壞的時代！」是英國大文豪狄更斯著名小說《雙城記》的開場白，恰好貼切形容這波新科技帶動下的創業熱潮，其中「引外、出海（指雙向國際鏈結）」是最夯的關鍵詞。

這兩年，台灣更積極地引進國際氛圍，尤其是「加速器」，為台灣新創圈導入新活水。能吸引國際創新團隊願意留在台灣，訓練過程中都以英文作為主要溝通語言，等於把國際新創場域搬到台灣來。國際加速器的引進，就是將兩邊人脈、金流到市場客戶等，一條龍的新創資源鏈結起來，進一步與國際新創人脈交流，而非自己鎖在島內。

國外加速器除了協助公司經營內容、商業模式基本專業，甚至針對募資簡報給予指導，打造客製化內容，而不會讓同樣格式的簡報出現在投資人面前。

值得注意的是，台灣過去因市場小而不被國際創投特別注意、一隻獨角獸（指估值十億美元以上的新創企業）都未孵出的台灣，這兩年也開始吸引國外資金。像是二○一五年底成立的阿里巴巴台灣創業者基金，成立規模為新台幣一百億元，目前分別由美商中經合集團和中華開發創新加速器所代管，主要支持台灣創業者開拓事業和建立新創生態系，目前約投資三十家台灣新創公司。這是新創圈內重大改變，讓台灣新創團隊不至於在草創期就斷糧陣亡。

除了阿里巴巴，其他國際大廠近期也紛紛來台，雲端龍頭 Amazon

Web Services（AWS）宣布，大中華區首座物聯網實驗室將在台北開幕，希望透過與台灣人才、新創團隊技術交流，對台灣新創團隊也是一劑強心針。

而「國發基金」也已經公告鬆綁「創業天使投資方案」申請條件，經審議會同意可免天使投資人搭配投資，且投資上限從一千萬元提高至二千萬元，並刪除國發基金參與投資持股比率。對於外界關注台灣何時出現第一家新創「獨角獸」，近一、兩年第一家獨角獸是有機會誕生。

國發基金「創業天使投資方案」推出以來，已審議十六家新創申請，並通過投資十一家新創事業，通過比率達六十八‧七五％，投資產業包括電子科技、電子商務、生技醫療及其他休閒娛樂產業；國發基金通過投資金額約九八一七萬元，民間天使投資人搭配投資金額約八九〇二萬元，合計一億八千七百多萬元，看好今年台灣出現第一家新創獨角獸。

那麼，台灣到底有無能力孵育出獨角獸？而獨角獸又到底會藏在哪裡呢？

在新經濟體系下極有可能以 5G、AI、互聯網、區塊鏈、AR/VR、數位社群媒體等基礎之上的新經濟服務平台公司。

早期台灣的環境較為艱困及保守，以代工製造和中小企業經濟體為主，僅能為自身經濟紮根。但也因為這樣的環境造就台灣紮實的 IT 硬功夫，以及令全球市場驚艷的工程研發技術和人才，但這些仍是屬於舊經濟體系，新的科技金融應該是以過往累積的實力為基礎，進一步發展成應用平台的經濟，而新經濟體系的獨角獸都是瞄準特定客群，從趨勢來看，台灣是很有機會的。

目前潛在獨角獸很有可能是區塊鏈或是提供軟服務的公司，用區塊鏈去中心化的思維以及用軟技術發展產品，打造垂直市場的生態服務，並

採以精實創業與在當地招募國際人才的營銷模式，同時引進國際創投資金，協助國際鏈結，佈局與進軍全球市場。

全球數位匯流趨勢下，加速引領網際網路的創新與數位技術應用的逢勃發展，都是基於人工智慧（AI）及區塊鏈的新創公司，都具獨角獸面相的新創企業的特徵。那麼，可能成為獨角獸企業的特質有哪些呢？

我認為最重要的就是解決市場痛點，尤其是以往都無法解決的最大痛點，區塊鏈為解決市場痛點的代表，以往人類最大的痛點也是花最多成本都是為了解決信任的問題，而區塊鏈技術做到了，接下來才是國際鏈結、布局全球。

而台灣某些新創公司具有獨角獸面相的特質：

- 第一：對市場發展趨勢敏感度很高，深切了解市場痛點所在。
- 第二：懂得利用台灣的軟硬體優勢，並招募國際人才，強化能適應不同市場的戰鬥力。
- 第三：用區塊鏈及社群媒體、打造平台經濟，且提供全球服務。
- 第四：創辦人都有強烈的個人企圖心且擁有高度國際視野，以全球市場為目標運營。
- 第五：引進國際創投資金，利用其協助拓展國際鏈結，並提升團隊的視野與格局。

許多人認為台灣市場小，怎麼可能有獨角獸企業的誕生，但是獨角獸是無關市場大小，關鍵是能否解決客戶痛點。研究機構切片智慧（Slice Intelligence）指出，電商龍頭亞馬遜（Amazon）能崛起，是因 Amazon 是在全力解決客戶在購物中的痛點。

如今，在區塊鏈、大數據、穿戴科技、感測科技、人工智慧、運算能力等發展下，新高科技技術正驅動著醫療產業革命的發生；物聯網、

AI 則是 IC 設計業下一波大浪潮；而區塊鏈及 5G 時代來臨，許多 AI 大數據的新商業模式都更可行了，尤其是在共享經驗與少量多樣的客製化服務將被重新定義，全面迎接商機大爆發的時代。

獨角獸的估值問題

當獨角獸流血上市、一二級市場估值倒掛的時候，我們需要停下來想一想，也許這種倒掛是完全正確的，一級市場估值一直是一個黑箱，這些獨角獸在上市前，沒有人能夠確保它們像自己聲稱的那樣值錢（大多獨角獸可能灌了非常非常多的水）。

多數人將獨角獸在一級市場的高估值與二級市場的價值暴跌，歸咎於一二級市場不同估值邏輯體系的對抗，但外界獲得的估值數字多數是由公司本身，或 VC 投資人等利益相關方披露的。

目前風險投資行業對創業公司的估值方法存在重大錯誤，即用最新融資的每股價格乘以總股數的投後估值方法，正遭遇越來越多的質疑，因為這種方法誇大了估值數字造成比較重實質與價值面的二級市場打臉。

史丹佛大學商學院教授 Ilya A. Strebulaev 和英屬哥倫比亞大學 Sauder 商學院教授 Will Gornall 在其合寫的論文《Squaring Venture Capital Valuations with Reality》中，詳細論證了這一問題。

他們設計了一個未定權益的期權定價模型（contingent claims option frame work），並且針對 135 家獨角獸公司組成的樣本，將其不同等級股票的價值分拆，來評估真實價值。根據他們的測算，獨角獸的平均投後估值被高估了 48%，普通股價值被高估了 56%。

簡言之，某些優先股可能包含各種權益，例如，那些擁有優先清償權甚至兜底協議的股份，與其說是股權，不如說是債券，因此不能簡單用

其計算估值。

投後估值公式是如何被誇大

有沒有什麼辦法，能夠在不利環境下、以及不做假的情況下（比如把融資金額的貨幣單位從台幣偷換成美元），仍然確保創業公司的估值處於上升狀態？答案是有，公司只要讓後面進入的投資人享受一些特殊權利就行。那麼以更高估值進入的投資人是「愚笨的接盤俠」嗎？當然不是，這些特殊保護條款可以確保在不利狀態下，將其他股東的利益轉移到自己身上。與擁有單一類別普通股的上市公司不同，獨角獸們通常在每一輪融資時創建一個新的股權類別。

據史丹佛大學的研究，在 135 個獨角獸樣本中，平均每個獨角獸有八種股權類別，不同的類別可以由創始人、親友、員工、VC、共同基金、主權財富基金、戰略投資者等持有。這些不同類別的股權差別很大，往往擁有不同的現金流權益和控制權，後期輪次的投資者往往獲得的是享受各種特殊權利的優先股，其價值高於其他股東。

但在普遍使用的投後估值公式中，其計算方法往往非常草率，僅僅是將最新融資的每股價格 × 總股數，（總股數是含有各種特殊保護條款的優先股，和普通股混在一起的總和），抹去了這些股權種類的不同，只是簡單地乘以總股數。這意味著將投後估值（post-money value）等同於公允價值（fair value），造成了估值數字被誇大。

兩位教授從期權角度來分析這些權利。由於大部分後期投資者的股份都是含權的，比如在 IPO 不及預期時的回購、補償，這些優先股的價值是高於普通股的，因為本質來說它們包含了看跌期權。因此，投後估值公式中使用的「總股本」忽略了這些重要問題。

例如 Square（美國一家著名的移動支付公司，現市值為 30.7 億美元），2015 年 11 月 IPO 的價格為每股 9 美元，比 E 輪融資的價格低了 42%。2014 年 10 月 Square 進行了 E 輪融資，估值為 60 億美元。然而，E 輪融資價格之所以高，是因為 Square 給予了投資人大量合約保護，包括清算情況下每股價格不低於 15.46 美元、IPO 每股價格不低於 18.56 美元，否則 E 輪投資者會獲得補償。這兩項權利都高於其他所有股東。

在投後估值的計算公式中，享受這些權利的 Square E 輪股權，和之前的 A、B、C、D 輪股權相加在一起，變成總股本（3.88 億股），再乘以 E 輪每股價格 15.46 美元，得到投後估值 60 億美元。但其實這些股票都具有不同的現金流權利、清算權利、控制權和投票權。

$$\$6 \text{ billion} = \underset{\substack{\text{Series E}\\\text{Issue Price}}}{\$15.46} \times \left(\underset{\substack{\text{Common Shares}\\\text{and Options}}}{233 \text{ million}} + \underset{\substack{\text{Unissued}\\\text{Options}}}{19 \text{ million}} + \underset{\substack{\text{Series A}\\\text{Preferred Shares}}}{47 \text{ million}} + \underset{\substack{\text{Series B-1}\\\text{Preferred Shares}}}{14 \text{ million}} + \cdots + \underset{\substack{\text{Series E}\\\text{Preferred Shares}}}{10 \text{ million}} \right)$$

圖片來源：Squaring Venture Capital Valuations with Reality，Strebulaev and Gornall

在兩位教授建立的未定權益的期權定價模型中，考慮了不同股票種類的價值，得出 Square 的 E 輪融資公允價值為 22 億美元（Square 之後的 IPO 定價為估值 26 億美元），而不是投後估值的 60 億美元，高估率高達 171%。

下圖列示了 Square 的投後估值（PMV）和公允價值（FV），股價列（Share Price）分別按投後估值（PMV）和公允價值（FV）計算股價；最後一欄（△）代表投後估值公式誇大公允價值的百分比。

Security	Shares (m)	Share Price ($) PMV	FV	Class Value ($m) PMV	FV	Δ
Series E	10	15.46	15.46	150	150	0%
Series D	20	15.46	7.17	312	145	116%
Series C	18	15.46	6.23	275	111	148%
Series B-2	27	15.46	5.66	418	153	173%
Series B-1	14	15.46	5.65	215	78	174%
Series A	47	15.46	5.63	723	263	175%
Issued Common and Options	233	15.46	5.62	3,608	1,311	175%
Unissued Options	19	15.46	0.00	300	-	-
Total		15.46	6.00	6,000	2,211	171%

圖片來源：Squaring Venture Capital Valuations with Reality，Strebulaev and Gornall

　　在史丹佛大學研究中，兩位教授將他們的模型應用於 135 個美國獨角獸樣本，發現所有投後估值都誇大了公司的公允價值，平均來說被高估了 48%。但高估率的差別很大，高估程度從 5% 到驚人的 187% 不等。高估率最低的 10 家公司平均僅高估了 13%，但高估率最高的 10 家公司平均被高估了 147%。

　　樣本中獨角獸公允價值和投後估值總覽。幾項指標分別為：投後估值（PMV）、公允價值（FV）、PMV 誇大 FV 的百分比（ΔV）、PMV 誇大普通股股價的百分比（ΔC）。

	Count	Mean	St. Dev	25th pct	Median	75th pct
PMV ($m)	135	4,087	11,753	1,100	1,530	2,625
FV ($m)	135	3,239	10,104	785	1,020	1,802
Δ_V	135	48%	36%	25%	37%	59%
Δ_C	135	56%	49%	23%	41%	71%

圖片來源：Squaring Venture Capital Valuations with Reality，Strebulaev and Gornall

　　Square 的問題具有普遍性，這個高估的例子代表了行業慣例，VC 甚至共同基金都利用這一差別，誇大了投資組合的價值。如果用更為準確的計算方法，VC 的回報率會更低。

一半的獨角獸其實是獨角仙

　　成為估值 10 億美元以上的「獨角獸」企業意義重大，對於一家利潤不多甚至虧損嚴重的創業公司而言，在真正變大的同時，也需要營造一種變大的感覺，獨角獸地位配合著高速成長，對於品牌推廣和吸引人才頗為重要。

　　不過，在史丹佛大學研究中，兩位教授按照他們開發的未定權益的期權定價模型，重新計算了 135 個樣本獨角獸的公允價值，發現有 65 隻獨角獸的公允價值失去了獨角獸地位（不及 10 億美元）。這 135 隻獨角獸的平均投後估值為 41 億美元，相應的公允價值僅為 32 億美元，平均被高估了 48%，普通股的高估率更高，為 56%。最近一輪優先股股東擁有更強權利的獨角獸，被高估得最為嚴重。

　　下圖為獨角獸高估的分佈圖，顯示了主要樣本中獨角獸的高估率分

佈，ΔV 是投後估值／公允價值的百分比，反應了獨角獸估值被誇大的程度。

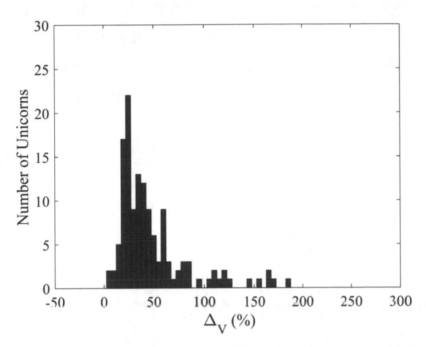

圖片來源：Squaring Venture Capital Valuations with Reality，Strebulaev and Gornall

　　一些特殊條款對高估率的影響巨大，例如「合格 IPO 限制」條款，它可以限制那些最具價值獨角獸的 IPO 進程。如果給 Uber 最近一輪投資者這樣的權利，這將使 Uber 估值的高估率從 12% 上升到 52%，並且使 Uber 的公允價值（fair value）從 610 億美元下降到 450 億美元。平均而言，這個合約條款將使最具價值的十家獨角獸的高估率從 23% 增加到 74%。

　　以下這張圖分析假設了「合格 IPO 限制」條款對高估率的影響。對

於樣本中最大的 10 家獨角獸，如果這些公司有「合格 IPO 限制」條款，對獨角獸公允價值的影響就很大。第一、第二欄列出了每家公司的投後估值（PMV）和最近一輪融資日期。後面兩列分別是根據公司註冊證書（COI）中描述的現金流量來確定公司的公允價值（FV），以及投後估值誇大該值（ΔV）的程度。最後兩列則是假設最近一輪投資者擁有「合格 IPO 限制」的權利，會導致高估率變高和公允價值降低。

Names	PMV	Date	Cash Flows Described in COI		Assuming Restriction on Qualified IPOs	
			FV	Δ_V	FV	Δ_V
Uber	68.0	Jun 16	60.6	12%	44.8	52%
Airbnb	31.0	Sep 16	27.0	15%	18.9	64%
Palantir	20.5	Dec 15	17.8	15%	13.0	58%
WeWork	16.9	Oct 16	14.2	19%	10.1	67%
Pinterest	11.4	May 15	9.5	19%	7.0	63%
SpaceX	10.5	Jan 15	6.6	59%	6.3	65%
Dropbox	10.4	Jan 14	8.6	21%	5.7	83%
Theranos	9.1	Feb 14	6.7	36%	3.0	205%
Machine Zone	5.6	Aug 16	4.4	26%	3.5	61%
Lyft	5.5	Dec 15	4.9	11%	4.4	26%
Average				23%		74%

圖片來源：Squaring Venture Capital Valuations with Reality，Strebulaev and Gornall

那麼，高估率與退出收益之間有什麼樣的關係？史丹佛大學研究計算了這一問題，高估率與退出結果之間存在負相關關係，退出收益率最低的五分之一樣本的平均高估率，比退出收益率最高的五分之一高出 70%。

高估率指標還是退出不成功的重要預測因素，因為那些相對經營困難的公司，會試圖通過引入各種甜蜜的合約條款來吸引後續投資者，這是

導致大幅高估的核心原因。史丹佛大學研究發現，高估率增加一個標準差，會導致退出不成功的機率上升 17%。

下圖將已經通過 IPO 和併購退出的獨角獸樣本公司分成五組，分別對應不同的退出回報率和估值高估率。統計分析得出，平均高估率越高的獨角獸，平均退出回報率越低。在平均回報率最高的第五組中（322%），平均高估率為 43%；在平均回報率最低的第一組中（9%），平均高估率為 113%。

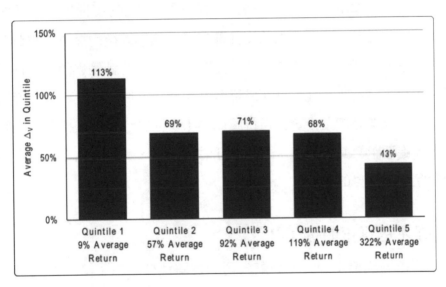

圖片來源：Squaring Venture Capital Valuations with Reality，Strebulaev and Gornall

IPO 棘輪條款、自動轉換豁免權和優先清算權常常出現，因為它們可以防止不利情況下的虧損。但是，如果獨角獸估值經歷了戲劇性的上漲，會增加這些條款被執行的可能性，這意味著早期投資者和普通股股東的大量價值，會被轉移給獨角獸的新投資者。

什麼是棘輪條款？當企業經營不好，不得不以更便宜的價格出售股權或更低的作價進行融資時，前期進入的投資便可能貶值，所以投資者會要求附加棘輪條款。

反稀釋條款也包括了棘輪條款。棘輪條款是對投資者有利的反稀釋工具，也是投資方最常用的反攤薄保護形式。稀釋是指融資後導致每股淨帳面價值下降，反稀釋則意味著資本結構的重新調整。

棘輪條款的主要意思是，如果以前的投資者收到的免費股票足以把它的每股平均成本攤低到新投資者支付的價格，它的反稀釋權利被叫做「棘輪」。棘輪是一種強有力的反稀釋工具，無論以後的投資者購買多少股份，以前的投資者都會獲得額外的免費股票。有時棘輪也同認股權和可轉換優先股結合起來，在實施認股權時附送額外的股票或在轉換時獲得額外的股票，以保證創業投資公司持股比例不會因為以較低價格發行新股而被稀釋，進而影響其表決權。作為一種財務工具，棘輪條款是目前資本市場上對賭協議常見的原型。

誰才是真正的傻子？

即使市場環境不好、獨角獸公司的實際估值正在下降，如果以足夠慷慨的條款發布新一輪融資，獨角獸們依然可以宣布新的投後估值上漲。

最著名的案例就是 SpaceX（美國太空運輸公司），由伊隆·馬斯克（Elon Musk）在 2002 年建立。這家傳奇公司在 2008 年 8 月陷入了一次危機，那時正處於美國金融危機初期，那斯達克指數大幅下跌，SpaceX 還剛剛經歷了幾次失敗的火箭發射，但它依然成功發行了 3.88 美元／股的 D 輪融資（C 輪是每股 3 美元），並且令估值上漲了 36%。

這是如何實現的呢？史丹佛大學研究認為，SpaceX 承諾給予 D 輪

優先股股東特殊條款，就是在公司被收購的情況下，可以獲得兩倍資金返還，這一承諾優先於所有其他股東。

　　該擔保增加了投資者願意為 SpaceX 股票支付的價格，它增加了投後估值，但並未提高其真實的實質價值。據史丹佛大學研究的期權模型，SpaceX 公佈的投後估值是其公允價值的四倍，儘管投後估值增加了 36%，但其公允價值下降了 67%。

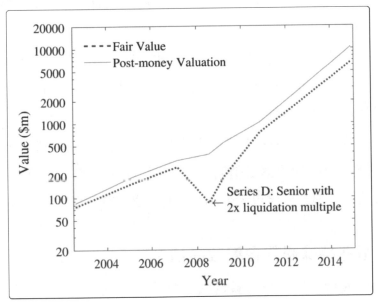

SpaceX 的估值成長

圖片來源：Squaring Venture Capital Valuations with Reality，Strebulaev and Gornall

　　另一個案例也很有欺騙的嫌疑。EquityZen 是美國一家大型二級股權銷售平台，這家平台根據 VC 為優先股支付的價格，來為平台買家設定普通股的價格，而沒有說明 VC 其實獲得的是不同類別的股權。

例如，在 EquityZen 平台上銷售的電子商務網站 Wish 的普通股，以每股 49 美元的價格進行交易，這一價格看似比上一輪融資時的價格有 20.6% 的折扣，當時的投後估值為 37 億美元。

雖然 EquityZen 對 Wish 提供了九頁的分析報告，但依然沒有明確提到，雖然估值是使用優先股來設定，但平台投資者購買的卻是普通股。上一輪 VC 投資人所獲得的優先股具有很強的權利，包括在除 IPO 外的資金退出權利，以及在 IPO 中保留其清算優先權，除非該 IPO 達到了 150% 的回報。

這些特殊條款導致不同投資人的回報差異巨大。如果 Wish 以 7.5 億美元被收購，所有優先股股東都可以收回他們的資金，而 EquityZen 銷售的普通股則不會獲得任何收益。

另外，獨角獸公司的員工經常獲得股票期權作為薪酬的一部分。許多員工在評估自己的股票價值時，也使用投後估值作為參考，感覺自己「一夜暴富」，但其實這也大大高估了他們的實際財富。

有哪些特殊條款會導致高估？

獨角獸股權的價值對投資合同條款極為敏感。雖然一小部分擁有特權的投資者了解這些條款，並且實際上就是他們在協商這些條款，但許多其他利益相關者無法輕易查看這些條款，所以大部分市場參與者都忽視了它們對估值影響。

融資條款訊息來源於公司註冊證書（Certificate of Incorporation，COI）。這份文件詳細描述了公司章程，並提供每種股權合約條款信息，例如原始發行價和各種保護條款。史丹佛大學研究使用的 COI 文件來源於 VCExperts，其擁有大量來自美國各州的掃描 COI 文件。

每當獨角獸公司更改其 COI 中的任何條款時，都必須重新提交 COI 文件。例如，當公司為新的一輪股權融資發行新證券時，就需要提交新的 COI。因此，在史丹佛大學研究的獨角獸樣本中，大多數獨角獸都擁有多個 COI 文件，這使研究團隊能夠追蹤他們籌集資金的路徑。像 Uber 這樣融資輪次多的明星公司，COI 文件多達二十個。

在這些數量眾多的複雜文件中，優先清算權、期權池、優先等級、參與分配權、IPO 棘輪、自動轉換豁免權是最易影響估值被高估的因素。

◉ 優先清算權（Liquidation preference）

優先清算權條款為投資者提供在清算或併購退出中，優先退出的保證。「Liquidation」是指公司被賣掉或者被清算、「Preference」指優先股在清算的時候有優先權把他們的錢先拿出來。大部分情況下投資人都要求 1 倍優先清算權，但其他倍數也是可能的，比如 Uber C-2 輪優先股就擁有 1.25 倍優先清算權，而 AppNexus 的 D 輪優先股有 2 倍。更高的優先清算權倍數，會使這些優先股的價值更高，從而導致投後估值被誇大。1.25 倍的優先清算權將高估率從 30% 提高到 42%，而給予新投資者 2 倍優先清算權，則會令高估率提高到 94%。

◉ 期權池（Option pool）

幾乎所有融資輪次都包括了一個期權池即未發行的股票，這些股票被暫時擱置以備將來用於員工激勵。投後估值的計算錯誤的方法包括這些未發行的期權，但它們並不會增加公司當前的公允價值。假設未發行的期權占公司本輪發行股票的 10%，則高估率將增加至 37%。

◎ 優先等級（Seniority）

美國的股票非常複雜，有各種不同的股票等級，相對於不同的權利安排。大部分獨角獸都給予了最近的投資者高於早期股東的等級，這使得越往後股權的價值越高，因為它們享受的特殊權利越大。所以才能吸引後期投資人以更高的估值「接盤」。

◎ 參與分配權（Participation）

擁有這項權利的投資者，在獲得優先清算權的回報之後，還可以跟普通股股東按比例分配剩餘清算資金。按 MBA 百科的解釋，例如投資人投入 500 萬，並持有 60% 股份，投資人優先清算權倍數為 1 倍。如果公司以 1500 萬美元的價格被出售，那麼投資人首先拿走優先清算權下的 500 萬美元，之後還可以在剩下 1,000 萬美元中，按比例拿走剩餘的 60%，即 600 萬美元，投資人總計獲得 1,100 萬美元。很明顯，擁有這項條款的優先股，比普通股更具價值，這亦誇大了投後估值。不過，對於那些優秀的獨角獸，這項條款的影響較小，因為最優秀的獨角獸一定是通過高價值的 IPO 來退出，而當 IPO 時，所有優先股會轉換為普通股。這個條款對於那些依靠併購退出的獨角獸影響更大。

◎ IPO 棘輪（IPO Ratchet）

IPO 棘輪條款是對投資者有利的反稀釋工具，當企業 IPO 不及預期，不得不以低於投資者投資的價格發行時，棘輪條款為前期進入的投資者提供額外保護，即給他們提供免費股票，以使其每股平均成本攤低到新投資者支付的價格。很多獨角獸公司為他們最近的投資者提供了 IPO 棘輪，以確保這些投資者在 IPO 中至少能夠收支平衡。

一些獨角獸更為激進，例如持有 Square E 輪優先股的投資者，獲得了 IPO 20% 回報的承諾，稱為 1.2 倍 IPO 棘輪。很明顯持有這項權利的優先股比普通股更具價值，這對企業估值有很大影響，根據史丹佛大學研究的測算，IPO 棘輪條款令投後估值誇大 56%，若是 1.25 倍棘輪，則高估率被提高至 75%。

▶ 自動轉換豁免權（Automatic Conversion Exemption）

由於企業在 IPO 中，所有具備特殊權利的優先股都需要自動轉換成普通股，如果 IPO 的收益不高，這種轉換會令最近一輪進入的投資者受損，因為他們支付了最高的每股價格，擁有最高的優先清算權。因此，自動轉換豁免權給予後期投資人保護，只有 IPO 達到了一定的價格時，優先股才會自動轉換為普通股，否則獲得豁免。

大量獨角獸採取了類似的條款，例如 Evernote 在第六輪融資時，承諾如果 IPO 價格低於 18.04 美元，則豁免所有優先股的自動轉換；Kabam 在 E 輪融資時，承諾如果下一輪估值低於 1.5 億美元，則豁免；而 SpaceX 在 G 輪融資時，承諾當 IPO 市值低於 60 億美元，則豁免。在大部分情況下，早期投資者往往有動力迫使後面新進入的投資者強制轉換。

根據史丹佛大學研究，如果獨角獸公司給予最近一輪投資者所有情況下的自動轉換豁免權，包括 IPO 價格、下一輪估值價格、併購價格等，則會導致 55% 的高估。即使只對「不達標 IPO」的情況豁免轉換，也會導致 48% ～ 54% 的高估。由於創業公司的波動性很大，取得各種不利情況下的轉換豁免權是有價值的。

如果新投資者至少擁有上述條款之一，則被視為獲得了重要保護，

這使得他們的股權比其他股權的價值更高。

在史丹佛大學研究的獨角獸樣本庫中，超過三分之二的樣本，給予了最近一輪投資者一個或多個重要保護：有九隻獨角獸給予了所有最近一輪投資者超過一倍的優先清算倍數，最高的倍數高達二十倍；有十六隻獨角獸給予所有最近一輪投資者參與分配權，二十七隻至少讓他們的一位投資者擁有參與分配權；有二十隻獨角獸給予了最近一輪投資者 IPO 棘輪條款；有九十二隻獨角獸給予了最近一輪投資者自動轉換豁免權；有四十一隻獨角獸給予了新投資者對所有現有股東都更為高級的等級（Seniority）。

下圖顯示了這些條款如何影響最近一輪投資者退出時的回報。在併購退出中，最近一輪投資者受到很好的保護，即使該公司的價值跌至最近一輪投後估值的十分之一，該輪投資者也會獲得三分之二的資金返還。在更好的併購退出中，獲得特殊保護的最近一輪投資者，至少可以收回所有投資。

	Return to most recent round				Return to common			
	Mean	25th pct	Median	75th pct	Mean	25th pct	Median	75th pct
M&A exit								
50% below PMV	6%	0%	0%	0%	-63%	-65%	-58%	-55%
75% below PMV	-1%	0%	0%	0%	-91%	-100%	-92%	-85%
90% below PMV	-33%	-53%	-37%	-6%	-99%	-100%	-100%	-100%
IPO exit								
50% below PMV	-26%	-50%	-45%	0%	-57%	-60%	-51%	
75% below PMV	-39%	-75%	-70%	0%	-83%	-93%	-76%	
90% below PMV	-55%	-90%	-63%	-28%	-96%	-100%	-100%	

最近一輪優先股股東和普通股股東，各自在不利情況下的退出回報。

圖片來源：Squaring Venture Capital Valuations with Reality，Strebulaev and Gornall

保護條款對優先股非常有利，但對普通股是噩夢。在 IPO 退出的情況下，最近一輪投資者的收益取決於他們是否有針對不利於 IPO 的保護，例如 IPO 棘輪或自動轉換豁免權。如果他們有，他們會獲得保證賠付；如果他們沒有，他們就會遭受非常不利的轉換（優先股被強行轉換成普通股）。但即便遭受了不利轉換，最近一輪投資者的平均虧損仍然遠低於普通股股東。

　　在不利情況下，若公司被收購或是清算，由於總支付金額是固定的，更為高級的優先股享受優先清算權，而普通股則會遭受損失。例如，在樣本庫中位數的情況下，獨角獸遭受不利情況，在併購退出中比最近一輪投後估值低 75%，最近投資的優先股股東比普通股的收益高 92%。

　　這類事情在併購退出中經常出現，導致普通股股東遭受巨大損失。但在失敗的 IPO 中，因為自動轉換條款的存在，沒有豁免權的優先股會自動轉換為普通股，導致兩者的損失是相同的。

　　毫無疑問，這些特殊保護條款令投後估值被誇大了。在不同特殊保護條款的情況下，當一家獨角獸籌集 1 億美元以產生 10 億美元投後估值時的不同公允價值。另一個有說服力案例是，Square 最終觸發了 IPO 棘輪條款。Square 在 IPO 之前共有六輪融資，共發行了 5.51 億美元的股權，最後一次是 2014 年 10 月發行的 1.5 億美元 E 輪融資，以及在 2015 年跟進 E 輪的 3,000 萬美元融資。Square 的 E 輪股票獲得 1 倍優先清算權和 1.2 倍 IPO 棘輪。這些特殊保護使 E 輪發行的股票比普通股更有價值。史丹佛大學研究認為，Square E 輪發行的股票價值，是普通股及其 A、B 輪優先股的三倍。

　　2015 年 11 月，Square 以每股 9 美元的價格 IPO，但 Pre-IPO 的實際估值為 26.6 億美元，遠低於 2014 年 10 月的 60 億美元投後估值。由

於 E 輪優先股股東獲得了 IPO 棘輪，所以他們在這次「不達標的 IPO」中獲得了價值 9,300 萬美元的免費股票。這證實了 E 輪股票比普通股更有價值的論點，並且說明 Square E 輪的投後估值實際上被大大高估了。

以上就是風險投資行業批量製造獨角獸的秘辛，有一半的獨角仙假扮獨角獸湧進了資本市場樂園。如今，隨著一些獨角獸開啟上市浪潮，他們的公允價值在二級市場上顯現，我們看到大量公司破發，甚至 IPO 定價不及上一輪融資的價格。

一旦獨角獸登陸二級市場，許多人開始退出股票，而賣空者也紛至沓來。Uber、Lyft、小米、美團市值的大幅縮水都是類似的原因。是時候用更加理性的方法，來計算一級市場的估值了，把假扮獨角獸的獨角仙揪出來吧！

第二篇

創業19步

Business & You

White
Paper

[第二篇]
創業 19 步

　　網路世代，創業是一件時尚的事，很多媒體將創業成功的企業家當英雄般地推崇，並宣傳他們的創業事跡，更是起了巨大的示範效應，越來越多沒有太多工作經驗的年輕人開始創業，甚至像一些已經工作多年的中高階主管，也紛紛跳入創業的浪潮，對岸中國大陸也是一樣，尤其是在中國政府提出「大眾創業」、「萬眾創新」的理念，也提供了創業者很好的創業基金和創業的環境，所以有許多人一股腦地就投入創業了，但事實上，創業是一件九死一生的事情，創業者必須要有獨特的特質才有可能比較容易成功，某種程度來說就是要具備超人的能力，才會有機會創業成功。

　　因此，儘管台灣及中國大陸有數千數萬的創業者躍躍欲試，每年也都會有幾十萬甚至數百萬家的創新公司誕生，但每年能獲得天使投資，VC 投資的公司，僅僅只有數千家，能夠實現上櫃上市掛牌更是鳳毛麟角，大量的公司在一兩年甚至數年就會消失，創業之路既然那麼地艱難，那有沒有什麼方法和策略可以提高成功的機會呢？

　　答案自然是有的，在我看過一些國外優秀的實戰創業團隊之後，有了更多創新的想法，這些想法更能提高創業成功的機會，以下我將提出一些步驟以及流程讓您在創業艱辛的旅途上，大大提高成功創業的機會。

　　為什麼創業者需要讀這本書，因為創業容易，守業艱難，遠在五千

年前就已經有第一位創業者出現了，但並沒有什麼關於落地實戰創業指導書之類的參考書籍，對於那些需要一些指導建議的人來說，自然就會有這方面的需求，創業最怕就是走錯方向用錯方法，如果在一開始就可以避免走錯路，這樣就可以大大地節省成本，在創業之中最大的成本不是金錢，而是時間成本，因為時代創造英雄，一旦錯過了那個流行的年代，要創業成功就很難了。

　　接下來，我會簡單介紹從創業到退出的每個步驟，並且是如何在創業中將這本書當作您的創業夥伴，其實只看大章節，大致就能知道應該做些什麼吧！也會知道尋找哪幾個部分或是主題適合你，現在就開始吧！

　　以下十九個步驟是您創業前後的必備功課──

創業前的準備——
你應該學習的相關知識

　　如同你沒有讀過《懶人遊歐洲》這類書籍之前，你就不宜去歐洲旅遊一樣，我們要去一個沒有去過的地方旅遊，在出發前就必須要尋找相關的資料，如此一來到了當地就比較不會走錯路，所以在創業前你就應該做一些基礎的準備。

　　創業最害怕是衝動型的創業者，也就是三分鐘熱度的個性，所以你必須研究你要創業哪一領域的專業知識，如果能夠稍微多花一些心思，你會發現其他的創業書籍中，一些已經成為經典的創業成功案例，其中有一些共同必須要遵守的準則，以及一些不可犯的錯誤。

　　本書會介紹與創業相關的所有事情，從創業精神，到如何白手起家，再到如何把創意發展成一間公司。因此，在讀完本書之後，我建議你一定要再花時間與工夫，閱讀其他有關創業的書籍，因為有些書籍會提供一些有價值的建議、理論、實務方案等等，還會有很多創業者會面臨到的一些難題，並且會提供一些落地的解決方案，這些都是很難能可貴的實戰經驗，是別人花了很多心力以及金錢去解決問題，好不容易才得到的最佳

答案，但你只要花費少少的時間和微薄的金錢就可以取得。我知道，即便讀一本書，有人也認為是很無聊或者是浪費時間的，更別說要多讀幾本，但是，攸關你的未來人生、與你公司的生死存亡相比較起來，這件事情看起來就是一筆非常划算的交易，所以請開始學習創業前必須要具備的基本知識吧！

試著把你的創意轉化成
一個新奇的商業模式（BM）

Step 2

每一家偉大的企業，大部分都開始於一個優秀的創意，對於商業創意，你至少已經具備一點點概念，否則你可能不會翻閱這本書，在這個步驟我將與你分享如何將那不成熟的創意變成事業，這個創意也許未經實證以及評估過，也沒有評估其成功的可能性，然後針對其缺點去改善並且提高其成功率。

創立一家公司，通常是為了實現自己的創意、理念，如果你對這個創意沒有很清晰地理解，那麼你接下來所做的都會是無效的工作。

在創業之後公司上軌道了，一些核心的東西始終不會改變，也改變不了，例如公司理念、產品理念，這兩點至關重要。所以在公司啟動之前，就要好好將公司和產品定位清楚，商業模式是支撐一家成功企業的基礎，它描述了企業如何為客戶創造價值、傳遞價值、實現價值，每一家成功的企業不論大或小，是複雜還是簡單的，都是靠一個合理的商業模式營運的，當然！一些大型又複雜的企業，可能同時按照好幾種商業模式同時運行，那是因為他們包括了一些以不同方式去創造價值，傳遞價值以及獲得價值的部門，我們不要混淆了，初創業時只要先把握一個商業模式開始運行即可。

因此，作為創業者，你最重要的一件事情就是把你的商業創意變成一種商業模式，並展現你將如何創造價值、傳遞價值、以及實現價值。

分析商業模式的方法有很多種，其中包括了九個基本要素：

◉ 第一要素　細分客戶

　　企業所要服務的客戶是特定及不同的客戶群，也就是說，你新創的公司是為特定的客戶所創造出來的，我們不要貪心地想服務所有的客戶，而是要鎖定你的目標客戶來服務。所謂小眾市場就是大眾市場的概念。

◉ 第二要素　價值主張

　　你的公司要如何解決用戶問題，滿足客戶的需求，並在此過程中創造價值。

◉ 第三要素　渠道／通路

　　你的公司是如何找到客戶，並向他們傳遞價值。例如透過網路的直銷、零售分銷的模式、總代理經銷商的模式、公司店面或是加盟計畫等等。目前最夯的是所謂 O2O 新零售模式。

◉ 第四要素　客戶關係

　　你的公司如何接洽聯繫並持續成交、服務你的客戶，當然最後是客戶幫你介紹客戶，重點是要分析並實現客戶的終身價值。

◉ 第五要素　收入來源

　　公司的營收從哪裡來你要非常清楚，要如何從客戶的價值主張之中獲得你的營收。

◉ 第六要素　核心資源

　　就是為客戶創造和傳遞價值所需要的資產，例如你的生財器具、你

的知識 know-how、或是有特定技能的員工等人力資源，一家公司最重要的核心資源就是人。

▶ 第七要素　關鍵業務

就是企業的商業模式運作起來的活動，例如發明、採購、建設、分配、營運模式等等。

▶ 第八要素　重要的夥伴

就是可以讓你的商業模式運轉的外部組織，例如你跟供應商之間的合作，或者是外包商的合作。你要思考如何整合內部與外部資源。

▶ 第九要素　成本結構

就是商業模式運行中所需要的成本，特別指的是機會成本。

以上這九個要素，就是你的商業模式的初步藍圖，它是一種用標準化、可視覺化的方式來分析、展現和完善你的創意。

你可以將商業模式的圖表輸出成一幅大尺寸的海報，並將它貼在牆上或者是放在你的桌面，並開始和你的創業夥伴一起研究其中的要素。商業模式圖表化的另一個好處是，它能強制你思考所有的關鍵要素，使得一個商業創意，開始具備可以轉化成為一家能夠盈利並可以持續發展的基礎結構。

理解商業模式的重要性

如今幾乎每一個人都是潛在的創業者，這些年我聽過很多關於產品和服務的創意點子，一名雄心勃勃的人和一名苦幹實幹的創業者最大的不同是，前者愛上他的產品，而後者則愛上他的商業模式，有的公司我會迫不及待購買他們的產品，但是我不會投資這家公司，產品或服務可能很吸引我或是很新潮，甚至於非常實用，但只有當它創造的總經濟價值明顯高於總營運成本的時候，這才是一種可以進行的業務模式，如果你的目標是一家可規劃發展的企業，那麼你就要一步步地擴大規模，越做越強。

那你如何確定你的商業模式是否有潛力成為一家數十億，或是一家獨角獸的企業呢？

在一般的情況下，我們可以用一個簡單的四因子相乘數學公式來估算企業的基本生命力：

因子一、潛在客戶的數量 ×

因子二、可獲取的市場份額比例 ×

因子三、每筆銷售的絕對金額 ×

因子四、淨利潤率＝

結果→總的潛在利潤

　　一個完美的新商業創意將檢驗所有這四個因子，也就是說它適合於大量的潛在客戶（因子一）；對其中有很高比例的潛在客戶具有吸引力（因子二）；能夠產生高的銷售價格（因子三）；並保證每筆銷售價格的高利潤率（因子四），為了確認創意具備真正的規模化能力；就必須檢驗結果：總的潛在利潤（結果）。

　　打造一家可規模化的創業公司，那些成功的、賺錢的、對社會貢獻的公司有很多，但是從一個人的創業開始，創建一家獨角獸企業對你來說可能是不現實的，或是太挑戰性的事情，一家創業公司的商業模式要具備什麼流程規劃，那就必須同時具備三個特點：

▶ 第一個特點：低成本就能啟動

　　必須可以低成本地啟動，除非你是郭台銘的兒子，要不然你很可能沒有足夠的資金來建立你的第一個事業，最理想的創業公司是從早期的收入來實現自力更生，或者至少從創業的初期資金裡面就可以維持下去。

▶ 第二個特點：邊際成本低

　　隨著時間推移，你的邊際成本必須要下降，即使增加一元的收入所需的成本必須比之前還低，例如亞馬遜企業，在賣出了一本電子書之後，每增加一個副本幾乎都是純利潤，相反地，如果你想發展你的理髮店，再開第二家的店的成本，應該完全不會少於第一家店，租金、設備、和美髮師的工資是一樣都缺不了的。

　　由於沒有什麼業務是不限規模經濟的，也就是說沒有什麼生意成本

可以降到零，我們要考慮的是相對的經濟規模，例如知識變現的產業，它的邊際成本就相對很低，意味著企業與其他競爭對手競爭的時候，會有更大的發展空間。

▶ 第三個特點

可規模化的能力必須要內化到你的商業模式中，而不是依賴任何外在的因素，我們以 Subway 為例：它目前在全球有四、五萬家分店，而且每一天至少開六家門市，包括週末。它是不可能做到每一家店都配置世界級的廚師，同樣地，如果你的企業必須依賴那些擁有高技術的專家，恐怕根本就無法發展出規模化，沒有規模化，也就沒有了未來性！

3 了解、分析你的競爭對手

就算你的創意看起來很有希望成功，你還是要環顧四周看看有沒有誰也在做一樣的事情，這是因為如果你的創意已經有人在做了，就不是創意了，全世界創新的公司太多了，所以提早了解你的競爭對手，可以在早期就修改你的競爭優勢，在規劃和啟動公司的同時，對競爭對手有明確、詳盡地了解是非常重要的。在資訊如此透明、容易取得的今日，客戶幾乎不會做憑空的購買決策，相反地，客戶一定會有意無意地貨比三家，現在又是網路時代，輕輕鬆鬆就能做到貨比數十家。

誰是你的競爭對手？

如果你是選擇在曾經工作的領域創業的話，你可能會認為你的競爭對手都是你所認為的同行，然而，在這個創業浪潮的時代，我幾乎可以斷言你會有未知的競爭對手，加上現在跨界行銷的公司無所不在，往往在不知不覺的情況下，就會有另外一個行業領域的公司跨界過來你的領域來分食你的大餅，所以先別太自大，先審視自己，透過以下的方法，進一步提升你對未知競爭對手的了解。

▶ 查訪潛在客戶

對你的潛在客戶進行調查研究，是在創業前展開前期過程的一個必要部分，對客戶交流時一個必要的話題就是「競爭對手」，你要問他們目

前從哪裡購買他們所需要的產品和服務，並且詢問他們為什麼要去那邊購買，有什麼條件可以讓他們改換到別的店家購買，並用後續的問題來衡量他們的滿意程度，藉此來確定你如何改善既有的產品或是服務。

▶ 調查競爭對手的廣告與銷售策略

對所有相關的媒體和網路做一次全面性的搜索，當你發現競爭性商品或服務的廣告或促銷的時候，要積極了解對方產品或服務的價值主張，差異化定位以及潛在的市場弱點。

▶ 參加展覽、會議和商業論壇

尋找與你同一類型的公司通常會聚會的地方，如果你創立的是一家教育培訓的公司，你就必須要參加潛在客戶可能會參加的展覽或是活動，很有可能你的競爭對手也會出席，你就必須向與會者推銷自己以及自己的公司。

▶ 加入行業協會

幾乎每一個重要的行業都有一個或多個協會，應該考慮加入，這不僅僅可能是競爭情報的重要來源，也會為你帶來行業相關發展趨勢的消息，也是有益於項目拓展和開發人脈的機會。例如我的恩師王晴天博士在創立出版社後便先後加入了台灣區出版公會與圖書發行協進會，並擔任理事與理事長。

評估競爭情況

第二步是盡可能地多了解你的競爭對手，評估競爭對手商業模式的

長處與不足，這些可能與他們的產品競爭地位相關，甚至至關重要，有的競爭對手可能已經想出辦法將一些成本降至趨近於零。有許多的方法可以了解你的競爭對手，以下是分析競爭對手的方法：

▶ 做第一手的研究

對於相關競爭對手的公司進行第一手的研究（針對那些有實體的公司的），在網路體驗他們的產品（如果他們是完全網路化的），直接的觀察、感覺競爭對手如何做生意，這種體驗是無可取代的，獲得客戶體驗最好的方法，就是真正成為一位客戶，購買競爭對手的產品，體驗競爭對手的服務和品質、銷售技巧、交付流程和客戶服務。

這一個過程中要避免陷入自欺欺人，這是非常重要的。不要對自己撒謊，提交虛假的文件或做任何有違道德和法律的事情，如果你本人不是目標客戶群的一員，例如你的年紀和性別不符合，你可以找你的員工、團隊的夥伴、朋友、或是家人，請他們幫你研究、評估。

▶ 採訪競爭對手的客戶

採訪一些一直使用競爭對手產品或服務的客戶，深入了解競爭對手產品／服務的優缺點，詢問客戶如何發現以及購買什麼樣的產品，他們曾嘗試過哪些同類型的產品，如何才能讓他們改變選擇。

▶ 看看網路上的評價

幾乎所有產品或服務都有批評者也有粉絲，整體的評論比個別用戶（可能是公司的水軍或是偏激的客戶）的意見更有指導意義。

▶ 與競爭對手現在或是過去的員工交談聊天

透過訪談競爭對手的員工，你可以了解對方的產品品質、服務、客戶關係、管理規範等等。

無論身處於哪一個行業或是市場，都會有一個小圈子，你會發現自己在與那些了解競爭對手內部情況的人溝通時，不需要誘使任何人違反保密協議和侵犯知識產權，你可以通過公開的交流就能了解很多關於競爭對手的訊息。

▶ 調查競爭對手招聘人才的需求及職等

你在招聘員工的時候也會使用同樣的方法，將這些網站作為競爭對手招聘活動的訊息來源，他們正在招聘什麼樣的人，看看他們需要什麼樣背景、學歷、專業知識、特殊技能的人才。

▶ 研究專業的商業網站

閱讀你所在行業的專業人士在社交媒體所發佈的資料、評論、臉書訊息等等。這些內容有公開版和隱藏版的，裡面就可能有競爭對手的企業文化、商業模式、公司戰略和經營策略等等的線索。

✪ 可視覺化（圖表）的競爭分析

一旦你收集好了領先的競爭對手訊息，可以用一個視覺化的方法，快速清晰地比較一個產品和競爭對手的產品。

▶ 方法一、對手分析矩陣圖

最簡單的方法，是用競爭分析矩陣給每一名競爭對手打分數，例如

最高 10 分、最低 1 分，可以反應在特定因素上的表現。

競爭因素	你的產品	競爭對手A	競爭對手B	競爭對手C
產品品質				
產品價格				
購買難易度				
服務品質				
品牌聲譽				
營運優勢				
資源獲取				

競爭分析矩陣

▶ **方法二、象限圖**

　　象限圖是常常出現在許多投資人的辦公桌上，因為它清晰地展現了你與其他競爭對手兩到三個最重要的領域，它通常刻畫兩個重要的屬性和許多競爭者在其中的相對位置。

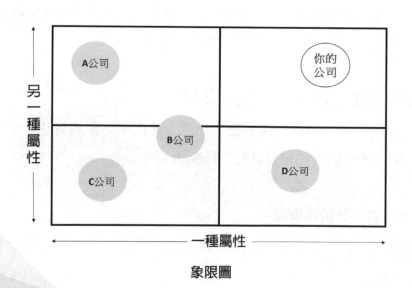

象限圖

▶ 方法三、花瓣圖

最新的競爭可視覺化分析模式之一，就是史蒂夫‧布蘭克（Steve Blank），在 2013 年提出的「花瓣圖」，在快速變化的網路世界中，一家公司可能面臨許多不同的產品的競爭對手，簡單的矩陣或象限圖可能無法反應全貌，相反地，花瓣圖把你的公司放在中心，其他競爭對手根據其領域，產品或是市場，被放置在不同的花瓣上。

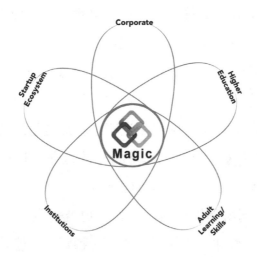

開始打造夢幻團隊

創立和經營一家企業，不是個體戶，而是一件複雜的事情，因此，若渴望未來具備高成長業務的大多數公司通常有兩個、三個或更多人組成的創始團隊，整合幾個人的優勢、見解、經驗、關係和資源，往往能給予創業的公司更大的成功機會，而不是完全將重擔放在某一位有才能的人的肩上。也就是說，創立一家公司和成為創業團隊的一份子是完全不同的，一家公司最重要的就是人，比爾·蓋茲曾經說過，他公司裡面最重要的七個人如果離職，那微軟公司距離倒閉也不過就幾個月的時間了。

或許你是一位天才，但個人的時間和精力畢竟有限，你不可能任何事都親力親為，所以你必須要組建一個團隊。

創立一家新公司所具備的核心才能，也就是企業都應該有的三個關鍵組成部分，就像三條腿的「凳子」或「三腳督」，儘管經濟價值不同，但它們都是成功的關鍵。令人困惑的是，他們可以全部依賴一個人，也可以分給幾個人去執行，在市場經濟中，不同組成部分的供給數量不同，供給需求法很好地為他們分配了價值，令人驚訝的是，這三個組成部分不是傳統的技術和業務部分，甚至不是編程技術、市場銷售等等，從一個投資人的觀點來看，按照獲取難度從低到高排序如下：

① 有形與無形的文化

一個企業是開始於一個創意，雖然這個創意可能隨著時間的推移而

產生變化，但它某些部分是不會變的，好的創意一點都不難找到，好的點子有成千上百萬種，將其中一個變為巨大的商業模式在於企業對其文化的論述與傳承。

② 執行力

這一點超越了所有傳統因素，通過判斷執行力，你可以找到最棒的程式人員、最完美的銷售員、令人信服的業務員和傑出的 CFO 首席財務官，為了落實創意，每一項都必須是必要的，在流動的資本社會裡，通常基於人們對企業直接貢獻和他們在就業市場上的稀缺性，市場能夠有效地給這些職稱分配對應的經濟價值，這就是為什麼我們常常看到大企業的銷售人員，能享有高達六位數字甚至七位數字的薪資和分紅，新的一班員工的薪水可能才剛到五位數字，一位傑出的首席技術官（CTO），他的薪水可能在中等的六位數字水平，而做一位電話銷售的新手可能起薪就高達六位數字，每一項職務從程式設計、設計規畫、生產、銷售、財務、營運、營銷等，都屬於執行技能。沒有強大的執行力很難成功，如以上所述，如果有足夠的錢，每一種技能都購買得到，可以依據上述的每一個層面配置適當的人選，但是這個還不夠，因為還缺少最後一個至關重要的「腿」，他決定是否能獲得最大的收益，就是創業者本人。

③ 創業者

不管是科技類還是其他類型，創辦一家公司的核心是創業者本人，這不是上述任何一種功能性的技能，而是聚集了視野、經驗、激情、領導力、責任感、溝通技巧、狂熱和融資能力於一體，最重要的是願意承擔風險，將前述技能結合在一起，去創建一家可以價值創造的企業，這個功能

是最稀缺的，重點關注的是創業功能可以包含在技術人員、銷售人員、金融專家等人的身上，要創造一家成功的公司，創業者要把上述所有的部分匯集在一起，綜合評估、整體考量。

你擁有哪些部分？欠缺哪些部分？

回答這些問題，能讓你知道誰是能幫你啟動公司的理想人選，唯一最重要的問題是，你是這位創業者嗎？在高速成長的世界裡，許多人都希望自己是創業者，但事實上只有極小部分的人能真正成為創業者，關鍵是你要對自己誠實，因為正確回答這幾個基本問題，將有助於你真正知道要尋找什麼樣的合作夥伴，並促使公司走向成功。反之，若是沒有正確回答這些問題，以後會導致蝴蝶效應般的痛苦深淵，更有的是企業走向末日的導火線，無論你是創始者還是聯合創始者，在創立公司的這幾年裡，你最好做好犧牲生活中的一切之準備，記住，從來就沒有人說過「創業」很容易。

創業公司的股權分配

對於擁有多位創始者的公司而言，用公平的方式來制定一份股權分配計畫，表彰和獎勵每一位聯合創始人的貢獻，這是他們所面臨巨大的挑戰，而且可能比任何其他的問題更加的棘手，一旦你組建了創業團隊，就必須要探討股權的事情，也就是每一個人擁有這家公司多少的股份，人都是自私的，每一個人都是為自己打拚的，所以股權分配的合理有助於  公司走向成功，但是要注意的是股權一旦分配出去，若是反悔想要拿回來就沒那麼容易了。

股權是在公司未來發展得不錯才會有價值，因此應該是評估哪些人可能對公司發展有幫助，那些人就應該要持有。而對於那些可以用錢在市場上購買的人不應該分配太多的股權，所有的專家都同意的一件事情是，創業公司在初期的創業團隊成員之間，如果用平均分配股權的做法是錯誤的，儘管這是看起來是最顯而易見的、最簡單的、最客觀的分配方式。

創始人需要用最公平的方式，按照每一個人貢獻的相對價值進行分配，這種做法存在的困難因素是，不同團隊成員的貢獻有很大的差異，例如創始人 A 可能是最初的商業概念的發起者；創始人 B 可能具備那個行業的專業知識和經驗，將概念轉化成可實現的產品；創始人 C 可能非常努力，付出大量的心力使公司在最糟的情況之下還能運行；創始人 D 可

能與那些能夠決定公司成敗的關鍵業務夥伴保持緊密的個人關係；創始人 E 可能投入了大量的個人資金，幫助企業順利起步……，以上種種你如何去比較、去平衡這些不同的貢獻，並且合理、準確地來確定其貢獻價值？

遺憾的是，沒有一套標準來制定這個困境，例如，付出的汗水和投入的資金之間並沒有具體的價值比率，這甚至不是一個好的思考方法，資金只是底線，其他的一切無關資金，因為資金是可取代的，這意味著它可以交換一切東西，但是你的時間和精力就不能交換了，更好的思考方式是將那一家創業公司付出「血汗」，這「血」、「汗」兩個方面分開，這兩方面完全不同，並具有完全不同的經濟屬性，一方面是創始人的創業價值，就是當一個人開始創業的時候，並創建了一些有價值的東西時產生的價值，如果你創辦的一家公司並以一千萬台幣的估值，完成了第一輪的天使投資，那麼你實現了這些所花的時間和精力的創意就價值一千萬台幣，創造的這個價值與量化的工作付出無關，你可能是每天辛苦工作 18 個小時，一週七天，工作了五年創造了這些價值，在這種情況之下勞動的價值是 217 元／小時。又或者你可能提出才華洋溢的概念，執行計畫和團隊齊心協力之下在兩週內就達成了，這個情況之下，勞動價值就是 3 萬元／小時。

在現實中一旦一家公司獲得了投資，並確定了估值，那麼在這之後的「汗水股權」通常根據其重置成本進行補償，也就是說，在手頭擁有資金的情況之下，員工應當獲得的工資，不是獲得這些股權作為報酬，就是是這些股權上再加一筆獎勵（比如額外的 25% 或 30%）。

制定股權分配計畫的第一步，就是分析每一個因素的貢獻度，下一步是為每一個因素分配權重，評估每位創始人在每個因素上的貢獻度，最後計算一下，這個結果可以作為確定公平的股權分配合理的起點，一般的

情況之下，你可以得到以下這個表格。

	創始人A	創始人B	創始人C	創始人D	
創意	70	21	21	0	
商業計畫	6	16	2	0	
行業專長	30	20	30	20	
承諾和風險	0	49	0	0	
責任	0	36	0	0	
總分數	106	142	53	20	321
比例(%)	33.0	44.2	16.5	6.2	100.0

創始人股權分配範例表

　　重視團隊成員之間切分權益並不是一個簡單的事，要花時間盡可能地做到精準，並且盡可能地公開說明分配背後的理由，否則，你可能會在幾個月或在幾年後付出慘痛的代價，有可能團隊成員表示他從未滿意股權分配的結果，並且一直跟你唱反調，許多公司都經歷過這種衝突而土崩瓦解。

6 | 新推出最簡單並可行的產品開始建立客戶名單

　　一開始應該先推出市場上接受度高的產品，而且這些產品的單價不能太高，因為如果產品單價高，陌生的客戶會不敢嘗試，如果單價低的話，初次接觸的客戶會勇於嘗試，於是你可以多加利用這些產品去尋找你的未來準客戶。

　　了解客戶需求最好的方法之一，是通過精心設計的實驗，來檢驗你的產品和服務的吸引力，驗證的流程不需要一個冗長而艱苦的過程，也不是將產品打造得盡善盡美，而是推出一個簡單的，適合檢驗核心理念的基本產品，根據實際產品的屬性不同，最簡單可行產品的屬性也將有所變化，他可能是一個原型，包含產品核心特徵的簡單版本，也可以是從網路上能夠看到產品演示的視頻，客戶能夠據此提供回饋，無論是感興趣的或者是討厭的都沒關係。

　　在這幾年，基於網路的發達，眾籌網站或者爆款的發展，為生產實體產品的創業者提供了一個有力的工具，可以用最簡單的方式做網路產品之眾籌，網路眾籌的好處就是先試水溫，如果你的產品在眾籌網路上獲得眾多人的支持，那你的產品推出之後成功的機會就會很高。

　　客戶名單就是你的金庫，而精準客戶名單大多是買來的，因為取得客戶本來就是需要成本的，最簡單的理解就是，許多老闆（包含你的競爭對手），都在 Facebook、Line、Google 等地方大肆買貼文廣告跟關鍵字廣告。或者花費許多人力成本做 SEO（搜尋引擎優化），好讓消費者可

以在搜尋的第一時間找到他們的產品或服務。

　　他們持續地花大把的錢在「買客戶」。這時候大多數的人可能會說，那是他們有錢啊，我又沒這麼多錢去買廣告。那真正的問題就在這裡了，大多數一直在買廣告的老闆，並不是因為他們有錢才一直花錢買客戶，是因為一直花錢買廣告能讓他們接觸到客戶，可以幫他們賺到更多的錢。簡單地說就是他們的客戶取得成本低於客戶終身價值。

　　例如：

　　一個手機的廠商，產品一台賣 NT$20,000。假設一台手機的成本（扣掉貨物成本、物流成本……等）NT$10,000，也就是說賣方賣出去一台可以賺取 NT$10,000。接著計算，他平均花 NT$2,500 元在臉書上打廣告，可以賣出去一台，這樣他就淨賺 NT$7,500，如果你是這位老闆，你是不是會願意花這筆 $2,500 元？當然是的！因為你知道這能幫助你賺到更多錢。

　　以下就企業獲利的三大支柱說明之：

1 客戶數量

　　客戶數量的多寡直接影響到企業獲利的關鍵，當然這邊指的客戶數是比較精準的客戶，一家擁有一百萬客戶資料，跟一家只有一萬筆客戶資料相比，一定是客戶數量多的企業獲利能力較高。

2 成交轉換率

　　擁有龐大的客戶數量雖然是企業獲利的很重要因素，另一項成交轉換率的因素也是非常重要，如果可以將轉換率從 40% 提升到 60% 的話，代表提升了 50% 的業績，在客戶數量難以突破的情況下，試著去提

高成交的轉換率是一個非常棒的選擇。

③ 顧客終身價值

　　一般的企業著重在客戶的初次銷售，卻忽略了客戶的終身價值，終身價值包括客戶的重構以及轉介紹，這些都是客戶的終身價值，維持舊客戶對公司的信賴感非常的重要，因為維持舊客戶的成本遠低於開發新客戶的成本，聰明的公司都會特別重視老客戶以提升客戶的終身價值。

如何讓你有更多的錢去買客戶名單呢？

　　最好的方法就是提高顧客終身價值（提升你的後端），做行銷的時候我們通常會有「前端產品」跟「後端產品」，後端產品是當客戶成為了你的顧客之後，你接著會銷售其他的產品和服務給他。後端是前端的支撐點，當後端夠強大的時候，前端甚至可以免費。

　　例如：

　　「免費送價值十萬元淨水設備」我們來看看他怎麼賺錢：

　　NT$100,000 的淨水機假設成本只要 NT$20,000，一年的濾心及耗材的淨利大約 NT$20,000，平均一台機器會用至少五年以上，所以 NT$20,000（濾心及耗材的淨利）×5 年＝ NT$100,000 所以如果有客戶願意免費帶一台回去，淨水器公司在未來的 5 年預計可以淨賺NT$100,000。中間還不包含中間客戶會轉介紹或是購買公司其他產品的獲利。

如何輕鬆的獲得客戶名單呢？

　　答案是到別人「池塘」裡去「抓潛」，但「抓潛」前必須要先判斷

「池塘」是否值得投下資源去「抓潛」。先判斷池塘裡的潛在客戶，你想要的每一個客戶，他的一生不可能生活在「真空」裡，他一定有很多需求，有他自己的夢想，他需要購買很多產品和服務。如果他購買的那個產品和你的產品之間有足夠的關聯時，就表明這個「池塘」裡的「魚」，有很大比例是你想要的「魚」，他們就是你的潛在客戶，這是「池塘理論」的基礎。

▶ 那不能去其它地方抓「魚」嗎？

當然可以，但是千萬不要到大海裡抓魚，那是非常辛苦的，而且沒有效率。比如，你隨便到馬路上去發傳單。看起來好像人挺多，但成功率只有千分之一，甚至可能更低。

▶ 如何到別人的池塘裡抓魚？

你必須和別人建立一個合作模式，讓他心甘情願地把他的「魚」推薦給你。這樣你借了他（池塘塘主）的信譽度，你的成交率成倍提升，所以你的行銷是從別人的「池塘」開始的。

最簡單的商業模式就是分潤如：培訓業會互邀對力、大潤發裡面的櫃位、電視購物禮的廠商。

▶ 「抓潛」最重要的是什麼？

舉例說明，吳董是深圳一家有機食品公司的老闆，2011 年春節，他拿到一份訂單，有機會向某大型企業的三千名高管銷售一批高級水果禮盒，吳董的銷售很成功，取得了 900 萬元的銷售業績，本來這已經是一個很成功的銷售項目了，但他在無形之中犯了一個巨大的錯誤。

他竟然沒有取得這三千名高管客戶的名單！他意識到這是巨大的損失！因為這批高管都消費了他的高級水果禮盒，成為他的客戶，但如果他們對高級水果禮盒的評價不錯，還想繼續二次購買，那該怎麼辦？因為沒有名單，就沒有了追售的可能。

你要「抓」住潛在客戶，意味著你要有他的姓名、電話、電子郵件或者住家地址等聯絡方式，這才叫「抓潛」。你的第一筆交易是賺錢了，這當然是好事，但更重要的是名單，你需要取得客戶的聯繫方式。

獲得客戶名單的六種簡單可行方法：

▶ 1. 讓所有和你直接接觸的客戶留下關鍵性資料

通過一定的方式、方法，讓所有和你直接接觸的客戶留下關鍵性資料，應該採取客戶容易接受的方法，請客戶留下資料。比如，銷售人員可以非常客氣地解釋客戶留下資料的好處，並做出保密承諾。絕不能引起客戶反感，而是讓客戶產生信任感。需要提醒的是，客戶名單列表會隨著客戶實際情況的發生而變化。所以，企業單位或個人應該利用數據庫管理工具在固定的時間內更新數據，確保客戶資料庫的穩定與效益。

▶ 2. 通過展覽會、行銷活動等收集資料

可以通過舉辦產品展覽會，或與自己產品有關的一些娛樂性的行銷活動，通過回收問卷表格等方式來收集參與者的個人資料，這是一種非常易於操作的方法。同時，問卷上設有住址、姓名、年齡、職業等欄目，只要收集這些問卷自然就可以獲取客戶資訊以建立數據庫。

3. 通過優惠券、折扣券、抽獎活動等方式收集資料

利用優惠券和抽獎活動是零售行業常用的方法，只要將優惠券、折扣卡贈送給購買額在一定程度以上的客戶，客戶就有意願填寫姓名、年齡、電話等個人資料。當然抽獎活動的效果可能會更好，因為客戶填寫關鍵性資料的意願更大。

4. 不同行業間進行名單交換

行業數據庫是一個較為精準的分類數據庫。例如，服飾店和化妝品店都以年輕女性為對象，它們之間可以交換各自的客戶名單，實現交叉銷售。只要事先設定好合作規則，這種互換客戶，分享各自客戶名單的做法，就不會引起競爭，還能實現雙贏，何樂而不為呢。

5. 客戶推薦客戶，建立更可信的數據庫

客戶之間互相推薦，這種數據比較真實，比如，汽車銷售公司可以準備一些精美的、吸引人的禮物贈送給那些介紹朋友來購買的客戶。保險公司更可以採用以下方法：只要與某個客戶訂下一份保單，就可以通過這個客戶得到其他準客戶，例如其親友、同事等。這種經由保戶介紹的潛在客戶，一般是有效的潛在客戶。

6. 向專業的數據公司購買

目前已經有專門提供各行業、各類別數據的公司，這些公司是客戶資料庫最重要的來源，在購買或者租借數據資料時，一定要根據企業的實際情況，選擇最符合企業要求的數據庫。

如果數據資料中某人以前曾與你接觸過或購買過產品，那這個人的

名字與聯繫方式對你的企業就很有價值。通常，將產品的資料寄給自己「池塘」中的「魚」要比寄給別人「池塘」中的「魚」的效果高出三～四倍。即使別人「池塘」中的「魚」與你的「池塘」中的「魚」的性質、背景十分相近，也無法獲得同樣的的效果。

7 開始建立你的品牌

　　你應該透過任何的管道、通路，去建立你的公司和產品的品牌，現在是網路時代，網路工具可以讓一家公司快速地打造品牌，運用網路打造品牌的成本也沒有那麼高，只要具獨創性、夠吸引消費者的目光即是重點，而且你要將你創業的過程，編成一個故事或拍一段影片，並傳播出去，那些投資者看到了或許就會想跟你合作了，並且產品的論述也必須要好好地規劃，因為一個好的產品論述可以將毛利率提升，這就是為什麼有的餐廳一碗飯賣 10 元；有的餐廳一碗飯可以賣到 50 元，相差了五倍，所以產品的論述非常重要。好的故事加好的論述即可建構起初階的品牌。

　　可口可樂的總裁曾說：如果可口可樂在世界各地的廠房被一把大火燒光，只要可口可樂的品牌還在，一夜之間他可以讓所有的廠房在廢墟上拔地而起！這段話充分詮釋了品牌的強大力量。

　　一個品牌到底是怎樣建立起來的呢？要建立一個品牌，首先我們想想，怎樣才算是建立了品牌，品牌成功的最佳狀態又是什麼？如今每個行業都已存在大大小小的品牌，怎樣才算是完成了品牌的建立，既然是一個品牌的話，至少得讓顧客記住你的品牌名，否則，談什麼品牌呢？當顧客需要消費一個產品的時候，通常在付款之前，首先會去搜索自己的記憶，有哪些品牌可以選擇，如果這時你的品牌能出現在顧客的大腦選擇清單中，就表示顧客對你的品牌已經有了認知，也就是說品牌這個時候已經算初步建立了！

品牌也分強弱勢，品牌成功的最佳狀態會是怎樣的呢？討論這個問題前，先邀請大家，回歸到我們現實的一些生活場景。現實場景中，你是否會在不經意間、脫口而出地說出：「幫我叫個 Uber 吧！」、「不明白，去 Google 一下」等等。可是你有沒有想過，像快遞、搜索引擎、感冒藥，還有很多其他品牌，你為什麼不是說：「不明白，去蕃薯藤一下」……呢？這就是品牌的強弱勢。所以，如果當你的品牌能夠成為品類的代名詞，這時候就是品牌成功的最佳狀態！如 7-11 ＝便利商店、Uber ＝出租車或計程車。

　　那麼如何去建立一個品牌呢？ 在如今競爭白熱化、同質化的時代下，各行各業都有大大小小的品牌林立，我們可以這樣想像一下，每個產品品類在我們的腦海中，都有一把梯子，每把梯子上掛滿了同一品類中不同的品牌。梯子最多可能只有七層（七層已經算很多了，每一層有一個代表品牌），有些只有二層，甚至一層。每把梯子的第一階梯是行業的領導品牌，第二品牌在第二層，以此類推。這時，如果你想建立一個品牌，那麼你就需要從這把梯子上，擠下來一個品牌，得到一個空位，然後把你的品牌名掛上去。但現實是這很難辦到，因為消費者的心智很難改變，幾乎很少會改變對已有品牌的認知！那該怎麼辦呢？

　　我們可以從「定位理論」來詳細闡述。日本有一家事務機器的租賃與販賣公司，新上任的社長將公司的定位由「物理定義」改為「功能定義」，稱自己為「元氣提供商」。結果不但生意變好了！也從紅海跨入了藍海！更大幅提振了員工士氣！

　　一般消費者對一個品類，最多可以記住七個品牌。第一名品牌通常會採取防禦策略，第二名通常會選擇進攻策略，第三名採取兩翼包抄策略較佳，第四名以後就只好採取游擊戰略了。所以消費者腦中有不少品類的

階梯，每一個梯級就代表一個品牌。

美國的租車業多年來都是赫茲第一，艾維斯第二。艾維斯強調：「由於我們還只是第二，所以我們比第一名更加努力！」差點兒擊敗了第一名的赫茲。蒙牛創立之初打出的口號是：「創內蒙乳業第二品牌！」所以請認清你自己吧！

大部分的潛在顧客既沒有耐心，也沒有龐大的記憶能力，來聽你講十數分鐘，然後搞懂你的企業是做什麼的！

所以你必須只能用一兩句話，在 10 秒內讓客戶知道你是做什麼的！有可能嗎？只要有品牌，就絕對有可能做到。然後：品牌聚焦的訴求要永遠不變！例如——

LV 的包永遠是貴的！廉價航空的機票永遠是便宜的！

千萬不能今天很貴，明天卻很便宜，這樣的定位就模糊了。

如果你強調品質，品質就要最優！如果你強調服務，服務就要最好！如果你強調價格，價格就要最低！

而且要想方設法創造一個誇張新奇的故事來廣為傳播。Zara 從來不做廣告！但消費者都可以輕易找到它。因為 LV 在哪裡，Zara 就在哪裡。肯德基和麥當勞也有異曲同工之妙！統一超商「CITY CAFÉ」、「OPEN 小將」、「7-SELECT」；全家的「超麵包」、「關東煮本鋪」、「飯團屋」；萊爾富的「Hi-cafe」等均是通路自創品牌。其中「7-SELECT」還有高光效 LED 燈炮以及極致濃縮抗菌洗衣精……。

此外，為搶 800 億烘焙商機，統一超商開設 24H 烘焙複合概念店，專售旗下「聖娜」、「多拿滋」和「貝洛邦」等品牌的現烤麵包；全家除了比麵包的新鮮度外，更與世界麵包大賽冠軍陳耀訓共同研發 100% 無添加香料及添加物的「世界冠軍麵包」系列；萊爾富的「麵包優先 Bread

First」、全聯的「WE SWEET」也都對這塊大餅虎視眈眈。

一般大眾認為的品牌是由包裝、行銷與媒體傳播……構成。其實真正的品牌代表著價值訴求的成功與核心競爭力！也包含著企業文化與整合力度。高明的廣告就是產品內容的本身！

此外，品牌也是有顏色的：

綠色象徵環保、清新和生機，代表大自然，宏達電和宏碁為代表。

藍色象徵穩重、智慧和信任。三星和華碩為代表廠商。

紅色象徵熱情、刺激和鼓舞。可口可樂和 85 度 C 是代表。

紫色象徵高貴、權利和奢華。Yahoo! 和 BenQ 是代表公司。

建構品牌往往意味著放棄很多東西，例如放棄低成本，放棄高利潤甚至完全放棄利潤，為什麼有人寧願虧本也要租下三角窗作為店面？例如當年台灣的 85 度 C，又為何有房東不要房租也要引進品牌旗艦店？例如香港誠品與蘇州誠品，還有台東誠品。

Step 8 開始成立公司

在一個公司真正成立之前，你可以做許多的事情，也是應該要做的事情，包括給公司命名、開發網站、編寫產品原型代碼、進行市場調查、在平台上展示公司的簡介，做這些都是為了方便投資人和潛在合作夥伴看到你，你甚至可以把所有相關的創始人拉在一起，並通過創始人的權益確立基本的合作關係，譬如誰將獲得多少股權等等。

所以，如果你能把這一切都做了，為什麼不繼續做下去呢？答案是，雖然你可以合法地繼續做下去，但這個時候，初創的行號型事業體將被視為一個自然人，你個人將承擔公司所有債務和損失，如果公司破產，債權人將會盯上你的個人財產，包括你的家產。

你什麼時候應該前進一步創立公司法人呢？

我建議這個關鍵時刻應該是當以下事項其中之一首次發生時：

一位合作夥伴、一位員工、一位投資者、一位客戶、一筆資助、需要銀行帳戶、知識產權（包括商標）、潛在債務、資產開始累積時。

9 正確地聘用律師

公司創始人常常會思考聘請一位律師對創業公司的貢獻到底有多大，甚至可能認為他們根本不需要律師！

然而，對於創業的公司來說，最顯著也最重要的一點是，律師具備所有與創業相關的法律知識，包括創建公司、融資和經營，但這並沒有特別突顯律師的重要性，其實在商業世界裡存在著數不盡的法律問題，一旦你開始募集資金融資，你將面臨更多的法律問題，我見過不少初創的公司，在創業的初期為了節省法務的花費，最後得到慘痛的教訓，讓公司空轉多日，忽略的工作還得從頭再來，有的時候甚至危及公司的生存，有一名好的律師作為支持後盾，所帶來的安穩感是極其有益的，除了這些最基本且重要的功能，以下是律師事務所可以給創業公司提供的其他價值：

❶ 設立／組織的章程與法律文件管理

這種專業性的法律功能至關重要，包含了一系列關乎公司未來發展的決策點，註冊一家公司是輕而易舉的事情，但是，事實上在此之後的事情，才會給你帶來重重的困難。

❷ 合法性與信用度

這可能不像律師事務所宣稱的那麼重要，但也有一些道理，因為大部分為初創公司提供服務的律師事務所，當他們的潛在客戶數量超過了他

們的處理負荷，就會導致這些律師事務所對於合作對象開始挑剔，基於這種狀況，聘請頂級的律師事務所提供的法律服務，不僅僅能給投資人帶來信心，也能讓其他外部人士相信你是合乎法規，也是值得合作的。

3 人脈關係

優秀的律師事務所或會計師事務所大部分的工作時間，都是與交易的雙方溝通，因而能為投資人、顧問或者行業的其他公司提供建議，所以透過律師事務所也有機會接觸到投資人，有機會接觸到投資人就有機會被投資人投資。

4 法律顧問

我們常把律師稱為顧問，事實上他們並不是為公司提供建議的主要群體，也不應該是，但是通常來自於聰明人的任何建議總好過沒有建議，有時候，公司也沒有其他人可以求助了。

5 對於市場情況的了解

因為談判和起草文件是創業服務律師的工作，俗稱為文案工作，他們通常在融資協議條款上，比創業者具備更多的市場訊息，比如估值、保護性條款等，假如你的律師是一名聰明、活躍、寫狀紙經驗豐富的交易高手，在條款談判的時候相信他的建議，但有一個假設前提要注意，經驗不足的律師毀掉一筆交易的速度可能快過於子彈的速度。

10 招募董事和顧問

公司一旦成立，就需要按照法律的要求設立董事會，正式的職責是代表股東的權力和表達股東的意見，但董事會也應該承擔一些其他的職責，可以幫助和維持公司的發展以及長期成功，董事會（或稱為董事局）是一家公司最高的治理機構，由多位董事組成，其代表者稱為董事長或董事會主席。

理論上說，控制一家公司有兩種實體：董事會和股東大會。實際上，不同的公司董事會的權力差別很大。小的私人公司裡面，董事和股東一般就是同一人，所以根本就沒用到真正的權力分割。對於大的上市公司，董事會一般會有很大的權力，各個董事的職責和管理權限也一般由個別專業的執行董事（常務董事）專門負責那些專業領域的事務（比如財務董事和市場推廣董事等等）。

大型上市公司的董事會還有一個特點，就是董事會通常擁有實際的權力。法人股東（如基金、投資公司或者銀行）通常在董事會有自己的代理人，這樣在股東大會的時候，相對於小股東，董事會能掌握投票結果。但是，最近也有一些呼聲和趨勢，希望推動和提高機構投資者和小股東的發言權。

如何組建優秀董事會的三要點

在非營利的領域有這樣一個說法，你的董事會成員應該滿足以下的

要求，財富、能力、才智，追求營利的董事會同樣需要這樣的特質。

▶ 財富

要像投資人一樣能簽發支票，並在未來幫助公司進行融資。

▶ 能力

像創辦人一樣具備特定的技能，幫助公司招聘員工、拓展業務、介紹客戶、分析退出情況等等。

▶ 才智

像聰明和經驗豐富的導師一樣，以客觀的角度給 CEO 提供明智的建議。

理想的情況之下，所有董事會成員都能滿足這三個條件，然而在現實世界中，你雖然希望能夠找到最優秀的董事們，但是這對創業公司來說頗有難度，原因在於，董事會成員並不能獲得高額現金酬勞，讓優秀的人才無償地付出寶貴的時間這是不可能的，但也不宜對組建董事會漫不經心，也不要派一些特定人士進入董事會，如：不要派你的管理團隊中的任何人進入董事會（聯合創始人除外）、不要派沒有獲得你完全信任的人進入董事會、不要派你的母親或是你最好的朋友進入董事會。相反地，仔細想想在創業的過程中，有沒有那些頗有商業經驗，又一直給你建議或監督你的人。通常，初始的董事會只會持續很短的一段時間，一旦你獲得了外部投資，在股東會議上，一定會明確約定誰將進入董事會，這個時候，初任的董事將會收到感謝函，可能會去獨立的諮詢委員會任職。說到酬勞，對於尚未營利的創業公司的董事，從未聽說過他們有人獲得過高額現金薪

水或高額獎金，儘管創始人、公司員工、風險投資基金的代表，在董事會提供服務都可能沒有獲得任何的酬勞，外部董事（比如由創始人和投資人共同挑選的獨立董事），接受股票期權（0.5% ～ 2% 的範圍）的事卻屢見不鮮，期權的兌現通常為 2 ～ 5 年。

什麼是股票期權？

股票的期權交易是 70 年代才發展起來的一種新的股票交易方式，在美國的普遍使用是在 90 年代初期。

股票期權一般是指經理股票期權（Employee Stock Owner，ESO），即企業在與經理人簽訂合約時，授予經理人未來以簽訂合約時約定的價格購買一定數量公司普通股的選擇權，經理人有權在一定時期後出售這些股票，獲得股票市價和行權價之間的差價，但在合約期間內，期權不可轉讓，也不能得到股息。在這種情況下，經理人的個人利益就與公司股價表現緊密地聯繫起來。股票期權制度是上市公司的股東以股票期權方式來激勵公司經理人員實現預定經營目標的一套制度。

所謂股票期權計畫，就是公司給予其經營者在一定的期限內按照某個既定的價格購買一定公司股票的權利。公司給予其經營者的既不是現金報酬，也不是股票本身，而是一種權利，經營者可以以某種優惠條件購買公司股票。

股票期權是應用最廣泛的前瞻性的激勵機制，只有當公司的市場價值上升的時候，享有股票期權的人方能得益，股票期權使經理人認識到自己的工作表現直接影響到股票的價值，從而與自己的利益直接掛鉤。這也是一種風險與機會並存的激勵機制，對於準備上市的公司來說，這種方式最具激勵作用，因為公司上市的那一天就是員工得到報償的時候。比如一

家新公司創建的時候，某員工得到股票期權 1000 股，當時只是一張空頭支票，但如果公司營運得順利、成長快速，在一兩年內成功上市，假定原始股每股 10 美元，那位員工就得到 1 萬美元的報酬。

　　天使投資人佔據整個董事會是一種非常極端的情況，雖然沒有嚴格的規定，按照慣例，如果天使人是公司某輪融資的主要投資人，並且持有的股份比例很大，那麼通常也不會因此而佔到一半以上的董事席位，如果天使投資人的股份比較少，並且在董事會中是作為眾多投資人的代表，那麼他可能會被當作獨立董事對待，可以按照期權兌現計畫，享有 1% ～ 2% 的期權。

尋找財務人員建構財務系統

　　身為創業者，你並不需要成為一位會計師或擁有財務方面的學經歷，但是你必須對公司的財務有深刻和知覺上的理解，作為創業者掌握公司管理資金的進入、運轉和流出上的基本原理是非常重要的，紀錄創業公司的一筆筆資金的進入和流出，是大多數創業者不願意做的苦差事，同時也是大多數創業者寧願忽略掉的一個令人恐慌、受現實所迫的規則，當然，也正是基於這兩個重要的原因，這件事情從一開始就必須要正確地操作，因為資金枯竭而失敗的創業公司，數量上超過因其它任何原因失敗的公司，除非你能管理好公司的錢，否則就是把事業體推向懸崖。

　　要了解關於公司財務方面的知識，不是一小章節就可說明清楚的，你需要學習有關財務方面的課程，或者是去研讀這方面的書籍，這邊我就不再詳細描述細節，我只提一個重要的點，就是如何僱用一位好的財務人員，如果你創業的公司還處於設立之前的階段，這個期間你或聯合創始人，可能在你家裡做一些準備，需要花錢的地方並不多，這個時候你可以把會計問題拋於腦後，但是一旦你感覺到應該成立公司了，你就應該像一家真正的公司一樣的營運，並且管理你的財務，從你接受的第一筆投資、僱用的第一名員工、簽署第一張租約或賣出第一件商品開始，前面的「應該」就變成「必須」，你必須以正式公司的方式營運，記錄公司推出的產品及寥寥幾筆銷售收入和支出，儘管聽起來是你可以通過廉價的網路工具就能完成的事情，但是在實際操作中，你會發現枝微末節的東西很快就超

出你的控制能力了，如果沒有具備相關專業的人幫助的話，很快你就會陷入財務困境，以前有一位擁有金融 MBA 學位的老師跟我說：「如果沒有尋得一位好的財務人員，我是不會成立一家創業公司的。」

無論你是否願意，你的公司必須完成幾項與財務相關的獨立功能，理論上，有些你可以自行完成，有些最適合由兼差或全職員工完成，有些可以由財務顧問解決，但是有一些必須是要由註冊會計師才能完成的，以下將按照順序介紹你需要完成的事項，以及建議由誰來做：

1、你的第一項工作，是與一位真正的會計師，一起檢查你制定的創業與財務計畫列表，大多數會計事務所都渴望新的業務，所以不會在與你第一次的諮詢會面上就收取費用，或只是收取一個名義上的費用，當然是很少的費用，你的目標是和他們一起設立一個適合你公司的會計科目表，並且讓他們告訴你下次會面之前你需要完成的事項，他們會建議你用什麼樣的軟體，還可能幫你確認填補其他角色的人選。

2、設立好會計科目和計畫之後，接下來你需要紀錄所有流出或流入公司的資金，包括發票、採購單，以及開出去的支票，你需要設立並管理公司的帳戶和支付服務商，並定期核對每個月的銀行帳單，確保收入和支出記錄沒有錯誤，這項工作從現在開始做，直到公司停止營運，儘管這件事情不是很複雜，作為公司的創始人，你應該可以輕易地做到這件事情。

3、當所有基礎信息都收集好之後，要了解背後的情況，你最終需要讓人把這些數據轉換成一份財務報告，同時規劃未來的財務預測，而這些工作超出了記帳人員的薪水以及能力，但又不在你的能力範圍，讓會計師來處理費用又太高，這些工作一般由首席財務官（CFO）來處理，但現在你的公司規模太小，無法聘請一位全職的首席財務官，而現在有種叫做

兼職的 CFO，他們是 CFO 級別並且財務經驗豐富的專業人士，以時間共享的模式為其他客戶服務，你可以聘請一位兼職的 CFO 來輔助管理團隊，直到公司規模足夠大，到時候再聘請全職的 CFO，以下為兼職 CFO 所需要承擔的工作：

⇨編制月季度和年度財務報表

⇨與你一同管理財務預測

⇨為潛在的投資人準備財務文件

⇨為你和你的管理團隊提供財務方面的建議和指導

最後還有些工作必須由會計師處理，包括：

⇨準備公司納稅申報事宜

⇨必要時與國稅局進行溝通

⇨為潛在的外部投資人提供財務報告的審查或審計意見

開始建立並管理信用

　　作為一家全新的創新公司，沒有任何的歷史財務紀錄，這就意味著你跟其他公司競爭的時候，將面臨很大的挑戰性，在推廣業務時，你的客戶甚至不敢確認有你這間公司存在，基於此，公司一開始就要考慮自己的信用紀錄是很重要的一件事情，創業公司最不可缺少的資源之一就是「錢」，公司用來支付投入資源和服務都需要錢，還可以用於投資公司的成長，更不要說是支付員工與創始人生活所需開銷的工資，遺憾的是，現實總是殘酷的，創業公司初期通常根本沒有足夠的現金流，所以當你越過理論階段後，真正要開始投入創業的階段，你的當務之急就是要找到一筆最低限度的投資，也就是如何找到投資者或借錢來投入你的新創公司。

　　答案是：你不能，根本不可能，為什麼呢？

　　因為銀行和其他的借款人不從事承擔風險高的投資，相反地，他們從事的是類租賃的業務，例如對於一家汽車租賃公司來說，他們首先在意的是在租賃期之後將車子完好無損地收回來，同樣地，對銀行來說，他們最關注的就是能在貸款到期日把錢收回來，遺憾的是，從歷史過往的數據來看，創業公司的風險極高，大多數都是以失敗收場，這就是你借不到貸款的原因，儘管沒有人會借錢給你，你還是有一些機會，你的廠商、供應商和服務機構會願意讓你賒欠，哪怕只是讓你使

用信用卡，並在月底前還款，但他們同樣也會在意你這家創業公司的還款能力，所以在你賒帳之前，他們首先要做的是調查你的信用紀錄，判斷是否值得為你承擔風險，這就是大家知道的「信用查核」，從審查你的信用檔案開始，其中紀錄了之前你與貸款人，以及接受你賒帳的人之間的交互情況，你的信用紀錄越乾淨、優良，你的信用評分就越高，這個數字反應你能順利還款的可能性，優良的信用紀錄對於任何小公司都非常重要，越高的信用評分讓你更容易在需要的時候借到錢，為你建立一個可以幫你解決短期現金流問題的信用卡額度，並讓你有資格獲得更低的利率和減免費用，從而降低貸款成本。

但是如何建立和維持好的信用評級呢？

尤其是對一家全新的創業公司而言，這有一定的挑戰性，但並不是遙不可及的。

商業信用基礎

超過一半的小公司創始人，使用個人貸款作為公司啟動運轉的資金來源之一，有些情況之下，創始人直接使用個人信用貸款作為公司購買所需的商品和服務，還有些情況之下，他會以個人的名義向銀行貸款或是建立個人的信用額度，通常是以房屋貸款或是其他個人的資產作為抵押，公司的這種融資方式可能是你唯一的選擇，但也帶來了風險與弊病，其中一個問題便是貸款的成本，你個人信用卡的利率通常高於公司信用額度可以獲得的利率，另外一方面，個人信用卡並不是為了解決公司現金流問題而設計的，如果你有可能獲得一個循環信貸額度，就能好好地管理公司短中期的債務，更有甚者，如果公司陷入低迷，也會留給你無法承擔的個人債務，不僅會傷害公司的信用評級，也會損害你個人的信用評分，你應該也

不想讓商業上的挫折使你家庭和其他個人資產受損吧！如果你發現公司在啟動的初期，推動業務發展和公司成長唯一的選擇就是依賴個人貸款（並且取得配偶或其他重要人士的知情並同意），你必須謹慎採取以下步驟，才能將風險最小化：

1、將維繫公司發展的借貸額度控制在相對較小並且可控的範圍內。

2、盡快還清借款。

3、避免大量債務累積，以防止高額的循環利息費用。

4、密切關注個人的信用評級變化。

確保公司貸款沒有影響個人的財務狀況，鑒於通過個人借貸去資助創業公司的弊端，在公司早期發展階段的某個時候，要建立與個人信貸帳戶隔絕的公司信貸帳戶，這相對簡單，儘管你的信貸在前期可能會受限。

比如，台灣有所謂的中小企業信貸保證基金可協助，你也可以獲得一張或多張公司信用卡，或者透過抵押公司資產的方式獲得銀行信貸額度，這樣的話，你就開始建立公司的信用紀錄，隨著公司的發展這會一直伴隨著公司成長。

透過數據分析評估業務

創業公司債務規模不大的時候，很容易衡量它的健康狀況，從你的有利位置，作為公司的領導者，也許是公司唯一的員工，你可以隨時追蹤客戶的到來和離開、收入的成長到下降，以及成本的升降對盈利能力的影響，但是，隨著公司的成長，變得越來越複雜，評估公司是否成功變得更困難，還必須建立一套經過周密考慮的指標（KPI、MBO 或 OKR 等）或評量工具，並且始終如一地執行。

如何確保你所蒐集和分析的指標是有意義的？

合理設計你所依賴的指標和報告的系統非常重要，而你所依賴的指標必須是可以操作的、可獲得的、和可以審核的。

▶ 可操作的

可操作的指標能清晰地展示因果關係，當你可以將影響公司的成長率的不同因素區分開來的時候，那麼你選用的指標就是可操作的，相比之下，當你收集並分析數據反應了有兩個或更多因素，比如產品設計、行銷策略和傳播的訊息，這些變化所造成的影響時，很難確定是哪個因素對成長率產生了影響，基於這個數據，要做出未來行動的明智決策幾乎是不可能的。

▶ 可獲得的

可獲得的指標是簡單、清晰、以人為基礎的，並且組織中的所有人都可以獲取的指標，在很多組織中，僅有少數的高層管理者擁有數據的探訪權限，然而，員工並不多的創業公司應將大部分和所有的數據開放給所有員工，以便在整個公司內進行分析，洞察和學習，這也是「阿米巴」模式之基礎。

▶ 可審核的

可審核的指標是可信賴的並且容易通過客戶互動進行檢驗的指標，不要完全依賴電腦程式的評測指標，相反地，你的產品管理，市場營銷和服務團隊的人應該不斷修正指標，公司必須快速發現並且糾正這些指標所反映的問題甚至錯誤，以免步上錯誤的發展路線。

設立股權計畫激勵團隊

因為你不能只是簡單地靠口頭承諾來激勵你的團隊，而是要靠實實在在的股權來激勵他們，你必須要製定一些獎勵的計畫，然後授予你的員工，對於大多數想要加入初創公司的人來說，其中一個主要吸引他們想要進入的原因是，有機會可以獲得公司的股權，從而成為公司的一個小擁有者，作為報酬的一部分這是不錯的選擇，如果公司之後取得了重大的成功，他們持有的股權有可能讓他們變得極為富有。

因此，在一家有前景的初創公司成立之初就加入，並持有股權是非常吸引人的，這種誘人的程度是在大公司按月領薪水所無法相比擬的。

如果你是一個正準備為自己初創公司招募第一批員工的創業者，你應該考慮設立一個可行的股權參與計畫，來吸引你想要的核心人才，這種計畫對於傳統的公司來說也許可有可無，但是你正在創立的是一家可規模化發展、高成長性的公司，在當今市場環境之下，這意味著員工期權計畫是必不可少的，應該先找一位熟悉設計規畫創業公司的律師或會計師交流，而不是有幫助、有貢獻者自己獨立處理所有的事情，當你的公司首次完成註冊的時候（只有你和聯合創始人是公司的所有者），你便不需要再為任何人留股份，除非遇到以下兩種情況：

1、你之後聘用的員工將獲得期權而不是直接獲得股份。

2、你從外部投資者那裡獲得第一筆股權投資（例如種子輪或者 A 輪可轉換優先股融資等等）

這種情況下，我們將設立一個所謂的「期權池」。

預留一定數量的普通股，以應對將來員工或其他有幫助、有貢獻人士的期權，一份期權正如其名，就是賦予持有者自行選擇購買一般股票的權利的一張憑證，公司必須確中有足夠可用於行使權利的股份，與之相反，對於投資人來說，他們往往直接購買公司的股票，在這個過程中，公司將會增發新股（這顯然會對已持有公司股票的股東產生股權稀釋的影響），這時候要特別留心以下兩點：

1. 雖然是用於授予員工的期權池，很可能是在公司獲得第一筆投資時設立的，而且包含的未來可能要授予的期權，期權池的全部數量，通常在公司所有權佔比 10% ～ 20%，在投資人對公司進行估值前要被扣除，儘管對於創業者來說這似乎是不公平的，但確實具有其正當理由。

2. 就算你在開始聘用員工或獲得第一筆投資之後，才開始啟動你的期權計畫，我還是強烈建議在一開始就跟你的合夥人設立創始人股權兌現計畫，創業者大多認為這種做法並不合理，但是如果沒有它，那你就是自找麻煩，試想一下，有三個人共同創立一家公司，並持有相當數量的股份，後來獲得了一千萬元的天使輪投資和風險投資（VC），第二天，其中一位合夥人說：「兄弟，公司現在很棒，但是我不幹了，順便說一下，我會繼續保留我在公司持有的三分之一股份，我十分確信你們會讓這些股份增值，謝謝了。兄弟！」

在科技創業的領域，公司的每一位成員，從 CEO 到總機櫃台，都參與到相同條款的期權計畫中，這是普遍通行的做法，那種只有核心成員才能獲得期權的公司，通常都是在內部文化上存在著問題，公司最高管理層

的期權計畫通常是量身訂製的，除此之外，每一位員工之間的差別僅僅在於授予期權的數量，期權數量通常由職級的高低來決定，例如初級員工可能獲得相對應 5000 股股票的期權；經理能夠獲得 10000 股；總監能夠獲得 20000 股；以此類推。

關於期權池

什麼是期權池？

員工持股計畫（Employee Stock Option Program），英文簡稱 ESOP，俗稱「期權池」（Option Pool），是將部分股份提前留出，用於激勵員工（包括創始人自己、高管、普通員工）。

設立期權池的目的就是吸引和留住優秀人才，如果不預留，會導致將來進來的高級人才若是要求股份，則會稀釋掉原來股東的股權比例。如果融資前估值是 600 萬，而風險投資（VC）投入 400 萬，那麼創業團隊就有 60% 的股權，VC 有 40%。也就是說，現在的創業團隊把自己的 20% 預留給了未來要引進的人才。

期權池應該預留多少？

期權池過小不利於吸引優秀員工，也達不到股權激勵的目的；而期權池過大則會過分稀釋創始團隊的股權比例，因此矽谷及中國新創科技公司設立的期權池一般為 10% ～ 20%。VC 一般要求期權池在它進入前設立，並要求在它進入後達到一定比例。

▶ 那麼，到底是留 10% 還是留 20% 呢？

判斷期權池設立多大才合適，就要看這個創業公司未來需要多少重要員工。創業公司需要的重要員工越多，角色越重要，留的期權池就越大。反之亦然。

▶ 期權池的設立方式

期權池產生的方式，一般由之前的持股方按各自持股比例、共同稀釋，新投資人的股份不參與稀釋。由於每輪融資都會稀釋期權池的股權比例，因此一般在每次融資時均調整（擴大）期權池，以不斷吸引新的人才。所以，一般情況下，每一輪融資時，新投資人都會要求公司重新設立一個期權池。每一輪融資的新投資人的股份都不參與這輪期權池的稀釋。

上一輪融資時設立的期權池，如果在下一輪融資時還沒有分配完，就按照比例稀釋到下一輪，成為下一輪的期權池。如果其規模還不夠滿足下一輪融資對期權池的要求，則讓原有持股方再共同稀釋，直至達到要求。如果其規模已超過下一輪融資對期權池的要求，則原有持股方可選擇將超出部分發放給員工。期權池的股份只發放給經理人及員工，不給投資人。

▶ 期權池預留怎麼操作？

預留股權池有兩層含義：

一是預先規畫，即創始股東對現有的持股比例以及未來讓渡給激勵對象的持股數量有所規劃，做到心中有數。

二是形成出讓機制，即未來的股權讓渡是僅由其中一位或幾位創始股東做出，還是由所有創始股東同時按比例釋出，這需要全體創始股東達

成共識。

　　預留就是說預備留給未來用的，所以在沒有實際讓渡股權或股權相關權益的時候，是不需要進行任何操作的。

▶ 股權稀釋不及於新增投資人

　　其實投資人要求在投資前設置股權池，並不是為了壓低估值或稀釋更多創始人股權，而僅在於明確：公司實施股權激勵是創始股東與被激勵對象之間的行為，這一讓渡和激勵的行動，不能以稀釋投資人股份為代價，所以需要在投資前明確預留比例。

　　舉個例子，我們來試算一下：

　　假設公司融資前估值是 8000 萬，而投資人投資 2000 萬，那麼投資完成後創始團隊持有公司 80% 的股權，投資人持有公司 20% 的股權。

　　如投資完成後再另行設立一個期權池（如該期權池的股權比例為 15%），那麼創始團隊和投資人的股權比例都會相應地被稀釋掉 15%，最終的結果是創始團隊持股 68%，投資人持股 17%，期權池持股 15%。

　　如此在同樣的投資款及公司估值的基礎上，由於期權池的設立，投資人股權比例會減少 3 個百分點。因此投資人會要求公司在之前就設立好期權池，並強調其是在完全攤薄基礎上持有公司 20% 的股權。

　　簡而言之，投資人是在確保：**無論創始人如何進行股權激勵，投資人的持股比例不變。**

　　所以，創始人看到這一融資條款的時候，也不要太過敏感，實在不放心的話，就再請律師或會計師看看。

15 | 融資與投資人合作和計畫退出

一些小規模企業或公司，尤其是為了個人提供專業或私人服務的小公司，只需付出人力時間和天分能力就可以組建起來，開始實現成長，但是大多數的公司是需要高額啟動資金的，因為你要購買軟體、工具或設備、支付辦公室租金、員工薪資等等，由於大多數的創業者還未實現財務自由，所以不會有太多的多餘資金可以揮霍，我們也知道銀行不會借錢給初創公司，但是我們可以用公司的部分股權作為交換條件來融資，對於創業者來說通常是十分必要的，願意提供資金來參與交換的人就是投資人，他們的興趣、動機和能力各不相同，體現在他們能夠提供多少的資金量，以及他們投資前後你的公司預計要達到的規模與階段而定。

我能夠融資多少資金額度？向誰融資呢？

你能夠從一位特定投資人獲得融資的金額，往往因人而異，取決於你的投資人是家人還是朋友、獨立的天使投資人、組織化的天使投資團隊、還是專業的風險投資基金 VC。

統計數字表示，在美國投資早期創業公司的天使投資人，平均給一家公司單筆的投資金額為 25000 美元，你會發現一些投資人的投資金額在 5000 ～ 10000 美金之間，儘管也有一些高淨值的個人投資，他們在早期的項目上有能力，也真的是一次投資高達一百萬美元以上的金額，組織化的天使投資團隊平均投資金額在 25 萬～ 75 萬美元之間，還有一些

所謂的種子基金的投資額基本持平，傳統的 VC 機構通常在 A 輪投資投入 300 萬～ 500 萬美元，公司在接下來後續輪次的融資規模將達到千萬美元，然而，隨著創業成本迅速降低以及來自天使輪，種子基金的競爭壓力，很多 VC 正在往早期投資方向傾斜，直接獲得通過特殊目的基金的方式，參與更小規模的投資，大致上來說，公司的融資金額可以列出幾種區間範圍：

▶ 0 ～ 100 萬

通常是你自掏腰包投入金額，否則無法吸引感興趣的人投入，這些資金將保留下來，並成為你創始人的股權之一部分，當然還要包括你的工作經驗和知識產權。

▶ 100 萬～ 1000 萬

除了你本人的投入金額之外，通常你要找家人和朋友完成一筆外部融資，這筆融資往往會直接記成普通股的股權，或者是能再下一輪專業融資之中，轉化成同等股權的可轉換債券，但是轉化價格要打折（事實上這對所有人都有利）。

▶ 1000 萬以上

你是在尋找早期階段的 VC 基金，通常會參考使用矽谷常用的風險投資協會（NVCA）提供的 A 輪融資協議模板，投資人通常第一次將投入預期計畫投資額的一半，如果你能成功執行公司的後續發展計畫，剩下的資金將在後續一輪或多輪融資時投入。

儘管這是創業公司融資的典型階段，但必須牢記的是，能夠從頭走到尾的公司其實少之又少，大多數初創公司在第一階段，也就是在第一階段結束時，大約 25% 的初創公司能夠獲得家人和朋友的投資；2.5% 的初創公司能夠獲得天使投資；0.25% 的初創公司能夠獲得早期 VC 投資；0.025% 的初創公司能夠獲得後期 VC 完整的投資。

投資人最在意的是什麼呢？

創始人與投資人對一家公司的看法是截然不同的，一位有遠見且樂觀的創業者看見的是一個充滿無限可能的世界，即使前面的道路充滿坎坷，而一位務實且冷靜的投資人，最在意的是公司是否有能力和資源存活下來並且壯大，一名聰明的創業者在尋求投資時，會從投資人的角度來審視自己的事業，而不是從自己的角度去看未來，你越快學會客觀地分析公司獲得投資的可能性，就能越快改變並提升公司對投資人的吸引力和優勢，從而找到理想的外部投資，以下是聰明的投資人會在意並關注的重點：

▶ 1. 團隊管理的能力

創業者是任何創業公司實現成功的關鍵，每位聰明的投資人都會仔細審視創始人的創業與商業經驗，也就是說，創始人曾經是一位公司的成功管理者或是領導者，也會評估他的行業經驗和相關技能，彼此來進行交互評估投資的可能性，同樣重要的是創業者的靈活度，不僅僅指的是創始人在必要的時候願意調整方向，包括他是否容易相處的性格特點，其中的一個核心問題是，如果未來創始人讓出 CEO 的職位，對公司來說可能是最好的選擇，創業者是否願意接受這個事實，作為一個創業者，在見投資

人之前你必須要好好思考這個問題，因為這在一家公司的成長過程中經常會出現，不僅如此，投資人才會仔細評估公司管理層的完整性與互補性，如果 CEO 像超人一樣全能，可以完成所有的事情，這個問題可能並不重要，但在大多數情況下，投資人更想了解這家公司內部已經具備了哪些能力，以及接下來需要聘用具備哪些技能的人才。

▶ 2. 商業機會的規模

這點主要指的是公司產品和服務的市場容量，包括整個行業的範圍，以及消費者每年在可替代產品（針對你公司企劃提供的產品）上花費的具體金額，如果世界上所有潛在消費者目前每年在類似產品或服務上的花費只有兩千萬或是三千萬，你就很難聲稱你的公司將成為這市場裡的獨角獸，聰明的投資人喜歡成熟的細分市場，消費者每年已經消費了數以億計的錢，同時潛在的消費者人群仍在成長，評估商業機會的規模有一種方法是預測創業公司未來五年的收入潛力，尤其是天使投資人會使用，本質上，對於有長期收入的公司來說這沒有什麼問題，比如建一座大樓，但是天使投資人（與 VC 和 PE 基金不同），通常沒有雄厚的財力，這意味著大規模、資金密集型，並且需要數十年才能產生利潤的創業公司通常不適合天使投資，這個問題就變成，你的公司如何快速啟動，快速實現收入規模化以及這些收入在合理期間內實現的可能性，超過五年的期間就沒有人能夠準確預測了。

▶ 3. 產品或服務

如果你提供的產品或服務用途很廣，是每一個人都會想要的，那你的公司註定會失敗，投資人想要的是一個清晰、專注並且明確的市場需

求，以及精準的市場定位，和特定目標市場的公司，接下來，投資人想知道你的產品特點是什麼？如何滿足確定的細分市場之分眾需求？

更重要的是，你為什麼能夠滿足消費者的這種需求？投資人更傾向於投資那些能夠解決消費者痛點的「止痛藥」，而不是讓消費者有更好、更快、更便宜體驗的「維生素」。最後，投資人還會有興趣了解你的產品或服務的複製難度有多大？潛在的競爭對手還有誰？當然了，像 Google、或是 Apple……，這樣的大公司以後可能會擊敗你，但你的產品是否可以面臨當前激烈的環境競爭？如果是，你的公司要如何才會脫穎而出？成為贏家，這些都是你在會見投資人的時候，需要好好思考並給出合理、可信的答案與說明。

▶ 4. 行業類型

投資人眼中的加分項目是只需要一小筆的投資金額，就能幫助一家公司往前走很遠的類型，因此，一家 B2B 的新創業公司，甚至是一家針對消費者的新創業公司，都是高度可規模化的，也就是說，能夠實現快速且輕鬆的成長，但一家傳統公司的企業網網站一開始就需要大量的資金，卻無法給投資者提供有效的槓桿，這在投資人眼裡就是有問題的。

▶ 5. 銷售通路

你的產品將如何到達消費者的手中，你的產品銷售、市場、推廣方案是否已經經過測試和實施，或者一切還處於理想中的想像狀態。

▶ 6. 公司所處階段

你在公司是處於僅僅還是一個創意的階段，還是已經一炮而紅，獲

得消費者的滿意，有許多付費和重複消費的客戶，或者處於這兩者之間的階段，不同的投資人喜歡投資不同階段的公司，一位種子期的投資人通常不會參與 B 輪的投資，一支後期的 VC 機構也不會參與種子輪的投資。

▶ 7. 商業計畫和路演品質

　　商業計畫和路演品質看似與公司的前景關係不大，但事實上比很多創業者認為的還要重要得多，如果你有一份詳細的商業計畫書，在路演中表現得相當精彩且有說服力，你的成功率會比平均水平高得多。相反地，如果商業計畫書混亂不堪，路演也沒有任何吸引力的話，這家公司將來的路可能就不好走了。

建立投資人的溝通管道

　　你期望有外部的資源就必須要有不同的投資管道，讓所有對你公司有興趣的投資人都可以很簡單地透過投資管道來投資，在尋找投資人之前，了解一些創業融資的基本事實是很重要的：

　　首先，創業者的數量遠遠多於投資人，結果就是每 400 家尋找創業融資的公司中，只有一家能夠拿到 VC 等級的投資，就算是非正式的天使投資領域，成功拿到投資比例也不會高於 1/40。

　　因此，從創業者的角度來看，這樣的競爭是相當殘酷的，想要變得有競爭力，在準備尋求融資之前，新創公司最好自己已經萬事具備，無論是產品、團隊還是市場影響力，都應該具備有一定的實力，當你準備得越齊全，你成功的機會就越高。

　　此外，在這種雙方不平衡的情況之下，大多數的天使投資人和風險投資人往往是被動反應而不會主動出擊，除非是你的投資案非常吸引人，或是已經具備市場獨角獸的條件，否則天使投資人和風險投資人是不可能主動找上你的，他們在尋找新目標上所花費的時間，遠遠不如評估現有項目的時間多，舉個例子來說，一個典型的風險投資人每年能夠接觸到五百個項目，稍具知名度的投資人接觸到的項目可以接近兩千個。

　　由於以上原因，天使投資人和風險投資人會用盡各種方法在大量的項目中擇優選擇，其中一種主要的方法就是推薦，這意味著到目前為止最有效的接觸潛在投資人的方式，就是由一位認識對方的人，並認為你們之

間互相匹配的中間人做推薦，藉由推薦人與投資人之間的信賴感，投資人選擇把錢投入你公司的機會將大大提升。

綜上所述，創業者必須意識到解決融資問題並沒有什麼萬靈妙藥，無論你在網路上聽到或看到某種說法，吸引投資人是沒有任何簡單、快速的捷徑可走的，但有些工具和技巧能夠提升你的機會。

什麼時機點接觸投資人？

對於接觸潛在投資人的正確時機，我的想法總是隨著時間而改變，因為初創公司前進的速度與發展的水平正在迅速地改變和提升，我覺得創業者嘗試接觸有點頭之交的投資人是比較能達成的，因為這種私人關係會讓你從許多主動上門的融資項目中迅速脫穎而出，而且你也更有可能得到回應，因此，如果你有熟識的投資人，或者你的朋友認識這樣的投資人，積極與他們接觸都是有意義的，你可以向他們描述你的商業計畫，並詢問他們是否願意見面討論你公司的未來發展，這是一個很好的建議，可能在某一天給雙方都帶來好處，事實上這也是獲得投資人青睞的最佳方法。

如何接觸投資人？

一旦你認為某一位投資人他很適合投資你的公司，你的目標就是想辦法讓他認識你，你可以從以下四點做起：

▶ 1. 專業的人脈網路

社交網路爆發式發展，很容易接觸到新朋友，通過 LinkedIn 這樣的專業社交網站，你很有可能找到同時認識你和投資人雙方的人，或者知道誰可以幫你們找到牽線搭橋的朋友。

▶ 2. 天使投資團體

「不要打陌生電話」的策略有一種例外的情況，就是一群天使投資人聚集在一起成立天使團隊俱樂部，接受創業者的申請，一家這樣的天使團體通常會收到很多來自創業者的詢問，大多數團體都會有一個層層篩選項目的流程，天使團體的工作人員會對所有的項目進行一次性的粗篩，然後由投資人會員組成的委員會進一步篩選，通過的項目才會在天使團體的月度、季度會議上向投資人展示，如果你希望讓一些天使團體的投資人來投資你，就要遵循天使團體項目篩選的流程。

▶ 3. 創業比賽

這些公開的活動是另一種與投資人建立關係的方式，在創業比賽中，創業者向潛在投資人做項目展示，但是這些比賽良莠不齊，創業者應當仔細考慮並選擇有意義的比賽去參加，正如你可能預料的，底線是在這樣的過程中你必須投入的時間和金錢價值，好的活動指的是參加由合格天使團體或者公益組織所舉辦商業計畫比賽，這樣比賽通常是免費的，或者只需要一兩千元左右的報名費，這是絕佳的機會，可以鍛鍊你的路演技巧，從真正的投資人身上獲得建議並認識一些創業圈的朋友。

知識站 *Knowledge*

LinkedIn，中文名為領英，是一款近似 Facebook 頁面的社群網路。完成註冊後會自動產生和帶入電子名片。面向為商業人士使用。

網站的目的是讓註冊用戶維護他們在商業交往中認識並信任的聯絡人，這些人被稱為「人脈」，用戶可以邀請他認識的人成為人脈。

網址：https://www.linkedin.com/

差的活動是另一種極端，例如那種自稱是風險投資高峰會等活動，你需要花費幾萬元以上才能做 5 分鐘的路演，而且觀眾群中沒有真正的投資人，也沒有媒體，或許有一些為了免費的午餐而來的人群，這樣的活動並無意義，大會的目的也只是要收取創業者的報名費。

屬於兩者之間的活動不好不壞，難以抉擇，你通常需要支付一筆高額的報名費，向一群你並不知道身分機構和品質的觀眾做路演，其中 80% 的活動，資深的圈內人會勸你不要浪費這筆錢，但剩下 20% 的活動，可能對你有意義，你值得為這些路演比賽做足準備工作，因此，在參加這些活動之前多向知情人士打探消息，例如當地的 VC 機構、教練、導師和其他創業者。

● 4. 通過中間人聯繫

一些經紀人和掮客可能會來找你，他們願意做中間人，幫你對接一些潛在的投資人，當然他會收取一定的費用，職業的早期投資人，包括天使投資人、天使團體的會員、種子基金投資經理、VC 投資機構，通常不願意參加由經紀人服務的項目融資，你找經紀人可能有很多原因，但早期的投資人通常希望他們所有的現金投入到初創公司，而不是進入中間人的口袋，在項目的來源上，他們也有很強的人脈網路，這使得他們更願意主動出擊而不是被動等待，但是，在私募股權領域情況卻有所不同，即便是比較早期一些的階段，經紀人的參與往往是常態，而不是例外情況，而對於一些偶爾參加投資的天使投資人來說，他們在投資機會上的選擇上要被動了一些，總結來說，如果你的公司正在向「聰明的資金」尋求種子期資金，我的建議是最好不要透過中間人。

什麼時候該辭退投資人？

對於 97.5% 的創業者來說，什麼時候以及如何拒絕一筆投資並不是什麼問題，因為他們在初期根本拿不到什麼投資，剩下 2.5% 的創業者對這個問題就比較苦惱了，因為這似乎違背了創業的第一法則「任何時候的投資都來者不拒」。然而事實上，確實有很多的理由要謝絕一些投資，首先，也是最重要的一點，就是「投資人是誰」，不論怎麼強調「聰明的資金」和「好的資金」比「傻瓜的資金」和「壞的資金」有價值，這都是不過分的，正如投資人會對初創公司做調查一樣，你也應該至少對投資人做同樣深度的調查，你應該與相關人士交流，多閱讀一些關於投資人的報導或者他們撰寫的文章，創業者應當與投資人詳細探討以下的問題——他們想達成什麼樣的合作關係，你對於退出和公司成長管理的看法，以及他們為公司的後續融資預留了多少資金。

綜上所述，就是要找到真正可靠並且與你有強烈化學反應的投資人，這樣日後面臨艱難抉擇時，雙方才能有好的感覺，當然還有一些辭退投資人的原因，包括：

▶ 戰略性問題

當創業者需要在一位財務投資人與戰略投資人之間做選擇時，他們往往會發現戰略投資人的投資意願更加誘人，因為戰略投資人會創造更高的公司估值，意味著對創業者股權的稀釋更少，並且在行業經驗、對接更廣的市場以及在市場通路、開發、營銷和 IPO 方面的支持，事實上確實是如此，但是創業者還需要牢記一點，財務投資人的確唯一的動機就是增加所投資公司的經濟價值，但戰略投資人他們往往就還有其他的目的。

有時候，這意味著在戰略投資人參與之後，創業者發現他被迫或是

被督促著朝向某項既定方向研發產品，或者與投資人簽訂排他性協議，甚至只能在特定領域與地域和人群中開拓市場，所以這點要特別注意。

▶ 營運性問題

如果你是一家精益型創業，快速發展公司的 CEO，由於你的豐富經驗，投資來源有很多的選擇，如果你認為某位投資人給你帶來的價值遠低於有可能造成的麻煩，回絕這筆投資是相當合情合理的。

▶ 控制權與相關問題

每當你以股權換資金的時候，基本上毫無例外，你要把一部分的股東投票權讓給其他人，對大多數高成長的初創公司來說，為了獲得公司成長所需要的資金，這是創業者必須做出的選擇，但是，如果在是否接受資金的問題上你有選擇的機會，那麼你大可拒絕某筆可能想掌控控制權的投資。台灣知名案例如博客來網路書店引進超過 50% 佔比的投資人後，投資者反過來「開除」了創辦人，另外聘任「自己人」為 CEO，這位創辦人我認識，他也表示極後悔引進了該筆投資。

▶ 經濟性問題

決定是否接受資金往往會落實到成本、收益分析，也就是風險與收益的評估，說得直白一點就是恐懼和貪婪的較量，你接受投資，就意味著同意把公司未來可能獲得的收入與他人分一杯羹，但如果你是那種萬中選一的優秀創業者，自力更生就能讓公司實現盈利，或許可以拒絕投資，自己獨自享受所有的回報，或者，你也可以等到公司發展成熟一些之後再接受外部投資，到那時候，如果你的公司估值已經足夠高，或是你在創業初

期採取精益創業模式，接受一筆相對並不大的資金是值得的，因為這對公司經濟價值的稀釋很小。

什麼是精益創業？

「精益創業」（Lean Start-up），是一種反傳統的創業模式，極大化地降低了創業風險，它注重實驗而非精心計畫，聆聽用戶反饋而非相信直覺，採用疊代設計而非「事先進行詳細設計」的傳統開發方式。儘管才剛出現十數年，精益創業所闡述的一些概念，如最簡化可實行產品和落地轉型，已快速在創業圈生根發芽。一些學校商學院也紛紛調整課程，傳授精益創業的相關理論。

舊式創業的誤區

傳統的作法是，每位公司創始人必做的第一件事就是撰寫商業計畫書，用一篇篇靜態的文字描述當前機會的大小、待解決的問題以及公司可提供的解決方案。商業計畫書通常會預測公司在未來五年內的收入、利潤和現金流。實質上，商業計畫書就是「紙上談兵」的演練，因為此時連產品開發都還沒開始。這個演練假定，在籌集資金和真正執行想法之前，創始人能提前預知未來業務中絕大多數的「未知領域」。

在獲得注資後，創業者就會投入到閉門造車式的產品開發中。產品研發者在產品發布前要投入成千上萬小時的人工，但消費者根本沒有介入到整個產品的研發過程中。只有當產品開發和發布完成後，銷售人員開始銷售時，公司才會獲得消費者反饋的資訊。然而，在經歷數月甚至數年的開發後，創業者不得不面臨殘酷的現實：產品的大部分功能常常是多餘的，有些功能消費者並沒有想要，事實上也不需要。

初創公司與大企業最根本的不同在於，大企業執行商業模式，初創公司尋找商業模式。精益創業模式的核心定義是，**一個為尋找可重複和可擴展的商業模式而設立的臨時組織**。這體現出它與現存公司的關鍵性區別。

精益創業三原則

　　首先，創業者承認他們在創業第一天只有一系列未經檢驗的假設，也就是一些不錯的「猜測」。創始人一般會在一個被稱為「商業模式畫布」的框架中總結出其假設，而不是花幾個月來做計畫和研究，並寫出一份完備的商業計畫書。從本質上說，這是一張展示公司如何為自己及客戶創造價值的圖表。

　　其次，精益創業者積極走出辦公室測試他們的假設，即所謂的客戶開發。他們邀請潛在的使用者、購買者和合作夥伴提供反饋，這些反饋應涉及商業模式的各個方面，包括產品功能、定價、分銷管道以及可行的贏取客戶戰略。該方法的關鍵在於敏捷性和速度，新公司要快速生產出最簡化且可執行的產品，並立即取得客戶的反饋，然後根據消費者的反饋對假設進行改進。創業者會不斷重複這個循環，對重新設計的產品進行測試，並進一步做出調整，或者對行不通的想法進行轉型。

　　最後，精益創業者採取敏捷開發的方式。敏捷開發最早源於軟件行業，是一種以人為核心、迭代、循序漸進的產品開發模式，它可以與第一步中的客戶開發有機結合。傳統的開發方式是假設消費者面臨的問題和需求，週期常常在一年以上。敏捷開發則完全不同，通過迭代和漸進的方式，它預先避開無關緊要的功能，杜絕了浪費資源和時間。這是初創公司創建最簡化可行性產品的過程，也是一種快速執行力的表現！

上眾籌平台推廣

現在的創業模式跟以前是截然不同的，想必創業者們都知道，透過一些知名眾籌平台可以在網路上募集資金，你可能也想知道這些平台是否能為初創公司募集資金，在眾籌模式下，支持者為他們相信會大發並成功的項目提供資金，並獲取一定的收益或公司產品做為獎勵以為回報，關於這個部分建議可以翻閱《眾籌》一書仔細研讀，或參考後文的眾籌課程。

眾籌（crowd funding）＝群眾籌資，也可稱為群眾募資或公眾募資，是一種「預消費」模式，用「團購＋預購」的形式，向群眾募集資金來執行提案，或者推出新產品或服務，目的是尋求有興趣的支持者、參與者、購買者，藉由贊助的方式，幫助提案發起人的夢想實現，而贊助者則能換取提案者承諾回饋之創業創意產品服務或股權債權。眾籌最大的好處是「去中間化」，也就是讓市場自己說話，決定創業計畫與產品的可行性，而非一部分人說了算。

勢不可擋的眾籌（Crowd funding）創業趨勢近年火到不行，獨立創業者以小搏大，小企業家、藝術家或個人對公眾展示他們的創意，爭取大家的關注和支持，進而獲得所需的資金援助。相對於傳統的融資方式，眾籌更為開放，門檻低、提案類型多元、資金來源廣泛的特性，為更多小本經營或創作者提供了無限的可能，籌錢、籌人、籌智、籌資源、籌……，

無所不籌。且讓眾籌幫您圓夢吧！

　群眾募資的成功案例：

- 齊柏林「看見台灣」成功籌募到近 250 萬公開發行經費（2013，FlyingV）
- 太陽花學運期間 PTT 鄉民 3 小時成功募資 663 萬買下「紐約時報的國際版全版廣告」（2014，FlyingV）
- 小牛智慧電動機車 M1 籌募超過 7200 萬人民幣（2015，京東眾籌）
- 臺北市長柯文哲「群眾募資網站」不到 9 小時就募集 1310 萬選舉經費（2018）
- 小米眾籌平臺正式在台灣上線，首發產品是目前市場聲量頗高的石頭掃地機器人，不到兩小時就達到預設的 624 萬目標、獲得超過 500 人贊助，成績相當驚人。（2018）
- 22 小時公民募資登報費用達標，一人行政＋一人設計＋一千三百餘人一起的創作，募得 263 萬元。（2019）

概念上類似「預購」交易，一旦提案者募款成功得以實行，出資者可優先獲得相關產品和服務。

報酬 Reward

股權 Equity

出資者藉由投資，換取新創公司的股權，因涉及證券交易，各國法律對此管制較嚴格。

募資平台 的種類

出資者以捐贈名義贊助提案者，出資者並不會獲得財務報酬和回饋。2019 年風行一時的5050眾籌即屬此類。

捐贈 Donation

借貸 Lending

出資者以貸款方式提供財務協助，並會獲得附帶利息的償還。君不見P2P網站席捲全球，就屬於此類。

Step 18 了解公司的估值

　　初創公司在實現盈利之前的估值，是種高深的學問，是市場變化、投資人回報計算以及創業者自大情緒融合在一起的產物。因此，其估值結果也是投資世界裡最令人困惑、爭論最多、變數最大的一個數字，作為創業者，你肯定想要投資人根據公司「未來」的價值來確定估值，而投資人則希望根據「當前」的價值來確定估值，因兩個人的角色不同估算點就有所不同。這兩種方式從客觀來說，無論對與錯，在多數情況之下，處於創業的早期，並且創始人和投資人均認為應該能夠成長成非常大的公司，其估值方式會對這兩種方式進行折中計算，最終雙方達成一致的估值數字，不僅取決於公司的客戶數量、總收入、用戶和收入成長曲線、商業模式、市場定位、知識產權價值等等。

　　估值還與談判雙方的相對談判議價能力有關，所以在與投資人進行估值時，可以的話最好尋求談判技巧與有能力、有經驗的人幫忙。市場上永遠有大量尋求融資的創業者，但真正有錢人參與投資的投資人數量上相對則較少，這兩者之間存在著巨大的不平衡，這通常意味著，公司最終的估值結果主要還是看投資人願意出多少錢來決定。最終，對創業公司的投資其實是一筆市場交易，參與雙方都需要認同及付出的代價獲得了合理的價值，因為投資的形式是投資人投入一定的現金金額，獲得了一定的百分比公司股權，結果就是一道數學運算，對於任何一筆投資，你都可以計算出公司當前的價值，如果你和你的投資人對於計算結果感到滿意，那麼就

能進行交易談判，如果之間不一致，那交易將無法進行。

投資估算的方法

很多人嘗試為融資談判雙方建立標準化的估值模型，世界上最好的估值方法大致為下列三種：

▶ 1. 計分卡估值法

這種方法是將目標公司與獲得天使投資的創業公司進行對比，根據同地區最近獲得投資的公司平均估值進行調整，計算目標公司的投前估值，這種比較只能在發展階段相同的公司之間進行，此方法中，針對的是尚未實現收入的公司。

▶ 2. 風險投資法

風險投資法由哈佛商學院教授比爾‧索爾曼在 1987 年的案例研究中首先提出，他的概念十分簡單，因為，投資回報（ROI）＝終值／投後估值；因此，投後估值＝終值／預期（ROI）；終值，是指公司在今後某個時間預期出售的價格，假設是投資後的 4 ～ 6 年，出售價格可以這麼估計，合理預計公司出售當年的收入，然後基於這個預計收入，根據公司所在行業的統計數據，估算當年公司的利潤，再根據所在行業的本益比（價格／利潤），我們就可以算出公司的終值。

例如，一家培訓公司在某個業績很好的年份實現了兩千萬的收入，那麼毛利潤以 85% 計算（教育培訓業的利潤都很可觀），就是 1,750 萬，按照培訓公司 20 倍的本益比計算，該公司的終值為 3 億 4 千萬。

▶ 3. 風險因子加總法

這個方法考慮了影響無收入公司投前估值的各種風險因素，此方法是由俄亥俄技術天使聯盟開發，這個方法督促投資人仔細考慮創業公司必須面臨的各種風險，這些是實現一個獲利豐厚的退出所必須要經歷的，當然最大的風險通常是管理風險，需要投資人做最深入的思考，投資人也覺得這是所有創業公司面臨最首要的風險，儘管這個方法考慮了管理風險的因素，但也為使用者提供了評估其他風險的機會，此方法所需要考慮的風險因素如下：

管理風險、業務階段風險、法律及政策風險、生產風險、銷售和市場風險、融資和資金募集風險、競爭風險、技術風險、訴訟風險、跨國風險、名譽風險、潛在獲利豐厚退出風險……等。

你要根據以下的規則對每項風險因素打分數：

+2 非常有利於公司的成長和實現完美退出

+1 有利

0 無影響

-1 不利於公司的成長和實現完美退出

-2 非常不利

對於你所在區域的無收入公司，其平均投前估值要進行調整，每一項因素加 1 分就增加 100 萬元的投資，同樣的道理加 2 分就增加 200 萬元，每減 1 分就減少 100 萬元，同樣的減少 2 分就減少 200 萬元。

估值錯誤帶來的危害

正確的給公司估值是相當重要的，在估值上犯的錯會對公司未來發展造成嚴重的影響，如果一家初創公司在親友輪的融資中估值過高，天使投資人和 VC 在公司後續融資進入時就會再三考慮，實際上，一筆原本可以成功的投資卻失敗了，從數學計算的角度來考慮，如果在親友輪投資是 50 萬獲得公司 1% 的股權，這意味著公司投後估值為 1,000 萬，現在公司開始向專業的投資人融資，比如 VC，天使團體或是其他投資人，假設新的投資人打算投資 40 萬，但基於他的經驗和對市場的了解，他只願意接受公司投前估值 200 萬，也就是說他希望獲得公司 25% 的股權，這種情況對於你這位創業者來說相當的不利，只有以下三種可能結果，哪一種都不好：

▶ 1. 接受新投資人的投資

對於原有的親朋好友投資人沒有任何表示，結果他們投入的資金損失了 80%，因為他在你剛剛創立公司的時候信心滿滿地認為你可以幫他賺錢，現在他會覺得你當初高估了自己公司的價值，欺騙了他，你覺得下一輪家族會議還能和諧嗎？

▶ 2. 接受新投資人的投資

但調整親朋好友投資人投資時公司的估值，他們已有的股份價值不受影響，這就是所謂的反稀釋保護，結果，想要投資人持有的股份價值不被稀釋，只能由創始人自掏腰包補上中間的差額，這意味著你要額外拿出 4% 的股份給你的親朋好友，因為加上他原本已經持有 1% 的股份，那麼他投入的 10 萬元應該佔公司 5% 的所有權。

3. 如果第一種結果讓親友反目，第二種結果付出的代價慘重，那麼你兩者都不選擇

這意味著新投資人會離你而去，公司陷入一種無法完成新一輪融資的不利境地。

基於以上結果，公司在親友輪融資的時候，最好以 10% ～ 20% 折扣價格的可轉換公司債方式進行，這樣就把公司估值的機會留給了後續的專業投資人，並確保能讓親朋好友投入的資金價值未來能實現增加，並且在法律文件的處理上也能更加高效、可信並省錢。

19 退出投資並享受成功的收益

對於你的創業公司，有四種可能的結局，所有的結局都與你創造的價值轉換成現金有關：

第一種、你可以永遠持續營運公司，享受獲利收益。

第二種、你可以將公司賣給更大的公司拿著現金或大公司的股票離場。

第三種、你可以讓公司 IPO 上市，將自己持有的公司所有權，變成可以公開交易並可以變現的股票。

第四種、你可以關閉公司。

儘管沒有人喜歡第四種情況，但是你必須將前面三種情形中的某一種作為目標，當你選定三種的其中一種為你的目標後，這選定則將會影響公司一切的事情，例如總公司的類型，要如何進行融資，甚至退出的選擇機會都會有所影響。

以上就是從如何構思、啟動及規模地發展一家公司及退場的步驟。

第三篇

培訓市場

［第三篇］
培訓市場

當經濟不景氣的時候，很多人會抱怨都沒有什麼機會，其實這正是很多人的機會。

我時常聽到學員們抱怨：「老師現在生意越來越難做了」，我都會跟學員說不是現在生意越來越難做，而是專業的人越來越多了，以前那種不專業、混日子賺錢的人即將被淘汰，你要開始提升你的專業，現在要是你沒有一點真本事，你只能賺那種邊邊角角的小錢，想要賺大錢，你一定要成為某個行業的第一名，這時候就有學員會跟我說：「老師，行業就那幾種，哪裡來那麼多的第一名？」

這時候學習就很重要了，我在課程中曾經分享過，行業的第一名是可以透過細分和定位，並切割成對你最有利的層面，加上你必須學習大量相關的知識並提升自我的能力，自然就成為第一名，從一般混生活到一個行業的專家你才有可能賺到鉅額的財富，並且成為專家的時候你才會成為有「話語權」的人，你才有辦法改變自己人生的命運。

魔法講盟創辦人王晴天博士，早期從出版業起家，後來因為時代的變遷演進，他看到了因時代變遷而產生的知識落差，他發現學校教育固然重要，而從學校畢業後踏入職場的成人培訓更為重要，他深深明白知識的落差就是財富的落差，知道之人賺不知道之人的錢、早知道的人賺晚知道人的錢，知識的落差就是財富的落差，這句話在王晴天博士身上完整的呈現出來，他曾經說過：「我賺取的財富大多是我努力學習所得到的」，所

以他決定將這一生的體悟化身行動，著手創立魔法講盟，並積極尋找全世界最優質的課程，並發掘最優秀的人才，用最棒的資源將人才培養成為各領域優質的講師，將知識推廣出去，填補要改變人們知識的落差，希望可以透過培訓改變每個人的命運以至於提昇整個社會及國家，同樣的道理，在培訓這個行業做到第一名的時候，財富也會隨之而來，一個幫助別人成功自己也會成功的事業「魔法講盟股份有限公司」就此誕生了。

輕資產 VS 重資產

我還記得有許多的朋友的創業方式是，先工作許多年，存到了一筆創業基金，或是經由貸款取得第一筆創業的資金，於是就開始找店面或是找工作室開始他的創業人生，乍看之下一切相當美好，但是一半以上的新創公司撐不到一年就倒閉了，於是就背負著龐大的負債繼續過著朝九晚五上班族的日子。

我身邊就有很明顯的兩個對照相對成功和失敗的例子：

輕資產失敗案例

我有一名學員他很喜歡做料理，我建議他去學習網路行銷以及知識變現的課程，所以他辭掉原本秘書的工作，月薪 35,000 元，因為工作繁忙讓他沒辦法專心拍攝教學影片，因為要拍攝教人做料理的影片需要比較多的後製時間，為了省錢他只好凡事都自己來，親力親為也就必須耗費大量的時間。

辭掉正式工作後他立即投入拍攝工作，整整三個月期間他拍攝了 50 部教人做料理的影片，但是他的收入每個月透過付費觀賞收到的費用，平均下來大約不到 10,000 元，他的成本基本上也沒有很多，廚房是用家裡的廚房，攝影器材也是用既有的設備，不知道是太多人拍攝一樣的主題造成紅海市場，還是內容不夠吸引人，就不得而知了。堅持了一年，共拍攝了 162 部影片，但是每個月收入一樣不到 10,000 元，一年後，他便放

棄了教人料理的創業，重新找一個工作繼續他的上班族人生。

　　他的創業失敗並沒有令他背負龐大貸款，最主要是因為他是屬於輕資產創業，就算失敗了，也不會有龐大的創業金負債的壓力，最後我建議他縮小範圍做小眾市場，因為小眾市場就是大眾市場。

　　小眾市場就是大眾市場，怎麼說呢？在幾年前台灣並沒有特別針對殘障人士舉辦的旅遊，有一位身障人士非常熱愛旅遊，但是每次報名參加旅行團總是被刁難，於是他萌生自己開辦旅行社的念頭，當時台灣約有100萬的身障人士，而台灣的人口一直穩定地大約有兩千多萬，所以他開一間專門為身障人士規劃的旅行社，就是小眾市場。

　　我們來算算看，他的殘障人士旅行社全台只有一家，而台灣約有100萬的身障人士，所以他的準客戶就有100萬人，而一般的旅行社在台灣約有一萬家，這一萬家旅行社的客戶就是台灣兩千多萬的人口，所以平均下來一家只能分到2000人，而身障人士的旅行社卻有100萬人的市場，客戶數量是正常旅行社的500倍，這就是小眾市場便是大眾市場的含意。

　　所以我建議那位學員，如果真的很熱愛料理的話，可以深切市場定位，最後他找到他的定位，就是以對牛奶、蛋白過敏的人為目標客群，研發料理，並且建議他先採用斜槓創業，不需要急著辭掉正式的工作。

重資產失敗案例

　　我的一位前同事，因為熱愛喝咖啡，於是將工作數年的積蓄，大約300萬投入創業開咖啡館，並立馬辭掉工作，全心投入他的開店事業，一開始先尋找合適的店面，之後花了200萬大規模裝潢，再花費150萬購置機器設備，30萬花在店面的租金和押金上，最後又花了50萬的雜費

開銷，還沒有開始營業就支出了 430 萬，除了自己工作數年的積蓄 300 萬之外，還將自己的房子二胎貸了 200 萬出來，現在也只剩 70 萬元可以周轉。順利開店之後，沒想到收入遠遠不如預期，每天的營業額都在 3000 元上下，扣掉成本開銷根本沒賺反虧，因為一天至少要有一萬元的營業額才可以打平開銷，一個月經營下來大約就要虧 15 萬，所以經營了半年左右就把店收了。除了把原本數年的積蓄 300 萬賠下去不說，每個月還要繳交房屋二胎貸出來的 200 萬之本息，一個月就多出近一萬多的貸款要繳納，時間更長達 20 年，一個創業的決定就賠得如此慘烈，主要是因為他的創業是重資產創業，風險非常大，成功的話也不過多賺一點點兒，失敗的話就要賠上數十年的辛苦積蓄。

🪐 輕資產成功案例

我有一名學生非常熱愛釣魚，他在臉書成立了一個粉絲團，專門教人家如何釣魚才會滿載而歸，起初也只是單純地分享自己的經驗談而已，後來越來越多的粉絲問他問題，他就意識到可以將這些知識變現，於是他就開始拍攝一些比較專業的影片，必須要付費才能觀看這些專業的影片。

他的本業是一名送貨員，他也沒有辭去原本的工作，而是用一種「斜槓」的概念去創業，所以粉絲團那邊的收入對他來說等於是多出來的，有收入是很好，沒有收入也不會影響到他的生活，他依舊去釣他的魚，拍他的影片，因為這是他的興趣、他熱情的來源，就算不給他任何一毛錢他還是會繼續做下去，當然，有這些額外收入自然是最好，最後他拍攝將近 100 支影片上傳到 FB 的封閉式影音區，這 100 支影片都是要付費才能觀看的，起初在台灣每個月這 100 支影片，就能為他創造出近 1 萬元的額外收入。

後來，他還發展了一對一現場教學，因為他也喜歡釣魚，一對一的教學不過是別人付錢請他釣魚如此而已，一對一的教學一個月也能進帳近5千元，所以他靠教人如何釣魚的知識，帶給他每個月多出一萬五千元的收入。

經營一兩年後的某一天，有一個平台的經營者找上他，問他是否可以將影片放到他的平台並且收入對拆，因為合作商的平台主要的收看對象是中國地區的觀眾，一下客戶從兩千三百萬提升到十四億，客戶人數就提升了六十倍，當然之後的收入每月就有五十萬台幣以上，後來他才將原本每個月五萬薪水的送貨員工作辭去，專心發展他熱愛的教人釣魚的事業。

我們來看看他的成本有哪些呢？他經營臉書的粉絲團並沒有花任何一毛錢，拍攝影片的機器一開始是用手機拍攝，後來添購了一台三萬元的攝影機，其他的都是時間成本，所以他靠知識變現這種輕資產斜槓創業方式，成功的創業。一開始收入只有一萬五千元的時候，並沒有立刻辭職專職教人釣魚，而是影片上架到中國大陸的平台，之後每個月收入高達五十萬以上才辭去原本的工作，就算粉絲團經營得不如預期成功，對他來講也不會有任何影響，這就是斜槓創業、輕資產、知識變現的好處。

重資產成功案例

我有一位車友，熱愛偉士牌的摩托車，於是他決定創業銷售偉士牌的摩托車，他用父母的房子貸款 500 萬，用 200 萬來租房子、裝潢店面、買維修設備還有維修零件的備品，300 萬用來購買新車，所以他每個月必須還貸款 500 萬的本息，一個月將近 3 萬元，房租 1.5 萬，其他的開銷約 1 萬，所以一個月不算自己的薪水就有 5.5 萬的固定開支，好在他每個月的營業額還不錯，因為有經營臉書粉絲團、偉士牌的車聚還有一

些 LINE 群等等，每個月的營業額都在往上提升，每月的淨利潤約有 10 萬，扣掉每個月基本的開銷 5.5 萬，他的薪水大約就是 4.5 萬，對一名上班族來說是還可以的薪水，但是，他的風險就在於，用現金先買斷的那些偉士牌摩托車，如果賣不出去就等於現金卡在車行裡，當然他現在最大的收入來源，就是賣出去的摩托車再回廠保養、維修、改裝等等。

他的創業就是屬於重資產型的創業，比起輕資產型創業，要背負的風險也就更大了。

2020 年魔法講盟開辦〈密室逃脫創業培訓〉課程，引入「阿米巴」、「反脆弱」……等諸多低風險創業課程，其中「反脆弱」創業原則的結論與結果便是：若創業不幸失敗了，也賠不了多少錢，不致於影響創業者的正常生活；但若此創業一旦成功了，便會賺很多錢（例如 IPO 上市等）！而「輕資產創業」便符合這個「反脆弱」之原則。

中國培訓界知名成功案例

李強 365 課堂學習系統

李強為「李強 365」高端學習軟體的創始人、主
講老師；2007 年中國十大傑出講師；巨思特教育集團
董事局主席；清華大學中旭商學院高級講師；北京企
業管理學院執行院長；前沿講座特邀嘉賓；携訓網特
邀講師；中國經營報專家顧問團高級顧問；清華大學
國際化管理總裁高級研修班客座教授；中國國際華商
聯合會秘書長；《中國工商》雜誌社副主編。

「李強 365」是一種結合移動互聯網（行動網路）的
創新學習模式，通過手機下載 APP，海量地觀看視頻學
習，每天六分鐘，學習企業管理、營銷、品牌、戰略、團隊及個人成長等
知識，被譽為「企業家學習的維生素」。開設課程分別為企業管理、團隊
打造、演講口才、市場營銷、人際關係、婚姻家庭、子女教育、自我成長
等八大板塊。

「李強 365」學習系統，致力於打造中國第一線上學習平台，由中
國著名培訓導師李強帶領互聯網精英團隊聯手打造。以期用最少的資金、
在最方便的時間、最先進的資訊助力下學習和成長！

李強把練習教育與實行共享連結在一起，每天 1 塊錢人民幣，就
能夠和全中國經濟大鱷收聽一樣的課程！每天 1 元，就能夠改變你的命

運！每天 1 元，就能夠讓你接觸到時下最普及、最獲利的生意！每天 1 塊錢，就能收聽名家經典好文賞析。

移動互聯網時代的來臨給我們的生活、學習帶來了巨大的變革！在這個碎片化的時代，我們如何去學習，學什麼，怎麼學？也成為當下人們熱議的一個話題。而「李強 365」學習軟體正是在這種互聯網＋的時代趨勢下應運而生，短短幾年便擁有了一千多萬名會員，這跟軟體創始人李強老師的積極探索與深耕息息相關。

作為投身教育培訓事業二十多年的資深導師，李強老師對最先進、前端的資訊傳播與教育的方法論也進行深入探索。他表示：「李強 365」是響應國家政策的時代產物，它身上具備這個時代所有特質：第一跟上「互聯網＋」的快車，把教育和互聯網結合在一起，避免了時間的浪費，可充分利用碎片的時間。第二，降低了學習成本，把更多知識擠壓到APP 裡，讓大家可以更加簡單、快速、實惠地學習。

如今「李強 365」八大學習板塊的學習系統跨出了中國，走進了日本、印尼、馬來西亞、美國、英國、法國等世界各地，只要有華人，有微信，愛學習的地方都將會有「李強 365」的存在。

在中國政府倡導大力發展文化產業的時代背景下，敢於跟上時代腳步、大膽革新的企業勢必會受到時代的青睞。同樣是在創新的道路上探索前行的文交聯合，在順應「實體經濟＋金融＋文化相結合」的趨勢下，打造出了獨有的文化藝術品金融化的創新模式，對於這樣的創新模式，李強表示：「隨著社會的進步和發展，文化產業助力實體經濟是必然的趨勢，社會的文明與進步，從農耕、工業時代到今天全球真正引領的是資本時代，而中國改革開放四十年，我們相對在資本這個領域是比較落後的。所以說在發達國家像文化交易、實物交易、股市交易已經非常普遍和成

熟了。我想這是必須要走的路，它是朝陽產業更是未來必須要發展的產業。」

文交聯合四大業務板塊

　　文交聯合立足於文化藝術品產權交易，旨在促進中國金融產業與文化產業的對接發展。主要業務板塊為：泛娛樂（影視、遊戲、動漫、演唱會等）、藝術品、非遺、傳統文化四大板塊。新時代下，文交聯合在文化藝術品交易領域，結合文化軟實力與實體經濟硬實力「軟硬」兼施，促進資本與文化結合，產業與情懷共融。

　　在與文交聯合總裁銀普先生及副總裁銀志先生關於文交聯合平臺交易模式對話過程中，李強老師對文交聯合的平臺產生了濃厚興趣，同時，對於與文交聯合的合作寄予厚望，他表示：「看到文交聯合這樣的平臺能夠蓬勃發展非常欣喜，這是文化人的出頭之日，每個人都希望自己的作品能夠有更多的人去分享，而如果我的作品能夠在這樣的平臺上展示，我很願意，也很期待。」

　　隨著人們生活水平的日益提升，越來越多的人和企業開始注重自身素質和涵養的提高，開始把更多的錢和精力投入到學習和再教育上，同時也會投入到自身健康上。這恰恰符合了中國正倡導的發展文化產業的趨勢，培訓產業在經歷了十多年的摸索後逐漸趨於理性成熟。

　　文交聯合正是看中了日益成長的人們精神文明的需求，積極引入更先進的理念，更優秀的培訓產品，增強文化市場競爭力及全球市場話語權，使中國文化走向世界。

　　特點：一天只要 1 元人民幣

　　會員數：1,200 萬人

每年營收：365×12,000,000=4,380,000,000 人民幣

台幣約：197 億

劉一秒老師

劉一秒老師在廣州國際體育演藝中心舉行萬人演講（據稱 1.5 萬人）——這是劉一秒的登峰造極盛事，再次給媒體、企業界、智業界、培訓界感受「病毒兇猛」的機會。確實，一次演講大會能進帳 15 億元的人，肯定是個「大人物」。

一名凡夫俗子成為大人物意味著，有些人會對其如何從平民變成大人物的傳奇充滿好奇，但另一部分人卻會對他這個人、他走的路所代表的時代特徵，有更深的興趣。我對劉一秒的傳奇經歷沒有任何興趣，我較感興趣的是，如何能將茶葉蛋以原子彈的價格賣出去，究竟為什麼？反映出怎樣的社會？台灣是否也可以進行這樣的行銷規畫？

我們先看看劉一秒及其產品：

一秒智慧清單

➤運營智慧：10 萬元（人民幣，以下同）／人

➤影響智慧：10 萬元／人

➤演說智慧：20 萬元／人

➤宗教智慧：30 萬元／人

➤三弦智慧（弦外之音等）：200 萬元／人

➤女性生命綻放智慧：50 萬元／人

➤智慧系統工程：225 萬元／人。

劉一秒似乎已被捧到天人神通的「超人類」空間，但負責銷售其課程的思八達官網明確劉一秒的使命之一是全心全意為企業家服務。這說明了其核心思想、產品、收入的來源。

◉ 劉一秒與培訓行業

商業模式的成功，無論是否存在著問題，都不是偶然。在中國過去二十年，教授成功學、推銷學的講師浪潮裡，劉一秒是培訓產品轉型最成功的一位：將低端的推銷技巧培訓轉移到老闆心智培訓，並向家長培訓、女性培訓、少兒（富二代）等新人群擴張，說明其悟性、演講能力都是出類拔萃、萬中選一的。

◉ 劉一秒與培訓產品

「中國式培訓」從產品模式、商業模式上看，是一種創新，將單人收費（西方培訓界的人均成本）提高到幾萬、幾十萬元，創造了世界培訓史的新紀錄，至於讓學員投資幾百萬設立 PE（私募）基金，這是利用企業家人脈資源所做的一種投資嘗試。

諮詢培訓公司玩投資、做項目，最近幾年不時有氣吞山河的大動作出來，但除了碰到個別項目好的企業 IPO 與 STO 成功賺到不少錢外，凡是靠自己策劃的項目賺到錢的，一個也沒有。幾乎所有的新項目，都是只有開頭，最後也都銷聲匿跡了。

◉ 劉一秒與培訓內容

劉一秒培訓現場的熱烈效果，總體來看是依靠其個人出色的演講能

力；劉一秒對社會、人性、商業、管理等層面問題的觸及，都是直指核心且出色的。

▶ 劉一秒與智慧價格

在此之前有靠營銷賺了大錢，靠的是創意，吸引眼球；劉一秒賺的大錢，靠的是智慧，指點迷津。此外的培訓都將單場培訓價格做到了最大化。從積極角度看，這是中國式培訓的產品創新、模式創新，但另一方面，任何產品都不能違背商品的基本規則，即價格與價值的關係，所謂 CP 值是也。

🪐 梁凱恩老師

梁凱恩，1973 年出生於台灣，現任超越極限集團董事局主席，中國企業家集團董事長，擁有 14 張國際講師授證，是亞洲超級演說家、國際行銷大師。

他曾經患過嚴重的憂鬱症，高中讀了九年仍未畢業，兩度企圖輕生未果，在路邊當小攤販一夜被警察追趕七次。梁凱恩從 22 歲就開始大量向世界第一名學習，至目前為止投資學習超過 120 萬人民幣，在台灣地區舉辦 Lifeis good（生命無限美好）超級研討會，演講超過 1200 場以上。

1999 年，他創辦了超越極限集團，現已發展成為包含教育培訓、圖書出版、網絡科技、證券投資、公關會展、影視媒體等產業的跨國集團。

2004 年 9 月起，梁凱恩每年帶領數百位學員前往新加坡、澳洲等地學習，成為世界第一潛能激勵大師安東尼‧羅賓的中國課程總代理，並打

破了台灣教育培訓界帶領最多學員參與國外課程的紀錄！

2006 年 8 月、2007 年 3 月，梁凱恩邀請到全球系列暢銷書《心靈雞湯》作者，賣出最多本書的世界紀錄保持者馬克‧韓森，首次在亞洲地區舉辦三天的「億萬富翁製造機」課程，作為中國教育史上高規格的訓練課程震驚培訓界。

2008 年 1 月和 8 月，梁凱恩邀請世界談判大師、美國前總統比爾‧克林頓白宮首席談判顧問羅傑‧道森來到中國，分別在上海、北京、廣州舉辦五場，每場三天的「總裁優勢談判」課程，幫助超過 1000 位企業家創收穫利，筆者與我的恩師王晴天博士均親身全程參與。

2008 年，他創辦的「富布斯導師商學院」致力於為中國企業家打造一個世界級頂尖交流平台，構建一流商界領袖交流圈，並不斷邀請各領域最頂尖的教練及大師來到中國，幫助中國企業家學習、成長、擴大格局，為中國企業帶來世界頂尖的資訊與理念。

2009 年 4 月，梁凱恩邀請西方商業教皇湯姆‧彼得斯到上海，分享管理理念與方法。

2009 年 6 月、2010 年 1 月，7 月、2011 年 6 月，梁凱恩邀請世界領導力大師約翰‧麥斯威爾先後四次來到中國，傳授打造具有核心競爭力團隊的秘訣。

2009 年 12 月、2010 年 10 月，梁凱恩邀世界兩性關係大師約翰‧格雷到上海，舉辦三整天的兩性關係課程。

2010 年，超越極限集團在他的領導下，成功在美國掛牌上市，成為全球首家總裁培訓上市公司。

2010 年 5 月，梁凱恩邀請美國前國務卿、波灣戰爭總指揮科林‧盧瑟‧鮑威爾將軍到中國演講。

2010 年 5 月，梁凱恩邀請遠東控股集團董事局主席蔣錫培先生、愛國者創始人、總裁馮軍先生等知名企業家親傳實戰經驗。

2010 年 11 月 6 日，他帶領團隊在中國上海八萬人體育場成功舉辦刷新世界紀錄的五萬人演唱演講會，完成 14 年的夢想。

2010 年，以他與核心團隊故事為原型的勵志電影鉅作《下一個奇蹟》拍攝完成，並於 2012 年 3 月 31 日在中國上映。

2011 年 10 月 10 日，梁凱恩邀請到秦昊、莫小棋、唐振剛、謝霆鋒等分享他們成為「奇蹟」的心得。

2011 年 11 月 8 日、9 日，梁凱恩邀請全球勵志演說家力克・胡哲到上海以「超越極限永不放棄」為主題，舉辦了兩場萬人勵志演講會。

2011 年 12 月 21 日，梁凱恩攜手青島美鷹集團再度邀請秦昊、莫小棋、唐振剛、謝霆鋒等分享創造「奇蹟」的故事。

2012 年 3 月 31 日，梁凱恩老師與核心團隊真實故事改編電影《下一個奇蹟》正式上映。同名電視劇《下一個奇蹟》也邀請到謝霆鋒與張衛健聯袂主演，於 2013 年在全國熱播。他的目標是「帶領最優秀的團隊，成為世界上最好的老闆，幫助一億人的生命亮起來！」。

2015 年，梁凱恩參加山東衛視週六黃金檔《精彩中國說》大型綜藝節目。梁凱恩與王剛、曾寶儀、柳岩三位明星一起擔任導師。3 月 11 日，山東衛視《精彩中國說》新聞發布會在北京中國大飯店舉行，梁凱恩與與王剛、曾寶儀、柳岩三位一起出席發布會。4 月 5 日，梁凱恩參加《精彩中國說》在山東衛視首播。

2016 年，梁凱恩與江蘇衛視、上海共創文化、中廣天擇傳媒聯手共同打造全球明星演說類真人秀節目——《說出我世界》。梁凱恩作為節目的演講總監為嘉賓們登台提供指導。同年 7 月 3 日，《說出我世界》節

目在江蘇衛視播出，邀請 60 位名人明星來演講，分享他們的故事。

2016 年 9 月 11 日晚，梁凱恩參加在北京鳥巢舉行萬人總決賽《說出我世界》全國演說秀。

陳安之老師

現任陳安之國際教育訓練機構總裁。世界華人成功學第一人！陳安之是當今國際上繼卡耐基、拿破崙‧希爾、安東尼‧羅賓之後的第四代勵志成功學大師，也是世界華人中唯一一位國際級勵志成功學大師。他被千萬人尊稱為：「能改變命運的激勵大師！」他自述在 21 歲時遇到了人生中的第一位恩師——世界潛能激勵大師安東尼‧羅賓。他並追隨安東尼‧羅賓進行課程推廣，並最終成為一名成功的演說家。是中國收費最高的激勵培訓專家，暢銷書作家。

陳安之 1967 年 12 月 28 日生於中國福建省，12 歲隨親戚到美國讀書，開始邊打工邊讀書。他曾經做過十八份工作，賣過菜刀，賣過汽車，賣過巧克力，當過餐廳服務員……可是他的存款還是為零。直到 21 歲，陳安之遇到了人生中的第一位恩師——世界潛能激勵大師安東尼‧羅賓。此後，他個人的特長、天份和強烈的愛心獲得了真正的釋放。安東尼‧羅賓的一句話，改變了陳安之的命運：「**這個世界上賺錢的行業很多，但是沒有哪一個行業可以比得上幫助別人成功和幫助別人改變命運更加有價值、有意義。**」從此陳安之立下了「以最短的時間幫助最多人成功」的使命。他回到中國，看到日新月異發展的中國，看到這麼多的人對他這樣的親切和熟悉，他再次立下第二個目標——「要把他在海外學到的所有成功

學知識，毫無保留地教給中國的每一個人，希望中國因更多人掌握了先進的成功學知識，在 21 世紀成為世界第一強國。」

▶ 主要作品

陳安之已出版了《賣產品不如賣自己》、《創業成功的 36 條鐵律》、《如何做個賺錢的總裁》、《把自己激勵成「超人」》、《為成功改變環境》和《跟你的產品談戀愛》、《成功學經典語錄》、《成功 88 法則》、《改運成功學》等書籍。另出版了《陳安之推銷法則》、《陳安之創業法則》、《陳安之成功學》、《大學生成功學》、《兒童成功學》、《陳安之領導法則》和《陳安之人才法則》、《陳安之成功全集》等 VCD。

▶ 成就

陳安之是全亞洲最頂尖的演說家——每小時演講費高達 1 萬美金，演講場場爆滿，掌聲不絕，激勵了無數人奮發向上，突破瓶頸，成功致富。

是全亞洲首屈一指的暢銷書作家——著有 12 本「暢銷書」、「作品視聽出版物」，曾連續三年榮登台灣連鎖書店排行榜冠軍，《21 世紀超級成功學》、《自己就是一座寶藏》堪稱當今成功學方法論的典範。在大陸首張 VCD《超速行銷》在未上市前就被全國各地聞風而動的學員訂購超過了 20 萬套。

很多人重新分析解剖自我，真正激發出自己的潛能。許多聽過陳安之演講或看過陳安之著作的人都有深刻的體會，陳安之老師能將個人的成功經歷和社會的成功現象，用言簡意賅的語言精闢地歸納為一種哲理，把

常人眼中深奧模糊的概念轉換為一種通俗而新穎的傳播語言，令人喜讀、易記，並能很快轉化為行動力。

是頂尖的行銷大師──五項世界銷售紀錄的保持者，27 歲即通過自我奮鬥成為億萬富翁。

2001 年陳安之首次接受中國各大企業和社團的盛情邀請，進行了十多場關於成功學的演講報告，陳安之魅力四射的演講才華和令人醍醐灌頂的精闢論述以及別具一格的華語親和力，令場場笑聲不斷、掌聲不絕，每每引起強烈震撼。凡聽過陳安之現場演講的人，不論在工作中，還是在生活中都彷彿變了一個人，待人處事的精神面貌煥然一新，渾身充滿了積極、健康、向上的價值觀和人生使命。

陳安之研究成功學十五年中，拜訪了各行各業的世界第一，總結出世界一流的成功學資訊，融合了風靡海外的 NLP 神經語言學，NAC 神經鏈調整術等實用心理學，涵蓋行銷學、推銷學、領導力、說服力、講師訓練、人際關係等各個領域，是幫助個人成功和團隊致勝的最佳資訊。

林偉賢老師

企業管理學博士，實踐家知識管理集團董事長，《培訓》雜誌國際中文版創始人，中華教育訓練發展協會理事長，曼陀羅訓練的共同創辦人，與《富爸爸·窮爸爸》作者羅伯特·T·清崎均為 Money & You 專業講師（全球共六位），Money & You 的中文講師。最擅長以幽默風趣又發人深思、閒話家常又切中要害優質內容，協助每個人建立自己的成功系統，實踐自己的成功夢想，是亞洲華人界最受歡迎的講師之一。

林偉賢老師在 1998 年事業發展遭遇嚴重打擊並被傷害至信心幾乎全失之際，經過新加坡友人的推薦前往馬來西亞學習 Money & You，並從此改變一生。他與親友從六十萬台幣起家，從無到有，短短的六年內即創建了十六家公司，業務遍及中國內地、新加坡、馬來西亞、汶萊、香港及台灣。經營項目包含科技軟體，文化出版，遠程教育，知識培訓等。為目前華人世界最受人尊敬的講師及實戰成功的企業家。

偉賢老師自 1999 年起接受 Money & You 全球總部委託，向全世界華人教授 Money & You 重要的成功原則。至 2006 年底，已開設 150 個班，學生人數超過二萬五千人，來自亞洲各國的卓越菁英人士紛紛走進 Money & You 的課堂。創建出最非凡的商業與生活平台。

台灣最受人尊敬的證嚴法師稱讚他思維迅速敏銳又周密，譽為「金頭腦」，華人國際十大培訓師、亞洲十大企業培訓師、中國年度最佳傑出培訓師。

於 2001 年 NSA（國際演說家協會）唯一中國代表，具有 16 項國際級頂尖訓練機構和知名大師親自授予的華語專業講師資格。累計超過 1500 餘次的演講授課的實踐經驗，享譽東南亞地區，擁有絕佳的口碑及聲譽，已有效協助成千上萬的人邁向成功，其學生及受訓公司涵蓋各個行業！

中國知識付費平台「羅輯思維」

「羅胖」羅振宇不相信平台免費邏輯，他創辦的「得到」APP 有一百四十多萬用戶，必須付費買知識，線上開講年收 15 億人民幣。他

是「羅輯思維」創辦人羅振宇，曾經是中國最大影響力的自媒體，是目前中國最熱門知識電商。「羅輯思維」影音的播放量超過 10 億次，有人說，他是中國發行量最大的「社交貨幣」。

羅振宇從大學到博士都是修讀新聞傳播，他在央視當製作人，見證媒體巨大威力。21 世紀初，他敏銳察覺到情勢變了。當時央視推科學教育講座節目《百家講壇》，易中天、于丹等人爆紅。而羅振宇愛看台灣《全民大悶鍋》，他發現個人價值和影響力，已經足以超越一家公司或組織機構。羅振宇說：「我當時就下判斷，不能再以製作人的身分在媒體存活，我要和用戶直接交流」。

2012 年出現了一大事、一小事，改變了羅振宇的命運。大事，優酷、土豆兩大影音網站合併，提供最大的免費影音平台。小事，佳能（Canon）出了 5D Mark III 相機，可以長時間拍攝高清畫面。影視製作成本，從 100 萬人民幣頓時降到了 5 萬元。

羅振宇興奮地說：「當豬都能飛起來，就表示風口出現了。」他趕上風口，第一時間開設微信公眾號，做最擅長的知識脫口秀。

「一台照相機、一台筆記本（筆電）、五盞燈，就是我的全套設備」羅振宇說他從小就很會轉述，只要弄明白一件事，就能在腦子裡重組，用更好、更清楚明白的方式說給別人聽。

羅振宇認為產品應該「有種、有趣、有料」。但他發現，觀眾會做筆記、會看推薦的書，嚴肅題材反而比有趣題材更受歡迎。「做內容首先是服務，第二是交付，不是寫完很炫、很爽就算了，知識能交到用戶手裡最重要。就像送外賣，你就算做了滿漢全席，用戶沒有收到，都不算」。

過去做內容比較自我，嘔心瀝血地做完，呈現在用戶面前，用戶理當鼓掌膜拜。但那是炫技，不是服務。「用戶要的不是你厲害，而是他可以用。從作者厲害，變成用戶厲害，為用戶賦能，才是知識服務」。不賣弄知識，只講白話文，因為這個認知與調整，讓他放棄最賺錢的投資機會。

去年，羅振宇決定做「得到」APP，原價賣掉手上所有 5000 萬人民幣投資，包括最熱門網紅 Papi 醬，「以示決心」，將資源集中在「得到」。

「得到」推出之前，被內部暱稱「怪物」，因為沒有人做過，也沒辦法定義它。直到某次會議，大家爭辯「怪物」究竟是要告訴用戶什麼，還是在乎用戶得到什麼？「用戶當然是要每天『get』一點嘛，靈光一閃，這個概念好，就叫『得到』。

以付費訂閱音頻專欄為主要產品，「得到」去年五月上線，不同專欄每天各播 8 分鐘、每年 199 人民幣（約 870 台幣），不到 1 年，就有近 150 萬個付費訂戶。粗估營業額有 2 億 9800 萬人民幣（約 13 億台幣）

「得到」能夠成功，產品是主要關鍵。

用戶，需要什麼產品？

羅振宇不相信大牌名人，於是他自己做很多功課、花很多時間找老師。最近，他企劃了藝術史專欄，想請專業老師每天講解一幅畫，把中國藝術史老師翻了一遍，還是沒找到合適的。

羅振宇也為了留才設立超高門檻，在「得到」開專欄的老師，保證最低收入 100 萬人民幣，簽約時付清。他認為，這是一個知識份子可專心做事，不用考慮生計，過體面生活的基準。羅振宇不看流量和點擊率，只看用戶的「完成率」：8 分鐘音頻有多少人聽完？用戶在什麼時間點跑

掉？羅輯思維的七十幾個技術人員，每天整理後台大數據，分析用戶行為，再反饋「馴化」產品。例如，「得到」有個中國最大古典音樂產品，每天播 12 分鐘，老師講解 3 分鐘，剩下時間播放音樂精華。

上線前，內部推測用戶一定想聽音樂，所以花時間找最好版本、反覆測試線上音樂品質。後台數據卻神奇顯示，有一半的用戶在聽了前 3 分鐘就跑了。原來訂閱者都是知識型用戶，老師講解對他們比較有吸引力，而不是音樂。於是調整產品，加強知識密度。

「得到」還有一個成功關鍵：商業模式。一般內容平台是讓用戶免費開帳號經營，用戶越多，價值越大。但羅振宇不這樣想，而是努力做好產品，讓用戶付費購買。羅振宇說：「我們更像傳統製造企業，就是一直賣產品，賣到足夠大」。在這種思路主導下，羅輯思維後來停播了電視影音節目，全部改為音頻，而且只能在「得到」平台收聽。

羅振宇事前做市調並比較過，普遍平台的商業模式是基礎用戶免費，再從中逐漸轉化成付費用戶。

他逆向思考，應該反過來，提供免費服務給付費用戶。羅振宇比喻，得到就像五星級酒店，所有花錢住宿的旅客，都應該享用酒店內免費服務，如游泳池、健身房等。

▶ 羅振宇之經歷

2008 年從中央電視台辭職，成為自由職業者。曾擔任 CCTV《經濟與法》《對話》欄目製片人；擔任《決戰商場》、《中國經營者》、《領航客》等電視節目主持人；第一財經頻道總策劃。

2012 年底，開始打造知識脫口秀節目《羅輯思維》。半年內，由一款互聯網自媒體視頻產品，逐漸延伸成長為全新的互聯網社群品牌。在優

酷、喜馬拉雅等平台播放超過 10 億人次。

2015 年 12 月 31 日，羅振宇在北京水立方開始第一場「時間的朋友」跨年演講。

2016 年 12 月 31 日，「時間的朋友」跨年演講在深圳「春繭」體育館舉行。

2017 年 12 月 31 日，在上海，羅振宇開始了第三次「時間的朋友」跨年演講。

2018 年 12 月 31 日，「時間的朋友」跨年演講在深圳「春繭」體育館舉行，羅振宇擔任主講人。

我的恩師王晴天大師，熱愛學習的他一生的成就幾乎都是靠學習得到的，自 2019 年 11 月 2 日起，決定每年在他生日的當天舉辦台灣版時間的朋友，分享他的所知所學，剖析商機的趨勢與變化，與來為他慶生的朋友們同饗知識的力量、智慧的寶藏！

Topic
3 邊際成本

　　在經濟學和金融學中，邊際成本亦作增量成本，指的是每增產一單位的產品或多購買一單位的產品，所造成的總成本之增量。

　　這個概念表明每一單位的產品的成本與總產品量有關。例如僅生產一輛汽車的成本是極其巨大的，而生產第 101 輛汽車的成本就低得多，而生產第 10000 汽車的成本就更低了，這是因為規模經濟。但是，考慮到機會成本，隨著生產量的增加，邊際成本可能會增加。試想：生產一輛新車時所用的材料可能有更好的用處，所以要儘量用最少的材料生產出最多的車，這樣才能提高邊際收益。邊際成本和單位平均成本不一樣，單位平均成本考慮了全部的產品，而邊際成本忽略了最後一個產品之前的。例如，每輛汽車的平均成本包括生產第一輛車的很大的固定成本（在每輛車上進行分配）。而邊際成本根本不考慮生產前的固定成本。

　　「邊際成本定價」是銷售商品時使用的經營戰略。其思路就是邊際成本是商品可以銷售出去的最低價，這樣才能使企業在經濟困難時期維持下去。因為固定成本幾乎沉沒，理論上邊際成本可以使企業毫無損失地繼續運轉。

邊際效益、邊際成本、邊際利潤

多生產一個商品或服務，能增加多少利潤？

假設你是產品經理，正在思考該把剩餘的 100 萬預算，用來生產 A

產品還是 B 產品，你要怎麼評估，才能得到最大好處？

《常識經濟學》指出，想做出好的決定，就不能只思考哪個產品的總利潤較高，而是要考量在兩項產品的現狀之上，「多生產一個 A/B 產品，增加的利潤各是多少？」如果提高 A 產品產量增加的利潤較高，就應該投資它。

邊際利潤是指：你能得到的額外好處，比要追加的成本還高嗎？

這種「多一個」的概念，在經濟學裡稱為「邊際」，像是你要多買一件襯衫、多蓋一間工廠，隱約都會用邊際來思考，只要評估這個選擇「得到的額外好處」大於「追加付出的成本」，通常你就會決定要「多一個」。額外得到的好處，稱做「邊際效益」；追加付出的成本，叫做「邊際成本」，而邊際效益扣除邊際成本，就代表每增加一單位產品，你能得到的「邊際利潤」。對廠商而言，只要有邊際利潤，就應該繼續做產品來賣，直到你無法多賺進任何一點利潤（邊際利潤等於零）才停止。

邊際效益會遞減，邊際成本卻可能會增加（通常是實體產品），也可能會減少（知識型產品的邊際成本可以趨近於零），相對於邊際效益會隨著產量增加而遞減或遞增，邊際成本也會隨著產量增加而遞增或遞減。廠商在擴張企業規模時，不只要思考總成本，還要一併考量邊際成本的增減，才能找到最適規模。

全球零售巨擘沃爾瑪在積極拓點的初期，會因為多家零售店面可以共用總部的財務會計、人資等資源，以及共同採購進貨以量制價，達到規模經濟，所以每新開一家店要多付出的成本（邊際成本）會漸漸降低。隨著人員和店數的擴張，組織變得龐大複雜，每個位置都聘到適任者的難度增加，溝通和管理成本也逐漸攀升，使得邊際成本增加。即使採用通訊軟體聯繫，還是有可能因為雙方協調不佳，而影響效率。

《我不要當負翁！》一書提到，想要得到最多的好處，就是要在花錢時思考，「多投資一塊錢，可以帶來多少效益？」想想從「現在」的產量「再增加一單位產品」，邊際效益是否有大於邊際成本嗎？如果答案是肯定的，就表示這個決策可以帶來利潤。

　　假設你是甜點店老闆，有賣蛋糕和咖啡，最近發現蛋糕賣得比咖啡好、利潤也比較高，於是你打算在烘培器材和工作環境不變的前提下，讓所有員工都轉做蛋糕，這樣就真的能擴大蛋糕產能，賺更多錢嗎？

　　不行，因為邊際效益會遞減！因為所有人都擠在一起，搶空間、搶機器做蛋糕時，每增加一個人所增加蛋糕量通常就會下降了。

培訓業的「邊際效益」；「邊際成本」；「邊際利潤」

　　魔法講盟公司的國際級課程 B&U（Business & You），當初簽國際約時全球華語的簽約授權金超過五百萬（此為固定成本），如果只開一堂課，它的邊際成本是非常大的，但是如果連續開課達到第 500 堂，邊際成本就會隨著開課的累加而大幅度降低，另外，在邊際效益的部分，也會隨著不斷地開課而增加，還有一點也很重要，因為一堂課程的人數假設為 50 人，該堂課程如果再增加一人一共為 51 人，那多出的學員，其邊際成本非常非常地低，因為教室、課程的授權金、講師、冷氣、電費等等，不會因為多增加幾個人而增加成本，所以在邊際成本的部分只要在一定的範圍內，邊際利潤幾乎可以高達 99.99% 的淨收入。而且每次課程結束後，還能將上課的內容變成資訊型產品，例如書、DVD、網路課程、錄音帶、影音視頻等，這些附加產品的邊際成本都是很低的，尤其是把影音放在免費的平台上面，這是幾乎沒邊際成本的，但是邊際效益卻很高，所以邊際效益（收益）減去邊際成本＝邊際利潤就會很高。

4 台灣培訓市場現況

　　台灣大宗的培訓公司以在台北及新北市居多，基本上離開了這兩個區域就比較難招生，培訓市場也就隨著地域之南移而漸漸萎縮，而台灣補教市場已經經營六十多年了，為何走向沒落呢？

　　台灣在 1956 年南陽街上的第一家培訓機構開始，到發展到補習一條街，已有六十多年了。1981 年，南陽街有 48 家培訓學校，學生達到 30 萬，而到今年只剩下 1 家，學生 900 人。很多店面已經被小吃店所取代。

　　最開始，技術教育學校很火紅，等大量工廠成立後，會計的緊缺使得很多人開始學會計。1975 年之後，留學的培訓學校開始冒出，台灣最先發展留學這一領域的是美加，類似大陸的新東方。台灣最先賺大錢也是留學方面的培訓。1980 年後，少兒培訓開始出現，然後是小學、初中、高中。台灣從 1985 年到 2000 年是培訓行業最賺錢的階段，也就是中國目前的狀況。

　　根據台灣的數據對比，中國大陸的培訓價格還是偏貴，這表明大陸的培訓學校數量還是供小於求，據台灣相關書籍推測，大陸的教育培訓機構數量還有倍數成長的空間，而台灣的傳統教培機構已經沒落了，我們從以下七大方面來探討：

　　1.社會少子化，台灣從 1967 年到現在，新生人口已經減少了四分之

三。

2. 經濟小康化，現在生活水平大幅提升，福利制度相當健全，各種補助使得現在的人們比較安於現狀，學習欲望沒有之前那麼高漲了。

3. 學校普及化，現在台灣有 234 所人專院校，總分 550 分的大學入學考試，考 7.6 分還能有學校可唸。這種情況導致學生補習意願降低。

4. 家長學歷化，台灣現在高等教育已經普及，家長自己也具備輔導孩子的能力，這也導致了一些孩子不再去補教機構。

5. 教學網路化，目前台灣的在線教育已經比較發達，有一部分學生選擇了線上學習，不再去傳統的補習班。

6. 賺錢創意化，現在的社會價值已經不像以前，不再是「唯分數論」的天下了，家長對孩子比較寬鬆，不是非要孩子個個都考高分。

7. 孩子不聽話，現在台灣的學生很多都主觀上不願意上補習班，學習的意願也不強，家長的主導能力也下降了！

不過以上這些分析都是針對台灣的現況，並且側重在升學與技術面的「補習」，而非帶有教育意味甚至終生學習的「培訓」業。尤其台灣的高等教育仍遠遠落後類似美國東岸的常春藤聯盟 MIT 之流，也沒有形成美國西岸以史丹佛大學為中心的矽谷聚落，所以台灣若能有類似以 BU、區塊鏈等國際級課程落地，形成一個「小矽谷」，再輻射中國大陸與東盟區，掌握「線上與線下共舞，數位與實體齊飛」的移動互聯網新趨勢，前途實在無量啊！

同時，準備做培訓學校的創業者應該要有一個思路，現在很多同業都在做 O2O 還有 B2B，但是 B2B2C 仍然很少人在做。一個教育機構，

必須將營收維持在 2 億以上，才能支撐起自己的技術及課程研發團隊。能達到這樣標準的教育機構還比較少，像上市公司新東方這樣的學校還可以做到。但是，在中國，有 97% 的機構尚沒有辦法做到。這部分市場發展的空間還是比較大的。

　　而魔法講盟培訓機構根基於台灣，將市場輻射以中國大陸為主的全球華語培訓市場，前景光明！前途無量！魔法絕頂！盍興乎來！

中國大陸培訓市場

中國培訓市場的現狀及發展趨勢

近年來，中國的教育培訓行業發展迅猛，在線教育異軍突起，2018年眾多風險投資和產業投資資金紛紛涉足教育培訓行業。2018年教育培訓產業的市場規模將達到1.8萬億人民幣，市場體量非常龐大，除去正規的學校後教育，市場化運作的培訓市場規模約為8700億元人民幣，行業保持著30%以上的高成長。預計未來三～五年市場上將會出現一～二家年銷售收入逾500億元人民幣以教育培訓作為主營業務的超級教育培訓企業，五～八家年銷售收入過100億元人民幣的中型教育培訓企業，以及三十家左右年銷售收入過20億元人民幣的上市公司。

現在，中國境內的教育培訓機構約140萬家。其中，年營收在350萬元人民幣以下的微型教育機構有120萬家，佔比86%；年營收在350萬元人民幣至1000萬元人民幣的中型機構有15萬家，佔比11%。中小型教育機構的總數合計佔比達到97%。教育培訓市場呈現出極度分散的市場格局，形成了「大市場，小公司」的現狀。

2020年將是在線教育發展的重要一年，在線教育將湧現出更多創業項目和創業型公司，消費者對線上學習的接受程度更進一步提升，教育培訓行業的發展前景看好。

中國培訓市場當前面臨的問題

▶ 存在著一定的混亂局面

　　當前，在中國培訓市場上，不實廣告現象比較明顯，許多人都曾遇過不同程度的培訓陷阱，並且在參加培訓的過程中發現培訓教師名不符實。同時，市場中惡性競爭的現象也相當明顯，已出現了打價格戰的情況。這樣就會導致一些中小培訓機構在教學品質上大打折扣。一些培訓領域存在著壟斷和暴利的現象。這種壟斷和暴利的行為，在一定程度上影響了培訓市場的公平競爭，導致培訓行業的發展受到一定的阻礙。

▶ 培訓目的不明確，品質參差不齊

　　許多培訓機構在開展培訓時，往往是為了培訓而培訓，關於培訓到底適不適應實際的需求與之後的效果與結果究竟如何？還缺乏一個整體的考量。有些時候，培訓費花了，課程學完了，但是培訓後的效果卻沒有顯現出來。一些培訓機構缺乏高品質的培訓師，沒有完整的培訓體系，難以提供更加高品質的培訓後續服務。當前，幾乎在中國每個城市中，大小培訓機構眾多，培訓品質、管理水平和師資能力等存在著參差不齊的情況。有的培訓機構憑藉著培訓的高品質，逐漸壯大自身的影響力。但還是有很多培訓機構單純地以營利為目的，但是目標設定不夠明確，缺乏制度、管理紊亂，使得培訓的品質得不到有效的保證。

▶ 培訓資源配置不夠合理

　　空間和領域之間培訓資源配置的不均衡性，直接導致了培訓品質存在著一定的差別。在空間分布上，儘管各個區縣都有著不少培訓機構，但

是不同區縣之間空間分布存在著一定的差異。並且，目前許多培訓機構都著重於一些回報比較豐厚，且投入比較小的項目上。針對一些培訓利潤比較小但是社會效益比較大的項目，許多培訓機構都不願意主動承擔。究其主要原因，這些培訓項目利潤不夠可觀，不是培訓公司追求的目標。

◉ 培訓機構競爭力比較缺乏

中國境內培訓機構中除了幾家名氣比較大，綜合實力比較強的培訓機構品牌外，其他的培訓機構以作坊式的小型機構為主。較缺乏規範的管理，不具備自身特色的課程，缺乏高水平的培訓師，直接導致其競爭力較弱，容易在激烈的市場競爭中被淘汰。當前，具有較強發展能力和較強市場競爭力的培訓機構比較少。尤其是當國外的培訓機構逐步進入中國市場後，本土培訓機構競爭力不足的問題就更顯而易見了。

◉ 人們對於培訓重視程度不足

如今人們對於培訓不夠重視，是導致自身競爭力下降的重要原因。許多人不願意持續培訓自己、提升自我這方面投入過多的財力和物力。許多企業也缺乏完整的培訓體系，但是，外界環境的變化需要企業擁有更高素質的優秀團隊。所以，只有不斷持續加強對培訓的重視，才能夠為企業的良好發展打下基礎。

規範培訓市場的策略

◉ 加強對培訓市場行為的規範

針對目前培訓行業比較混亂的局面，應該從法律層面和管理體制方

面逐漸規範培訓市場的行為，保證培訓行業朝正向發展。首先，培訓行業在設立的時候，應該經過政府部門的嚴格審批，在符合要求的基礎上發放資格證書。同時，應該加強對培訓市場中各個機構的質量檢查，嚴格把關市場准入標準。相關部門應該加強對培訓機構的管理，建立培訓機構檔案，對於培訓機構進行定期的審核。通過這樣的方式，使其朝著良好的方向發展。

▶ 引導培訓機構樹立正確的培訓理念

培訓機構想要有一個更好的發展，就應該樹立正確的培訓理念。培訓是一項對於未來的投資，只有受培訓者自身的綜合素質得到提升，才能夠在未來激烈的市場競爭中展現出自身的競爭力。所以，培訓機構只有真正為了提升受培訓者自身的綜合素質，確保培訓機構良好的師資，才能夠找到更加適合自己發展的道路。

▶ 加強行業標準建設

想要保證培訓行業穩健發展，就需要不斷加強行業的專業水平，按照一定的標準執行，才能夠確保培訓機構健全發展。例如，可以創設行業發展協會，加強行業的自律，提升其整體的服務水平。同時，在評價培訓行業的服務品質時，應該發揮行業自律組織的作用。同時，還可以請一些專業的評估機構進行評估，充分確保培訓機構的服務品質、專業素養，推動培訓行業朝優質發展。

培訓市場的發展趨勢

培訓市場的產業化發展是其發展的趨勢，也是培訓業發展的必經之

路。所以，這就需要培訓機構積極轉變傳統的培訓觀念，注重改革創新。應該致力突破傳統體制的制約和束縛，樹立培訓市場產業化和社會化發展道路的觀念。在發展培訓行業的時候，應該結合市場需求，遵循一定的市場規律，使市場培訓的領域得到更加有效的拓展。在發展的過程中，應該努力創建屬於自己的培訓品牌，經營名牌課程。這樣才能夠打造屬於自己的品牌形象，獲取良好的經濟效益。也只有樹立起品牌，才能夠在激烈的競爭中獲得良好的發展機遇。

兩岸學員上課的態度

　　台灣的優勢在於人才，台灣學員與中國內地學員的學習能力其實相差甚少，但台灣缺少了「態度」這部分，分析說明如下：

面對學費的態度

- **大陸學員：**只要有機會、有效學習，基本上學費不是問題，就算沒錢也願意砸鍋賣鐵湊學費來上課，因為他們窮怕了，許多鄉下來的孩子更是如此，他們通常會認為是自己能力不夠付不起學費，而不是嫌學費太貴，所以會想方設法去賺錢、借錢來學習。

- **台灣學員：**相對比起來台灣的學員就差多了，台灣學員口袋裡如果有十萬元，請他拿一萬元出來學習，大部分的學員會覺得不值得，他們認為不如拿個三萬元出國旅遊還比較實際，認為花個一萬元來學習太貴了，甚至有免費的課程都不一定會去上課，傾向於把休閒娛樂擺到比較前面的選項。

▶ 學習態度

- **大陸學員：** 一旦繳交了高額學費來上課一定認真學習，對於課堂上的細節都會一一詢問，也會仔細審視講師的授課內容，要求乾貨（不能講空話，內容灌水拖時間的內容）、落地（一定是講師親身應用過的，不能光是理論和口號）。

- **台灣學員：** 上課時比較會滑手機，對於講師的內容不太會表達自己的意見，就算講師表現得不好往往也會耐心聽完，有時候部分學員會遲到、早退。

▶ 上課的互動

- **大陸學員：** 老師問問題，大陸學員一定想盡辦法搶答，甚至衝上台上要求給他機會表現。

- **台灣學員：** 台灣的學生比較內斂，都是默默低頭不回答問題的那一群，或相互推拖期待別的學員回答講師的問題。

▶ 同學間的互動

- **大陸學員：** 積極問候彼此來自哪裡，自己做什麼行業，有哪些資源可以對接，可以互相合作哪方面，下課後開始談項目合作，課程結束就能準備進行聯盟行銷。

- **台灣學員：** 比較內向，感覺就只是來上課，就算旁邊坐一位大咖也缺乏勇氣主動向前自我推薦，總覺得自己的生意可能還不夠大到需要和他人合作，大都處於被動的一方。

◉ 對於課程中競賽的態度

- **大陸學員：**全力以赴一定要拿到第一名，用盡各種手段，可以為隔天的競賽不睡覺熬夜準備，甚至砸大錢只為分數多一點兒，整個團隊的成員會為成果負責任。

- **台灣學員：**對於老師出的競賽題目比較無感，認為自己私底下學習就好，不必為了團隊拿前幾名而努力，晚上花較少的時間草草討論隔天的競賽表演項目，感覺交差了事，覺得沒有贏得名次也沒什麼大不了。

◉ 學成後應用的態度

- **大陸學員：**對於講師說的方法，大部分會應用在實際的項目中，如果有跟講師說的不同，會想辦法聯絡講師求證，尋求解決之道，看看是方法錯了還是步驟有問題呢？

- **台灣學員：**感覺就只是在人生的旅途蓋一個章，代表我來上過這堂課了，然後再繼續找他感興趣的課程，當一個職業學生。

　　培訓市場是市場經濟發展的產物，是各種因素在運行的過程中相互關聯和製約之作用的總和。如何積極培訓以及有效提升自身的綜合競爭力成為培訓業者需要面臨的重要課題。針對當前許多城市的培訓行業正處於發展的初級階段，如何找到存在的問題，採取更加積極的應對策略，是更加有效發展培訓事業的關鍵所在。因此，這就需要做好各個環節的工作，為培訓行業的發展創造良好的環境，充分保證培訓事業能健康而有成效地發展。

移動教育手機 APP

發展趨勢及前景分析

隨著智慧型手機的普及、移動終端（行動裝置：包括手機、筆電、平板電腦）的不斷完善與功能升級，如今，移動互聯網超越 PC 已然成為不爭之實。自各行各業相繼步入 APP 領域以來，在移動互聯網教育裡，教育 APP 始終領先走在前列，那麼教育 APP 的行業解決方案是如何呢？

教育是永遠的朝陽行業，這是毋庸置疑的。教育 APP 軟體如今剛剛興起，未來還有很長遠的路。然而，如今的教育已經逐漸擺脫了傳統的教育模式，線下的、人工的教育已無法滿足網路原生代日益成長的文化和知識需求。只有智能化的教育模式、更便捷的教育方式，才能讓學生學到更多有用的知識。越發達的城市在教育這塊越加重視，教育行業的市場也是巨大的，有些大型的教育機構已經察覺到若只局限在線下經營是很難拓展用戶的，需要改變原有的教學方式。

培訓事業是全球華語華文範圍內發展最為快速的行業之一。隨著經濟的發展和社會的轉型，人才競爭越來越激烈。培訓業正是在這樣的環境下迅速發展壯大的，近幾年培訓事業的高速發展，也造成了許多惡性競爭。在行動網路時代的今天，通過手機 APP，教育培訓機構可以將線下的培訓和線上的移動學習做良好的結合，讓學生可以隨時隨地學習，大大地方便了學生的學習效率和積極性。這種極富創新性的授課模式，將對教育行業的未來發展產生深遠的影響。

對教育行業的影響

教育 APP 的出現改善了優質教育機會的取得、降低了成本，大大提高了線上觀看瀏覽或學習的比重。對於那些不能參加實體教育機構學習，但又有學習計畫的人來說，就是一個福音，打破了各式各樣的限制，讓他們也能接受各種培訓教育。使用成本遠遠少於傳統的教育模式。它同時也提高了素質教育資源，為學生在降低學習成本的同時也增加了終身學習的誘因。

教育 APP 如何搭上移動互聯網風潮？

教育 APP 將教學模式搬到行動網上，一部智慧型手機在手，教學教課統統裝在手機裡。以往難題都靠找老師解答、資料書、參考書。在移動智能化時代，各種問題都有解決方案、甚至有語音、有視頻教學，教育 APP 全都幫你搞定！

APP 開發者，教育 APP 各方人員均可在線交流、及時反饋學生在校情況、試聽申請、預約上課、線上教材、課程介紹、講師介紹、活動及優惠介紹等。豐富的營銷模式，可以良好地實現資訊的有效傳播。使教育培訓機構能與學員建立親密聯繫，雙方資訊可完全對稱式溝通交流。

教育 APP 能夠實現教育培訓機構的終極目標並大幅度降低廣告預算，在線捕獲商機，自動搜索潛在學員，輕鬆定製全套教學流程，許可權設置靈活完備，根據地域、課程、學員自身情況滿足任何形式的學習要求。作為教育 APP 此類應用產品最主要的推廣管道為學校、教育機構，其目前對行動裝置類產品大多還處於觀望階段，在行動網路領域，除了遊戲，最有賺錢潛力的恐怕就是成人培訓教育這一類的產品了。

中國在線教育市場規模及行業發展趨勢分析

隨著資訊技術（Information Technology，簡稱 IT）迅速發展，特別是從互聯網到移動互聯網，創造了跨時空的生活、工作和學習方式，使得知識和資訊的取得方式發生了根本變化。教與學可以不受時間、空間和地點條件的限制，知識獲取的管道靈活且多樣化。在線教育即 e-Learning，或稱遠程教育、在線學習，現行概念中一般指的是一種基於網路的學習行為，與網路培訓概念相似。

在線教育市場規模

2012 ～ 2018 年間，在線教育市場規模快速發展，從 2012 年 697.8 億元成長至 2018 年的 3,016.8 億元人民幣，年均複合成長率達到 27.66%，成長十分迅速。2016 年在線教育市場規模即已達到 1,853.4 億元人民幣，與上年同期相比成長 27.7%。預計未來五年在線教育市場將繼續保持高速成長，2017 年在線教育市場規模已達到 2,402 億元人民幣，2018 年市場規模已突破人民幣 3,000 億元。

用戶規模

受益於網民規模的穩健成長以及國內在線教育技術的不斷成熟，在線教育不僅吸引了大量用戶在線上學習，也讓越來越多的教育機構加入在線教育行業大軍。2012 ～ 2016 年間，在線教育用戶規模快速發展，從

2012 年 5,957 萬人成長至 2016 年的 1.12 億人，年均複合成長率達到 17.18%。2016 年在線教育用戶規模為 1.12 億人，同比成長 19.8%。2017 年在線教育用戶規模已達到 1.35 億人，到 2018 年用戶規模已達 1.6 億人，2019 年中國有 2 億人接受在線教育培訓。

在線教育行業發展趨勢分析

在線教育視頻化和互動化

隨著在線教育的發展，教學效果是用戶衡量教育品質的首要考量，採用直播互動對用戶進行教學，有問有答能使得用戶能直接體會到教學服務，教學效果相對於預先錄播更有效果。

在線教育發展垂直化，精品化

在線教育市場仍存在巨大的發展空間，吸引著眾多傳統教育機構和互聯網企業，加速布局在線教育業務。隨著用戶新需求的多元化發展，教育細分領域的在線教育需求不斷成長，市場不斷細分化，能夠提供更多精品垂直的興趣領域或專業領域的內容，也不斷朝向學習各種能力，激勵正面能量與人脈需求分進合擊之三位一體化發展。

外來的和尚會念經

「外來的和尚會唸經，是比喻外地人比本地人較受歡迎或重視」台灣的培訓市場從以前到現在，也邀請過世界各國的大師來台灣演講，例如世界激勵大師安東尼‧羅賓、世界上最會賣車的金氏世界保持人喬‧吉拉德、日本保險天后柴田和子、世界行銷大師傑‧亞伯拉罕等，此外，包括美國前任總統克林頓，還有一些比較不知名的專業人士，這些金髮碧眼或是白皮膚的人，他們講的內容固然很精彩，但是每場演講的收費卻高得嚇人，如果在台灣演講，邀請的是台灣本土的老師，情況就不是這樣了。物以稀為貴就是這個道理，回想起之前我去大陸內地上課時，那時候台灣去內地上課的同學並不多，班上只要有一位台灣去的學員，在學員上台自我介紹的時候，只要來自台灣的學員上台，一說出我來自台灣，全場就會瘋狂地為台灣學員喝彩（我親眼看見），同樣的場景，在大陸上課的時候，講師如果是來自同個地區，通常學員的熱情程度，或是對講師的專業度，就不會那麼地認同了。

所以台灣講師到中國的發展是很有機會的，因為台灣對中國來說畢竟是外來的和尚，加上台灣人講話有獨特的聲調魅力，而且台灣去的講師對內地的學員來說很有新鮮感，此外台灣培訓業的地位在亞洲目前還是領先的，在二、三十年前整個亞洲就是台灣最先開始做成人教育培訓，現在大陸許多的優秀大師，很多都是早期台灣過去發展的老師所教出來的徒子

徒孫。

中國的池塘夠大

世界行銷之神傑‧亞伯拉罕說：「選對池塘釣大魚」就是行銷的利基！

中國大陸這個超級大池塘，它的人口數約 14 億，光一個上海市就比台灣還要多，我們只要針對前 5% 的客戶做行銷，總人口就七千萬人了，就是台灣的三倍左右。

大陸有省、地、縣、鄉四級城市，中國行政區劃以省、地、縣、鄉四級架構為主，全中國一共有 34 個省級行政區、334 個地級行政區、2,851 個縣級行政區和 39,888 個鄉級行政區。

經驗

台灣在教育培訓的領域，可以說是亞洲領先的，從早期的梁凱恩老師、杜云生老師、林偉賢老師、陳安之老師等等，這些老師去大陸將所學的經驗傳授培育出許多目前線上的大師，台灣跟中國大陸相比起來是屬於開放的市場，所以全世界培訓的資訊在台灣幾乎是零時差接軌，以知識產業來說，從出書出版，到資訊型產品，再到成人培訓，這些所謂知識服務的產業，在台灣已經有非常成熟的經驗，所以將這些成熟的經驗加以複製到大陸，成功的機會就大大地提升，即所謂的「本業優化，異地複製倍增，跨界續值」是也。

資源的對接能力

區塊鏈是指一個個的區塊經由網路的方式鏈結起來，就可以形成一

個龐大的分散式帳本系統，在系統中的每一個帳本節點都是獨立的個體，單獨看每一個節點並沒有什麼特別的，但是透過鏈結之後的系統就變成完全不一樣的強大，用此角度來看資源也是一樣的，例如台灣在科技製造這一塊是世界上最強的一環，為什麼說是世界上最強的一環呢？因為在台灣西部幾個城市為中心點隨便以半徑 100 公里畫一個圈圈，這個圓圈裡面可以將一台從無到有的電腦製造出來，這是非常強大的力量，同時也是世界唯一，在那麼近的距離可以製造出一台完整的電腦。同樣的場景在教育培訓界也是一樣，在台灣如果以新竹為中心向外畫半徑 100 公里的圈圈，你會發現所有有關於知識提供的產業都包括在其中，不管是軟體或是硬體都應有盡有，例如：除了既有的優良師資群之外，還有師資的培育到養成，以及多元文化下產生的特殊優勢，加上台灣有許許多多的中小企業主，他們當初是提著一個皮箱世界走透透，從年輕打拼到有一番事業成就，他們的創業經驗、業務溝通、市場佈局、商業模式以及如何保持成功積極的心態等等的知識，這一切都是難得落地的技能。

還有台灣人特有的口音也是在講華語的國家中是非常好聽的口音，加上台灣在華語界來說接觸國外文化的時間和影響也是相對深厚的，所以表達出來的學識涵養也是華人界當中令人為之一亮的。其他如在圖書出版、印刷、資訊型產品內容製造者、教室以及舞台等等，在台灣都是非常成熟且具有競爭力的，因為台灣一直是出版自由以及資訊自由的國度！

Topic 9 知識付費

　　本章的案例及趨勢分析都會偏向以中國為例，因為在知識付費的領域中國大陸在形式、管道、內容等等都是領先台灣許多的，最主要的原因也是因為中國的消費量體很大以及幅員遼闊，在台灣如果要去上課、去書店或是參加一些知識類的演講活動，在移動距離上都是非常方便的，最多在二小時內都可以到達現場，反觀中國大陸幅員廣大，要參加實體的知識分享會就必須先花費一筆交通甚至住宿的時間和費用，有時候這些費用還高於參加知識分享會的費用，基於以上種種的不便，導致於中國在網路上的知識變現非常蓬勃發展以致百家爭鳴，經過了幾年的競爭淘汰，剩下的知識提供者不論是在通路、內容、商業模式等等都是首選，當然這些都是非常值得我們學習的對象，所以接下來主要會以中國大陸的知識變現實況為探討案例。

1 ▶ 什麼是知識付費？

　　知識付費是基於互聯網的知識交易，賣方提供專業知識（文字檔案、影片、聲音等任何可以傳遞訊息的媒介都算），買方大多使用金錢購買，網路上的知識付費商機是很龐大的，因為它所面對的是整個網際網路的市場，實體知識教學的管道畢竟受到空間、時間等等的限制，互聯網上的知識變現就沒這些問題了，尤其是全球華語的市場更加可觀，中國大陸知識付費市場非常夯，潛在用戶約 3 億人，印證了「知識即財富」這句話。

目前中國知識付費的用戶數主要用戶年齡介於 21 歲到 40 歲之間。知識付費之所以受歡迎，最主要原因是用戶可以運用零碎時間在線上收聽收看影音、吸取知識。像一套人民幣 199 元的經濟學課程，購買用戶超過 30 萬，許多知識付費平台就藉由這股風潮，讓知識變成財富。

　　知識付費只要打開手機「聽」課，不論是走在路上、或是搭車、吃飯利用零碎時間吸取知識，大陸現在這種線上「知識付費」，非常受歡迎。可以利用到零碎的時間，而且比線下的（課程）要便宜很多，也不用到處跑，非常方便，目前最受喜歡的內容包括金融財經、教育培訓、消費理財。中國人已養成在線上付費買知識的習慣，也讓知識付費平台和這些「知識」提供者獲得巨大利益。

　　看好知識付費市場，光是今年 10 月中國各家知識付費平台相繼獲得融資，總金額高達人民幣 30 多億，平台用知識來賺錢的方法，更多元。 分答創始人嵇曉華：「想換工作，結果競爭的公司給了 offer（錄取通知），薪資差不多，工作方向完全變了，該去嗎？線上類似這樣的諮詢，一個問題 60 元。」這種在網路上提問尋求答案，像是奇摩知識家的概念，這是大陸近期最流行的知識付費平台，提問的人付費，解答的人賺取費用，不過當有人也想知道這個問題的答案時，他也必須付費，此時提問、解答的人同時都能獲得收益。 分答創始人嵇曉華說：「當時就是想提出問題的人，也相當於參與了知識付費的創造過程，所以他的這個答案，不應該是免費給所有人的，那這個答案顯然應該讓其他旁觀人，進來聽的時候也應該收費，那這個收益怎麼分呢，我們就創造性的想到了這個辦法，讓提問的人和回答問題的人各得一半。」2019 年大陸知識付費產業規模約有人民幣 49 億，預計到了 2020 年將超過人民幣 200 億，而線上知識變現的方式，越來越多元，中國利用互聯網，讓「知識就是財富」

這句話真正實現。

 ## 知識付費的四個因素

那麼，為何用戶能夠從海量的付費內容中，獨獨選擇為這些知識產品乖乖買單呢？

「知識付費」作為一款滿足眾人的知識需求商品，內容創業者們要想運行「知識付費」，那就離不開產品、推廣、價格、通路這四個因素。

▶ 產品代表品牌

內容產品是立身之本，優質化內容是引入用戶量的首要條件。內容起到解決用戶焦慮的直接作用，在打造高品質的內容產品基礎上，建立品牌效應走向高端化才能成功。在「知識付費」所使用的平台功能，有效針對內容創業者的身份及產品進行全面的包裝，幫助創業者構建良好的個人品牌形象，形成獨立的品牌市場，自然深受更多用戶選擇。

▶ 推廣是加速器

有效的推廣是引流的加速器，推廣是行銷手段。在「知識付費」領域，只深耕於精細化的內容是不夠的。那麼應該如何推廣？時下「知識付費」火爆的推廣方式，如：限時拼團、定期打折、優惠券等。用有效的方式刺激消費者的購買欲，不僅達成交易的目的，還能吸引更多內容消費者對內容平台的關注度。

▶ 合理定價是優勢

有些內容創業者太過急功近利，一口妄想吃成大胖子，把內容產品

定到「天價」。這種過於自我的定價方式，根本是在擾亂市場，同時也失去了用戶的信任。所以「如何定價」就成了關鍵。那到底要訂定多少的價格呢？根據市場研究分析的結果發現，每「單位知識」的價格訂定在 $500 ～ $2,000 台幣是多數用戶者的可承受區間，在一個容易接受的價格上就能獲取名師的乾貨，對於消費者來說，是一件 CP 值非常高的事情。

▶ 通路是最重要的

通路是決定是否能在「知識付費」領域得到持續性的發展。目前通路分兩種：內容創業者自我流量形成的管道、內容平台的流量管道（如：喜馬拉雅、知乎）。但我不鼓勵一定要去大平台，現在大平台的流量看似龐大，躋身於內的創業者成百上萬，僧多粥少的形式是難以存活的。

打造自己獨立的平台通路才是最優選擇，但僅憑藉個人是無法做到，所以首選一家優質的內容技術服務商是關鍵。市場服務商多如牛毛，那麼我們如何進行選擇？

第一看資歷，資歷深、經驗足、流量也大；第二看專業度，因專業更專注才能成功；第三看成功案例，有效的結合現象看本質；第四看平台系統和服務，全面的系統功能和良好的服務，是加速成功的腳步。

值得注意的是，與其他技術驅動的風口不同，知識付費這一輪的崛起，與其說是技術上的演進，不如說是社會需求的爆發所致。具體而言，知識付費既借力於知識付費平臺的演進、付費方式的便利，也得益於中國中產階層及準中產階層學歷教育需求的爆發。但這並不意味著知識付費只是一種應對當下中產焦慮的「止痛劑」，也不僅僅是 IP 變現的另外一種方式。

知識付費本質是透過交易的方法，使得更多的人願意提供自己累積

的知識及應用，透過市場規律和便利的互聯網傳播達到資訊的最佳配置。未來的知識付費行業實際上並不是一個獨立的行業，而是現有的資訊服務業互聯網化的一部分，是人類資訊生產、獲取方式由線下轉為線上線下相結合，由一對多轉為多對多的一個階段。最終，知識付費不僅會作為一種獨立的行業，還會直接改造和融合現有的教育業、出版業、廣告業、諮詢服務業，成為萬億以上規模的巨大產業。

　　但相比未來的前景，目前知識付費行業發展仍然處於早期階段，除了適應摸不著的消費方式及片段化的問題以外，還存在知識付費體驗感差、缺乏內容評價體系和篩選體系、重複購買意願不高等問題。從整體產業上看，商業的環節、基礎設施和產品設計不完全、使用者群體需要擴大等問題都阻礙了知識付費的發展。

　　大陸羅振宇推出的《羅輯思維》會員制可以看做是知識變現會員制的雛形。2014 年推出「史上最無理」的付費會員制，這 5500 個會員名額只用半天就銷售一空，半天時間就進帳 ¥160 萬元。羅振宇之後，自媒體人創作內容及內容變現的熱情高漲，在製造個人 IP 的同時，越來越強調知識和技能本身的價值。

2014 年，線上付費打賞和付費閱讀模式開始出現，此外還出現了一些用戶自主嘗試付費（例如在知乎專欄和微博評論文後開始出現二維碼的付費機制），這是早期知識付費的重要形式。儘管早期的嘗試有得有失，但是這進一步加強了使用者對於內容和付費的直接連接意識，而不是內容、廣告、付費的間接連接。除此之外，付費微信群，付費分享會也逐漸成型，在智慧手機上也出現了一些小型的 APP 可以進行知識付費的消費選擇。

知識付費最難的部分在於消費的意識和付款的方式。在這一階段，知識付費的意識逐漸開始成型，另一重要節點是出現了具有足夠付費意願的受眾。完成了使用者教育之後，整體內容變現模式已經逐漸成形。

2016 年是知識付費的發展期，中國以分答、知乎 Live、值乎、喜馬拉雅 FM 等為代表的新一批知識付費平臺上線，知識付費的體系逐漸正規化，用戶群迅速擴大。知識付費進入了真正意義上的發展期。

知識付費於此時大爆發的理由有三：從生產者角度上看，自媒體平臺及知識社區已經培育出了大量經營知識的 IP（註解：IP，Intellectual property 智慧財產權或知識產權）和願意付費的粉絲用戶；從平臺及資本角度上看，知識社區進入成熟期，客觀上需要更成熟的商業模式以變現，線上支付已經成熟，技術上不存在障礙；從受眾角度上看，房價劇烈上漲帶來的中產階級焦慮蔓延與消費升級的趨勢共同作用，為知識付費打開大門。

早在 2015 年底，知識付費已經初見模型。當時果殼科技公司已經推出了付費一對一諮詢應用「在行」，而羅輯思維則推出了「得到」。

但真正知識付費的高速發展時代是從 2016 年 4 月開始，2016 年

4月1日，知乎推出了「值乎」，這是知乎第一個真正意義上的知識付費產品。2016年5月14日，知乎又正式推出了即時問答產品「知乎Live」。僅一天之後，在行團隊推出了「分答」，僅用42天時間，橫掃朋友圈，獲得了超過一千萬授權使用者，一百萬付費用戶的優異成績。

6月5日，《李翔商業內參》在「得到」上線，10日內獲得超過4萬用戶的訂閱量。6月6日，喜馬拉雅FM開始嘗試付費訂閱，由前央視主持人馬東攜手奇葩天團的「好好說話」作為首個付費節目上線。推出首日，一天內好好說話共計售出25,731套，銷售額突破2,500萬。至此，分答、在行、知乎、得到、喜馬拉雅FM作為知識付費平臺的代表，帶動了知識付費的新一輪發展高潮。

此後，知識付費產品不斷推出，既有百度問咖、微博付費問答一類的原有平臺延伸，也包括如來問醫生、大弓等專業問答類網站。知識付費的元年正式到來。

 ## 3 知識付費的基本商業模式

▶ 圍繞生產者的商業模式

整體上說，目前圍繞知識生產者的商業模式基本為平臺對產生的知識服務的費用抽成。但將知識看做一般生產品的話，To B的商業模式也一定會出現。尤其是對於專業人士到知識生產者的轉化過程，這一部分是還有嚴重缺失的。

而知識生產者費用抽成，是在知識付費的流水中獲取一定的平臺運營費用，是最為直接的商業模式。其中缺乏授課經驗和內容創作經驗是許多有知識的專業人士普遍的痛點。但類似於以前曾經興盛的自媒體訓練營

一樣，這種空白可以透過訓練來進行培訓，也可以出現專門將知識內容轉化為課程的代理商。

對於大量知識生產者湧入知識領域，並且逐漸產生頭部效應，與網路主播進入 2015 年末直播平臺的狀況類似。但在專門的 IP 包裝、行銷方面，知識生產的領域還比不上娛樂消費的領域。

而圍繞知識生產和變現的相關工具，可提高知識生產者的內容和生產效率，而促進知識生產者完成一系列的後續服務。這部分既可由平臺方提供，也可來自於協力廠商。

▶ 圍繞線上消費者的商業模式

就是即時一對一問答模式，包括文字與語音兩種，文字包括值乎和微博問答；語音類包括分答。也有大弓這樣同時包括文字與語音的產品。

一對一問答的邏輯較為簡單：用戶付費向特定人員提問，知識生產者通過回答內容獲得收益。主要優勢是迅速、直接、價格低，用戶接受和使用容易。較大的問題是：對提問者的提問能力要求較高；只能針對單一問題、資訊類問題，難以滿足深度知識獲取的需求；優質回答作為優質內容的推廣與付費提問用戶的優先佔有權之間的衝突；一般答主難以通過這種方式獲取較高收入。

且根據次數可細分為短期閱讀和長期訂閱。內容可以是文字（例如「李翔商業內參」）、音訊（如喜馬拉雅 FM 的「好好說話」）及視頻（如網路雲課堂提供的一系列付費網路視頻課程）。而付費閱讀優勢在於保證生產者能夠長時間且穩定地投入優質內容的生產，並且根據訂閱人數獲取穩定收益，使用者可以獲得較系統化的學習（平臺方也可獲得較為可觀的收益）。但付費閱讀最大問題在於缺乏與受眾的互動（儘管可以通過

社群和評論彌補）、版權保護問題，以及由於先付費模式，使用者必須先對內容生產者形成信任感，因而內容生產者的 IP 化程度及其品牌影響力是這一模式的關鍵。

線上授課與傳統線上教育模式類似。根據內容組織程度、導師的專業性、課後輔導和教研水準，可以從小型的知識分享一直到正式的授課。由於有了互動和教學過程，對用戶而言，就能夠獲得較為深度系統的知識學習；對於知識生產者而言，線上授課為一對多，較付費閱讀能夠更為集中地進行課程設計和安排，且單價更高，變現效率也高。但線上授課問題在於對知識生產者要求較高（包括授課技術、IP 影響力及課程類型），且並非每個領域都適合線上授課，更適合需求明顯且旺盛、內容深入、需要互動聯繫的領域，而對於邊緣性的長尾需求，輕型的分享會模式會更加適合。

▶ 圍繞二次消費者的商業模式

在直接的付費內容出現之前，廣告抽成和原生廣告是知識性網站及知識內容生產者的主要收入來源。目前以音訊內容平臺喜馬拉雅 FM 為例，其廣告收入仍占總收入的 70% ～ 80%。值得一提的是，知識性內容產品對理性消費者的行為決策影響巨大，這決定了原生廣告在知識變現中的良好前景。

將一次生產的內容進行二次銷售，例如分答的偷聽功能和微博的微博問答，除一次消費者之外，可以利用較低的費用來獲得一對一諮詢的答案。而優秀內容可以通過版權轉讓的形式進行銷售，例如出書或付費轉載。類似於「筆記俠」的商業模式則在潛在使用者與二次銷售中間產生了新的一環：對內容進行篩選、整理和聚合。

也有一種是付費社群，就是用戶付出一定的費用進入知識共用的社群。最典型的是《樊登讀書會》。付費社群的難度在於建立用戶信任，因此必須經由行銷或者與其他知識生產方式相結合。例如線上授課經常轉化為付費社群，用戶在其中可以共用知識生產者提供的長期服務，一般以微信群＋線下聚會為主要模式，但也存在獨立的付費社群如「小密圈」中的知識社群。另外與線下的傳統行業結合，通常是書籍、音像製品及線下講座等。二次消費也包括其他與知識內容相關的產品行銷，例如《羅輯思維》與《得到》。

④ 知識傳播的載體

在 2016 年前，知識傳播主要以文字和視頻（如網校的視頻課程）為主，在 2016 年之後，以分答、喜馬拉雅 FM 等為首的音訊類產品逐漸崛起，與文字、視頻共同構成了知識變現的三大載體：

▶ 文字類產品

文字類產品是最為古老的知識傳播載體，也是最常見的知識傳播載體，大多數知識變現的嘗試都通過文字進行。在知識生產領域中，文字仍然佔絕對主流，這不僅是傳統的文字資料，還基於知乎、微博及微信公眾號等大部分自媒體都是使用的文字進行輸出和互動。

總體上看，文字性產品的優勢不是沒有原因，知識吸收速率最高，雖然不一定效率最高，對知識生產者的語言和形象要求低，內容中可以嵌入多種其它媒體（如視頻和音訊），能夠表達複雜的邏輯和認知，既可以有深度，又可以當做快消品等等。

文字類產品最大的問題在於複製容易，無法做到切實的版權保護；

內容不夠生動形象，更有利傳遞知識而非教會技能；對平臺來說，文字類知識平臺競爭激烈，創業極為不易。

▶ 音訊類產品

音訊產品的代表為「分答」及「喜馬拉雅 FM」平臺中的付費音訊。音訊類產品通過音訊進行知識傳播，最大的優勢是方便性。用戶可以在做其他事的時候，利用零碎時間和不拘地點地收聽該類產品（其最重要的兩個場景是通勤和睡前）。音訊產品感染力強，有高度的人格化特徵，適合在社交網路中傳播，利於將個人 IP 立體化，也適合將個人 IP 更有效地轉化為吸引力。

但音訊類知識仍存在一些局限性：相較文字而言，它對知識生產者的要求更高（包括錄製音訊的技術）；碎片化，便利性和傳播深層次的知識內容難以相容（例如音訊類產品如果要求讀者做筆記，就無法做到隨性）；音訊內容無法控制內容閱讀速度，必須全部聽完，對使用者來說效率可能就不高。

▶ 視頻類產品

包括固定視頻和知識性直播。固定視頻既有付費類短視頻，也有較為成熟的課程滬江網校、網易雲課堂、騰訊課堂等，知識性直播如猿輔導、YY 教育、魚教魚樂。視頻類產品最為接近傳統的授課模式，內容豐富，客單價高，但對知識生產者要求較高。目前涉及知識付費的平臺可分為以下幾類：

- **線上教育：**滬江網校、新東方、網易雲課堂、騰訊課堂、插座學院等。
- **知識付費平臺：**知乎、在行、分答、得到、喜馬拉雅、豆瓣時間、百度

問咖、千聊、大弓、三節課等。

- **專業網站的知識付費**：36氪、雪球、丁香醫生、餐問、問校友等。
- **社交媒體的知識付費**：微博付費問答、付費閱讀、微信付費閱讀等。

其中，以下再以第二類平臺進行重點分析，它們是知識付費的主力知乎、在行、分答、得到、喜馬拉雅、豆瓣等。

各類付費模式

▶ 社區型知識付費模式：知乎

知乎是一個真實的網路問答社區，社區氛圍友好理性，連接各行各業的精英。用戶分享著彼此的專業知識、經驗和見解，為中文互聯網源源不斷地提供高品質的資訊。

2017年1月12日，知乎宣佈完成D輪一億美元融資，投資方為今日資本，包括騰訊、搜狗、賽富、啟明、創新工廠等在內的原有董事股東跟投。知乎該輪融資完成後估值超過10億美元，邁入獨角獸行列。知乎的中文付費產品包括：知乎Live、值乎及知乎書店。知乎Live是知乎的核心產品，是知乎出的即時問答互動產品。回答主可以創建一個Live，它會出現在關注者的資訊流中，使用者點擊並支付票價（由回答主設定）後，就能進入到溝通群內，可通過語音分享專業有趣的資訊，通過即時互動提高資訊交流效率。截至2017年1月，知乎共舉辦了2000多場Live，每場的語音平均時長為75分鐘，已有超過有200萬人次的用戶參與了Live。

值乎是知乎的另一試驗產品，知乎在原有問答模式下，進一步對一對一諮詢場景的拓展。目前值乎已到3.0版本，主要為語音回答，可以被

所有人付費收聽，並且收聽費由提問者和回答者平分。現在，幾經反覆運算的值乎，成為了知乎社區的基礎功能之一，讓用戶遇到特殊的或難以解決的問題時，能更快速地通過「一對一付費資訊」獲得解答。

2016 年 9 月，知乎書店上線，將知乎直接出品的電子書和合作出版機構一系列精選圖書上架，並將圖書的傳播、購買、閱讀、討論和延伸閱讀等環節連接在一起。知乎以書為節點，打通了作品、作者、關於書所涉及的話題的討論，以及對這個作品或作者感興趣的人。讓書不再孤立於單一的閱讀場景，而是成為了一個知識的節點，為某個話題的討論提供更深層次的內容。

知乎為社區型的代表特點：

在整體的知識領域中具有品牌優勢，以知識社區起步，基本上完成了完整的圍繞知識生產、發佈及付費。擁有大量有高度專業性和積極性的知識生產者、對知乎產生信任的用戶，以及尊重知識並具有付費意願的用戶，擁有大量原生知識 IP 內容資源。擁有完整的知識付費體系。目前，知乎已經建立了從問答及諮詢（值乎）、授課（知乎 Live 及其專業課程）、出版（知乎書店）等跨越多個形式的知識付費方式，同時，知乎還具有豐富的線下活動經驗及資源，拓展線下潛力強。

知識內容豐富，不僅包含所有類型的知識，並且以問題為主的知識生產方式使得知識生產具有極強的靈活性。用戶對知識生產者的篩選過程不僅參考外在的標籤和用戶回饋，社區內部的評價也是重要因素，但社區內部評價也容易受到其他因素干擾。社區屬性一定程度上拖慢了商業化進程，尤其對於平臺方而言。知識付費內容排列以生產者、中心內容偏向免費和共用，適合知識流覽者及入門者，但在專業化的需求、篩選和搜索上體驗不佳（不過目前已經反覆運算並改進）。知識生產者水準整體較高，

但品質參差不齊，目前看來較少邀請外界熱門 IP 。但隨著知識付費戰場日益激烈，未來情況仍難確定。

▶ 知識超市型知識付費模式：分答

分答公司於 2016 年 6 月獲 2500 萬美金 A 輪資，由元璟資本、紅杉資本中國基金領投，估值超 1 億美金，2016 年底完成來自騰訊的 A+ 輪投資，累計融資額超過 2 億人民幣。分答和在行是它的主要知識產品。其中，「在行」於 2015 年 3 月 13 日率先推出，用戶可以約見不同領域的行家，通過線下一對一諮詢的方式，獲得各領域行家的經驗和針對性指點。行家利用閒暇時間接單，兼具線下社交元素。

2016 年度，在行團隊推出「分答」，早期模式為付費語音問答，答主在 1 分鐘答疑解惑，未付費用戶可以通過支付 1 元人民幣偷聽回答。該模式利用答主非常碎片的時間來服務零碎需求，較之文字模式，語音作答使供給的壓力進一步降低。（去年年底上線「快問」，對原有問答進行了優化，給到用戶更明確預期，體驗更好。）2017 年初分答推出了定位在輕課的「分答小講」，約二、三十分鐘，系統性瞭解某個場景知識點，多個小講構成實用性的知識圖譜。主講一次性交付，永久銷售，互動在單獨的討論群組「小講圈」進行，保證了小講的完整性。三個月時間上線近 100 個 sku（最小存貨單位），單個小講平均首月收入超過 3 萬人民幣，而知名主講人單靠兩個課程收入就高達近 40 萬人民幣。

「分答」於 2016 年 5 月 15 日上線，自上線後周國平、馬東、王思聰、李銀河、羅振宇、汪峰，章子怡等眾多明星大咖及健康領域、理財領域、職場領域等名人答主在分答付費語音平臺回答各類問題。上線僅四十二天，超過 1000 萬授權使用者，付費用戶超過 100 萬，33 萬人開

通了答主頁面，產生了 50 萬條語音問答，交易總金額超過 1,800 萬人民幣，回購率達到 43%。分答每日付款筆數超過 19 萬次。

分答作為超市型的特點：

在整體的知識領域中具有一定品牌優勢（果殼）。強調以人為核心的知識售賣。即以特定的專業人士為價值中心，為尋求知識的使用者提供一系列知識產品，定位為使用者「觸手可及的幫助」。

相對完整的知識付費體系，目前倚靠分答（問答）、分答小講（授課）、在行（諮詢），擁有了較為完整的知識付費體系。由於創立較早，在知識付費的特定領域擁有品牌優勢（分答及在行）。與知乎類似，同樣具有豐富的線下活動經驗及資源。知識內容豐富但品質水準不一，在特定領域（如醫學、科學）非常專業。較之「得到」的精英內容和「知乎」的興趣社交，分答用戶更下沉。但也使得超級頭部的持續活躍性較差。但平臺早期問題普適性不足，碎片化，使得那些希望能系統化學習的使用者來說缺乏長期吸引力。

◉ 知識生產者主導型知識分享模式：得到

得到，為你提供最省時間的高效知識服務，由羅輯思維團隊出品。板塊分為：《羅輯思維》第 N 季、大咖專欄、每天聽本書、知識新聞隨時聽、有料乾貨。每天二十分鐘，在這裡學知識、長見識、擴展認知，終身成長。其中，大咖專欄包括羅振宇、李翔、李笑來、薛兆豐等專業人士的語音、文字專欄；有料乾貨和知識新聞隨時聽，則將精品圖書和每日新聞通過篩選、加工為濃縮的資訊乾貨提供給使用者。「得到」的口號是「只服務人群中 2% 的終身學習者，打造私人翰林院。」得到用戶總人數為 558.4 萬人，每天增加約 2 萬，日活躍用戶 45 萬，專欄累計銷售

144 萬人民幣（扣除《羅輯思維》為 80 萬人民幣），專欄平均日打開率占 30% 左右。

得到作為生產者主導的特點：

以業內著名人士為主要的知識生產者，在特定知識領域中具有較大的品牌優勢，如財經、管理、親子等等作者集中的領域，以固定內容產品為主，使用者在課後進行互動。內容上比起授課，更類似於「專欄＋筆記」的形式，具有濃重的作者個人風格，時效性強、啟動速度快，但內容週期長，較難維持用戶長期注意力（目前已經有課程目標和課程體系，未來可能會以此為入口進行拓展）。

知識內容屬於綜合性，生產者選擇業內著名人士，知識生產範圍圍繞知識生產者的專長進行，不強調知識的全面覆蓋，而強調提供知識的權威性與個人特質。除了一手知識產品本身，也提供對知識內容的加工、濃縮和整合產品，提倡「小而精」，入門的門檻高，減小了用戶的篩選成本，保證了用戶體驗。

◉ 以媒體習慣切入的付費模式：喜馬拉雅 FM

喜馬拉雅 FM 是目前國內發展最快、規模最大的線上移動音訊分享平臺。目前，喜馬拉雅 FM 使用者規模為 3.3 億，活躍用戶日均收聽時長為 124 分鐘，平均每天有九千萬次播放。喜馬拉雅於 2016 年 6 月開始推出付費音訊《好好說話》，正式進入知識付費領域。喜馬拉雅付費營收占五成。目前有馬東、吳曉波、龔琳娜、華少、樂嘉等兩千位知識網紅和超過一萬節付費課程，涵蓋商業、外語、音樂、親子、情感、有聲書等16 個項目。

喜馬拉雅 FM 作為以媒體習慣切入的特點：

在知識付費領域，與音訊相關的音樂、外語、情感類具有一定的品牌優勢，同時在媒體管道上佔有較大的品牌優勢，擁有大量形成收聽習慣的潛在精準的使用者，而付費內容是免費內容在一定程度上的延伸。初期產品以音訊授課式產品為主，使用者購買後無法直接實現互動，但總有主播微信社群。現在平臺內，主播中心已上線社群功能，一方面使得主播能夠與粉絲實現即時的良性互動，另一方面能夠與主播共同規劃課程。

知識內容屬於綜合性，擁有商業、外語、音樂、親子、情感、有聲書等，能夠利用用戶碎片化的時間，但缺乏圖文參與使得呈現其他一些類型知識有困難。對知識生產者目前採取邀約制，平臺與付費主播實現深度綁定，保證了課程品質及用戶體驗。不僅對音訊相關的 IP 吸引力強，同時在目前已有從平臺成長起來的音訊 IP，類似平臺有「一直播」。

▶ 以特定使用者切入的付費模式：豆瓣

豆瓣註冊用戶 1.5 億，月活躍用戶 3 億。豆瓣用戶主要為一、二線城市的白領和大學生，「豆瓣時間」於 2017 年 3 月 7 日上線，是豆瓣推出的內容付費產品。目前已上線四種類型，未來將邀請學界名家、青年新秀、行業達人，推出精心製作的付費專欄。每個專欄包含數十期至上百期不等的精品內容，以音訊、文字等多種形式呈現，每週定時更新。內容覆蓋文學、戲劇、電影、生活等多個領域，豆瓣上活躍著不少評論人、音樂人、攝影師、設計師等，而這些有趣的內容的提供者，也在豆瓣時間的主要內容合作計畫中。

豆瓣目前上線時間 5 天內銷售額過人民幣百萬，7 天付費訂閱用戶破十萬人。

豆瓣作為特定用戶切入的特點：

在知識付費領域開始較晚。但在特定內容（文藝、影音、學術、心理、文化）部分具有巨大優勢和完整生態。擁有對大量對特定內容感興趣的忠誠受眾和優質的內容生產者。以音訊和文字授課式產品為主。目前互動性不強，但有可能以後會進行擴展。由於由使用者特徵進行切入，因而知識內容與其他平臺具有明顯差異。而文藝類的內容有較大的知識付費拓展空間。但目前上架內容較少，後續發展還需觀察。知識生產者水準高，且對於特定（文藝）方面 IP 具有獨一無二的吸引力。

綜合以上知識平臺的熱門內容及總內容資料，我們可以得出，在知識付費內容中，相對熱門的內容有以下的分類：

1、職業技能類： 從需求數量上看，職業技能類是最為熱門的知識付費品類，而時間管理類和互聯網相關技能類為最受歡迎的產品類型，除此之外則是文案寫作類和語言學習類。

2、投資理財類： 泛商業思維類最多，除此之外是房產投資和生活理財。這一類由於有眾多受眾群體，因此容易轉化為諮詢。

3、生活興趣類： 最受歡迎的是與音訊相關的品類，如音樂、詩歌等，除此之外是健身類和歷史類。

4、專業知識類： 最為重要的專業知識是醫學、教育學和心理學。醫學包括保健、針對日常疾病的生活建議，以線上問答為主；教育以兒童教育為主，最受關注的是學齡前的親子教育；心理學包括如何與人溝通和如何完善自我人格。

5、其他類： 邊緣性知識，例如名人的生活體驗、熱門事件相關、新鮮的職業體驗等。

⑥ 知識付費領域目前面臨的問題

▶ 學習體驗仍需提升

學習體驗包括多個層面，在工具上，知識付費產品發展時間不長，使用體驗仍有許多需要反覆推演與提升的地方。

在內容上，目前知識內容的特徵主要為碎片化。但碎片化的內容與學習知識的過程是一對矛盾的命題，對碎片化知識的收納和整理以及後續的知識服務，將是有待填補的空白。這種問題會造成兩種不同的發展途徑：一是向線上教育發展，建立較為系統的授課模式（線上、線下，或由知識向直播傾斜）；二是由協力廠商提供系統服務或可互動的知識服務工具。

▶ 版權問題

知識付費內容相關的法律問題最主要還是版權問題。線上版權容易複製及轉傳，所以缺乏保護仍然是知識付費的巨大問題，對於文字類、音訊類的內容盜版現象仍然屢見不鮮。以知乎平臺為例，去年已聯合淘寶等查處兩百多次知識侵權行為。智慧財產權的模糊性使得很多侵權行為難以界定，一些商業網站將知識付費內容改頭換面作為自己的原創內容發出，原創者卻面臨缺乏證據無法維護自身權益。隨著未來知識付費的用戶日益增多，這一問題必定會更加嚴重。

▶ 內容篩選及推廣機制缺乏

上文已經提到，知識付費的內容較線上教育而言，缺乏標準化的評價體系。相較於一般的內容變現，它的效果更為長期，且用戶很難在付費

之前對內容進行評價和瞭解，因此設置合理的內容篩選和推廣機制就成為了新的問題。隨著知識付費內容不斷增多，這一問題將越來越多。

目前，知識付費內容主要通過 IP 化和用戶評價來解決這一缺憾。但無論 IP 化還是使用者評價，都會造成先佔先贏，對於後期才進入知識生產的人們，在心態的積極性會有一定的影響。在未來知識 IP 身價進一步提高的情況下，平臺方如何實現優質內容的推送、篩選和推廣，以及孵化新的 IP，會直接決定之後的知識付費戰爭之成敗。

▶ 長期用戶吸引力差，回購率不高

知識付費是一種學習，而學習是痛苦的過程。儘管在產品設計上已經比線上教育更加自由，但使用者使用知識付費產品仍然要花費相當的精力。除此之外，對於大多數知識付費產品，使用者的行為較為單一（閱讀或評論）、互動性差，這些都制約了知識付費平臺對用戶的長期吸引力。

除此之外，還有兩個原因也可能導致回購率不高：一是知識產品可以分為短期和長期，相當一部分使用者購買知識產品只是為了解決短期問題，在解決之後短期內不會，再進行二次消費；二是用戶會有衝動消費的現象，在某一時刻購買大量的知識付費產品，然後在後期發現很難消化，他們二次消費的意願也就不會高了。

▶ 內容同質化

知識付費的「內容」雖多樣性但實際上仍然偏同質化。例如時間管理類、文書寫作類、投資理財類等等。這些熱門的知識領域較易變現並且受歡迎，因此容易獲得較多人的關注，也容易成為平臺重點推薦的對象。但是從另一方面看，這些知識內容更多是技能性的培訓，標準化程度高，

因此內容大多雷同，這不得不令人懷疑，當使用者對這些類似內容已經熟悉之後，知識付費是否還能維持長期的吸引力。

內容同質化的另外一個可能問題是，由於熱門知識和生產者佔據了主要的展示位置，並且壟斷了一部分的知識領域，從而嚴重打擊了新知識生產者和長尾知識生產的積極性；與內容公眾號可以通過創意來進行後發制人不同，知識服務在一定時間內具有其固定性。

◎ 政策監管風險

知識付費涉及媒介、教育的內容領域，受到嚴格的監管是可以理解的。從正面看來，這可以打擊盜版現象，理順知識生產者和消費者、平臺三方的經濟關係；但另一方面，知識付費未來也可能會有一系列的政策規制，例如，部分分享內容需要經過審批和備案；嚴格規範知識分享者的身份，部分知識分享者可能需要持有發表領域的認證證書；知識分享的收入將會按照一定的比例付稅等等，這些都會對未來的知識付費領域造成影響。

⑦ 知識付費領域將出現的趨勢

隨著知識付費平臺內容的增多，如何完善篩選、評價及推薦機制將會成為未來知識付費提高用戶體驗的基本問題。而知識生產者的篩選機制是最重要的知識付費平臺機制，確保用戶能夠在聽課或購買知識產品之前對授課者形成理性的預期，以及在授課之後能夠進行監督，是用戶對知識付費平臺產生信任，進而永續進行下去的基本條件。

在這種篩選機制可以是靜態的（通過付費人群進行邀請），也可能是動態的，按照時間和好評程度對授課者標示層級，不同層級擁有不同的

授課人數上限和推薦位置。有較多投訴核實後，會進行一定金額扣減的懲罰。未來首頁推薦的機會將會變得更有價值，發揮優勝劣汰的機制。而知識產品的細分與推薦機制決定了用戶能否用最少的時間找到適合自己的知識產品。由於知識產品是非標準化之產品，因此分類和應對人群應當更加詳細，授課內容、解決什麼問題要給出充分的說明，無論授課者還是聽課者都可以根據內容來對內容品質進行評判。

目前多數平臺使用訂閱量和點擊量進行綜合排序，但隨著內容增多，繼續細分並不適合細分化的知識需求。對新入門的知識生產者進行第一次輸出的同時，要吸引已經付費的人群回購，除了知識內容要更加深化以外，也必須進一步完善推薦之演算法（例如加入「難度」這一選項，區分已經在此有所累積的用戶和小白用戶），或是設立更加完善的知識內容查詢功能。在課後的社群和互動是知識產品的重要部分，影響甚至決定了知識產品的服務效果和後續的購買意願（對於靜態的課程內容尤其如此）。但是對平臺方來說，如何鼓勵和支持知識生產者進行這些社群的維護，是一個新的課題。同時，平臺的後續服務也包括溝通課程和用戶對知識生產者進行的及時回饋與評價。

8 其他可能出現的趨勢

▶ 內容垂直化，細分化

垂直化、細分化將是未來知識付費領域的基本趨勢，對於若干重要領域，如健康、情感、理財、法律、職場、IT 等來講，已經出現了大眾化平臺朝專業化細分的趨勢。

垂直化造成了未來的一個重點：爭奪新的細分優質知識領域。知識

領域優質的基本標準是：這一部分內容使用者感興趣、知識與專業人士有較大資訊差，且這一部分的領域可以以簡明易懂的方式進行描述。這一類的知識領域會吸引較大的流量，例如豆瓣在文藝領域獲得的成功，分答發展初期在明星效應上斬獲的成功等等。從另外一方面，知識付費的產業鏈也會逐漸被細分，問答、課程與諮詢三大類基本形態將會被細分出更多的產品形式。在授課者與用戶、授課者與平臺之間，會出現新的知識服務環節（例如筆記整理、知識統合服務、知識 IP 孵化等等）。

▶ 內容頭部效應化，IP 將會成為未來平臺的主戰場

內容頭部趨勢（最好第一）是知識付費領域的關鍵問題。由於知識較娛樂、資訊等相比，具有更強的專業性和獨一性，因此頭部效應會更早到來。大 IP 瓜分流量的情況將會比傳統內容更快出現，平臺方爭奪優質 IP 也會成為未來知識付費領域的主要戰場。

在爭奪已經成熟的優質 IP 之外，未來的知識付費領域還會逐漸面臨如何製造和打造新 IP 的問題。知識性網紅的網路孵化，把線下專業人士轉化包裝為線上的知識大神，並通過行銷和推廣進而完成後續的知識產品開發，這一產業鏈將會在未來三年內完善並最終完成。

知識站 *Knowledge*

頭部效應：指的是在某領域的領先位置，即頭部位置可以產生更大的收益，獲得更大的加速度。在頭部位置自然可以引起人們的關注，進而產生更快的發展。例如：小學同學，在畢業後進入不同的初中，就步入不同的軌道，站位不同，發展的速度差別越來越大。

▶ 知識付費內容社交化、互動化，社交平臺與直播平臺入場

由於 IP 的特徵，知識付費將比傳統意義的線上教育更強調社交化和互動化。社交化的特徵包括：知識付費中，個人 IP 的塑造會與內容同等重要；除知識平臺外，社交媒體的傳播成為 IP 的主要傳播管道，社交媒體的粉絲轉化為知識付費的訂閱者；知識付費的媒體從文字轉化為聲音和影像。從互動性上看，即時、高頻的互動能夠給用戶更好的學習體驗，也更符合用戶學習的心理預期。是知識付費體驗最好，最有潛力的方式。

▶ 使用者大眾化，內容生活化

目前，知識付費的核心市場是中等收入的群體為主，但知識付費的市場需要擴大，就必須由大城市逐漸向中小城市深入，年齡由就業後三年的職場新人向更廣的終身學習、生活服務、綜合諮詢發展。具體而言，生活類問題、健康類、母嬰類、教育類都有可能會成為新的機會，面向人群會更加豐富，例如面向青少年、老人、專業內部人群的知識付費平臺會逐漸出現。知識服務將不再局限於北上廣深等大城市，並且與本地的其它教育與培訓資源相結合。

在大型城市，知識付費替代的是諮詢公司和行業分享會；而在二、三線城市，知識付費則會替代原有的機場讀物、快銷技能書、區域性教育機構，這些都將會被更為落地的知識付費服務所取代。

▶ 廣告、服務和知識付費一體化

知識付費的特徵是其內容會較大地影響到用戶的行為決策，這為原生廣告和其他產品服務提供了機會。在不影響內容品質的前提下，輕型的付費產品可以成為使用者更深度的廣告和服務入口，並成為更多產業鏈的一個重要模組。

第四篇

魔法講盟股份有限公司

[第四篇]
魔法講盟股份有限公司

「兩岸知識服務領航家，開啟知識變現的斜槓志業！」

職涯無邊，人生不設限！知識就是力量，魔法講盟將其相乘相融，讓知識轉換成有償服務系統，創造獨特價值！告別淺碟與速食文化，在時間碎片化的現代，把握每一分秒精進，和知識生產者與共同學習者交流，成就更偉大的自己，綻放無限光芒！

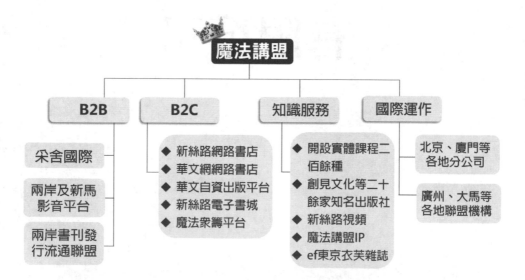

魔法講盟的領導核心為全球八大名師亞洲首席——王晴天博士，他是大中華區培訓界超級名師、世界八大明師大會首席講師，為知名出版家、成功學大師、行銷學權威，對企業管理、個人生涯規劃與微型斜槓創業、行銷學理論與實務，多有獨到之見解及成功的實務經驗，栽培後進不

遺餘力。

　　王晴天董事長經營圖書出版業已有幾十個年頭，同時兼著發展培訓也將近十年了，相信大家都知道，圖書出版這個行業因為資訊電子化及智慧手機的普及，如今購買書籍、雜誌的人口大幅度下滑，這個行業不要說是賺錢，能不虧錢就很厲害了，所以王晴天董事長早已洞察趨勢是如此的走向，在七、八年前就跨界發展教育培訓業，公司也慢慢轉型成為知識服務商，一直到了 2018 年才與 24 位王道弟子們成立「全球華語魔法講盟有限公司」目前已完成原始股東之增資，公司也更名為「全球華語魔法講盟股份有限公司」，公司目標將朝向上櫃上市邁進，目標市場則是放眼整個華語區市場，公司成立已經近二年，第一年就賺到了半個資本額，很多人問王董事長說為什麼要做培訓呢？他的答案永遠是──「熱情」與「好賺」。

　　王晴天董事長原本是台灣數學界的補教名師，但因為每年講授的內容都一樣，而且他認為學校教的那些知識並不能幫助學生在現實世界裡競爭，於是他急流勇退選擇做他有興趣的圖書出版業，進而再轉戰他熱愛的成人培訓，他認為成人培訓才是能幫助人們在現今競爭的社會中脫穎而出，所以更積極布局開創一間專為成人培訓服務的公司。

　　知識服務產業的邊際成本低、毛利率高，這是吸引王董事長跨足培訓業的另一個原因，有熱情加上高報酬誰能不愛呢？

魔法講盟的緣起

「魔法講盟」是源起於 2018 年的台灣培訓品牌，是由兩岸出版界巨擘王晴天博士率領王道弟子群所創建的品牌，當初有感於目前許多的培訓公司都有開一門「公眾演說」的課程，而王道培訓也有開這個課程，結訓完的學員都有個困擾，就是不論你多會講，拿到了再好的名次、再高的分數，結業後你必須要自己尋找舞台，也就是要自己招生，招生跟上台演說是完全不相干的不同領域，培訓開課其實最難的事就是招生，要找幾十個或上百位學員免費或付費到你指定的時間、規定的地點聽你講數個小時，這件事情是非常非常難的，就算是免費也一樣。

別人有方法，我們更有魔法。別人進駐大樓，我們禮聘大師。

別人有名師，我們將你培養成大師；

別人談如果，我們只談結果。別人只會累積，我們創造奇蹟。

感於一個觀念，可改變一個人的命運，一個點子，可創造一家企業前景。許多優秀的講者，參加了培訓機構的講師訓練，結業後就沒了後續的舞台，也有許多傑出的講師，從講師競賽中通過層層關卡之後脫穎而出，得了名次，然後呢？大多數人共同的問題就是沒有「舞台」。

有感於此，王董事長認為專業要分工，講師歸講師，招生歸招生，所以魔法講盟透過代理國際級的課程，打造明星課程由講師授課，搭配專屬雜誌與影音視頻之曝光，幫講師建立形象，增加曝光與宣傳機會，再與台灣最強的招生單位合作，強強聯手以期能席捲整個華語市場。

✨ 大師的智慧傳承

許多優秀的講師們，儘管有滿腹專才，也具備開班授課所需之資質，卻不知如何開啟與學員接觸的大門，甚至不知如何招生，因而使專業無法發揮。

有鑒於此，現任采舍國際集團王晴天董事長。著手架構一個包含大、中、小的舞台，讓優秀的人才有可發揮之處。王董事長為台灣知名出版家、成功學大師和補教界巨擘，他曾於 2013 年創辦了「王道增智會」，秉持著舉辦優質課程、提供會員最高福利的理念，不斷開辦各類公開招生的教育培訓課程，課程內容多元且強調實做與事後追蹤，每一堂課均帶給學員們精彩、高 CP 值的學習體驗。不僅提升學員的競爭力與各項核心能力，更讓學員在課堂上有實質收穫，絕對讓學員過上和以往不一樣的人生！

王董事長結合北京世界華人講師聯盟，集合各界優秀有潛力的講師群，為學員打造主題多元優質課程的同時，也提供一個讓講師發揮的平台，讓學員參加講師培訓結業後立即就業的這個理念，並讓學員與講師能相互交流，形成知識的傳承與流轉。更搭配專屬雜誌，幫助講師建立形象、拍攝造型，還有多本合作雜誌可做廣告，增加曝光與宣傳機會。每年舉辦世界華人八大明師大會與亞洲八大高峰會至今，參與過的學員已達200,000 人。更於 2017 年與成資國際集團（Yesooyes.com）合作創立了「全球華語講師聯盟」，提供優秀人才發光、發熱的舞台。

王晴天董事長融合多年智慧結晶、結合多元豐富資源、致力開創知識分享的課程、實現知識共享的 AI 經濟時代、汲取成功的經驗、萃取勝者的思維、以改變生命、影響生命、引領良善智慧的循環為職志！先創建了台灣最大的培訓聯盟機構，進一步要成為華人華語知識服務的標竿！

全球華語講師聯盟是亞洲頂尖商業教育培訓機構，它創始於 2018 年一月一日，全球總部位於台北，海外分支機構分別設於北京、杭州、廈門、重慶、廣州與新加坡等據點。我們以「國際級知名訓練授權者◎華語講師領導品牌」為企業定位，整個集團的課程、產品及服務研發，皆以傳承自 2500 年前人類智慧結晶的「曼陀羅」思考模式為根本，不斷開創 21 世紀社會競爭發展趨勢中最重要的心智科技，協助所有的企業及個人，同步落實知識經濟時代最重要的知識管理系統，成為最具競爭力的知識工作者，更有系統地實踐夢想，形成志業型的知識服務體系。

除延續原有「晴天商學院」秘密系列課程、出書出版班、眾籌班、世界級公眾演說班外，更於 2017 年與成資集團共同引進了世界 NO.1 首席商業教練 Blair Singer's Sales & Leadership Certification Program、Blair Singer's Business & You（BBU）課程，讓您能以最佳的學習公式，學會——

體驗：認證培訓流程中，透過體驗式教學並當場實踐所學，讓你確實學以致用！

記住：「親身體驗」不只是學習實戰經驗並增長智慧， 更讓你用身體牢牢記住。

成長：摸清自己的邊界與底細，探索自己潛能的封印，朝著開啟的方向前進、成長，才是人生真正的目標。

經過全球華語講師聯盟的密集培訓，將能讓你成為一個比以往任何時候的你還要更大、更好，並且隨時準備承擔更大，更令人興奮的目標與責任！

魔法講盟 是台灣射向全球華文市場的文創之箭——

1. 集團旗下的采舍國際為全國最專業的知識服務與圖書發行總代理商，總經銷 80 餘家出版社之圖書整合業務團隊、行銷團隊、網銷團隊，建構

全國最強之文創商品行銷體系，擁有海軍陸戰隊般鋪天蓋地的行銷資源。

2. 集團旗下擁有創見文化、典藏閣、知識工場、啟思出版、活泉書坊、鶴立文教機構、鴻漸文化、集夢坊等二十餘家知名出版社，中國大陸則於北上廣深分別投資設立了六家文化公司，是台灣唯一有實力兩岸 EP 同步出版，貫徹全球華文單一市場之知識「數字＋」出版集團。

3. 集團旗下擁有全球最大的華文自助出版平台與新絲路電子書城，提供紙本書與電子書等多元的出版方式，將書結合資訊型產品來推廣作者本身的課程產品或服務，以專業編審團隊＋完善發行網絡＋多元行銷資源＋魅力品牌效應＋客製化出版服務，已協助各方人士自費出版了三千餘種好書，並培育出博客來、金石堂、誠品等暢銷書榜作家。

4. 定期開辦線上與實體之新書發表會及新絲路讀書會，廣邀書籍作者親自介紹他的書，陪你一起讀他的書，再也不會因為時間太少、啃書太慢而錯過任何一本好書。參加新絲路讀書會能和同好分享知識、交流情感，讓生命更為寬廣，見識更為開闊！

5. 新絲路視頻是魔法講盟旗下提供全球華人跨時間、跨地域的知識服務平台，讓您在短短 40 分鐘內看到最優質、充滿知性與理性的內容（知識膠囊），偷學大師的成功真經，搞懂 KOL 的不敗祕訣，開闊新視野、拓展新思路、汲取新知識，逾千種精彩視頻終身免費對全球華語使用者開放。

6. 魔法講盟 IP 蒐羅過去、現在與未來所有魔法講盟課程的影音檔，逾千部現場實錄學習課程，讓您隨點隨看飆升即戰力；喜馬拉雅 FM—新絲路 Audio 提供有聲書音頻，隨時隨地與大師同行，讓碎片時間變黃金，不再感嘆抓不住光陰。

魔法講盟的募資成立

在 2017 年 10 月魔法講盟有限公司進行籌備成立與弟子間的內部眾籌，一開始訂定公司的資本額並沒有訂得太高，其原因是初期公司花不到什麼錢，因為公司初期全部都是使用王晴天董事長旗下的相關資源，例如上課的教室、辦公室、工作人員等所有的資源都是由王道增智會與采舍集團支援。

儘管公司初期的募資金額定在 800 萬，初期也僅限弟子擁有優先權，沒想到短短一個月不到卻募資到了三千多萬，於是經由協調按比例分配後將多餘的金額一一退還給諸弟子，大家都好奇為什麼市場上的募資並不好募，魔法講盟初期的募資卻是大爆發，我問了許多投資金額高於百萬的弟子，他們表示因為公司的創辦人是王晴天董事長，他們都很欽佩王董的智慧以及商業模式，他們認為公司一定會成功上櫃上市，所以在公司最初期就入股當然是最佳投資時機點。

到底這樣的說法對還是不對呢？

除產業趨勢外，往往經營者的意志是左右公司發展的主要因素，在台股生技產業高本益比甚至本夢比的環境中，經營者願景與熱忱更是充分反映在股價表現，與其說生技投資的是產業，投資經營者更是關鍵！

我觀察過許多的經營者，在這些老闆中，也有人擅於減降成本，還以吝嗇為傲，身為一個經營者，這是完全正確的態度。有的經營者則是天生的節儉大師，幾乎完全不搭計程車。就我所看到的，喜歡高級名車接送

的，大多是拿錢辦事型的經營者，或是對公司資金不上心的人，不是真正有心經營公司的經營者。

吝嗇的老闆或許不受員工歡迎，但是作為一個經營者，這樣反而比較好。如同王晴天董事長一樣，他本身經營公司是錙銖必較，所以才能在不景氣的出版業界中殺出一條賺錢的血路。

在對成本錙銖必較的老闆底下工作的人，應該要慶幸自己有個吝嗇的老闆。要求這種老闆加薪難如登天，所以如果你服務的公司是一間上市公司，就去買自家公司的股票為自己加薪，或許就能享受到老闆藉由「小氣運動」所創造出來的利潤，這也難怪所有初期願意出資的原始股東們都是如此想的。

另外，成功的經營者還有一個特徵，就是重視細節。只要和他們打交道就會發現，他們往往非常在意某些細節，而且只要一發現缺失，就會設法徹底改善，這點也印證在王晴天董事長的身上，近距離觀察王董與在會議中我發現王董非常落實落地地檢討和改進，他永遠不會滿足現況，任何的活動都會要求工作人員開事後檢討會，並論功行賞，賞罰分明，同樣的缺失在董事長的眼裡不允許發生第二次，這就是為什麼王董的公司那麼有效率，並獲得眾人信任的關鍵。

「魔鬼就藏在細節裡！」能否留意每一個細節，我認為是有實質意義的。而且，和經營者接觸過的人就會知道，成功者為了不錯失任何有用的資訊，都會詳記筆記。不論是在談話、用餐當中，只要他們認為有必要，就會拿出筆記本記錄，或是用手機錄音。因此我也常常看見王晴天董事長拿著一張紙，東記記、西寫寫地做筆記，回公司後就立即要求員工檢討改進或研發。

能時時感受時下的資訊，例如對於新事業的創意、該執行的任務、

在腦海中迴響的話語等，並隨時隨地記錄下來，就是一種「求知若渴，追求成長」的心態。我認為，用這種心態來形容成長型企業的領導者非常貼切。而由這種類型的領導者率領的公司，是絕對值得投資的。

我發現另一個王晴天董事長過人之處，也是他能經歷各種經濟危機仍然屹立不搖的秘密，那就是「王董在經營事業時總是悲觀主義者」例如每次的招生策劃，王董都會假設招不到人或只能招到很少的人！然後………。

「要正向、積極的思考事情，負面思考的人成不了氣候」，我想這是大多數人的看法。但經營者的負面思考無關業績的好壞，在成功的經營者中，事實上有不少人都抱持負面思考。大家可以想像一下知名棒球教練野村克也給人的感覺。這些經營者就像野村，向來都是毫不掩飾、直截了當地說自家公司不好的地方。

例如，雖然還不是上市企業，但是百元商店「大創」（DAISO）的創辦人矢野博丈，在接受電視或雜誌專訪時，就常說些極為消極、負面的話。矢野除了常拿大創和其他同業比較、並列舉大創不如別人的地方之外，還說出許多否定自己的評論。但是，就如大家所知，大創年年都成長，國內外的總店數已發展 4,700 家以上。

事實上，不論思考模式是正向還是負面，成功的老闆都有個共同點，就是堅持到底、絕不放棄的態度。所謂堅持到底，有的經營者是帶著一份執著，悶不吭聲、一步一腳印走下去，有人則是坦蕩蕩地大喊一聲「加油」，之後向前邁進。

令人不可思議的是，擁有不屈不撓精神的人，都是說起話來精氣十足，和思考是否正向無關。

負面思考的老闆，大都會先設定好最糟的狀況，之後再研擬對策。

所以只要一開口，一定就是：「這是我提出來的業績目標，大家應該可以達標吧！」「因為我已經想過最糟糕的狀況了，所以大家一定可以克服這個困難。」員工聽到這番話，就會覺得很有安全感。

「開朗、有活力、正向」，是一般人對好老闆的想像。但是，我認為投資者應該關注的，不是經營者的個性開不開朗，而是他們說話時，能否感受到他的力量與堅韌。

經營者如果使用臉書、推特等社群網站，投資人就可以藉由他們上傳的照片和發布的文章了解他們，這也是王晴天董事長經常使用的方式。

例如，如果某個經營者總是上傳一些和名人的合照，或吃飯聚餐的照片，那就要留意了。因為這個舉動顯示，他想放大、彰顯自己；這會讓人覺得他並不想以真實面貌示人，是個不正直的人。簡單來說，會讓自己的社群網站流露出這種氣氛，就表示使用者是個不夠謹慎的人。

我建議個人投資者，投資前不妨持續觀察經營者的臉書一段時間，如此一來，就可以知道該名經營者重視什麼。如果看到這個人對某個訊息「按讚」或分享出去，就知道他關心什麼，例如人權問題、性別歧視等問題。又例如，從這個人在臉書上交什麼樣的朋友、關心什麼事的友人，也可以看得出他建構人際關係的方法。

基於以上幾點王董事長都有這些特性，果然公司在 2018 年 01 月 01 日正式成立，經過一年左右的時間，王董把魔法講盟經營得有聲有色，P251 附上的 401 報表完全可以印證一切，公司的業績每個月都是爆炸式成長，就在 2018 年年底進行了第一次的原始股東增資，這次投資的股東們更加的瘋狂，短短幾天就募資結束，因為擔心一下錢進來太多，大家都是看到魔法講盟爆炸式的成長，加上公司登記原本是「有限公司」要更改為「股份有限公司」，朝上櫃上市公司一步步穩扎穩打地邁進，也有

許多弟子股東們提出短期就可以上櫃上市，但是王董事長都予以婉拒，因為他認為公司上市後的股價比上市更加重要，所以公司的策略是一步步地前進，因為法律規定還沒更改為「股份有限公司」的每股募資金額是比照原始股的股價，於是 2018 年底那次增資造成一波瘋狂入股的旋風。

2019 年進行第二次的增資，今年公司的業績已非常令人矚目，因為公司對接了好幾個超級強項的課程，就是「區塊鏈認證課程」與「WWDB642」和「接班人團隊培訓」等五大落地課程。其中區塊鏈認證課程也是全台唯一在台上課直接可以現場考取國際級四張證照，不論是學費和師資都是全台空前的僅有，相信這個課程將為魔法講盟帶來 50% 以上額外的淨收入。

營業人銷售額與稅額申報書(401)

(一般稅額計算----專營應稅營業人使用)

所屬年月份：108 年 01 － 02 月　　金額單位：新臺幣元

統 一 編 號	68602802
營業人名稱	全球華語魔法講盟有限公司
稅籍編號	350531592
負責人姓名	王寶玲

營業地址：新北市 中和區中山路二段366巷10號三樓

核准按月申報　□記欄　總機構彙總申報　各單位分別申報

使用發票份數　490 份

區 分		銷 售 額	稅 額	零 稅 率 銷 售 額
三聯式發票、電子計算機發票	1	198,945	2 9,946	3（非經海關出口應附證明文件者） 0
收銀機發票(三聯式)及電子發票	5	1,746,001	6 87,307	7 0
二聯式發票、收銀機發票(二聯式)	9	0	10	11（經海關出口免附證明文件者） 0
免 用 發 票	13	0	14	19 0
減：退 回 及 折 讓	17	227,268	18 11,361	
合 計	21(1)	1,717,678	22 (2) 85,892	23 (3) 0
銷 售 額 總 計 (1)+(3)	25(7)	1,717,678 元	內含銷售 固定資產 27 0 元	

代號	項 目	稅 額
1	本期(月)銷項稅額合計 (2)(3)	85,892
7	得扣抵進項稅額合計 (9)+(10) 107	74,638
8	上期(月)累積留抵稅額 108	66,990
10	小計(7+8) 110	141,628
11	本期(月)應實繳稅額(1-10) 111	
12	本期(月)申報留抵稅額(10-1) 112	55,736
13	得退稅限額合計	0
14	本期(月)應退稅額(如 12>13 則為13 13>12 則為12) 114	0
15	本期(月)累積留抵稅額(12-14) 115	55,736

項 目	區 分	金 額	稅 額
統一發票扣抵聯(包括一般稅額計算之電子計算機發票扣抵聯)	進貨及費用 28	1,392,632	29 69,634
	固定資產 30	0	31 0
三聯式收銀機發票扣抵聯及一般稅額計算之電子發票	進貨及費用 32	101,304	33 5,064
	固定資產 34	0	35 0
載有稅額之其他憑證(包括二聯式收銀機發票)	進貨及費用 36	0	37 0
	固定資產 38	0	39 0
海關代徵營業稅繳納證扣抵聯	進貨及費用 78	0	79 0
	固定資產 80	0	81 0
減：退出、折讓及海關退還溢繳稅款	進貨及費用 40	1,202	41 60
	固定資產 42	0	43 0
合 計	進貨及費用 44	1,492,734	45 (9) 74,638
	固定資產 46	0	47 (10) 0
進項總金額(包括不得扣抵憑證及普通收據)	進貨及費用 48	1,492,734 元	
	固定資產 49	0 元	
進口免稅貨物 73		0 元	
購買國外勞務 74		0 元	

申辦情形：自行申報　姓名：謝秋燕　電話：02-82458786 #225

收件編號：F686028021080241253
申報日期：108年03月13日
申報次數：001 次
銷項項筆數：642 筆

財 政 部
北 區 國 稅 局
108.03.13
營業稅網路申報收件章

說明：
一、本申報書適用專營應稅及零稅率之營業人填報。
二、如營業人申報當期(月)之銷售額包括免稅、特種稅額計算銷售額者，請改用(403)申報書申報。
三、納稅義務人如有依兼營稅義務人租稅優惠法第7條第8項但書規定，為重要事項陳述者，請另填具「營業稅彙明事項表」並檢附相關證明文件。

營業人銷售額與稅額申報書(401)

(一般稅額計算----專營應稅營業人使用)

所屬年月份：108 年 03 － 04 月　　金額單位：新臺幣元

統 一 編 號	68602802
營業人名稱	全球華語魔法講盟股份有限公司
稅籍編號	350531592
負責人姓名	王寶玲

營業地址：新北市 中和區中山路二段366巷10號三樓

核准按月申報　□記欄　總機構彙總申報　各單位分別申報

使用發票份數　724 份

區 分		銷 售 額	稅 額	零 稅 率 銷 售 額
三聯式發票、電子計算機發票	1	506,504	2 25,325	3（非經海關出口應附證明文件者） 0
收銀機發票(三聯式)及電子發票	5	3,259,839	6 162,987	7 0
二聯式發票、收銀機發票(二聯式)	9	0	10	11（經海關出口免附證明文件者） 0
免 用 發 票	13	0	14	19 0
減：退 回 及 折 讓	17	126,415	18 6,321	
合 計	21(1)	3,639,928	22 (2) 181,991	23 (3) 0
銷 售 額 總 計 (1)+(3)	25(7)	3,639,928 元	內含銷售 固定資產 27 0 元	

代號	項 目	稅 額
1	本期(月)銷項稅額合計 (2)(3)	181,991
7	得扣抵進項稅額合計 (9)+(10) 107	217,511
8	上期(月)累積留抵稅額 108	55,736
10	小計(7+8) 110	273,247
11	本期(月)應實繳稅額(1-10) 111	
12	本期(月)申報留抵稅額(10-1) 112	91,256
13	得退稅限額合計	0
14	本期(月)應退稅額(如 12>13 則為13 13>12 則為12) 114	0
15	本期(月)累積留抵稅額(12-14) 115	91,256

項 目	區 分	金 額	稅 額
統一發票扣抵聯(包括一般稅額計算之電子計算機發票扣抵聯)	進貨及費用 28	2,514,748	29 125,742
	固定資產 30	0	31 0
三聯式收銀機發票扣抵聯及一般稅額計算之電子發票	進貨及費用 32	1,843,259	33 92,169
	固定資產 34	0	35 0
載有稅額之其他憑證(包括二聯式收銀機發票)	進貨及費用 36	0	37 0
	固定資產 38	0	39 0
海關代徵營業稅繳納證扣抵聯	進貨及費用 78	0	79 0
	固定資產 80	0	81 0
減：退出、折讓及海關退還溢繳稅款	進貨及費用 40	7,994	41 400
	固定資產 42	0	43 0
合 計	進貨及費用 44	4,350,013	45 (9) 217,511
	固定資產 46	0	47 (10) 0
進項總金額(包括不得扣抵憑證及普通收據)	進貨及費用 48	4,350,013 元	
	固定資產 49	0 元	
進口免稅貨物 73		0 元	
購買國外勞務 74		0 元	

申辦情形：自行申報　姓名：謝秋燕　電話：02-82458786 #225

收件編號：F68602802108045062A
申報日期：108年05月13日
申報次數：001 次
銷項項筆數：1,065 筆

財 政 部
北 區 國 稅 局
108.05.13
營業稅網路申報收件章

說明：
一、本申報書適用專營應稅及零稅率之營業人填報。
二、如營業人申報當期(月)之銷售額包括免稅、特種稅額計算銷售額者，請改用(403)申報書申報。
三、納稅義務人如有依兼營稅義務人租稅優惠法第7條第8項但書規定，為重要事項陳述者，請另填具「營業稅彙明事項表」並檢附相關證明文件。

營業人銷售額與稅額申報書(403)

（一般稅額計算─兼營免稅、特種稅額計算營業人使用）

第二聯：收執聯

統一編號	68602802			
營業人名稱	全球華珊魔法璃盟股份有限公司			
稅籍編號	350531592			

所屬年月份： 108 年 05 ─ 06 月　　金額單位：新臺幣元

負責人姓名　王寶玲　　營業地址　新北市　中和區中山路二段366巷10號三樓

使用發票份數　720 份

項目	區分	銷售額	稅額	免稅銷售額
三聯式發票、電子計算機發票	1	487,757	2	24,386
收銀機發票(三聯式)及電子發票	5	3,533,753	6	176,672
二聯式發票、收銀機發票(二聯式)	9	26,470	10	1,323
免用發票	13	0	14	0
減：退回及折讓	17	167,295	18	8,366
合計	21(1)	3,880,685	22(2)	194,015

零稅率銷售額 361,270

代號	項目	稅額
101	本期(月)銷項稅額合計	194,015
107	得扣抵進項稅額合計	235,243
108	上期(月)累積留抵稅額	91,256
110		326,499
112	本期(月)累積留抵稅額	132,484
115	本期(月)應退稅額	132,484

銷售額總計 25(7) 4,241,955 元

項目	金額	稅額
統一發票扣抵聯	3,862,766	193,145
三聯式收銀機發票扣抵聯及一般稅額計算之電子發票	1,426,479	71,331
載有稅額之其他憑證	51,693	2,585
減：退出、折讓及海關退還溢繳稅款	227,252	11,362
合計	5,113,686	255,699

進項總金額 5,113,686 元

財政部
北區國稅局
108.07.11
營業稅網路申報收件章

自行申報　謝秋燕　　02-82485786#225

營業人銷售額與稅額申報書(403)

（一般稅額計算─兼營免稅、特種稅額計算營業人使用）

第二聯：收執聯

統一編號	68602802			
營業人名稱	全球華珊魔法璃盟股份有限公司			
稅籍編號	350531592			

所屬年月份： 108 年 07 ─ 08 月　　金額單位：新臺幣元

負責人姓名　王寶玲　　營業地址　新北市　中和區中山路二段366巷10號三樓

使用發票份數　926 份

項目	區分	銷售額	稅額	免稅銷售額
三聯式發票、電子計算機發票	1	102,324	2	5,117
收銀機發票(三聯式)及電子發票	5	4,814,742	6	240,743
二聯式發票、收銀機發票(二聯式)	9	21,500	10	1,075
免用發票	13	0	14	0
減：退回及折讓	17	334,145	18	16,706
合計	21(1)	4,604,421	22(2)	230,229

零稅率銷售額 270,380

代號	項目	稅額
101	本期(月)銷項稅額合計	230,229
107	得扣抵進項稅額合計	165,496
108	上期(月)累積留抵稅額	132,484
110		297,980
112	本期(月)累積留抵稅額	67,751
115	本期(月)應退稅額	67,751

銷售額總計 25(7) 4,874,801 元

項目	金額	稅額
統一發票扣抵聯	2,436,850	121,852
三聯式收銀機發票扣抵聯及一般稅額計算之電子發票	1,132,911	56,644
載有稅額之其他憑證	81,177	4,059
減：退出、折讓及海關退還溢繳稅款	166,977	8,349
合計	3,483,971	174,206

進項總金額 3,483,971 元

財政部
北區國稅局
108.09.10
營業稅網路申報收件章

自行申報　謝秋燕　　02-82485786#225

107年度損益及稅額計算表

所得期間 自民國 107 年 01 月 01 日起至 107 年 12 月 31 日止

□ 申報適用房地合一課稅新制者(請打∨),並請填報第C1易符合所得稅法第4條之4第1項規定之房屋、土地、第24條之5第4項規定股權在在易不、費用、損失明細表）

營利事業名稱	全球華語魔法講盟有限公司	營利事業統一編號	68602802	組織種類	1公司 2有限 6獨資 4兩合 5合夥 7外國分公司 8國辦事處 0其他	M 有限合夥

	損 益 項 目		帳載結算金額	自行依法調整後金額	營 業 收 入 調 節 說 明
營 業 淨 利	01 營業收入總額(包括外匯收入) 0元	01	8,678,999	8,678,999	本年度申報營業收入總額 01 8,678,999元 與總分支機構申報營業稅銷售額 68 8,678,999元 相差69 說明如下:
	02 減：銷貨退回	02	564,208	564,208	加：70上期結轉本期預收款 0元
	03 銷貨折讓	03	97,959	97,959	71本期預收本期列報未列入本期營業收入金額(請附明細) 0元
	04 營業收入淨額(01-02-03)	04	8,016,832	8,016,832	72委外加工退回收回之實際銷售額 0元
	05 營業成本(請填第4頁明細表)	05	3,900,319	3,900,319	74本期結轉下期營業額 0元
	06 營業毛利(04-05)	06	4,116,513	4,116,513	75其他(請附明細表及說明) 0元
	07 毛利率(06÷04×100)	07	51.34 %	51.34 %	明 明
	08 營業費用及損失總額(10至32合計)	08	643,486	547,732	減：76本期預收款 0元
	09 費用率(08÷04×100)	09	8.02 %	6.83 %	77上期結轉本期列報已開立發票金額 0元
	10 薪資支出	10	0	0	78視為銷貨開立發票金額(請附明細表) 0元
	11 租金支出	11	0	0	86本期按月分攤售後服務金額(請附標準成本及說明) 0元
	12 文具用品	12	41,371	41,371	80預收收入 0元
	13 旅 費	13	0	0	81組織收入 0元
	14 運 費	14	0	0	82出售下腳廢料 0元
	15 郵電費	15	2,844	2,844	83出售废料 0元
	16 修繕費	16	0	0	84代收款(請附明細表) 0元
	17 廣告費	17	9,524	9,524	85固性代行分開立發票金額(請附明細表) 0元
	18 水電瓦斯費	18	0	0	88賣出暫留發票金額(請附明細) 0元
	19 保險費	19	0	0	100本期結轉其業外出售不列入本期營業收入金額(請附) 0元
	20 交際費	20	156,940	61,186	98本期配銷代行分列入不在之進口出口金額(請附說明) 0元
	21 捐贈	21	0	0	87其 他(請附明細及說明) 0元
	22 稅 捐	22	0	0	明 明
	23 呆帳損失	23	0	0	總分支機構申報營業稅額之銷貨退回及折讓差異情形
	24 折 舊	24	12,478	12,478	128營業稅申報銷售退回及折讓金額 662,167元，與本頁02銷貨退回及03 銷貨折讓之差異說明：
	25 各項耗竭及攤提(請另填明細表)	25	0	0	揭 露 事 項
	26 外銷損失	26	0	0	本營利事業本年度列報之（損益項目為以下未給與數，申明經依法調帳、拒 絕或規避調查，惟已調實入帳，提供申請調整表、交易相關文件及支付款項實際付款 退還成本之 0 元，會計師查核意見如次。
	27 伙食費	27	0	0	依所得稅查核準則施行細則第5條第2項規定
	28 職工福利	28	5,869	5,869	501本年度選定申報合的彈期確定之免所得 0元
	29 研發展費用(請填第5頁明細表)	29	0	0	502本年度選定申報合的計核定採額合期確定之免所得 0元
	30 佣金支出	30	0	0	503本年度申報合十研究發展攤提研發規劃設課前之研發支出加值減除金
	31 訓練費	31	0	0	0元(請填第501欄、第502欄、第503欄及第504欄合十者分列填入。
	32 其他費用(請填第5頁明細表)	32	414,460	414,460	第57欄、第55欄、第129欄及第132欄
	33 營業淨利(06-08)	33	3,473,027	3,568,781	57(本年度合於合約關係免徵及減除適用，申請支出加值減除規定符合前 十年虧損扣除之適用者，請填寫之情況本申報書自行計算扣除同類及金額）
	104 營業淨利率(33÷04×100)	104	43.32 %	44.51 %	營 業 收 入 分 類
非營業收益	34 非營業收入總額(35至44合計)	34	413	413	標準代號 小業別 擴大書審純益率 所得額標準 營業收入淨額
	35 投資收益(合中本土投資所得及其一般股利及權利)(含境外)	35	0	0	89 458112 首飾、珠寶 7 % 90 6,223,213
	36 依所得稅法第42條規定取得之股利或盈除	36	0	0	91 959999 其他水方 16 % 92 1,793,619
	38 利息收入	38	408	408	94 0 % 96 0
	39 租賃收入	39	0	0	102本營利事業自 年 月起開始使用收銀機開立收據，其自 年 月
	40 處分資產利益(包括證券、期貨、土地交易所得)	40	0	0	起核准後全部以收電子計算機發票或其他磁記開立者子存款
	41 佣金收入	41	0	0	122本期所得額(利益) 712,403元 (請附明細表)
	42 兌換盈益	42	0	0	123台灣地區人民的工人投資保限定之大陸地區來源所得 0元
	44 其他收入（包括97退稅收入） 0元	44	5	5	124 本年度存貨計價法 a 月 b 成本與淨值孰低 c 其他 g 加權平均 h 移動平均 i 先進先出 j 個別認列
非營業損失	45 非營業損失及費用總額(46至52合計)	45	7,176	7,176	k 其他 法，揭列
	46 利息支出	46	7,176	7,176	制度換用 C V 水漲 d 實地 制度換用條件 e 永久 f 水源 基礎
	47 投資損失	47	0	0	下「營利事業所得稅核定通知書部分依第127（項選擇以下欄項申報」之所得額127
	48 處分資產損失(包括證券、期貨、土地交易損失)	48	0	0	其欄屬生之定資率130 0元
	49 災害損失	49	0	0	附記：
	51 兌換虧損	51	0	0	一、申報核，請依本事業之情況項目之之填適項生管業填寫項，無法辨認之營業費用及損
	52 其他損失	52	0	0	失（損失或）填第22欄「其他費用」項目。
損益及課稅所得	53 全年所得額(33+34-45)	53	3,466,264	3,562,018	二、請依本事業之「繳稅機準則」1121-11「零售汽車用品」9511-99一，請參考本 申報，最後附表之「稅申報代碼表及本修正稅表查核各事業之代碼」之代碼。
	54 純益率〔53÷(04+34)×100〕	54	43.23 %	44.42 %	三、本人分欄決策一夫分計算各所得計算淨額及小順序專，惟以下欄之序計算各例之所得項。
	93 國際金融(證券、保險)業務分行(分公司)免税所得 (依本頁附記第八項)	93		0	四、全年所得額虧損者，請各金額前應以上欄計，稅額計算填及之填入
	99 停徵之證券、期貨交易所得(損失) (請附計算表)	99		0	第三欄第34欄至第3項賣出者表。
	101 免徵所得之出售土地利益(損失) (請附計算表)	101		0	五、請填，合乎規定之「符合各各別所得之已扣除繳額」 項填第5列第(16)項國費、合額損點成
	57 合於獎勵規定之免稅所得	57		0	之減免額」，由國稅核其本該事業，並稅不代繳之填額，則即自請申時，自免列繳額項。
	125 適用嗰化股免稅收入之免稅所得(損失) (請填附C2頁)	125		0	
	126 國內轉投資事業收入合計額(損失) (請填附C2頁)	126		0	六、□符合產業創新條例第47條之1規定之農業作社，請詳申報細五(十一)。
	129 中小企業增僱員工薪資費用加成減除金額	129		0	七、□適用產業創新條例第23條之1規定之之業請適，請詳申報細八十及十六。
	132 智慧財產權開發或授權收益適加百四之研費用加百 減除額	132		0	八、□符合107年度利事業所得稅結算申報條件適之自計投資規劃第15點規定 ，請詳申報細五(十二)。
	58	58		0	
	55 前十年核定虧損本年度扣除額(詳附記五、(八) 及(九))	55		0	
	59 課稅所得額(53-93-99-101-57-129-132-58-55-125+126)	59		3,562,018	

稅額計算	60 本年度應納稅額(計算至元為止，角以下無條件捨去)				
	(1)(課稅所得額 3,562,018 元 - 0 元) × 20 % =				712,403 元
	(2)營業期間不滿1年者，換算全年所得課稅：((元 × 12 - 元) × % × 12 =				
	112 依境外所得來源國法規繳納之所得稅可扣抵之稅額(附所得稅法第3條第2項規定之納稅憑證)	112			0 元
	119 大陸地區來源所得在大陸地區已繳納之所得稅可扣抵之稅額(附臺灣地區與大陸地區人民關係條例施行細則第21條之納稅憑證及文件)	119			0 元
	95 應檢附證明文件詳列申報文件詳申報明細表	95			0 元
	118 已扣抵國外所得稅額之基本稅額與一般所得稅額之差額(應填報本申報書第2頁之各欄項，並將該(15)欄計算結果填入本欄)	118			0 元
	113 行政救濟留抵稅額抵減本年度稅額	113			0 元
	62 本年度暫繳自繳稅額(含已繳納及核定未繳稅額)	62			0 元
	63 本年度扣繳稅款	63			0 元
	131 機構適用十最民國境財，在境內有固定營業場所或營業代理人，應自合所得稅法第4條之4第1項第7款第24條之5第4項規定之房屋、土地之納受與股權所得應納稅額(詳第C1頁)	131			0 元
	64 本年度應自行繳納之稅捐補額本年度所得稅額(附自繳稅額繳款書或-60-112-119-95+118-113-62-63+131)	64			712,403 元
	65 本年度應退稅額(62+64)-(60-112-119-95+118+113+131)、(60-112-119-95+118+113+131)以0計	65			0 元
	116 以本年度應退稅額抵繳上年度未分配盈餘稅額(即第11頁第26欄額)	116			0 元
	117 以本年度應退稅額抵繳上年度未分配盈餘所得申報自繳稅額後應退之稅款(65-116)	117			0 元

備註：請參閱書面申報須知

簽證會計師：賴慶旭

第1聯 正聯 (稽徵機關存查)
第2聯 副聯 (兼作稅申報收據聯)
第3聯 副聯 (供稽徵建檔用，各項數據務請填寫清楚)

(簽章) 1326018L1N407 (第1頁)

申報次數：0001

分局稽徵所收件編號	35160122

財政部北區國稅局
營利事業所得稅電子申報收件章
申報日期：108年05月04日
時 間：13:26:01
中和稽徵所

營利事業名稱：全球華語魔法講盟有限公司

資 產 負 債 表
107 年 12 月 31 日

營利事業財產目錄得採任一方式填報，請擇一打∨：　☑採附件申報　□另填報第C3頁財產目錄(請參閱背面附註八)

編號	項目	小計	合計
1100	流動資產		15,675,710
1111	現金	10,000	
1112	銀行存款	10,892,481	
1113	約當現金	0	
1114	短期性之投資(附註二)	0	
1151	透過損益按公允價值衡量之金融資產-流動(附註二)	0	
1154	避險之金融資產-流動(附註三)	0	
1158	按攤銷後成本衡量之金融資產-流動(附註三)	0	
1161	透過其他綜合損益按公允價值衡量之金融資產-流動(附註三)	0	
1157	其他金融資產-流動(附註三)	0	
1159	減：累計減損	(0)	
1125	合約資產-流動(附註三)	0	
1126	減：累計減損	(0)	
1121	應收票據	779,329	
1122	減：備抵呆帳	0	
1123	應收帳款	2,329,431	
1124	減：備抵呆帳	0	
1129	其他應收款	0	
1130	存貨	1,381,179	
1131	商品	0	
1132	製成品	1,281,831	
1133	在製品(或在建工程)	99,348	
1134	原料	0	
1135	物料	0	
1136	寄銷品	0	
1138	其他	0	
1137	減：備抵存貨跌價損失	0	
1140	預付款項	66,990	
1141	預付費用	0	
1142	用品盤存	0	
1143	預付貨款	0	
1144	進項稅額	0	
1145	留抵稅額	66,990	
1149	其他預付款	0	
1190	其他流動資產	216,300	
1191	暫付款	216,300	
1192	業主(股東)往來	0	
1193	同業往來	0	
1199	其他流動資產-其他	0	
1200	非流動資產		6,776,194
1300	長期之投資(附註二)	0	
1302	減：累計減損(附註二)	(0)	
1612	透過損益按公允價值衡量之金融資產-非流動(附註五)	0	
1615	避險之金融資產-非流動(附註五)	0	
1621	透過其他綜合損益按公允價值衡量之金融資產-非流動(附註五)	0	
1622	按攤銷後成本衡量之金融資產-非流動(附註五)	0	
1618	其他金融資產-非流動(附註三)	0	
1630	採用權益法之投資(附註三)	0	
1631	減：累計減損(附註三)	(0)	
1640	合約資產-非流動(附註三)	0	
1641	減：累計減損(附註三)	0	
1400	不動產、廠房及設備(固定資產)	112,304	
1410	土地	0	
1411	減：累計減損	(0)	
1431	房屋及建築	0	
1432	減：累計折舊	(0)	
1433	減：累計減損	(0)	
1441	機器設備	0	
1442	減：累計折舊	0	
1443	減：累計減損	0	
1451	運輸設備	0	
1452	減：累計折舊	0	
1453	減：累計減損	0	
1461	辦公設備	0	
1462	減：累計折舊	(0)	
1463	減：累計減損	(0)	
1470	未完工程及待驗設備	0	
1491	其他固定資產	124,782	
1492	減：累計折舊	(12,478)	
1493	減：累計減損	(0)	
1541	投資性不動產	0	
1542	減：累計減損	0	
1421	礦產資源	0	
1422	減：累計折耗	(0)	
1551	生物資產	0	
1552	減：累計減損	(0)	
1553	減：累計減損(附註五)	(0)	
1510	無形資產	4,819,047	
1511	減：累計攤折	(160,317)	
1512	減：累計減損	(0)	
1900	其他非流動資產	2,005,160	
1901	存出保證金	0	
1902	未攤銷費用	2,005,160	
1903	預付設備款	0	
1904	其他非流動資產-其他	0	
1000	資產總額		22,451,904

編號	項目	小計	合計
2100	流動負債		3,178,338
2110	短期借款	0	
2111	銀行透支	0	
2112	銀行借款	0	
2113	應付短期票券	0	
2119	其他短期借款	0	
2140	透過損益按公允價值衡量之金融負債-流動	0	
2150	避險之金融負債-流動	0	
2170	特別股負債-流動	0	
2180	其他金融負債-流動	0	
2126	合約負債-流動	0	
2120	應付票據		595,304
2121	應付帳款		1,210,144
2130	其他應付款		1,195,818
2131	應付費用		483,415
2132	應付稅捐		712,403
2133	應付股利	0	
2134	鋼項稅額	0	
2135	其他應付款-其他	0	
2136	預收款項		13,000
2137	預收貨款		13,000
2138	其他預收款	0	
2190	其他流動負債		164,072
2191	暫收款		164,072
2192	業主(股東)往來	0	
2193	同業往來	0	
2195	代收款	0	
2196	其他流動負債-其他	0	
2200	非流動負債		0
2210	應付公司債	0	
2220	長期借款	0	
2230	透過損益按公允價值衡量之金融負債-非流動	0	
2240	避險之金融負債-非流動	0	
2260	特別股負債-非流動	0	
2270	其他金融負債-非流動	0	
2280	長期應付票據及款項	0	
2281	合約負債-非流動	0	
2290	其他長期負債	0	
2900	其他非流動負債	0	
2910	存入保證金	0	
2940	退休金準備	0	
2951	國外投資損失準備	0	
2970	受託代銷品	0	
2999	其他非流動負債-其他	0	
2000	負債總額		3,178,338
3100	資本或股本(實收)		16,520,000
3110	股本(登記)	8,000,000	
3130	加：預收股款	8,520,000	
3120	減：未發行股本	(0)	
3300	資本公積		0
3400	保留盈餘		2,753,566
3410	法定盈餘公積	0	
3411	法定盈餘公積(86年度以前餘額)	0	
3412	法定盈餘公積(87年度以後餘額)	0	
3420	特別盈餘公積	0	
3421	特別盈餘公積(86年度以前餘額)	0	
3422	特別盈餘公積(87年度以後餘額)	0	
3430	累積盈虧	-295	
3431	累積盈虧(86年度以前餘額)	0	
3432	累積盈虧(87年度以後餘額)	-295	
3434	透過損益按公允價值衡量之影響數(附註九)		
3435	本年度未經股東會分配之盈餘(附註七)		
3440	本期損益(稅後)		2,753,861
3500	其他權益		0
3502	避險中屬有效避險部分之避險工具損益	0	
3503	國外營運機構財務報表換算之兌換差額	0	
3504	未實現重估增值	0	
3505	確定福利計畫再衡量數	0	
3507	透過其他綜合損益按公允價值衡量之未實現損益(附註九)	0	
3506	其他權益-其他	0	
3600	減：庫藏股票		(0)
3000	權益總額		19,273,566
9000	負債及權益總額		22,451,904

備註：請參閱背面附註說明

營利事業統一編號	68602802	(第3頁)	分局稽徵所收件編號	35160122

財政部北區國稅局
營利事業所得稅電子申報收件章
申報日期：108年05月04日
時間：13:26:01
中和稽徵所

第1聯 正聯(報徵機關存查)
第2聯 副聯(條件結算申報收據聯)
第3聯 副聯(供稽核建檔用，各項數據務請填寫清楚)
1326018L1N407

申報次數：0001

魔法講盟的未來發展

 魔法講盟未來藍圖

公司走向

第一、魔法講盟將朝向公開發行的道路前進,所以在一開始的公司規劃、財務報表、產品設計等等都是朝向上市方向的正規與國際級之路邁進。

第二、公司的定位為開放式的培訓公司,魔法講盟將打造的是品牌課程,不是以打造明星講師為主,所以將會有許多講師的需求,在初期公司花大錢代理國際品牌課程 Business and You、WWDB642、密集逃脫創業培訓、區塊鏈等課程,以數十種各類型課程為主軸去推廣,現行主要的教育培訓公司都以明星講師為主,但是明星講師能有幾位呢?唯有將一個或數個國際級的課程當作敲門磚,方有機會打開新大陸的契機。

開課城市

魔法講盟之前在台灣(台北)以及中國大陸五個城市(北京、上海、重慶、杭州、廈門)有開課,2019 年於新加坡開課,2020 年將於廣州開課。

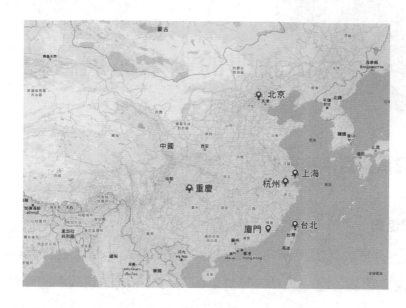

未來預計幅射至大陸以及東南亞約 50 個主要城市

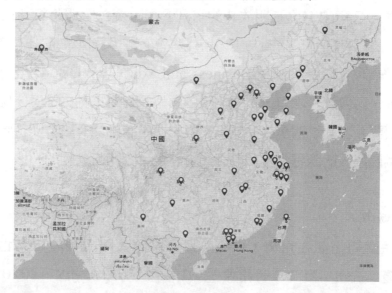

▶ 講師培訓

　　魔法講盟未來要在 50 個城市開班授課，所以對講師的需求很大，預計要培育 101 位經過魔法講盟培訓認證過的講師，因為一堂 Business and You 的課程就需要兩到三位講師，更別說區塊鏈、WWDB642、密室逃脫創業培訓等等的課程。

▶ 課程渠道

目前在台北、北京、上海、重慶、廈門、杭州、新加坡七大城市皆有開課，未來預計幅射至大陸以及東南亞約 50 個主要城市，這些都是在地開班課程，也就是實質上課的實體真人課程。

▶ 線上教學的課程

除了在地實質開班之外，還會透過網路的便利性，將所有課程移上平台，以方便學員在任何時間、任何地點、任何的空間都可以學習，當然，還會搭配手機 APP 程式，讓渴望學習的學員只要拿起手機就可以開始學習，並且可以在第一時間與講師互動。

▶ 一對一諮詢的客製化課程

課程的設計是針對大部分的學員需求所設計的，但是每一名學員的需求並不是都相同，針對每個學員的需求，魔法講盟將設計一對一諮詢的高端輔導課程，針對每一位學員的問題、痛點進行一對一的輔導，甚至可以嫁接資源對接項目，主要針對課程學員落地輔導，以「有結果」為主要目標！

▶ 區塊鏈上鏈計畫

未來只要通過魔法講盟認證過的講師、學員等，所有的資格認證都會上區塊鏈做最嚴謹的認證，並且會與過國內外企業合作推行認證上鏈計

畫，將個人的能力、學歷、經歷、資格等等，在以往是無法透過第一時間認證的機制上鏈。

▶ 孵化器投資計畫

在各個課程中的學員如果有好的想法或是對接的項目，魔法講盟將成立孵化中心培育有創意的項目，尤其是區塊鏈的項目，在區塊鏈的項目中，有一個好的創意點子固然重要，但是資源的對接更加重要，因為你有藍圖必須要靠設計師、工人、監工等等不同功能的團隊幫忙完成，區塊鏈的產業畢竟不是很成熟，所以一個好的對接資源非常重要，培訓業是一個非常好的大網，它可以網羅很多面向的區塊鏈人才及資源，投資這些人才及項目相信將會獲得極大的回報。

▶ 公司硬體規劃

在台北捷運中和站附近將購置教學大樓，中和站位於捷運環狀線「新北產業園區─大坪林」段已於 2019 年年底正式通車而啟用。

魔法講盟的永續收入

▶ 培訓講師的開課

魔法講盟的弟子群加上原王道的會員群已經近八百人，其中想要成為講師的弟子或會員超過百位，目前魔法講盟都積極培訓中，將來這些講師都是魔法講盟源源不絕的收入來源，一個人走得快，一群人走得久，魔法講盟將打造全亞洲最大的知識服務平台。

◉ 合作老師的課程

魔法講盟是一個開放式的平台，任何可以合作的機會都不會放過，目前也跟許多線上的網銷大師合作，也跟各行各業各種類型的老師合作創造雙贏的局面。

◉ 著作版權

魔法講盟未來規劃將併購相關的出版社及出版通路和平台網站，所以出書出版與影音視頻的利潤來源也是魔法講盟眾多收入來源之一。

◉ 課程授權

魔法講盟將不斷精進各項課程，將各品牌課程做到可系統化、可複製化、可量化的課程培訓，屆時將開放其它培訓機構的授權代理，可為魔法講盟帶來被動式收入。

◉ 線上課程

魔法講盟前身是王道培訓，王道培訓也已經進行了七、八個年頭，累積下來的課程影片加上魔法講盟的課程內容已經非常多了，將這些非常有價值的影片上架，透過網路資訊型產品的銷售管道創造多元收入。

◉ 場地租借

在中和站附近將購置教學大樓並有數間大中小型教室，可供租借或培訓合作以創造多元收入。

▶ 業外收入

舉凡企業輔導案、一對一諮詢服務、資源對接服務、個案轉介、講師對接、經紀人服務等等的知識平台相關的服務都是魔法講盟多元收入來源之一。

本業優化、異地複製倍增、跨界續值

▶ 本業優化

魔法講盟在 2018 年初創年代並不是從零開始的新創公司，其實已經是一間 80 分以上的公司了，因為魔法講盟是從王道培訓延續到魔法講盟的價值延續，所以才能在第一年創造不可思議的淨收入，Business & You 也已經完成一日班、二日班、三日班、四日班、五日班的所有教案，從英文版本全面翻譯成中文版本，因為王晴天董事長旗下的出版部門擁有數百位的員工，大家齊心努力下在最短時間內，將所有原文版本的資料全面中文化，這項工作看似簡單卻是一般的教育培訓公司無法達成的，魔法講盟的本業競爭力是其他培訓公司無法比擬的，魔法講盟起初的本業是出書出版業，所以在培訓的教案以及幫講師和學員出書這塊版圖，可以說是台灣培訓公司唯一擁有此資源的，在短時間內也是其他競爭對手無法超越的優勢之一。其他魔法講盟擁有的優勢，例如代理國際級的課程、師資的培訓、教案的編寫、PPT 的製作、課程的多元化、培訓講師一條龍的服務等等，這些都是魔法講盟在本業上比其他競爭對手厲害的地方，所以魔法講盟在初期的本業優化已經做到所謂「高築牆」的部分，接下來也已經朝向第二階段異地複製倍增邁進中。

◉ 異地複製倍增

　　一年多的時間已經過去，魔法講盟本業優化已達到當初設定的目標，所以朝第二階段異地複製倍增的階段，我們都知道台灣人口僅有兩千三百萬人，在台灣做培訓的公司基本上都離不開台北市以及新北市，只要離開了這兩個都市，基本上招生就非常非常困難，而對岸大陸光一個上海及其週邊就比台灣總人口多得多，所以魔法講盟此階段的目標就是要進行異地複製倍增，當然一開始選擇的都是講華語的中國大陸市場，將魔法講盟兩年來的模式複製過去，加上已經優化的部分，相信在很短的時間內可以從現有的五個城市 Start up，從廈門、北京、杭州、上海、重慶、廣州開始進行複製倍增，相信明年起就將是魔法倍增的年代，此階段也對跨界續值部分陸續規劃執行中。

◉ 跨界續值

　　在本業已經優化的前提下，魔法講盟也將跨界續值，其中一個跨界續值很好的項目就是區塊鏈，在做區塊鏈認證培訓課程的時候，一定會有一些學員有很棒的創業點子，透過這些項目可以進行合作、資源對接、眾籌投資等等，跨界續值的部分一定可以不斷地延續下去。

魔法講盟的使命與優勢

🌀 魔法講盟的使命

▶ 提昇華人世界知識經濟

管理大師彼得·杜拉克說：「在今天的經濟體系中，最重要的資源不再是勞工、資本或土地，而是知識。」

▶ 協助他人創造核心價值

每一個人都是獨特的個體，從尋找你的核心價值，到發掘你自己都不知道的核心競爭力，最後開發你自己獨特的核心競爭力，也唯有核心競爭力才是別人無法取代的「價值體系」之主心骨啊！

▶ 讓優秀的講師站上國際舞台

感於許多優秀的講者，參加了培訓機構的講師訓練，結業後就沒了後續的舞台；也有許多傑出的講師，從講師競賽中通過層層關卡之後脫穎而出，得名了，然後呢？一樣的問題就是沒有「舞台」，而魔法講盟將為優秀的講師打造舞台。

▶ 打造知識服務平台

知識的落差就是財富的落差，知道的人賺不知道人的錢，早知道賺

晚知道人的錢，魔法講盟將打造華人知識服務平台，讓世界最新、最有效、最有價值的知識，用最迅速、CP 值最高、最便利的方式，讓你在零時間差同步獲得世界最新的知識。

魔法講盟的優勢

▶ 為您搭建舞台，我們為結果負責

魔法講盟所推出的出書出版班，對學員們保證出書！因為王晴天博士在兩岸擁有直屬的多家出版機構。

魔法講盟辦的講師培訓班，結業後保證可上台！因為我們在兩岸擁有世界華人八大明師、亞洲八大名師等多個大型、中型與小型之舞台。

區塊鏈國際認證講師班，對接大陸高層和東盟區塊鏈經濟研究院的院長來台授課，是唯一在台灣上課就可取得中國官方認證機構頒發的國際通用證照，結業後立可領取四張證照，有益於您擴展事業半徑，區塊鏈賦能＆創業！

接班人培訓計畫班，針對企業接班及產業轉型所需技能而設計，涵養思考力、溝通力、執行力之成功三翼，透過模組演練與企業實戰，已有十數家集團型企業委託魔法講盟培訓接班人團隊，參與培訓計畫並合格的學員，保證有企業可以接班。

密室逃脫創業培訓課程，由神人級的創業導師──王晴天博士親自主持，以一個月一個主題的博士級 Seminar 研討會形式，設計出 12 道創業致命關卡，帶領創業者們挑戰主題任務，突破創業困境，保證創業成功機率提升數十倍以上！

打造賺錢機器創富課程，將學會將賺錢系統化，替自己賺取被動收

入，讓您的人生開外掛，魔法講盟提供平台，助您打造超級賺錢機器，保證賺大錢！

魔法講盟開辦的眾籌班直接與眾籌平台和 VC 連線，大陸眾籌班上課時都會有新三板的代表與會。總之，平台與舞台要先搭建好（而非讓學員們自己去搭建），自然就可以快速落實會員們的執行力了。

▶ 為您統合人脈

致富的最快途徑就是「借力」，借別人的錢、借別人的才能、借別人的人脈……。但問題來了，你和他又不認識，他根本不會理你，這時候要怎麼辦呢？

你可以去找他，然後問他，有沒有什麼事情是需要你幫忙的？（給得越多、獲得得越多）

再不然還有一個最快的方法：去買他的產品。例如想認識中國第一講師，就去報名他的課程，成為他的學生，自然就認識他了，想拍張合照應該也不難。

結合各領域菁英專家與各界大咖，自助互助發揮綜效之餘，也讓其他學員能夠借力運用跨界資源快速致富，站在巨人的肩膀上直接邁向成功，共創有效的商業模式，共好雙贏。

▶ 為您指引方向

有任何創業經營管理方面的疑難雜症，隨時可以個別跟會長、師父及師兄師姐們請益，得到最符合自己需求也最實用的建言，可以少走彎路，也不致於進入誤區。大家長王晴天是兩岸知名企業家，人生經驗豐富，人脈存摺豐沛，是國寶級大師！現願意親身為您服務，機會實屬空前！

▶ 擁有國際級的課程，打造品牌課程，而不是只打造明星老師

我們都知道，華人最大的市場在中國大陸，當你的產品也就是你的課程要進入中國市場的時候，你的優勢到底是什麼呢？也就是你的核心競爭力是什麼？是你自己本身還是你的產品還是你的服務等等。如今中國的教育培訓市場競爭十分的激烈，如果你的知識型產品沒有跟別人不一樣或者是在世界上獲得認可，要進中國市場十分的不容易，因為中國大陸的代理商或是合作夥伴會這樣問你，你的產品是什麼呢？你說是我特別研發出來的一堂課程，這時候會有兩種情況，第一種情況是你很有名氣，那中國大陸的合作夥伴當然樂於跟你合作，第二種情況就是你還沒有名氣，無奈的95%以上的情況都是我們沒有名氣，所以中國大陸的合作夥伴當然就不願意跟你合作了，因為他也必須要付出他的成本。

而魔法講盟代理的是多種國際級的課程，它是由多位國際級的大師所創立的一套課程，這些國際級大師在中國大陸都非常有名氣，所以在中國大陸的合作夥伴就會比較有意願跟你合作，而且我們打造的是品牌課程並不是明星講師，所以在中國這龐大的市場裡，是需要非常多的講師，當我們打造的是品牌課程而不是明星講師的時候，任何人透過我們的專業培訓，都非常有機會可以上台教授我們的品牌課程，這是所有教育培訓同業所沒有的優勢。

魔法講盟的特色

1、魔法講盟結合 Blair Singer、王晴天⋯⋯等多位大師,直接給您學校不提供的知識、人脈、舞台、背景、啟心⋯⋯等關鍵資源,以平台方式運作,參與者都可再行激發潛在能量獲得重生!

2、原來我們每個人都被木桶原理所束縛:你的短板限制了你的發展!魔法講盟不僅可增強增高您的短板,還可協助您將長板發揮到極致。透過 BNI 式的人脈協作,將過往物以類聚的商業模式切換到人以群分的未來 BM,果然是君子和而不同啊!

3、魔法講盟是一重視協作的合夥人組織,透過線上線下 O2O 系統建立全球華語培訓典範,具高度、信度與效度,由系統建構合理的運轉規則,結果導向也就自然地水到渠成了!

4、一維世界已被推倒重建,二維世界也已被畫分完畢(由 BAT 等掌控),魔法講盟建構的是知識型的三維世界!在智能領域裡,有智慧者總能後發先至,以優勢高維挑戰低維!

5、2018 年→成資、王道、八大⋯⋯等十數個知名培訓機構合作成立魔法講盟:提供各種大、中、小型舞台,舉辦各類有品牌認證之優質課程。所有課程除帶給學員們高 CP 值的學習體驗外,特別強調實效與課後追蹤,以保證有結果為志業因而迅速崛起!

6、速度 velocity 是由速率 speed 和方向 direction 所構成,缺一不可,所謂轅轍需一致是也!魔法講盟在助您提速之餘,更為您指引出明確

的方向：以曼陀羅思考模式為導向，落實知識管理系統，讓您以最具競爭力的方式實踐夢想！

7、魔法講盟以跨媒體的方式打造您成為專家與網紅→結業學員皆可成為擁有話語權的 somebody。授證講師保證有舞台空間可揮灑！所有學子畢業後即可就業或創業賺大錢！

8、參與魔法講盟國寶級大師的培訓是令人興奮的！你將站上巨人之肩，感受到自己變得更強大！但也同時要準備承擔更大的責任與目標！且讓我們借力互助，共創雙贏，跨界共好，用有效的 BM（Business Model 商業模式）快速達到 B 與 I 的象限與境界！

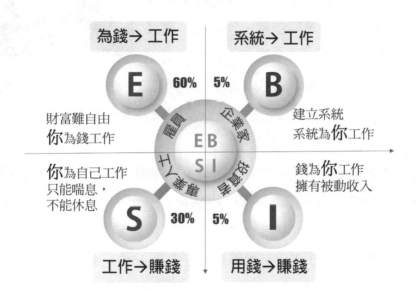

魔法講盟的創辦者

借力使力最佳導師——王晴天

台灣大學經濟系畢業，台大經研所、加州大學 MBA、統計學博士。持續二十年的台灣數學補教界巨擘，現任蓋曼群島商創意創投董事長、香港華文網控股集團、上海兆豐集團及台灣晴天文教暨補教集團總裁，並創辦台灣采舍國際公司、北京含章行文公司、華文博采文化發展公司。榮獲英國 City & Guilds 國際認證。曾多次受邀至北大、清大、交大等大學及香港、新加坡、東京及中國各大城市演講，獲得極大迴響。

現為北京文化藝術基金會首席顧問，是中國出版界第一位被授與「編審」頭銜的台灣學者。榮選為國際級盛會——馬來西亞吉隆坡論壇「亞洲八大名師」之首。2009 年受邀亞洲世界級企業領袖協會（AWBC）專題演講。並於 2010 年上海世博會擔任主題論壇主講者。2011 年受中信、南山、住商等各大企業邀約全國巡迴演講。2012 年巡迴亞洲演講「未來學」，深獲好評，並經兩岸六大渠道（通路）傳媒統計，為華人世界非文學類書種累積銷量最多的本土作家。2013 年發表畢生所學「借力致富」、「出版學」、「人生新境界」等課程。2014 年北京華盟獲頒世界八大明師尊銜。2016 與 2017 年均為「世界八大明師會台北」首席講

師。2018 主持主講〈新絲路視頻〉網路影音頻道，每集觀看人數皆破萬，獲得廣泛迴響。2019下半年經中國培訓業觀察團夥評鑑：魔法講盟已成為台灣地區最大的培訓機構，王晴天博士同時榮膺台灣培訓界第一大師尊銜。王晴天博士為台

灣知名出版家、成功學大師，行銷學大師，對企業管理、個人生涯規劃及微型管理、行銷學理論及創業實務，多有獨到之見解及成功的實務經驗。

王晴天因熱愛學習與研究，從補教名師躍身成為多家出版社的負責人，在這網路資訊氾濫的時代，他要為大家解答所有事情的真相……

每月第一週週五下午五點在 Youtube 發布影片

由王晴天博士主講時空史地、文化、財經商業議題

如果您喜歡我們的內容想在第一時間收到最新訊息，

請掃描下方訂閱我們的頻道，謝謝

新絲路視頻 Youtube 官方頻道：https://goo.gl/V6gn1R

新絲路官網：https://www.silkbook.com

新絲路 linc@ 生活圈：請搜尋 @yrr9269s

開辦的經典課程如下──

▶ WBU 國際級課程班

　　一日齊心論劍班由王博士帶領講師及學員們至山明水秀之秘境，大家相互認識、充分了解，彼此會心理解，擰成一股繩兒，共創人生事業最高峰。

二日成功激勵班以 NLP 科學式激勵法，激發潛意識與左右腦併用，搭配 BU 獨創的創富成功方程式，同時完成內在與外在之富足。

　　三日快樂創業班保證教會你成功創業、財務自由、組建團隊與人脈之開拓，並提升您的人生境界，達到真正快樂的人生目的。

　　四日 OPM 眾籌談判班手把手教您眾籌與 BM（商業模式）之 T&M，輔以無敵談判術與從零致富的 AVR 體驗，完成系統化的被動收入模式，擁抱真正的財富自由。

　　五日市場 ing 行銷專班，傳授您絕對成交的秘密與終極行銷之技巧，搭配 WWDB642 之專題研究，讓您迅速蛻變成銷售絕頂高手，超越卓越，笑傲商場！針對工商 4.0 自媒體時代，教您運用 OPM、OPT、OPR、OPE，循著 7 個步驟，在交流與交心的過程中掌握系統架構之巧門，讓錢自動流進來！

▶ 眾籌班

　　兩岸眾籌大師王晴天博士開辦的眾籌課已逾 135 期，中國場次場場爆滿，一位難求。大師親自輔導，教您透過「眾籌」輕鬆玩轉企畫與融資，保證上架成功並建構創業 BM！王博士親自指導學員優化提案，絕對讓您的提案瞬間充滿亮點，並輔導您至募資成功！

▶ 出書出版寫作班

　　當名片已經式微，出書取代名片才是王道！全國最強出書培訓班，保證出書，已成功開辦逾 66 期，是您成為專家的最快捷徑！由出版界傳奇締造者、超級暢銷書作家王晴天及多位知名出版社社長聯合主持，四大主題企劃 × 寫作 × 出版 × 行銷一次搞定！讓您成為暢銷書作者!!

▶ 公眾演說 & 世界級講師培訓班

好的演說有公式可以套用，就算您是素人，也能站在群眾面前自信滿滿地開口說話。讓您有效提升業績，讓個人、公司、品牌和產品快速打開知名度！王晴天博士是北大 TTT（Training the Trainers to Train）的首席認證講師，課程理論與實戰並重，把您當成世界級講師來培訓，讓您完全脫胎換骨成為一名超級演說家，站上亞洲級、世界級的舞台！理論知識＋實戰教學＋個別指導諮詢＋終身免費複訓。

▶ 易經班

美國統計學博士，《數學滿級分的秘密》之作者，於十多年前一個奇妙的機緣，在熹平石經出土處獲得了失傳已久的兩部比周易還要古老的易經：連山易與歸藏易之古孤本，進而於十年前開始潛心研究。2017 年起每年開講易經研究班中，發表與眾不同、觀點獨到的研究成果。

▶ 密室逃脫創業培訓班

密室逃脫創業培訓是由神人級的創業導師——王晴天博士親自主持，以一個月一個主題的博士級 Seminar 研討會形式，設計出 12 創業致命關卡，帶領創業者們挑戰這 12 道主題任務枷鎖，由專業教練手把手帶你解開謎題，突破創業困境，引入「阿米巴經營」與「反脆弱」商業模式，打造低風險創業的條件，密室逃脫 Seminar 等你來挑戰！

王博士為現代知識的狩獵者，平日極愛閱讀、也熱愛創作，是個飽讀詩書的全方位國寶級大師。雖然主修數理，對文史卻有極大興趣，每天晚上 11 點到凌晨 2 點，為了鑽研歷史等社會科學，他不惜犧牲睡眠。勤

學之故，家中藏書高達二十五萬冊，並在歷史、創意、教育、科學等範疇都有鉅著問世。

除了寫書，他也是最受學生歡迎的國寶級大師，首創的「全方位思考學習法」，已令六萬人徹底顛覆傳統填鴨式教育，成為社會菁英。在課堂上，學生最愛聽他講的歷史小故事，其獨到的歷史見解總是令學生意猶未盡，幾乎忘卻這是一堂數理課程。其作品有：《赤壁青史，誰與爭鋒？》、《風起雲湧一九四九（附兩岸史觀）》、《賽德克巴萊——史實全紀錄》、《都鐸王朝——英國史實全紀錄》、《反核？擁核？公投？》、《用聽的學行銷》、《決勝 10 倍速時代》、《為什麼創業會失敗》、《祕密背後的祕密》、《王道：成功 3.0》、《王道：業績 3.0》、《銷售應該這樣說》、《行銷應該這樣做》、《懂的人都不說的社交心理詭計》、《氣場的力量～人際吸引力使用秘笈》、《王道：未來 3.0》、《王道：行銷 3.0》、《讓貴人都想拉你一把的微信任人脈術》、《催眠式銷售》、《圖解歐洲史》、《斜槓創業》、《圖解道德經》、《市場 ing》等近百冊。

人性銷售最佳導師吳宥忠

吳宥忠老師本身做過許多行業，對各業務行銷模式均有研究，創業過二十種以上的行業，從路邊攤到公司行號，大大小小的公司，唯一特點就是每一個生意都沒有虧過錢，宥忠老師特別熱愛學習，他認為「人生沒有用不到的經歷，只是還沒用到」，在投資自己腦袋上宥忠老師也花了數百萬元，跟成功者學習是他的態度；學習很貴，不學習更貴，是他的觀念；將最高 CP 值的課程帶給學員是他的理念。

在區塊鏈的領域上原本是一竅不通的他，經由王晴天博士的教導，

不論是在區塊鏈的領域又或者是在虛擬貨幣圈的領域有一定的知名度，更受邀參加許多區塊鏈大型的講座及國際性的會議。

經典課程：

➢ JBU 國際級課程班

➢人信銷售法

➢超級轉介紹系統

➢市場 ing

➢接建初追轉流程

➢ Business & You

➢如何打造暢銷書

➢出書出版班

➢公眾演說的秘密

➢無敵談判術

➢完全蛻變密碼

➢借力與整合的秘密

➢成交的秘密

➢區塊鏈應用

➢致富秘密

➢人生的財務支柱

➢虛擬貨幣交易

➢成功三力（思考力、溝通力、執行力）

➢ ICO 致富密碼

主要著作：

《超給力人信銷售》、《虛擬貨幣的魔法即賺力》、《白皮書㈠&㈡》

魔法講盟股份有限公司股權認購

「天使輪」股權認購權益憑證

憑此憑證可於 2020 年 12 月 31 日前以
25 元／股 認購魔法講盟之股權
最低認購股數 1,000 股

認購流程：

第一步 ▶ 確認認購天使輪為 **25** 元／股

第二步 ▶ 匯款至「全球華語魔法講盟股份有限公司」，帳號如下
玉山銀行北投分行　　戶名：全球華語魔法講盟股份有限公司
帳號：0864-940-031696

第三步 ▶ 將匯款單傳真至 02-8245-8718 或 mail 到 jane@book4u.com.tw

第四步 ▶ 請打電話至 02-8245-8786 與會計部蔡燕玲小姐確認

關於股權的相關問題，可諮詢魔法講盟培訓高專蔡秋萍小姐→ hiapple@book4u.com.t

申購者姓名		身份證字號	
聯絡電話		Email	
聯絡地址			
認購數量	股	申購金額	
匯款日期		匯款帳號後5碼	

魔法講盟的課程

Business & You

White
Paper

［第五篇］
魔法講盟的課程

　　魔法講盟的課程最講求兩個字「結果」，很多學員去參加各種培訓機構舉辦的培訓課程，例如公眾演說班，繳交了昂貴的學費，在課堂上認真學習，參加了小組競賽並上臺獲得了好名次、好成績，拿到了結業證書和競賽獎牌，也學得一身上台的技術，正想要靠學來的技能打天下、掙大錢時，發現一個殘酷的事情，就是要自己招生，自己要負責整個培訓流程中最難、最重要、最燒錢的一環，你要一群人坐在台下聽你講一兩個小時的銷講是得花上一大筆費用和一個很棒的文案才有機會辦到的，目前找到一名學員來課堂上聽你銷講的成本已經超過 $500 元以上了，加上現在的行銷工具或是平臺（Line@、Facebook 等）的廣告費用越來越貴，所以一個剛學完某項技能的學生要靠自己來招生幾乎是不可能的！

　　魔法講盟在這方面跟其他的培訓機構有所不同，只要你是弟子或學員，並且表現達到一定門檻以上，我們會提供小、中、大不同的舞臺給學員，依照學員的能力給予不同的舞臺，所以魔法講盟開的任何課程首要之要求都一定是講求結果與效果：

➤來上出書出版班的學員，他的結果就是出一本暢銷書。

➤來上公眾演說班的學員，他的結果就是站上舞臺成功演說。

➤來上眾籌班的學員，他的結果就是保證眾籌成功。

➤來上區塊鏈認證班的學員，他的結果就是保證擁有四張證照（東盟國際級證照＋中國官方兩張＋魔法講盟一張）。

➤來參加講師培訓 PK 賽的學員，他的結果就是擁有華人百強講師的頭銜與內涵。

➤來參加密室逃脫創業密訓的學員，他的結果就是走出困境，保證其創業成功的機率將比其他人增加數十倍以上。

➤來參加 CEO4.0 暨接班人團隊培訓計畫並合格的學員，保證有企業可以接班。

➤來參加 WWDB642 的學員，他的結果就是建立萬人團隊，倍增收入。

➤來參加 B & U 課程的學員，他的結果就是同時擁有成功事業 & 快樂人生。

別人有方法，我們更有魔法；

別人進駐大樓，我們禮聘大師；

別人有名師，我們將你培養成大師；

別人談如果，我們只談結果；

別人只會累積，我們創造奇蹟。

Business & You
（15日完整班）

魔法講盟董事長王晴天博士，致力於成人培訓事業已有許多年了，一直在尋尋覓覓尋找世界最棒的課程，於是好不容易在 2017 年找到了一門很棒的課程，那就是有世界五位知名的培訓大師所接力創辦的 Business &You，於是魔法講盟投注鉅資代理其華語權之課程，並將全部課程中文化，目前以台灣培訓講師為中心，已向外輻射到中國大陸各省，從北京、上海、杭州、重慶、廈門、廣州等地均已陸續開課，未來三年內目標將輻射中國及東南亞 55 個城市。

培訓界有三大顯學——

◉ 以培訓某種能力為主

如英文學習、公眾演說、出書出版、商業模式、買賣房產、創業能力、行銷成交……等等以教授專業技能為主的課程。

◉ 以激勵內心的熱情為主

激發出你內心的渴望、讓你的信心成長、提升正能量……這一類的成功學課程，以安東尼‧羅賓為其代表。

▶ 以人脈開拓為主

上課學習只是媒介，實則在交朋友擴大準朋友圈，以各大學開辦的 EMBA 為代表，去上課的企業老闆或是高階經理人大多是去結交高端人脈，用來拓展事業及人脈圈。

魔法講盟的 Business & You 的課程則是包含了能力、激勵、人脈三大顯學的精神與落地方法，讓您上完整套的 Business & You 就同時擁有能力 & 激勵 & 人脈！啟動您的成功基因，15 Days to Get Everthing BU is Everything ！

Business & You 是讓你同時擁有事業成功 & 快樂人生的培訓課程，由多位世界級大師聯手打造的史上最強培訓課程。

21世紀變成有錢人&快樂人的公式

美國東岸哈佛的Case Study

美國西岸德魯克學院的Business & You

台灣魔法講盟的ABU、BBU、WBU…

一個決定，讓你享有**財富自由**的人生！

BUSINESS & YOU

如果你對你的人生不滿足也不滿意……

杜拉克（德魯克）＋富勒博士＝最完整的致富管理學

富勒博士對人類文明的影響極為深遠。他曾許下50個願望，用盡畢生之力實現了48個，其中包含巨蛋建築設計、跨國經濟整合與世界性合作趨勢等非常具前瞻性的理論之提出與各種發明。

富勒博士於1983年去世，但他留下了許多豐富的創富理念、十大財富法則、三大宇宙白金準則，以及快樂人生八理念和諸多騎士精神的發揮，不過這些均是以英文版留存於世。**魔法講盟** 將之全面系統化與中文化，融入Business&You課程中。

知名作家、管理顧問以及大學教授，他催生「現代管理學」這個學門並系統化探討，同時預測知識經濟時代的到來，被譽為現代管理學之父，然而他真正的自我定位則是「社會生態觀察學家」，他藉由觀察人類與各方組織，整理出一個新學派：「現代管理學」，進而對社會產生非凡貢獻。

富勒博士與彼得杜拉克兩者精神與智慧完美結合，便是最完美的Business&You教育訓練系統，也是人們思考未來方向最完整的參考依據。

✓ Business & You 助您充分瞭解自我，發掘自我潛能，靠優勢來賺錢。

✓ Business & You 讓您同時擁有財富與快樂，晉級全球頂尖人士。

✓ Business & You 助您瞭解一切，真正獲得事業與家庭的平衡。

✓ Business & You 適用在各行各業上，令業者成為領域中的典範。

✓ Business & You 大幅提升個人生命、生活、生計的品質。

✓ Business & You 創造對社會的貢獻，令文明與經濟昇華到更高境界。

✓ Business & You 除了讓您擁有財富與快樂外，更幫您創造個人價值，擁有富足的精神生活，提升生命的品質，改變一生！給您一個有錢人的

腦袋！

Business 讓您掌握趨勢、創造利基、創新商業模式、成功致富。

You 則讓您自我實現、發掘潛能、幸福人生、擁有人脈平臺。

萬人見證！史上最強！企業領袖菁英強力推薦！

🪐 見證學員：林暄珍

我的父母自小離異，父親也因經商失敗而背負巨額債務，但父親從來不讓我和弟弟擔心與承擔債務，父親盡量確保我們生活穩定且希望我們好好讀書，但每當我看到父親的辛苦，內心就萬分不捨，很想為家裡分擔家計與償還債務，所以高中畢業後就自己決定放棄升學提早就業，但因學歷不高只能應徵低薪的工作，我很想多賺點錢，想利用工廠下班後做點小生意增加收入，所以我用 2000 元的成本批發一些飾品到夜市擺攤，也開始了我的創業歷程……

我很打拚！一天工作超過 18 個小時、假日也不敢休息，用大量的時

間和體力來換取金錢，結果發現存款增加得十分有限，但身體卻越來越差，令我不禁懷疑這樣用勞力和時間換取金錢的方法是對的嗎？正確嗎？但是我找不到方法與方向……於是我開始大量學習，直到一場講座改變了我。

記得那是 2017 年的亞洲八大名師大會，當我踏入會場時就深受震撼，整個會場約上千個人，個個都充滿著學習的熱忱，都希望能透過學習讓自己變得更好、更有成就，而當時的我就像井底之蛙，不知道世界的進步與趨勢，一直過著無法掙脫的夜市人生，不知道如何與財富接軌……但我從小心中就是有一股很強烈的渴望，渴望賺錢……渴望提高人生的高度……渴望提升人生的價值，也相信吸引力法則的定律，所以我總是事事正向思考，直到我聽到了王晴天董事長的演講，他的演講內容非常落地實在！樸實中帶著無價的人生智慧，讓我明白過去有很多思維模式都是需要重新修正的，要開始學會用有錢人的頭腦思維才能創造財富與美好人生，聽完他的演講後讓我恍然大悟，有如找到指引人生方向的燈塔，也給我希望！於是我加入了王晴天董事長的魔法弟子群，然後透過學習 → 吸收 → 內化 → 運用 → 實踐，一步步走到了今天！

從容翻身 ESBI 象限！

成為弟子後，所有優質的課程都是終身免費的。而影響我最大的課程就是這一門國際課程：Business & You。它是一門闡示「商業原則、財富藍圖、個人實現、幸福人生」的智慧寶典。在課程裡對我最有啟發的是四個字——整、借、學、變。

▶ 整：整合資源

相信每個人都很優秀，也都有自己的資源，但資源要透過整合才能發揮力量，創造價值！

▶ 借：借力使力

華人首富李嘉誠說，成功需要借力，需要抱團，靠團隊的力量才能縮短摸索的時間，早日達到夢想。解決財富的問題，首先要解決實踐的問題！只有借力使力才能不費力！

▶ 學：學習成長

我們從小到大常聽到一句話，活到老、學到老，但這句話放到現今的時代，要這樣說了：學到老才能活到老，唯有透過不斷地學習，才能提升自己，活出精彩的人生！而魔法講盟的課程也就不斷地衝擊著我！

▶ 變：擁抱變化

唯一不變的就是變，世界趨勢日新月異，用過去的思維很難賺到趨勢的錢，改變思維，借趨勢的力，才達到財務自由。師父常提醒我們：不能掌握大趨勢，掌握小趨勢也不錯啊！

我落實了課程的內容，運用借力與整合的力量，與師父王晴天董事長的指導，毅然決然地成立了一間網路購物的公司，這是原本只在夜市擺攤的我從來沒想過的，沒想到自己可以成為一家公司的老闆，不但如此，師父還讓我參與全球華語法講盟有限公司的股東，除了股東的獲利還有主持人及負責週二講堂之特別股的紅利，讓我不到一年的時間輕鬆從 ES 象限翻轉到 BI 的富人象限！讓我深深感受到：千萬經歷不如輕鬆借力的道

理！這一切都要感謝王晴天董事長對弟子們的提攜！

　　王晴天董事長總是不藏私地教導學員們如何運用人脈，如何整合資源，如何借力讓自己跳到 BI 的富人象限，他是一個財力雄厚！知識飽滿的成功儒商，非常平易近人。只要是學員自己想要成長，他就會盡力協助指導並提供資源，就是希望學員能翻轉自己的人生，一個成功者能在自己成功後又願意協助他人成功，這種精神讓我感到很佩服，自從身為王晴天董事長的弟子那一刻開始，我就以身為王董的弟子為榮！我也相信站在巨人的肩膀上一定可以看得更遠、走得更快！

　　最後非常真誠地邀請大家加入這個優質的團隊！

　　B&U 1 日班＋2 日班＋3 日班＋4 日班＋5 日班共 15 日完整課程，整合成功激勵學與落地實戰派，借力高端人脈建構自己的魚池，讓您徹底瞭解《借力與整合的秘密》。

　　一日齊心論劍班＋二日成功激勵班＋三日快樂創業班＋四日 OPM 眾籌談判班＋五日市場 ing 行銷專班，讓您由內而外煥然一新，一舉躍進人生勝利組，幫助您創造價值、財富倍增，得到金錢與心靈的富足，進而邁入自我實現與財務自由的康莊之路。

　　只需十五天的時間，學會如何掌握個人及企業優勢，整合資源打造利基，創造高倍數斜槓，讓財富自動流進來！

◉ 一日齊心論劍班：

　　一日齊心論劍班由王博士帶領講師及學員們至山明水秀之秘境，大家相互認識、充分瞭解，彼此會心理解，擰成一股繩兒，共創人生事業之

最高峰。

以大自然為背景，一群人、一個項目、一條心、一塊兒拚、然後一起贏！古有〈華山論劍〉，今有〈BU 齊心論劍〉，「齊心」的前提是互相深度認識，大家充分瞭解，彼此會心理解！下一期之 BU 一日班在新寮瀑布深潭邊，再來是雪山山脈玉蘭茶園，接下來為八煙野溪溫泉，果然魔法絕頂，盍興乎來啊！

台灣BU一日班第15期：新寮瀑布

人脈交流・負離子芬多精・飽覽山林美景

華文第19期BU一日班

雪山山脈
&
玉蘭茶園

◉ 二日成功激勵班：

以《BU 藍皮書》為教材，以 NLP 科學式激勵法，激發潛意識與左右腦併用，搭配 BU 獨創的創富成功方程式，同時完成內在與外在之富足，創富成功方程式：內在富足外在富有：利用最強而有力的創富系統，及最有效複製的 know-how 持續且快速地增加您財富數字後的「0」。

NLP 創意思考與問題解決：一次學會「自我成長力」、「人際關係力」、「情緒控管力」、「腦內思考力」、「執行完成力」五大關鍵力，提升您的觀察判讀與換位思考能力，掌握有效傾聽及魅力表達技巧，設定更 Smart 的生活或工作標的，有效地完成短期與長期目標，引爆生命原動力！

◉ 三日快樂創業班：

以《BU 紅皮書》與《BU 綠皮書》兩大經典為本，保證教會您成功創業、財務自由之外，本班也將提升您的人生境界，達到真正快樂的幸福人生之境。此外，本班藉遊戲讓您瞭解 DISC 性格密碼，對組建團隊與人脈之開拓能發揮關鍵之作用。

- **創業成功心法 & 方法**：不僅細膩剖析全球百大創業家的成功之道，更導入 T、N、R 三大落地實戰 Model，讓您創富、聚富、傳富，保證一創業就成功！

- **經營事業，以終為始**：學會如何靠借勢、借資、借力成就自己的事業，並傳授借力致富成功樣板，建構核心競爭力，讓客戶自己找上門。

- **大老闆的賺錢系統**：教您打造自動賺錢機器，建構自動創富系統，創造多重被動收入！

- **幸福人生終極之秘**：提升您的思考力、溝通力、執行力、想像力、判斷力、領導力、學習力及複製力，揭開人性封印，讓您邁向人生幸福最高境界！

- **成功直銷——八大心靈法則**：告別玻璃心，善用挫折力量轉化為成功，培養高 IQ、EQ 與 FQ，揮別魯蛇標誌。

- **自我價值實現**：將 Weakness 與 Threat 轉換為 Strength 與 Opportunity，找出幸福快樂富足方程式，一手掌握事業、志業、家庭，活出精彩新人生！

- **從遊戲中認識 DISC：**善用性格密碼啟發潛能，領導統禦，發展組織，團隊經營，知人善用。

◉ **四日 OPM 眾籌談判班：**

以《BU 黑皮書》超級經典為本，手把手教您眾籌與 BM（商業模式）之 T&M，輔以無敵談判術，完成系統化的被動收入模式，參加學員均可由二維空間的財富來源圖之左側的 E 與 S 象限，進化到右側的 B 與 I 象限，藉由從零致富的 AVR 遊戲式體驗，達到真正的財富自由！

- **超級事業成功學：**創業成功的訣竅就是 LTV，以扁平擊敗科層。跟創富實戰導師學習解除企業面臨困惑的方法與策略，突破發展瓶頸。

- **眾籌、BM：**善用微籌與雲籌，創造多方共贏生態圈，打造企業金飯碗。從優化眾籌提案到避開相關法律風險，由兩岸眾籌教練第一名師親自輔導您至成功募集資金、組建團隊。

- **讓世界都聽你的談判絕學：**一次「聽」懂與「看」懂談判最高奧義，快速識破對方談判技倆，不只賺到好處，還能讓對方有「贏」的感覺！

搭配從零致富的 AVR 體驗，讓您迅速蛻變成銷售絕頂高手，超越卓越，笑傲商場！教會你如何主宰財富（S 象限），而非被金錢所奴役（E 象限）。最好玩之處便是「玩遊戲」，透過遊戲中讓您悟到如何聚積並提昇人脈、財富、快樂與境界。針對工商 4.0 自媒體時代，教你運用 OPM、OPT、OPR、OPE，循著 7 個步驟，在交流與交心的過程中掌握系統架構之巧門，讓錢自動流進來！

◉ 五日市場 ing 行銷專班：

傳授絕對成交的秘密與終級行銷之技巧，以史上最強的《市場 ing》之〈接〉〈建〉〈初〉〈追〉〈轉〉為主軸，教會學員絕對成交的秘密與終極行銷之技巧，課間並整合了 WWDB642 絕學與全球行銷大師核心秘技之專題研究，讓您迅速蛻變成銷售絕頂高手，超越卓越，笑傲商場！堪稱目前地表上最強的行銷培訓課程。

- **絕對成交的秘密：**學會全球八大頂尖行銷大師成交絕學，只要掌握十大策略就能創造百倍收益。
- **終極行銷技巧：**善用數位行銷與傳統行銷機制，跨越線上線下全通路無縫連結，學會真正的「新零售」！
- **接建初追轉 5 大銷售步驟：**一舉掌握業務必備完銷系統，讓您的產品或服務火到爆單，接單接到手軟！
- **九成以上的高薪有錢人都在使用的 WWDB642 系統：**如何快速建立萬人團隊，倍增財富！

每一次的 **B&U** 課程是由不同的一級大師共同主講，每一次 BU 會由 2～4 位講師來授課。例如：由 Blair Singer 來闡釋即為 BBU；由王晴天大師來闡釋即為 WBU；由吳宥忠老師來闡釋即為 JBU……

參加 BU 課程只需要繳交一次性的學費，之後將是終身免費複訓，免費複訓最大的好處是可以結交到不同的人脈，甚至到中國內地上課更可以結交到中國各省市的頂尖人脈，如同各知名大學的 EMBA 就是結交高端人脈的好地方。

由商場上認識的人脈，其關係是非常薄弱的，通常 24 小時內沒有再次聯絡就忘記了對方，但是透過 15 天的課程彼此從商場上那種噓寒問暖客套經營的關係，轉變為 15 天從早到晚關在一間教室，為了爭取小組的高分彼此熟悉、激勵、合作，晚上還住在同一間旅店，這樣就變成緊密的同學關係，到時就有商業合作的商機或是商業對接的機會，通常因為彼此是同學的關係要取得這樣的機會就比較容易多了，上課的本身固然重要，但是有時候上課的背後所帶來的利益更加的可觀。

什麼是 642 系統？

在美國全名叫 World Wide Dream Builders 642. WWDB642，在直銷界提到系統，一定會提到「642」。「WWDB642 系統」猶如直銷的成功保證班，當今業界許多優秀的領導人，包

括雙鶴集團的全球系統領導人古承濬、如新集團的高階領導人王寬明等，均出自這個系統，更有人以出身 642 為傲，因為它代表著接受過完整且嚴格的訓練，擁有一身的好本領。究竟什麼是「642」？為什麼它可以成為卓越系統的代名詞？

642 系統是創始於美國安麗公司的團隊，1970 年，Bill Britt 加入安麗公司，1972 年，Britt 成為安麗鑽石級直銷商，而在 Yager 的下線中，除了 Britt，另外還有兩位是鑽石級的，加上他自己，總共是四位鑽石。到了 1976 年，Britt 覺得這樁生意越來越難拓展，六年來，他的下線當中不但沒有新增加的鑽石，反而連自己鑽石的寶座都很難維持。

於是，他們開始思考問題所在：直銷事業是不是只有少數有特殊才能的人才有機會成功？因為，事實顯示：他用了兩年時間成為鑽石，但另有許多幾乎與他同時期開始的下線夥伴，經過五～六年都還不能做上來。

1976 年，他終於找出突破瓶頸的關鍵——複製（Duplication）。什麼是直銷組織的複製？如何複製？

有一個牧師、傳道人把《聖經》的智慧結合商場實戰經驗，用「複製」的概念發展了一個龐大卻神秘的組織——World Wide Dream Builders。（以下簡稱 WWDB642）為了服務組織內部廣大會員，WWDB642 成立了自己的餐廳，讓廣大會員有用餐的去處；因為賺很多錢，所以 WWDB642 成立了自己的銀行和保險公司；為了讓廣大會員加油能更方便，他們成立了自己的加油站，為了讓廣大會員可以環遊世界，WWDB642 擁有許多自己私人飛機、買下許多小島、鑽石村……

這個組織以教育訓練為基礎，造就無數百萬富翁，會員超過 60 萬人，包括《富爸爸‧窮爸爸》作者——羅伯特‧清崎，潛能激勵大師——安東尼‧羅賓，《有錢人想的跟你不一樣》——哈福‧艾克；華人知識經濟教父——黃禎祥（Aaron Huang），黃禎祥笑著說：「WWDB642 的老師們說：『全世界最會做組織的，是耶穌基督。因為他收了 12 門徒，現在全世界有 1/3 的人成為基督徒。』所以他們也運用《聖經》的智慧建立一套系統，用來協助直銷公司組織倍增，後來這套系統就成為大家聽過的『美國 642』。不過 WWDB642 真正的核心，是教育訓練，因為這套系統也適合用在傳統產業。」黃禎祥表示，他自己是靠著這套系統，一年內一個人創造了萬人團隊，從谷底翻身退休，如新的王 × 明、及新加坡的何 × 坤、馬老師，均受惠於這套系統，因而在自己的領域有極高收入。

「我們都非常感謝 Bill Britt & Bill Gouldd 的『WWDB642』，只有親身經歷這種翻轉命運過程的人，才知道錯過的人損失有多大！『WWDB642』的老師們無私奉獻他們的智慧，該是薪火相傳的時候了！」至於選才的標準呢？黃禎祥堅定地說：「最重要的是態度、決心、還有核心價值觀！」

許多人研究複製的理論，但真正因複製而獲益的人不多，因為幾乎沒有幾個人能徹底瞭解「複製」的精神。但是，從 1976 年開始有突破性的發展，到 1982 年，Britt 的組織網共產生了 45 位鑽石。

當時 Britt 的私人飛機，機身尾翼上印著 642，所以就冠上 642，做為系統的名稱。

三流的人賣產品，二流的人賣服務，一流的人賣的是系統，想要增加被動收入嗎？

要如何建立一套源源不絕的被動收入生產線呢？唯獨 WWDB642 系統可以做得到 !!

何謂 642 系統，各家直銷領袖幾乎將 642系統變種了，而我們有最正宗，來自美國的WWDB642，642 系統真正厲害的是，擁有一套完整的訓練方法幫助組織進行寬度、深度的延續，關鍵在人與集會中的「複製」。如何訓練有自由思想的夥伴們，100% 的複製，運用的是 642 系統；如何在集會中，100% 的傳承思想文化，運用的是 642 系統，在美國，運用 642 系統的集會上，很少聽到產品的銷售，幾乎談的是人、體系運作、系統運作等事情；但他們卻佔整個公司總業績 72% 以上，足見 642 的威力。「WWDB642」已經全面中文化訓練！有興趣、有熱情、有決心的，歡迎加入我們的行列，結訓後可自行建構組織團隊，或成為 WWDB642 專業講師，至兩岸及東南亞各城市授課。歡迎您來親身參與！

公眾演說班暨世界級講師培訓班（4日完整班）

為什麼我們要學公眾演說？

公眾演說，也就是「一對多演說」，早已被微軟創辦人比爾‧蓋茲、蘋果創辦人賈伯斯、股神巴菲特等成功企業家廣泛運用於「銷售式演說」，並以此行銷策略成功致富！然而現在仍有許多業務人員做的是「一對一行銷演說」，說了半天還是無法成交，等於白說。如果可以掌握「一對多」的演說技巧，就更容易從中產生業績。因為「一對多行銷演說」可以做到——

➤ 有效提高客戶成交量，使業績明顯大幅提升！

➤ 有效管理組織、激發團隊潛能，使團隊產生強大向心力！

➤ 演說者擁有舞臺魅力，使個人或公司、品牌、產品或服務迅速打開知名度！

➤ 英國前首相邱吉爾（Winston Churchill）說：「一個人可以面對多少人說話，就意味著他的成就有多大。」

➤ 靠公眾演說成為國家領袖，前美國總統歐巴馬（Barack Obama）原本是名默默無名的伊利諾州參議員，他的初選對手的財力與知名度遠大於他。然而聽過他的演說的人，都很難不被他感動而投票給他。歐巴馬非常善於演講，雄辯的口才、燦爛的笑容，領袖魅力爆表使他從基層一路走到白宮，最後傳奇性地當選美國總統，也是美國總統史上第一位非洲裔的黑人總統。

➤ 用公眾演說成就品牌，蘋果公司創始人之一的賈伯斯（Steven Jobs）打造出了如宗教般的品牌，他對簡約及便利設計的推崇贏得了許多忠實的追隨者。每當賈伯斯出席產品發表會時演說，全球的蘋果迷都為之瘋狂，熬夜觀看，他們被稱為「果粉」，就像信徒虔誠地熱愛著蘋果的產品。

➤ 比爾・蓋茲首富的秘密：我只是和 1200 人講了我的項目，900 人說 NO，300 人加入，其中 85 人在做，85 人裡有 35 個全力以赴，而其中有 11 人讓我成就為百萬富翁。

誰需要學公眾演說呢？

- 公眾演說是一個事半功倍的工具，能讓你花同樣的時間卻產生數倍以上的效果！
- 想在你專精的領域裡快速成為專家的人
- 公司老闆、高階主管
- 產品開發經理、行銷、公關
- 所有行業的銷售人員
- 想提升自信的人
- 想倍增收入的人
- 想學好演說技巧的人
- 想發揮更大影響力的人
- 想縮短目標達成時間的人
- 想改變自己人生的人

創業必備的能力——公眾演說

要讓人專注聽你說明產品及品牌是多麼困難的事，因為大家沒有那麼多時間。既然如此，有機會上臺演講，不正是一個最好的機會。創業初期，產品、服務剛建立，品牌沒知名度，資源也不多，該怎麼突圍呢？

王品前董事長戴勝益說得好，就靠「演講」跟「得獎」吧！

競賽，或許有些浪費時間及金錢，但如果在能力與時間允許下，倒可以多多參與，畢竟如果你總是說自己有多好，不如讓有公信力的第三者替你說好話，這確實能有不錯的幫助。國內外都有許多公家單位或民間組織發起的創業競賽，都值得你去瞭解甚至參與。

至於演講，就是很多創業人忽略的部分。有些創業者認為，他們覺得自己還沒有什麼成功的代表作，沒什麼底氣大說特說，也沒什麼好說；然而這是不對的，就因為你沒有知名度才更該大力、大量地去宣傳你的公司，若真的有人邀請，就代表這是能夠對公眾說明自己、介紹自己的好機會，無論有沒有酬勞，你都應該試著多多宣傳自己的團隊、公司。

為什麼公眾演說很重要，不只是宣傳而已，也是建立品牌的極佳管道，怎麼說呢？大家不妨注意看看，為什麼在電影院看電影，會比在家裡用電視看還要來得有震撼力？最主要是環境塑造強化了你的注意力的關係。

電影放映廳裡四周一片漆黑，你的目光只集中在巨大的螢幕上，同時現場的聲光效果，會讓人很容易投身在劇情與電影想傳遞的訊息之中。心理學家研究過，這就是許多邪教組織會不斷透過播映影片內容，來達成洗腦的主要方式。事實上，德國納粹早期也是用這樣的手法，強化組織成員對領袖的忠誠與信念。同樣的道理，當一個人站在舞臺上，用音樂、圖片、文字、影像，搭配好情緒的起伏，接續著敘事的脈絡，其實你很容易

就勾起聽眾的想像，進而認同你的理念與作為。這就是為什麼，選舉造勢場合總是要將這些要素搭配好，讓候選人在舞臺上盡情揮灑，那是因為這些作為能發揮強大的吸引力，讓底下的聽眾感染氣氛與情緒，最後成為你忠誠的信徒。

既然如此，身為創業人，如果你想為團隊與公司宣傳，並建立陌生族群對你的認識，你就應該好好利用這樣的原理，去創造屬於自己的社群粉絲。這年頭，廣告大行其道，從平面搬到電視，又從電視轉到網路，從文字變成圖片，又從圖片變成影音，我們時時刻刻無不處在一個廣告疲勞轟炸的環境。於是，多數消費者其實已經麻木，我們不再有過多的精力與專注力，去仔細聆聽一個品牌、一家公司所傳遞的故事，事實上，根據網路媒體研究，80% 的人關注廣告的平均秒數只有 13 秒，也就是說，若你無法在 13 秒內吸引大眾的眼球，13 秒後他就會關閉廣告或轉臺。

這說明了什麼？要讓人專注聽你說明產品、介紹品牌是多麼困難的事，因為人們沒這麼多時間。既然如此，有機會邀請你去演講，不正是一個最好的機會？邀請單位已經將舞臺準備好，也把人都找來了，你唯一需要做的，就是好好準備，利用難得的上臺機會，也許只有 10 分鐘、20 分鐘、30 分鐘，都可以，只要將準備好的內容端出來吸引大家、引發他們的興趣，這就是最佳的宣傳時機點。

當然，也有不少創業人跟我說，覺得自己口才不好，容易吃螺絲，訊息表達不精確，甚至連肢體語言都生澀，這些都是身為創業人的你必須要學習的地方。

自古以來，偉大的領袖必然有出色的公眾演說能力，若非如此，你根本無從號召一批人願意為你賣命。即使優秀如股神巴菲特，也曾為了練習讓自己的公眾演說能力更為出色，因此參加演說成長課程，他表示：

「我去上課，不是為了讓自己演說時不發抖，而是為了讓自己在發抖時依然能夠順利講完、表現良好」，股神如此，我們凡人是否更該努力千百倍，才能鍛鍊自己在公眾演說上的能力，回顧自己過去這幾年的創業經驗來看，早期邀請我演說的單位通常是社會團體如獅子會、扶輪社等等，說實話，因為自己的名氣不夠，一開始是連車馬費都沒有，更別說什麼演講費或出席費，所以我很珍惜每一次能上臺講話的機會，非常努力地把自己的簡報檔案準備好，不管對象是誰，不管底下聽的人有多少，不管距離多遠，只要時間允許，我不但一定會去，而且每次都做好萬全的準備。

我很珍惜每一次受邀的機會，因為即使對方沒提供車馬費或講師費，我還是報以非常感恩的心，告訴對方非常榮幸受邀，因為我知道，這就是對自己及公司最好的宣傳機會。有趣的是，就是從這種免費小演講、小分享開始，逐漸會講到讓底下某些聽眾感動，於是進一步交換名片後成了朋友，或者另外邀約我去其他場合演說，所以慢慢地像滾雪球一樣，越來越多單位邀請，同時價碼也逐步從無到有，再到自己能開價的機會。這一路走了幾年，縱然創立幾間公司，有幾間也因為經營等問題結束，然而自己的個人品牌，卻不斷在累積，不得不說，這些都是靠演講而獲得的益處。

因此建議所有創業人，只要時間和能力允許，你都應該培養自己公眾演說的能力，這項能力訓練得好，將可以讓你受益無窮，在無形中你不僅宣傳了公司品牌，也能讓個人知名度、個人品牌向上提升，甚至會形成口碑來讓消費者為你宣傳、推薦，這時候對外的連結將越來越快，人際網絡越來越廣，自然不愁沒有生意可以做。或許你沒有天生的舞臺魅力，但投資自己培養公眾演說能力，將會為你帶來豐碩的千百倍報酬。不相信的話，就從今天開始試試看，不要放棄任何邀請的機會，盡情地展現自己

吧！

公眾演說就是最棒的斜槓

「斜槓青年」是一個新概念，來源於英文「Slash」，其概念出自《紐約時報》專欄作家麥瑞克·阿爾伯撰寫的書籍《雙重職業》。作者說，越來越多的年輕人不再滿足「專一職業」的生活方式，而是選擇能夠擁有多重職業和身份的多元生活。這些人在自我介紹中會用斜槓來區分，例如，萊尼·普拉特，是律師／演員／製片人。於是，「斜槓」便成了他們的代名詞。

在大環境下多重專業的「資源整合」才是最稀缺的能力，它包含著整合自身及外部的資源，這是一般人比較少思考到的事情。很多人常誤解，認為去學多種專長就能創造多重收入，其實那只是專長，與收入無關，它沒有經過你內化後的整合。重點並不是你花了多少錢、報名了多少課程、考了幾張證照，而是你能透過這些證照跟技能，再創造多少收入、賺多少錢回來？

創業也是一樣的，大多數的老闆某種程度上來說也算是斜槓，他們同時具備業務、行銷、產品開發、會計、管理、人資、企業經營、投資、財務管理等等能力，並用於增加收入，將自己的時間價值提高只是第一步，真正關鍵還是透過資源整合，讓你能更有系統地去運用資源。

斜槓不只是單純的「出售時間」

千萬別說你成為斜槓的策略是「白天上班、晚上再去打工、半夜鋪馬路」這是低層次的斜槓，甚至這根本稱不上「斜槓」。

成就斜槓創業，要先從你專精的利基開始，不要一心想去學習多樣

專長，因為多工往往源自於同一利基！所謂「跨界續值」是也！

　　公眾演說就是最棒的斜槓，你可以成為講師／超級業務／溝通高手／媒介平臺／……很多人起初想創業的時候都是這樣的流程，先努力工作幾年開始存錢，好不容易存到一筆創業的初始資金，於是辭職開始懷抱著美好的夢想開始創業，於是有將近一半以上的公司撐不過半年。經濟部統計：青年創業 97% 失敗，又根據經濟部中小企業處創業諮詢服務中心統計，一般民眾創業，一年內就倒閉的機率高達 90%，而存活下來的 10% 中，又有 90% 會在五年內倒閉。也就是說，能撐過前五年的創業家，只有 1%，前五年陣亡率高達 99%。

　　而學會公眾演說就可以展開最好的創業，加上用斜槓的概念能將創業的風險降到幾乎為零，只要學好公眾演說，就可以利用正職工作的休假時間進行創業，例如利用週六日＋特休共請五天的假，就可以到對岸當講師進行斜槓創業的開端，當然前提你要成為「魔法講盟」認證的 BU 講師（上過 BU 完整 15 日班＋公眾演說合格講師兩者均需具備），又或者是平時可以接一些商業性的演講、銷售性演說、企業內訓講師、公部門講師等等，都是在不耽誤到本業的情況下進行斜槓創業，而且一場演講的收入少則幾千，多則上萬元，有時候三天的課程就是你一兩個月的薪水了，所以學會公眾演說是最好的斜槓利基。

　　一名好講師，要具備的條件——
　　1、要具備公眾演說的能力
　　2、有一張在台上演講時台下聽眾越多越好的照片或影片
　　3、有一個好的頭銜
　　4、最好有出版暢銷書

5、有一個銷講的好項目

魔法講盟公眾演說班的特色

　　公眾演說的最高境界要能收人、收心、收魂、收錢。最成功的演說，要能把自己「推銷」出去，把客戶的人、心、魂、錢都「收」進來。本課程囊括了一場成功演說／銷售式演說必須達成的要件，如果一個人沒打算要讓別人知道他的想法，他就沒有理由說話；然而如果他願意主動與他人分享，背後就一定有其目的，無論是教導、宣傳理念、推銷到轉移焦點都有可能。一場出色的演說，不只是講者將自己的思想表達出來，更需要事前精心規劃的演說策略、內容和流程，既要能流暢地表達出主題真諦，更要能符合觀眾的興趣，進而達成講者完成一場成功演說的目標，也就是收人、收心、收魂、收錢！

➤本課程教會你日常生活中的溝通、交際與說服技巧！

➤本課程教會你在公眾場合開口就能說，並且條理分明，言之有物！

➤本課程教會你複製並精進世界級大師催眠式的銷講佈局！

➤本課程教會你打造個人舞臺魅力和感染力！

➤本課程教會你掌握充滿力量的演說元素，互動、控場、打開群眾熱情的開關！

➤本課程教會你在演說中發生任何突發狀況時，也能應變自如！

特色 1：我們有銷講公式、能 hold 住全場的 Methods 與演說精髓之 Tricks，保證讓您可以調動並感染台下的聽眾！

特色2： 我們精心研發了克服恐懼並成為講師的 CCA 流程，是培訓界唯一真正正確闡明「73855 法則」，並應用 PK 幫您蛻變的大師級訓練，你講述的內容只有 7% 影響力，你的語氣與表情卻有 38% 的力量，你的肢體動作佔到影響力權重的 55%。各位是否曾看過〈大明王朝〉中的嘉靖皇帝？他就典型的 73855，所以太監難為啊！

特色3： 我們擁有別人沒有的平臺與舞臺：亞洲八大名師、世界華人八大明師、王道培訓講堂、采舍 NC、週二講堂……保證讓您成功上臺！

⭐ PIER 練習法

要說服別人，一定要先說服自己；找回自己最初的感動，懷抱渴望的傳達、分享的熱情，上臺的恐懼就會降低。「PIER 練習法」可以有效消除上臺的緊張感、進而提升講者的整體表現。

▶ 充分準備（Prepare）

準備得越充分，上臺就越不緊張。準備時，首先要熟悉所講的主題及相關的周邊資訊，針對每一個不瞭解的部分，都要蒐集資料、設法瞭解。接下來要有非常清楚的流程規畫（rundown），包括可講的內容、順序的鋪陳等。

▶ 聚焦在想法（Idea）

「準備很容易做，但常常做了準備還是會緊張，」因此「PIER 練習法」的重點，其實是在第二階段。武俠小說裡，練功時是一招一式地跟著

師父打，但如果正式上場後，還不知變通地只照著招式來打，沒有思考如何才能擊敗對手，就很難打贏，所謂的贏家「重在劍意而非劍招」是也。將這個道理運用在說話上，意思是「一上臺，就要忘記『我講得好不好』，而要記得我想和大家分享的『想法』。」在臺上說話，關鍵在於講者想要傳達的想法，不在動作、儀表等細節；如果無法專注在想法上，想的都是台下觀眾會怎麼看自己，很容易越來越緊張。

而在傳遞想法時，一定要先讓自己對這個想法有熱情、有信心，用分享的熱情，帶動自己的表現，否則很容易流於虛假或機械化。「要說服別人，一定要先說服自己」，以禪宗講的「初心」為例說明，找回自己最初的感動（為什麼加入這家公司、為什麼生產這個產品……），對於想傳達、分享的事物懷抱熱情，上臺的恐懼感就會降低許多。

◉ 累積經驗（Experience）

講得越多、口才越好。用 KTV 舉例：20 年前敢上臺大聲唱歌的年輕人很少，但現在幾乎人人都敢唱、都能唱，就是拜 KTV 普及之賜。

KTV 不是星光大道，但它的環境友善，練習時不會有毒舌評審說你唱得好爛，所以建議練習上臺說話時，也應該先找友善的環境。魔法講盟講師培訓班最大的優勢就是擁有舞臺可供結訓者真正上臺：世界華人八大明師大會、亞洲八大名師大會，每月新店矽谷國際會議中心演說與銷講大會，亞太與采舍的週二講堂……凡參加本班者皆有機會上臺！

◉ 放鬆（Relax）

放鬆可以分為心理與生理兩層面。在心理上，很多人會當自己的毒舌評審，總覺得「我做不到、上臺一定很慘」，對比於「我可以、這是我

的舞臺」的想法，所造成的效果天差地別。比方說，坐飛機遇到亂流，高喊「好可怕，完蛋了」，並不會增加飛航的危險性，卻會引發人心惶惶。「你說的事，都有可能變成真的，」因此，時常在心中鼓勵自己是必要的。

「忘記失誤」也是值得練習的心理放鬆技巧。職業運動選手若始終惦記著先前的失誤，很容易下一球又失誤。在臺上，無論是吃螺絲、投影片放錯、器材故障，最重要的是告訴自己錯誤已經發生，但損失不大，應立即專注於接下來的表現，而不是檢討已發生的失誤。至於在生理上，為了將緊張化為助力、而非阻力，第一步是告訴自己緊張代表自己在乎，這是好事；第二步則是體認到「台下總有觀眾是支持我的」，這些人可能是團隊成員、好朋友、自己的主管，他們就像來看孩子表演的父母一樣，無論你表現得如何，都會給予支持，無論多令人膽怯的場合，在臺上只要能看見那些支持你的親友，就能放輕鬆許多、不那麼緊張。

一場好的演說是有公式可以遵循的，只要瞭解演講公式並練習技巧，任何人都能成為一位優秀的講者。透過專業訓練，就算你真的完全沒有上臺演說的經驗，也能學會一位演說家是如何表達言語、肢體動作、眼神以及帶動現場氣氛的技巧。

學會公眾演說，你將能達成：

✓ 透過「費曼式學習」法達到專家之境

✓ 快速克服上臺恐慌症

✓ 產品／服務熱銷狂賣

✓ 個人魅力、知名度飆升

✓ 激發團隊熱情與潛能

✓ 影響力、收入直翻倍

好的演說有公式可以套用，就算你是素人，也能站在群眾面前自信滿滿地開口侃侃而談。讓你有效提升業績，讓個人、公司、品牌和產品快速打開知名度。

公眾演說不只是說話，它更是溝通、宣傳、教學和說服，你想知道的——如何收人、收魂、收錢的演說秘技，盡在本課程完整呈現！！

魔法講盟的「公眾演說班」將培訓您成為演講高手，並進一步讓您成為世界級講師！！

Class 4 週二講堂（帶狀課程）

　　週二講堂為魔法講盟培訓接班團隊並讓弟子有舞臺，同時讓學員學習並瞭解所有培訓招生的流程，目前為每個月的第二及第四週的星期二開課，上課時間為下午一點半到晚上九點半，課程內容包羅萬象，如：新創商機、幣圈投資、黃金人脈交流、職場競爭力、斜槓獲利模式、事業經營、財務自由、成功創業、快樂人生、心靈成長……等等主題多元而多樣。魔法講盟為了回饋社會，週二講堂全年度 72 堂的課程費用只收場地清潔費 $100 元，歡迎大家積極參與，相關課程資訊請掃 QR Code。

　　魔法講盟致力於打造全球最佳國際級成人培訓系統，所有課程都要求要有結果、有成效，公眾演說班培育出優質的講師最需要的是經驗的累積。

而累積經驗最重要的就是站上臺實戰的演說，但是要找一群人聽你在台上演說是很不容易的事情，加上一開始初期的講師本身就算在本行經驗豐富，因為舞臺經驗不夠很容易被歸類是差的講師，所以必須從小舞臺（50人以下）、中舞臺（50人～100人）、大舞臺（百人以上）、國際級舞臺（千人以上）不斷的往上累積晉升，而魔法週二講堂就是為各行業講師打造的初階舞臺，週二講堂匯集跨界知名講者帶來豐富且多元的課程，絕對值得您來聆聽，菁英小班講堂，歡迎踴躍報名參加！

　　魔法教室：新北市中和區中山路2段366巷10號3樓（中和Costco對面）可搭乘捷運環狀線在捷運中和站或是橋和站下車，步行約八分鐘即到達魔法教室。

週二講堂負責人：魔法講盟營運長 黃一展 0988-567-209

寫書與出版實務作者班
（4日完整班）

你想出書嗎？

今年閉幕的亞洲華人八大名師會臺北，名師們的結論之一就是：想成功、想賺大錢、想成為 somebody、想成為權威或名人、做生意時是客戶自己找上門，而不是你去找客戶、想從 ES 象限跨入 BI 象限、……總共有十件事情可以做，而且只要做到其中一兩件，被動收入就源源不絕了！所謂的「系統」於焉形成。其中一件事兒就是出一本書，然後好好地「置入性行銷」一番！

想要出一本書，說難不難，但也不是那麼簡單。因為一般人不瞭解出書的流程，不瞭解編輯的心態，甚至也不認識任何出版產業的人……，也有人以為找一家印刷廠把書印出來就是了。但這只是把書「印」出來而已，並非「出版」，更沒有整體的行銷規畫！也有人空有構想，卻寫不出來！也有人著眼中國大陸十數億人的市場而想出簡體版，卻不得其門而入！

這一切的問題，都將在「魔法講盟」的出書出版班得到解決！參加這個班將保證出書：從出書寫書的流程教起，幫您解決出版流程中的一切問題，由五大出版社長及總編輯聯合授課，已協助逾千人完成出書夢想。本班最大的特色是分組個別指導，組長都是出版社社長，將追蹤輔導至您的書出版為止！各組組長將全力發掘組內有潛力的新作者，引導並陪伴新作者逐步成為暢銷書作家。

圖書出版領域也是一生態系統，不能總是靠現有的名人名家來撐場面！讓有志可伸的新來者、新秀們有機會登場，如此才能維持這個生態圈中的多樣性和多元化！

我們的職志、不僅僅是出一本書而已，而且出的書都要是暢銷書才行！保證協助您出版一本暢銷書！不達目標，絕不終止！此之謂結果論是也！

本班課程於魔法講盟中和出版總部授課，教室位於捷運中和站，現場書庫有數萬種圖書可供參考，魔法講盟集團上游十大出版社與新絲路網路書店均在此處。於此開設出書出版班，意義格外重大！（歡迎參與，我們相信下一位暢銷書作家就是您！

✺ 出書的好處

當大部分的人都不認識你，不知道你是誰，他們要如何快速找到你，瞭解你，跟你有所連結呢？

不管你在行銷什麼樣的產品或服務，當你被人們視為是「專家」時，就不再是「你找客戶」，而是「客戶主動要找你」。相對的你就越容易建立你的事業與創造財富。

如果同時有二名業務員拜訪你，一個有自己的代表著作，另一個沒有，請問基本上你會比較相信誰？覺得誰比較值得信賴？

關鍵就在於「出書」。透過「出書」，你會迅速提升你的影響力，建立起你的「專家形象」。在現在競爭激烈的時代，「出書」是快速建立「專家形象」的捷徑。

然而出書已非作家和名人的專利，任何人只要想出書，都會有專業的團隊來為你運作。

出書，是對人生智慧的總結，是對人生道路的反思，是對自己的最高獎賞，是生命價值的專業呈現。

想成為某個領域的權威或名人，出一本書絕對是最佳的途徑。

本課程包含企劃、寫書、出版與行銷，囊括所有出書會面臨到的過程與問題，因此像是經常得準備一堆提案的業務、需要快速寫作的部落客、想要晉升專家名人與建立個人品牌的上班族、對圖書行銷與出版流程有興趣的人、想出書或想出電子書的作家、有意成為專業編輯，甚至是想開出版社者，都可藉由本課程成為出版專才。至於對出書有興趣的專職作家、部落客，或是想變成行業中的明星，對文創產業有高度企圖心的人，亦可藉此課程提升出版專業能力，再由專業出版團隊進行專案輔導，成為下一位暢銷書作家。

出書的十二大好處和價值

1. 增強自信心

對每個人來說，出一本書，就可以讓自己變得更自信。出的書越好、越多就越有自信。

2. 提高自己的知名度

除了接受電視新聞、雜誌採訪外，出書，無疑是擴大知名度的最有效方式。如果書的行銷做得好，你的知名度就會很快提升，有了知名度，指名度自然而來。

3. 擴大企業的影響力

對於企業來說，一本宣傳企業理念、記述企業成長經歷的書，是一種長期廣告，有時比花錢做一個整版報紙或雜誌廣告的效果要好得多。企業將贏得客戶的認同和信任。本書不就是最好的例子嗎？

4. 滿足內心深處的榮譽感

書，歷來被視為神聖之物。一個人出了書，便會覺得自己有了尊嚴、光榮和地位。擁有自己寫的書，是一種很特別的成就感。

5. 結識更多的新朋友

在人際交往越來越頻繁的今天，贈書，幾乎是讓別人記住自己的最佳方式了。送給別人一本自己的書，要遠比只遞上一張單薄的名片更夠份量。

▶ 6. 讓他人對你刮目相看

把自己的書，送給朋友，能讓朋友更加珍惜友情；送給客戶，能贏得客戶的敬重，提升成交率；送給領導，能讓領導看到你的上進心；送給下屬，能讓下屬對你更尊敬；送給情人，能讓情人更動心。這就是書的魅力，它如同一顆糖，到了哪裡甜到哪裡；它如同一束光，照到哪裡亮到哪裡。

▶ 7. 打開事業直線上升的開關

出一本書，你將求職更容易，升遷更快捷，加薪有籌碼。很多人在出書後，人生和事業的發展很快就到了一個新的階段。寫書出書給人帶來的光環和輻射效應，絕對不容小覷。

▶ 8. 快速塑造個人形象

出書，應該是自我包裝效率最高的方式了。如果你想成為社會的精英，大家眼中的專家，那麼，出書是必經之路，持久又有效。

▶ 9. 啟發他人，廣為流傳

把你的人生感悟寫出來，不但能夠啟發當代人們，還可以流傳給後世。只要你的觀點很獨到，思想有價值，就會被後人永遠記得。

▶ 10. 消除謠言，訴說心聲

社會上對你的一些謠言，身邊人對你的誤解，都可以透過出一本書給予糾正和解釋，你可以在書中盡情抒發心聲，彰顯個性。

▶ 11. 倍增業績

在談生意時，遞上個人著作＋名片，客戶立刻會對你刮目相看，提升成交率之餘，並視你為業界之權威！

▶ 12. 給自己人生最美好禮物

歲月如河，當你的形貌漸趨衰老、當你的權力已經讓位、當你的名氣漸趨平淡時，你的書卻為你留住了很多人生最美好的回憶……

課程內容

讓別人快速認識你的最佳方式為何？

迅速成為 A 咖的方式為何？

快速成功的捷徑到底在哪裡？

我的產品到底要去哪裡置入性行銷呢？

生命的意義與價值要留存在哪裡呢？

答案就是出一本書！

當名片已經式微，出書取代名片才是王道！

陸、海、空三軍之外，最佳的攻擊部隊即為：海軍陸戰隊是也。

四大主題：企劃、寫作、出版、行銷一次搞定，「躋身暢銷作者四部曲：教您如何企劃一本書、如何撰寫一本書、如何出版一本書、如何行銷一本書。」

　　全國最強四天培訓班▶保證出書，讓您借書揚名，建立個人品牌，晉升專業人士，帶來源源不絕的財富！

　　寫書、出書，是以前文人用來留下生命記憶的創作方式，如今書市通路越來越多元與多樣，素人作家也能搖身一變成為暢銷書作家，寫書出書甚至成為一種行銷與賺大錢的方式。從企劃、撰寫、出版乃至於行銷，完整學完寫書與出版一條龍的課程，躋身知名暢銷書作家的行列，目前只有魔法講盟的招牌課程【寫書與出版實務班】能辦到。

　　有鑽石級的專業講師，傳授您寫書、出版的相關課題，連續三天的課程後與第四天的課程間隔兩個月，就是希望確保您在上了課程之後，能有消化吸收運用的時間，照著講師提供的方法確實「實踐」：在家真的把一本書寫出來！或至少要把你想出的書

之企畫案寫出來！只要您有認真完成本班的作業，那麼兩個月後，您不僅會對寫作出書這件事了解更多，過程中甚至會陸續浮現一些您一開始沒有想到的問題，魔法講盟陣容堅強的輔導團隊，能適時解答您所有的疑難雜症，相信您離成功又更進一步了。此外，本班還有坊間絕無僅有的出書保證，上完四天的完整課程，絕對讓您對出書有全新的體悟，並保證您能順利出書！

　　如何在還沒有任何文稿作品前就先企劃自己的第一本書？透過MBTI

測試瞭解具有成為哪種作家的潛質，進而將自己腦中的想法變成文字？如何套入寫書公式完成自己的第 N 本書？在這個課堂上通通都會教授給您，上完這堂課人人都可以成為作家，您會發現寫出一本暢銷書真的沒有你想的那麼困難。

有學員擔心之前已經上過出版班，怕會聽到重複的內容，其實不同的講師對於類似的主題會有不同的切入點，反而會給您新的體悟，激盪出不一樣的火花，不斷地學習與吸收，相信您離出版一本書的夢想又更近了。

順帶一提，魔法講盟將斥資百萬全新打造的新教室（魔法教室）上課，這是王晴天會長特別為了魔法弟子們的課程所規劃的溫馨教室，無非是希望能提供弟子們更優質的學習環境，新教室坐落在國內第二大出版集團采舍出版總部三樓，旁邊就是有上萬種圖書的發行中心，知名的新絲路網路書店也在總部內，甚至十大出版社社長就在同一棟樓辦公，如此地利之便，對於未來想要成為暢銷書作家的您可千萬要把握這一窺出版禁地的機會喔。學員們也可趁此機會來體驗新教室、衝衝人氣！在采舍總部上課時，所有你喜歡、你需要的書，通通可以用五折的最低價帶回家喔！您，還在等什麼呢？

國內首創出版一條龍式的統包課程：從發想一本書的內容到發行行銷，不談理論，直接從實務經驗累積專業能力！鑽石級的專業講師，傳授寫書、出版的相關課題，還有陣容堅強的輔導團隊，以及坊間絕無僅有的出書保證，上完四天的課程，絕對讓您對出書有全新的體悟，並保證您能順利出書！

✨ 課程的精彩內容

» 如何寫出一份具備賣相的出版企劃書？

» 如何建構個人文字創作履歷，讓菜鳥寫手也能變成有價值的超新星作家？

» 如何搜尋當代最夯議題以訂定寫作主軸？

» 如何蒐集該主題相關資料？

» 如何在廣大的資料海中篩選出適用的內容？

» 透過 MBTI 測試，瞭解你具有成為哪種作家的潛質？

» 如何把腦中的想法變成文字？

» 如何鎖定你的讀者粉絲群

» 如何規劃、寫出自己的第一本書（素人寫手→作家新手）

» 如何規劃、寫出自己的第 N 本書（作家新手→經典作家）

» 如何找到最 MATCH 的設計，同時兼具書的時尚與賣相？

» 如何設定具市場性的寫作題材

» 如何設計一本書的架構

» 如何寫出能吸引讀者閱讀的文章

» 如何讓靈感源源不絕，文思泉湧

» 如何培養寫作的習慣，成為真正的作家

» 如何激勵自己寫完一本書

» 關於著作權與版權的注意事項

» 如何提案，出版社才會願意和你簽約

» 如何選擇合適的出版社

» 如何出版電子書

» 各種出版方式

» 自資出版流程

» 如何讓你的書在書店和網路書店衝上排行榜的「眉角」

» 如何跟通路提案

» 如何行銷你的書

» 如何進行劇本、小說創作

» 如何申請出版補助、以眾籌方式出書

» 如何出書也可以免費吃盡美食，玩遍世界

關於企畫、寫作、出版、行銷的 know how，全部通通一次教給你，絕無藏私喔！

Class 6

從零致富體驗營

我們要的不只是改變，而是改變什麼？才能創造美好的未來。

這個課程是由遊戲界天才快樂皇后趙淑華老師所發明的，該遊戲也獲得美國等多個國家的發明專利。

美國發明專利
CARD GAME FOR LEARNING AND PRACTCING
EXPERIENCE ELEMENTS TO PLAYERS FOR THE MODELS OF
BEHAVIORAL AND FINANCIAL SUCCESS

PATENTNO:US8297621B1

師資介紹

理財遊戲天才快樂皇后趙淑華

- 傑‧亞伯拉罕行業天才篇共同作者
- 超時代動能學院執行長
- 中國人壽業務區經理
- 台灣國際理財規劃師CFP
- 中國國際理財規劃師CFP
- 中國心理諮商師
- 中國企業培訓講師
- 魔法講盟BU培訓講師

從零致富體驗創造財富自由的三大關鍵——

▶ 累積財富

財務編列預算與現金流收支平衡，消費與儲蓄之間的平衡，不是選擇而是規劃。

▶ 創造財富

就業與創業，想要高薪憑什麼？如何利用環境能量，建立職場轉換的能量。

▶ 財富自由

投資理財的 EQ 與風險管理，想過什麼樣的生活？如何做到財富自由。

遊戲的三大特色——

▶ 快樂互動學習

開啟自然互動的人際關係，從互動中觀察他人檢視自己，是最直接的成長學習法。

▶ 人生經驗的相互驗證

學習不再只是聽課及理解，透過體驗的感受再進入理性的學習並相互驗證。在想要與需要之間練習判斷決策，在思考與行動間能夠身心合一實現夢想。

▶ 財富自由

看見自己的行為模式，探索自我成功密碼，開創自我格局，必能創造成功與幸福的無限可能。

7 | 亞洲八大名師會臺北

　　這是魔法講盟一年一度最重要的盛會，每一年由「全球華語魔法講盟（簡稱魔法講盟）」與「采舍國際集團」合作舉辦的亞洲八大名師大會，是改變您一生、為您創造財富的絕佳管道！

　　「魔法講盟」致力於成人培訓，整合各界教育訓練資源，提供含金量最高的課程，引進國際級課程 Business & You、WWDB642 等，每年持續培育 BU 與 WWDB642、區塊鏈等講師並至中國開班授課。

　　「采舍國際集團」為台灣最大的出版集團之一，旗下擁有創見文化、活泉書坊、啟思、知識工場、集夢坊、典藏閣等二十餘家知名出版社，且設有全球最大的華文自資出版平臺及新絲路網路書店，近年致力於打造專業培訓平臺，開設多元優質課程以服務國人。

　　每年六月定期舉辦為期兩天的亞洲八大名師大會，主題涵蓋經營、行銷、創富、投資理財、網銷、獲利模式、成功學等，並依據實務經歷、演講經驗、舞臺魅力和實際績效等，挑選出八位老師，這八大名師就像一盞明燈，指引學員邁向成功創富的道路，減少摸索的時間和金錢。借別人的力、借眾人的力、借專家的力、借工具的力、借平臺的力、借系統的力，找到著力點，顛覆你的未來！只要懂得善用資源、借力使力，創業成功將不是夢，利用槓桿加大你的成功力量，改變人生未來式！

八大名師暨華人百強講師評選 PK 大賽

魔法講盟每年舉辦八大名師暨華人百強講師評選 PK 大賽的目的為——

▶ 提供講師一個響亮的名號與舞臺

世界華人八大明師 & 亞洲八大名師大會為兩岸最具規模的培訓盛會，更是兩岸講師重要的合作橋樑，由魔法講盟擔任執行單位並負責評選講師，禮聘當代大師與培訓界大咖、前輩們共同組成評選小組，依照評選要點遴選出「亞洲百強講師」，成績優異之獲選者將安排至兩岸授課，賺取講師收入，決賽前三名更可登上亞洲八大或世界八大之神聖舞臺。

▶ 如果您本身就是明星講師，或是某領域之專家、名師

那您一定不能錯過「八大名師暨華人百強講師評選 PK 大賽」，透過遴選獲勝站上國際舞臺，擁有舞臺發揮和教學的實際收入，展現專業力、擴大影響力，成為能影響別人生命的講師，讓更有價值的華文知識散佈得

更深、更廣。

▶ 如果您是素人，但想成為講師

　　那您一定不能錯過「八大名師暨華人百強講師評選 PK 大賽」，我們將透過四日的「公眾演說暨世界級講師培訓班」培訓您，教您怎麼開口講，更教您如何上臺不怯場，讓您在短時間抓住公眾演說的撇步，好的演說有公式可以套用，就算是素人，也能站在群眾面前自信滿滿地開口說話。把您當成世界級講師來培訓，讓您完全脫胎換骨成為一名超級演說家，晉級 A 咖中的 A 咖！

① 大賽簡介

　　世界華人八大明師 & 亞洲八大明師暨華人百強講師聯合遴選大賽，由全球華語魔法講盟擔任執行單位。歡迎各界人士踴躍報名參加，講師無資格之限制，世界及亞洲八大名師為兩岸最具規模的演講場次，更是兩岸培訓講師重要的合作橋樑。

　　我們力爭讓有能力的講者提供更廣闊的舞臺和發展機會，為優秀人才提供培訓發展的機會，獲勝的講師可擁有舞臺發揮和兩岸上台教學的實際收入，全球華語魔法講盟更將提供國際課程讓您上臺授課，賺取可觀的收入，大賽將力邀知名企業家、培訓行業內資深講師、專業人士擔任大賽評委。

② 評選與邀請原則說明

　　眾多的講師候選人中，每一位都在其專業領域有傲人的成績，由現場學員支持度指數以及大會評審指數組成：評選小組評分占比為 60%，

現場觀眾票選占比為 40%，歡迎參賽者動員親朋好友免費至決選現場加油，並參與現場觀眾票選之活動，而經由評選小組共同研擬出的八大名師暨華人百強講師評選活動，講師遴選制度與邀請原則，依照占分比例一一比序，透過此機制，產生最佳講師，且能將理論與實務完善結合的演講者與實業家，以期為參與者帶來一場精采淋漓的盛會並有實際收穫，務求有效果與結果是也。

③ 評選小組成員

　　眾多講師候選人中，每一位都在其專業領域有傲人的成績，而經由評選小組共同研擬出的講師遴選制度，依照占分比例一一比序，透過此機制產生的最佳講師，定能將理論與實務完善結合，由主辦單位遴選國內外專業人士組成的評選小組，邀約原則為：

　　1. 實務經驗：舉凡具有成功經營跨國企業經驗者、曾創業失敗，但重新再起創造更高成就者、有獨特獲利法則並受到各界肯定視為指標者、投資獲利實務經驗豐富、曾獲企業家相關獎項、著有多本著作的知名企業家等。

　　2. 人脈資源：善於經營、擴大人脈關係、具有效的人脈口袋名單、具有人脈運用經驗、樂於提攜後進、引薦資源等。

　　3. 具體成績：掌握創意與創新的關鍵，並有實際佐證、具前瞻性，能掌握趨勢、曾創立、從事、資助、推廣文創產業、在各領域有專業傑出才能者等。

　　4. 人格魅力：八大創業論壇的主旨為無私分享，無論是創業經驗、創意發想、致富訣竅、領導格局，與會企業家們是否能發揮親和力，不怯場、熱情、主動與他人分享經歷與想法，和台下與會學員交流心得，共同

激盪出新的發想與創意、甚至更多嶄新觀點，面對學員的提問，能傾盡知識，應答如流，產生良好互動。

  ＊主辦單位保留更換評選小組人選的權利。

4 評選規則

1. 演講時間為 18 分鐘，不足 12 分鐘及超過 18 分鐘開始扣分。
2. 15 分一短聲、16 分兩短聲、17 分一長聲，超過 18 分 30 秒請直接下臺。
3. 上臺順序：面對講台，從評審的左手邊上、右手邊下。
4. 服裝：男士請穿襯衫打領帶，女士請穿著套裝或洋裝或正式服裝。
5. 計分規則：評選小組評分占比 60%，現場觀眾票選占比 40%。

5 評審委員之聘任標準

評選要點	相關內容	佔分比
實務經驗	◆ 國內外著名企業界高階主管或經營者。 ◆ 具專業領域傑出才能者。 ◆ 曾創辦公司或平臺，具成功創業經驗。 ◆ 專業顧問公司或培訓公司之講師。 ◆ 具文創產業相關背景。 ◆ 理論知識豐富，並具實務應用經驗。	10%
演講經驗	◆ 演講與教授課程場數逾百場。 ◆ 具大規模（200 人以上）公開演講經驗。 ◆ 具有相關主題講授經驗。 ◆ 善與傑出講師合作，開闢多元主題。	25%

評選要點	相關內容	佔分比
舞臺魅力	◆熟諳授課技巧。 ◆具教學熱忱，演講具互動性。 ◆能善用實體與虛擬教材授課。 ◆演講方式生動活潑，具實質內容。 ◆口齒清晰、台風穩健，不冷場、忘詞。 ◆用專業深入觀察所處產業，經過統計整合加以彙整傳授。 ◆因應主題與時事不斷更新演講內容。 ◆創意滿點，杜絕陳腔濫調。	25%
實際績效	◆掌握成功學關鍵 KPI，並有實際演講及授課經驗。 ◆有多本出版著作，具暢銷作家身分。 ◆備有完整授課架構教材。 ◆具十年或百場以上培訓經驗。 ◆擁有與大會主題相關之證照及資格認證。 ◆獲國家級機構認證。 ◆演講／授課後學員有實際收穫及回饋。	20%
學歷與理論基礎	◆具博士以上或同等學歷。 ◆掌握創業學、創富學等理論基礎。 ◆邏輯清晰、理論紮實。 ◆結合所學與經歷，有系統地研究並創造出結果。	20%

　　決選──於新店臺北矽谷國際會議中心舉行，名次於決賽後兩週內，於魔法講盟相關活動與官網公佈，請密切留意官網訊息。凡進入決賽且績優者，將頒贈「亞洲百強講師」證書並成為「魔法講盟百強講師」至各地授課培訓，把知識變現。前三名將優先安排成為世界華人八大明師或亞洲華人八大名師！

6 參賽選手的收益

1、榮譽獲得：

> ➤ 擁有亞洲八大名師 & 世界華人八大明師的國際舞臺。

> ➤ 參加總決賽的選手，可與魔法講盟合作，擁有兩岸培訓市場之利基。

> ➤ 參加總決賽的選手，將獲得「亞洲百強講師」稱號。

2、專業支持：

> ➤ 參賽選手可進入講師培訓營，獲得系統化專業指導

> ➤ 獲得知名企業家、權威人士、培訓專家等評委的指導。

7 如何報名

> ➤ 比賽題目自定：企業應用、專業職能、心靈勵志、其他綜合……等均可。

> ➤ 報名及賽事日期：請上官網查詢

> ➤ 初賽及複賽：演講時間為 6 分鐘

> ◆地點：采舍國際出版集團總部三樓

> ◆地址：新北市中和區中山路 2 段 366 巷 10 號 3 樓

> ➤ 決賽：演講時間為 18 分鐘

> ◆地點：臺北矽谷國際會議中心

> ◆地址：新北市新店區北新路三段 223 號

> ➤ 報名方式：

> 歡迎各界講師踴躍報名參加。

> 請掃描 QR CODE 報名或了解相關資訊

我要報名↓

終極商業模式——眾籌

眾籌（Crowd funding）亦即群眾籌資，也可稱為群眾募資或公眾募資，是一種「預消費」模式，用「團購＋預購」的形式，向群眾募集資金來執行提案，或者推出新產品或服務，目的是尋求有興趣的支持者、參與者、購買者，藉由贊助的方式，幫助提案發起人實現夢想，而贊助者則能換取提案者承諾回饋之創業創意產品服務或股權債權。眾籌最大的好處是「去中間化」，也就是讓市場自己說話，決定計畫／產品的可行性，而非一部分人說了算。

他人的頭腦 ＋ 他人的金錢 ＝ 生意的成功

✓ 集資程序簡便，成本低。
✓ 降低創業風險。
✓ 宣傳行銷及免費市調。
✓ 取得群眾意見與建議。
✓ 找出產品或服務的客群。
✓ 不僅能籌到資金，更能籌到人才、智慧、經驗、資源、技術、人脈等多方面的支持和幫助。

勢不可擋的眾籌（Crowd funding）創業趨勢近年火到不行，獨立創業者以小搏大，小企業家、藝術家或個人對公眾展示他們的創意，爭取大家的關注和支持，進而獲得所需的資金援助。相對於傳統的融資方式，眾籌更為開放，門檻低、提案類型多元、資金來源廣泛的特性，為更多小本經營或創作者提供了無限的可能，籌錢、籌人、籌智、籌資源、籌……，

可謂無所不籌。且讓眾籌幫您圓夢吧！

終極的商業模式為何？借力的最高境界又是什麼？如何解決創業跟經營事業的一切問題？網路問世以來最偉大的應用是什麼？

以上答案都將在王晴天博士的「眾籌」課程中一一揭曉。教練的級別決定了選手的成敗！在大陸被譽為兩岸培訓界眾籌第一高手的王晴天博士，已在中國大陸北京、上海、廣州、深圳開出眾籌落地班，班班爆滿！一位難求！三天完整課程，手把手教會您眾籌全部的技巧與眉角，課後立刻實做，立馬見效。

魔法講盟凡事講求結果，針對眾籌課程，魔法講盟有「5050 魔法眾籌」協助您完成眾籌。

🪐 5050 魔法眾籌

捐贈式眾籌中，投資者是贈與人，籌資者是受贈人。投資者向籌資者提供資金後並不求任何回報，籌資者也無需向投資者提供任何回報，因此捐贈式眾籌具有無償性之特質。籌資者在眾籌平臺中發佈的項目，即為

向投資者發出的邀約，只要投資者將款項匯入籌資者的帳戶，那麼這一贈與合約即告成立。

魔法講盟創建的 5050 魔法眾籌平台，提供品牌行銷、鐵粉凝聚、接觸市場的機會，讓你的產品、計畫和理想被世界看見，將「按讚」的認同提升到「按贊助」的行動，讓夢想不再遙不可及。透過 5050 魔法眾籌平台與《白皮書》的發佈，讓您在很短的時間內集資，藉由魔法講盟最強的行銷體系、出版體系、雜誌、影音視頻等多平台進行曝光，讓籌資者實際看到宣傳的時機與時效，助您在很短的時間內完成您的一個夢想，因為魔法講盟講求的就是結果與效果 !!

5050 魔法眾籌 Q&A

Q1 ▶一定要有項目才能參加嗎？

5050 魔法眾籌為捐贈式眾籌，因此第 0 層發起人的提案者務必要有項目，才能避免掛羊頭賣狗肉的吸金行為。但若純粹只是想藉捐贈來成就他人或自己的夢想者，只需繳交一次註冊費即可成為永久會員。

Q2 ▶任何人都可以看到的魔法眾籌的完整矩陣嗎？

凡是加入 5050 魔法眾籌者，都可以自由選擇欲參加的眾籌專案，待您選定要捐贈支持的項目後，我們會將介紹人與您上線的帳號寄給您，只要在指定時間內將款項匯入，您即可登入觀看您所捐贈支持的完整眾籌矩陣。

Q3 ▶不懂眾籌也可以參加 5050 魔法眾籌嗎？

當然。凡是提案加入 5050 魔法眾籌者，魔法講盟會利用您匯入的企劃金，為您打造最強的宣傳行銷方案，線上與線下、實體與網路，助您完成您的夢想 !!

Class 9 | 易經研究班：知命用命改運造運～神奇的五行八字

　　王晴天博士原為補教名師，《擎天數學最低 12 級分的秘密》之作者，二十多年前一個奇妙的機緣，在大陸熹平石經出土處附近獲得了失傳已久，兩部比周易還要古老的易經：連山易與歸藏易之古孤本。進而於十餘年前開始潛心研究。2017 年 10 月 7 日於易經研究班中，發表與眾不同，觀點獨到的研究成果。

　　客觀來說，若想深入、全面地瞭解《易經》，必須擁有國學、史學以及數學方面的深厚底蘊。而身為統計學博士的王晴天老師，不但是個數學專家，也擁有極佳的國學基礎，並因熱愛歷史，悉心鑽研多年，著有多本史學作品。在此三方面的根基下，王博士更能對《易經》深刻理解，獲得有別於旁人的啟發。

　　不同於一般的《易經》解釋，王博士除了深入研究《易經》的卦理、卦義之外，更加入了統計學與現代成功學的觀點，因此能夠讓一般人更適切地運用《易經》來改變自己的命運。

緣起──在先人智慧中覓出新路

　　（以下為王晴天博士分享的開課緣起）

　　得知我著手研究千年經典文獻《易經》，熟識的親友一遇到我，總

要拉著我為他們算上一卦。來者當中，有些人純粹出於對未來的好奇心，期盼在他們的愛情或事業之路點出令人期待的邂逅（貴人或情人）；但大部分的人，則會壓低聲音，向我訴說近日遇到的煩惱與瓶頸，渴望從這本先人的古籍中，獲得人生煥然一新的救贖。不論何者，我都根據卦象，坦然分析現況，保守地給予建議的做法，結果獲得始料未及的迴響，再三上門的人讓我應接不暇。於是，讓我產生了「開個易經班」的想法。而且，盡量要每年都開。

做出此決定後，我開始埋首研究，更深一層鑽研古籍。我購進大批兩岸研究易書的資料，同時四處蒐羅與《易經》相關的大師經典剖析。歲月遷移，轉眼間已十年有餘。某次，一位在工作不斷觸礁的年輕人來拜訪我，我為他卜出了「訟卦」，卦象顯示他內在有著將其帶入危險境地的想法，加上顯露於外的強硬作風，無怪乎工作糾紛不斷。當我直言不諱地問：「你常主導局勢，卻總是不被支持，對吧？」從他驚異的表情、一副「你怎麼可能知道！」的眼神，我曉得，距離落地開課時間已經不遠了。

為了召開首次的《易經》研究成果公開大會，我與特別成立的易經研究小組殫精竭慮、反覆開會討論，究竟要如何將文本中艱澀的內容，化為一般大眾易懂的文字；如何將千年古人的智慧，簡單應用到現實生活中，讓結業的學員都能驕傲地說出：「我，懂易經！」無數個夙興夜寐的日子過去，始有易經研究班的閃耀登場。

課程設計中，納入我在統計學、成功學的專業，以淺顯易懂的說明，更將一切內容科學化。豐富的課程除了周易以外，還有傳聞早已亡軼的連山易、歸藏易，珍貴機竅一舉問世。最超值的是在課後開設解讀易經五行八卦，讓學員應證自己所學，並從先人點滴匯聚的智慧中，汲取珍貴的活水。

為了學員能持續進行自我練習，進而成為易經專家，此課程精心設計 386 張易經占卜牌、聖持絨布桌布、專用絨布袋，只要保持易經占卜牌的整潔，並謹守「心誠則靈」、「一事不二問」、「儀態莊重且清淨」、「客觀理性的心態」、「切勿迷信與卸責」、「勿靠卜卦貪財」、「占卜不宜在子時」、「勿使用二手牌」、「月事期間盡量避免使用」等原則，便能在《易經》中擷取不可思議的未來診斷。

　　自 2014 年起的每年夏秋之際，《易經》研究班已經與眾多弟子們一同穿越時空，擷取古人智慧的祕密，開啟你、以及你周遭有緣人另一起嶄新的生命之路。

　　本班 2020 年起由大師姊（1 號弟子）Yvonne 大師繼續主講，卜卦、八字、改運………均為純服務性質，對魔法弟子完全免費！

Class 10 接班人團隊培訓計畫暨 CEO4.0

誰是接班人？

目前，相當一部分企業遭遇到「斷代」的危機，也就是有著接班人選的憂慮，傳統的接班人都是由創辦人的下一代接班，但是隨著時代的演進，許多企業選擇由專業經理人接班。

的確，公司在準備把權力移交給下一代的時候，也是這些公司最脆弱和不穩定的時刻，權利移轉過程中的決策管理不當是造成企業失控的最主要原因，美國西北大學凱洛格商學院教授約翰·沃德就曾經指出，八成的家族企業大多未能順利地傳給第二代，而能傳到第三代的只有13%，相當多的公司都會在新領導人手裡破產，還有一些被迫賣給競爭對手，這也就導致眾多企業不能持續發展，在歷經幾年或者數十年的風光後，也逃脫不了破產或是被收購的命運，面臨著越來越高的不確定性和風險。

十年前財富500強中，將近40%的企業已經銷聲匿跡，而30年前的財富500強中60%的企業已經破產和被收購，1900年進入道瓊指數的12家企業的股票，只有奇異公司一家仍然持續發展到現在，世界500強的企業尚且如此，又何況是那些中小企業了。於是，富不過三代這句話，幾乎成了所有企業的魔咒。

在國內，很多企業都是採用家族式管理，企業家很早就開始培養自

己的孩子來子承父業，並且不缺乏成功的個案，例如裕隆集團，嚴慶齡的兒子嚴凱泰接班後，放棄裕隆的自由品牌，專心做日產汽車世界分工體系中的一環，取得了空前的成功。但並不是所有的企業家都是這樣的幸運。

當前，許多企業家對於企業接班的問題充滿憂慮，他們的孩子或是才能不夠，或是興趣不同，或是其他的原因，很多都為別人肩負掌舵的重擔，在不勉為其難的前提下，如何讓企業薪火相傳實在是個大問題。

人們常說：「創業容易，守成難」。在目前競爭激烈的環境下更是如此，采舍集團及全球華語魔法講盟的董事長王晴天博士目前正積極布局企業的接班人選，一個經營數十年的企業，年營業額達數十億的一家企業，要談接班大家應該第一時間是想到王晴天董事長的兒子或女兒接班，所謂肥水不落外人田，怎麼會輪到外人來接班呢？

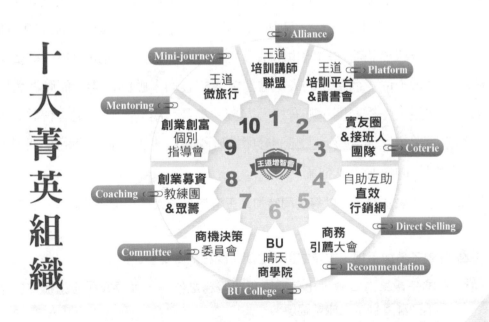

但是事實是王晴天董事長正在積極布局弟子接班事宜。在 2018 年

初，王董事長召開了家庭會議，主要是討論接班事宜，因為王董事長有一兒一女，最後討論的結果是兒女都不願意接班，女兒很貼心的只要求王董事長顧好自己的身體，她在美國大企業上班也不想回台灣了，兒子則是要去英國唸書只要求王董事長給他一筆現金，於是王董事長就信託了一筆四千萬的現金給他兒子，經營了那麼久的事業，王董事長基於對社會的貢獻和對員工的責任，不論如何都要把企業繼續傳承下去，並且讓它更加發光發熱，於是王董事長除了原本其他的華文網、采舍集團、旗下各出版社等等之外，更將多年培訓的資源成立「全球華語魔法講盟股份有限公司」，積極想將這間公司推向上櫃上市，進而可以照顧更多的員工、弟子及學員，也可以完成王董事長畢生的願望，就是打造一家上櫃市的公司。

王董事長知道企業壯大需要更多優秀的人才與資源，加上接班的大事需要時間也需要培養，於是開始積極佈局企業的接班事宜，接班人選不會只有一人，還是希望有一個團隊各司其職發揮所長的接班，加上 2018 年成立的全球華語魔法講盟也將積極地佈局上市之路，所以現在所需要接班的人才數十位，而接班的人選當然會從核心的人脈圈挑選，而魔法講盟弟子可進入人脈核心圈，唯有核心人脈，才是有用的人脈，魔法講盟的弟子們不單單可以進入核心人脈圈參與接班的機會，更享有許多的福利與大咖人脈對接的資源，其他福利有：

01 凡加入魔法講盟，就等於同時加入王道旗下十大子組織，同時享有多重資源與好處！

02 凡弟子參加王博士主持或主講之所有課程終身免費！

03 凡弟子皆享有本會推出各類課程或服務之優惠，並獨享「王道微旅行」「弟子群論劍」之旅遊祕境。

04 非王晴天老師主講之課程獨享最低折扣優惠。

05 魔法弟子享有個別指導與客製化服務。

06 「優質讀書會」弟子可終身免費學習！增長知識之餘，會員均可享有 BNI 式的信任人脈圈，擴大視野與人際半徑，亦可當場商務引薦。

07 弟子可優先將其產品或服務上架新絲路網路書店 www.silkbook.com 與華文網 www.book4u.com.tw 販售。

08 可接受本會「創業募資教練團隊」之個別指導。魔法弟子無指導時數上限，保證輔導你至創業成功為止。

09 弟子若有優質課程要推廣或欲出版其著作，可協助招生與出書出版發行等業務。新絲路網路書店之培訓課程官網會有課程廣告露出及強烈推薦書之各項給力的行銷推廣活動。書出版後將協助會員開辦讀書會。

10 加入魔法講盟即自然成為台灣實友圈成員，可快速認識兩岸知名人士，並與大陸各省市實友圈接軌。迅速擴大工作半徑與人脈圈。

11 安排不定期聚會活動或充電之旅，會員可提出優質產品或服務，以便讓會員們了解並推廣之。「（魔法）眾籌」等服務更是本會強項。

12 魔法講盟 IP 所有線上課程（含過去、現在及未來的影音視頻等）全部免費

13 凡弟子可免費閱讀優質講師之精選文章及影片，並有機會以極優惠的方式參加采舍國際集團、全球華語魔法講盟名師群與每年世界八大明師大會舉辦的各項活動。

14 不定時收到魔法講盟與王博士主撰之加值電子報，掌握各種資訊，增加知識。

15 弟子之產品、服務或內容可預先告知本會，將安排專題介紹或微型演講會或企業參訪。

16 凡入室弟子想成為講師者，皆可安排講師形象打造與宣傳，並協助在兩岸開課。

17 若有事業想發展卻缺乏資金、人脈，通過「商機決策委員會」七大委員評

估通過者，將獲得莫大資金挹注與各方絕大助力。

18 每月可參加弟子圓桌會議，取得王晴天博士之資源挹注。

19 王晴天董事長之事業接班人，亦將從弟子中遴選。

這也是之所以我知道有弟子的制度就立馬加入的主要原因，所以現在才能接王晴天董事長培訓事業一職。

晴天魔法弟子論劍>>

杜拜　北京

> 和一群追求人生成功高峰的菁英們建立更緊密的策略合作夥伴關係及深厚情誼，在學習及冒險活動中，彼此激勵、相互扶持，積蓄正能量，提高續航力。

晴天魔法弟子論劍>>

北京　杜拜

> 見證生命激情，開拓人生視野，放大格局，迎戰未來。

晴天魔法弟子論劍>>

台灣登山史上24小時之內完成父子斷崖雲龍瀑布與
雙龍瀑布的團隊！團隊中大部分都是登山界素人！　八煙野溪溫泉

> 共闖人間秘境，菁英雲集，口舌論英雄。

晴天魔法弟子論劍>>

高雄　　上海

> 論劍期間可與王晴天大師近距離接觸，得到最直接的回應和指導。

晴天魔法弟子論劍>>

北京　　重慶

> 現代商業BM論劍談出借力賺錢之道，找到合作夥伴，增加商務交流機會！

⭐ CEO4.0 暨接班人團隊培訓計畫

魔法講盟體現到目前的世代大多企業都有接班人的問題存在，解決別人的痛點就是一個商機，所以魔法講盟將為自己及其他企業接班人的痛點開辦為期八天的「**CEO4.0 暨接班人團隊培訓計畫**」。

凡參加「**CEO4.0 暨接班人團隊培訓計畫**」的弟子們都將列入準接班人團隊成員之一。本課程特邀暢銷書《**HQ 帶你飛出自己的井**》作者崔沛然老師從美國 LA 返台授課。

崔沛然老師為 HBD 美國洛杉磯 CEO4.0 學院創辦人。承襲史丹佛大學米爾頓·艾瑞克森 (Milton H. Erickson) 心理學派，在其上班族的生涯中，曾在不同領域的企業體內，擔任業務部經理、公關部經理的職位。由於在領導管理、人際溝通的研究範疇頗有心得，於美國洛杉磯／中國北京上海廣州／臺灣等地區二十年超過 6000 場次專業演講，專業經理人培訓 250 梯次教授成功法。

目前，除擔任開宇國際有限公司負責人外，亦成立 Legacy 開宇人文科學研究機構，推廣 HQ 人文影響力。HBD 美國洛杉磯首席執行官 4.0 學院與 UCR 加州大學河濱分校推廣 CEO4.0，並與美國媒體合作致力於推廣「美國品牌中國市場」。同時也是美國 TTI, Ltd. 行為價值模式檢測台灣代理人及鑑定師、中國大陸 ASK123 集團資深講師。著作有：《HBD 成功法則》、《30 秒抓住成功》。

⭐ 講師 Jeffrey Tsuei 崔沛然

Founder and President of HBD CEO 學院。

Jeffrey Tsuei is the head of HBD Financial Inc. and the founder of CEO4.0 College of Los Angeles in the United States. Tsuei partners with University of California, Riverside and United States media to promote the CEO4.0 program and the "American brand, Chinese market."

Jeffrey Tsuei has held various top corporal positions in his career: Entrepreneur, business manager, public relations manager, and published writer. Tsuei has given more than 6,000 professional speeches and 250 seminars in the past 20 years, training corporate officials, managers, and CEO's in China (Beijing, Shanghai, Guanzhou) and Taiwan.

教學經歷

1、各大中小企業
2、民間的一般社團：扶輪社、基金會
3、保險界：已超過 400 營業處，訓練後業績大幅提升（最高當月業績達 420% 成長）
4、各大傳銷公司
5、房地產界
6、金融證券業
7、特定的社團：健言社
8、各大專院校

其實 CEO4.0 是講給青年企業家尤其是 80 後的接班人的重磅話題，

這個話題只解決三個問題：

第一、中國的企業如何成為世界品牌反向撬動中國市場？

第二、CEO 應該懂得的錢流與經濟規律？

第三、如何創新企業競爭力佈局技術與資產的全球化？

企業大佬們都已經看到了國際經濟趨勢的走向，大家也在討論美國總統川普上台後中美經濟的走向。其實眾裡尋他千百度，暮然回首，崔老師已看見未來。

在中國每天有 1.16 萬個 CEO 產生，平均每分鐘 8 個（說起來數字很像初生嬰兒數字）。而 CEO 平均在位時間只有 2.9 年，在時代車輪滾滾而來的時候，你必須跑得比身邊的人更快才有機會贏，那麼你需要國際化。

而中美之間不缺乏橋樑，60 後的人們還在美國成立著各式各樣的商會，但是其實僅僅對接信息的年代已經過時了，70 後是今天的力戰派，在努力融入美國的主流，80 後準備接班，躍躍欲試，做正確的事情永遠比正確的做事更加重要。CEO4.0 是一個方向，因為，我們知道，對於沒有航向的船無論什麼風都不是順風。

全世界的商業環境都將受到 AI ＋ 5G ＋區塊鏈巨大的沖擊，於是企業的挑戰將是空前的猛烈，而企業的領航員 CEO 也就格外的重要，不論是現任或即將接班的 CEO 都將面對最重要的課題：企業升級。

企業升級必須做到產品創新、組織創新、市場創新這三件事。所有創新始終來自人性。因此 CEO 要企業升級創新就必須精準地掌握人性，打造出符合「90 和 00 世代」為消費導向的新企業文化⋯⋯CEO 的升級就成為 CEO4.0 刻不容緩的第一件事。

本課程特邀美國史丹佛大學米爾頓‧艾瑞克森學派崔沛然大師，針對企業第二代與準接班人進行培訓，從美國品牌→台灣創意→中國市場，熟稔國際商業生態圈 IBE 並與美國 LA 對接人脈，出井再戰為傳承，提升寬度、廣度、亮度、深度，建立品牌，晉身 CEO4.0！

CEO4.0 的趨勢三大需求

企業升級的關鍵在 CEO 的升級。

1. 「美國品牌中國市場」華人企業經營未來 10 年的最高戰略指導原則。許多中國集團已很明確在美國及國際進行中。

2. 50/60 世代的企業家們普遍都面臨經營接班人的問題，因此 80/90 後 CEO 接班的國際化培養將是企業很重要的工作。

3. 在「大眾創業」引領下中國每天有 1.16 萬個 CEO 產生，每分鐘有 8 個 CEO 產生，但是 CEO 平均經營企業壽命卻只有 2.9 年，若要延長 CEO 經營壽命必須要國際化。

▶ CEO4.0 應具備之能力

▶ CEO4.0 角色功能定位

⑤ 「誰是接班人」的課程大綱

▶ 商業魅力

- 經濟發展的透析與預測
- 東方與西方文化相撞的美麗與哀愁
- 唐詩＋四書塑造出光芒四射的底蘊
- 透視人性發展軌跡之需求性

▶ 商業談判

- 如何透視談判對手的底線
- 孫子兵法＋老子哲學空間式的談判
- 跳脫對手板機情緒語言陷阱
- 視訊成功談判的運作模式

▶ 商業舞臺主宰

- 群眾心理的解讀與導引
- 舞臺燈光與舞臺形式的掌控技巧
- SQ 舞臺主宰的寶典運作步驟
- 大眾媒體與自媒體的運作與操控

▶ 國際商業聚合

- 聯合 ABC 華人商業生態圈
- 打造 IBE 華人商業王國
- 如何打造新商業國際化組織

- 建造鞏固國際級商業護城河

▶ 誰是接班人課程的目的

- 成為商業界的翹楚 CEO4.0
- 順利接班及公司獲利倍增
- 擁有國際商業資源及管道
- 可成為國際企業接班候選人

　　凡參加「CEO4.0 暨接班人團隊培訓計畫」的弟子們都將列入魔法講盟準接班人團隊成員之一。

⑤ 接班人密訓計畫

　　針對企業接班及產業轉型所需技能而設計，由各大企業董事長們親自傳授領導與決策的心法，涵養思考力、溝通力、執行力之成功三翼，透過模組演練與企業觀摩，引領接班人快速掌握組織文化、挖掘個人潛力、累積人脈存摺！已有十數家集團型企業委託魔法講盟培訓接班人團隊！魔法講盟將於 2021 年起為兩岸企業界建構〈接班人魚池〉，引薦合格之企業接班人！

密室逃脫創業培訓

　　來參加密室逃脫創業培訓的學員，我們保證的結果就是走出創業困境，創業成功機率增大數十倍以上。

　　創業本身就是一個找問題、發現問題，然後解決問題的過程。創業者要如何避免陷入經營困境和失敗危機？就必須先對那些創業過程中最常見的誤區、最可能碰上的困境與危機進行研究與分析，因為環境變化太快，每一個階段都會有其要面臨的問題，誰對這些潛在的危險認識更深刻，就有可能避免之。事業的失敗，其造成主因往往不是一個，而是一連串錯誤和Ｎ重困境累加所致的。只有正視困境，才能在創業路上未雨綢繆，走向成功。

　　當你想創業時，夥伴是一個問題、資金是一個問題、應該做什麼樣的產品是一個問題，創業的過程中會有很多很多的問題圍繞著你，猶如一間密室，要逃脫密室就必須不斷地發現問題、解決問題。

　　當產品推出之後，衍生的問題就更多了。產品沒人用，你可能會想：「是產品的使用者體驗不好嗎？是行銷做得不夠嗎？還是消費者本身就沒有這個需求。」這些問題的答案不會有人告訴你，你必須自己去尋找、發現，找出真正可能的原因。

　　創業的過程中，有些問題還是看不見的，甚至有些是方法上出了問題、效率上出了問題、流程上出了問題，甚至是人的問題。

　　看不見的問題最令人頭大，因為看不見的問題通常很難找，例如網

站的收入欠佳，可能會讓你認為是網站的經營模式有問題，但很有可能是經營模式沒有問題，而是行銷有問題、或是產品本身的使用者體驗不夠好，或是未考慮到使用者心理層面的問題。

當你以為問題出在 A 的時候，但其實真正的問題在 B，於是你花了時間成本、人力成本，想辦法解決 A 的問題，但是真正的問題 B 卻沒有解決，於是你花了很多力氣在這上面，最後還是一點效果都沒有，這讓你十分洩氣，更容易讓你認為原本的產品根本行不通，但事實上是創業者本身根本沒有發現真正的問題。

找出「真正的問題」是創業家一定要擁有的能力，找問題不能靠假設，假設可能是 A 或可能是 B，而是要透過實際的行動來改善並找出原因，看改善了之後是否讓原本的產品有所成長。

無論是產品上、行銷上、作法上，又或是蒐集使用者體驗、參考別人是怎麼做的、詢問同業朋友的意見，盡可能地找出一切可能的原因，唯有在試過一切可能的方法後才容易讓你更貼近真正的問題。

密室逃脫創業培訓是由神人級的創業導師——王晴天博士親自主持，以一個月一個主題的博士級 Seminar 研討會形式，共 12 個創業關卡，帶領學員找出「真正的問題」並解決它。本身有三十多年創業實戰經驗的王博士將從以下這八個面向：1. 價值訴求 2. 目標客群 3. 生態利基 4. 行銷與通路 5. 盈利模式 6. 團隊與管理 7. 資本運營 8. 合縱連橫。再加上最夯的「反脆弱」、「阿米巴」……等低風險創業原則，結合歐、美、日、中、東盟……等最新的創業趨勢，全方位、無死角地總結、設計出 12 個創業致命關卡密室逃脫術，帶領創業者們挑戰這 12 道主題任務枷鎖，由專業教練手把手帶你解開謎題，突破創業困境，保證大幅提升你創業成功的機率，博士級的密室逃脫 seminar 等你來挑戰！

區塊鏈國際認證講師班

　　由國際級專家教練主持，即學‧即賺‧即領證！一同賺進區塊鏈新紀元！特別對接大陸高層和東盟區塊鏈經濟研究院的院長來台授課，是唯一在台灣上課就可以取得中國官方認證機構頒發的四張國際級證照，通行台灣與大陸和東盟 10 ＋ 2 國之認可，可大幅提升就業與授課之競爭力。課程結束後您會取得大陸工信部、國際區塊鏈認證單位以及魔法講盟國際授課證照，魔法講盟優先與取得證照的老師在大陸合作開課，大幅增強自己的競爭力與大半徑的人脈圈，共同賺取人民幣！因接下來會有專章來詳細介紹這個課程，在此就不再贅述。

　　台灣唯一在台授課結業經認證後發證照（四張）的單位，不用花錢、花時間飛去中國大陸上課，在中國取得一張證照約 2 萬人民幣（不含機酒），在台唯一對接落地項目，南下東盟、西進大陸都有對接資源，不單單只是考證如此而已，你沒想到的，我們都幫你先做好了 !!

　　在未來有三大趨勢，第一個趨勢是有關於健康大數據的產業，尤其是防癌的這個部分，第二個趨勢是 AI 人工智慧，第三個趨勢就是互聯網升級而成的區塊鏈。2017 年為區塊鏈的元年，目前進入區塊鏈的時機最恰當的，因為從落地應用、法律規範、產業需求都已經漸漸區塊鏈化。在區塊鏈化的年代下，培訓這產業是趨勢的先驅，也是每個年代需要傳承、跨界、應用所需要的重要管道之一，先瞭解正確的技術等應用才能將區塊鏈的特性賦能應用在傳統產業上。

現在 IPO 所謂的股票市場看起來規模頗大的，例如台灣的股票市場、中國的 A 股市場、美國的那斯達克市場，每一個市場看似都是非常大的市場，但是以現在的角度來看他們都是屬於區域型的市場，也就是每一個市場的買賣都有所限制。例如：你想買中鋼的股票只能在台灣股票市場買，你要買蘋果公司的股票也只能在美國市場買，但是現在區塊鏈的市場卻是全世界的市場，因為它是透過網路向全世界去眾籌，他的市場規模不是以往傳統市場可以比擬的。

現在培訓業也是非常競爭的，在台灣已經有上百上千做培訓的同業了，如果我們的產品跟他們相似度很高的話，那我們的競爭力相對來講就降低了，所以我們選擇目前還沒有培訓業進入的區塊鏈培訓市場，加上我的恩師王晴天董事長，他是台灣的比特幣教父，也是台灣最早挖礦的人，所以對於區塊鏈並不陌生，多元地結合了技術、落地、培訓、講師訓練等等，所以這個市場目前是魔法講盟獨有的市場。

自 2018 年接觸到了許多的項目，參加許多的路演，也受邀到許多大型區塊鏈演講，綜合以上機會，認識了許多區塊鏈相關的人脈，所以有很多區塊鏈對接的資源已經成型。

魔法講盟區塊鏈應用

[第六篇]
魔法講盟區塊鏈應用

　　關於科技我是這樣認為，我出生就有的科技，本該如此；我年輕時候的科技，是偉大創新；我中年之後的科技，是異端邪說……，人們對於新的科技或是知識往往都是先排斥，一直到眾多人都在使用，漸漸在你的生活中充斥著這種科技時，你才會勉為其難地認同接受，但是往往到那個時候不要說靠趨勢賺到財富，你很可能已淪為新科技的犧牲者。

　　魔法講盟區塊鏈的應用可以說是無所不在，至於要從哪種應用切入區塊鏈的領域呢？我的建議是從自身的本行或是你擅長的領域切入最好，因為你最知道該領域的痛點，區塊鏈就是治療那個痛點的特效藥。

　　魔法講盟是台灣最大的開放式培訓機構，切入區塊鏈的領域當然就是從培訓開始，我也認為所有要進入區塊鏈領域的朋友們，最好先來魔法講盟認識學習區塊鏈專業的領域，因為人生中最貴的不是錢，而是浪費掉的時間，區塊鏈的風口目前正開始起風，如果沒有相關知識、對接資源、合作夥伴切入區塊鏈大多會失敗收場，失敗後要重來你會發現時機已過了，你想做的領域或許已經有人經營了，這時再去搶已經是來不及了，把握時機很重要，借力使力更重要，所以魔法講盟借區塊鏈趨勢的力、借學員專業領域的力、借各個老師資源的力前進區塊鏈，各位就專注借魔法講盟的力就可以借力使力不費力了。

區塊鏈的起源

　　區塊鏈源自比特幣，不過在這之前，已有多項跨領域技術，皆是構成區塊鏈的關鍵技術；而現在的區塊鏈技術與應用，也已經遠超過比特幣區塊鏈，比特幣是第一個採用區塊鏈技術打造出的 P2P 電子貨幣系統應用，不過比特幣區塊鏈並非一項全新的技術，而是將跨領域過去數十年所累積的技術基礎結合。要追溯區塊鏈（Blockchain）是怎麼來的，不外乎先想到比特幣（Bitcoin），但位於歐洲的小國「愛沙尼亞」卻是第一個使用區塊鏈技術進行數位化的政府，而比特幣是第一個採用區塊鏈技術打造出的 P2P 電子貨幣系統應用，不過比特幣區塊鏈並非一項全新的技術，而是將跨領域過去數十年所累積的基礎技術結合。

　　位於歐洲的小國「愛沙尼亞」旨在成為全世界第一個加密國家（Crypto-Country），正在使用區塊鏈技術進行數位化的政府服務。

　　2014 年愛沙尼亞政府推出一個電子居民計畫，期望整個國家的數位化能達到一個新高的水準。根據這些提議，世界各地的任何人都可以在線上向愛沙尼亞申請成為一名該國的虛擬公民。一旦成為數位公民，他／她可以透過網路獲取任何愛沙尼亞以實體經濟所建立的線上平台，以及提供給愛沙尼亞國內居民使用的線上公共服務。

　　但是愛沙尼亞在全國選舉期間，只有實體居民可以透過基於區塊鏈所建立的線上平台進行相關投票。另外，愛沙尼亞還推出以區塊鏈為基礎所建立的公共服務，包含：健康醫療服務。現在還正在研究推出以區塊鏈

為基礎的數位貨幣，並發行於該國。

除了愛沙尼亞，世界各國也在公共部門中採用區塊鏈技術。最為積極的歐盟國家競爭對手就是斯洛維尼亞（Slovenia）。

斯洛維尼亞政府已經宣布，目標就是成為歐盟國家中區塊鏈技術的領導國家。該政府正在研究區塊鏈技術在公共行政中的潛在應用。2017年10月中旬所舉行的2020數位年斯洛維尼亞會議中，該國總理表示，監管機構和部分委員已經開始研究區塊鏈技術及其潛在應用。

另外，2017年10月3日斯洛維尼亞政府於斯洛維尼亞數位聯盟（Slovenian Digital Coalition）中成立了「區塊鏈智囊團」。該智囊團將成為區塊鏈開發商，是產業參與者和政府之間的聯絡橋樑，還將合作創造不同區塊鏈上的各種教材，並協助起草關於技術的新規定等。

以上兩個歐洲小國都想利用區塊鏈技術改變在世界上的競爭地位。不過，同時也有一些大國也積極進入區塊鏈市場。

在英國，政府正在試行一個基於區塊鏈的健康保險受益人申請補貼的系統。在俄羅斯，以太坊（Ethereum）的創始人 Vitalik Buterin 與俄羅斯國有銀行簽署了一項關於建立一個名為 Ethereum Russia 的特殊國家系統。主要目的是幫助俄羅斯的國有銀行發展和對外經濟事務實施區塊鏈技術，並在莫斯科建立一個培訓中心。

而比特幣區塊鏈所實現的基於零信任基礎、且真正去中心化的分散式系統，其實解決一個三十多年前由 Leslie Lamport 等人所提出的拜占庭將軍問題（拜占庭將軍問題是一個協議問題，拜占庭帝國軍隊的將軍們必須全體一致決定是否攻擊某一支敵軍。）。

1982年 Leslie Lamport 把軍中各地軍隊彼此取得共識、決定是否出

兵的過程，延伸至運算領域，設法建立具容錯性的分散式系統，即使部分節點失效仍可確保系統正常運行，可讓多個基於零信任基礎的節點達成共識，並確保資訊傳遞的一致性，而 2008 年出現的比特幣區塊鏈便解決了這個問題。

　　而比特幣區塊鏈中最關鍵的工作量證明機制，則是採用由 Adam Back 在 1997 年所發明 Hashcash（雜湊現金），這是一種工作量證明演算法（Proof of Work，POW），此演算法仰賴成本函數的不可逆特性，達到容易被驗證，但很難被破解的特性，最早被應用於阻擋垃圾郵件。

2 區塊鏈的應用

　　區塊鏈最早源於比特幣，但區塊鏈的應用卻不僅於此，過去幾年也陸續出現許多基於區塊鏈技術的電子貨幣（統稱為 Altcoins），不過隨著比特幣持續備受爭議，各國政府與金融機構紛紛表態，直到近一、兩年，大家才終於意識到區塊鏈的真實價值，遠超過電子貨幣系統。

　　區塊鏈可結合認許制，以滿足金融監管需求，若要將比特幣與區塊鏈技術分開來看，最大的不同之處在於，由於比特幣為虛擬貨幣應用，因此面臨各國法規的限制，但區塊鏈現在已經可結合認許制或其他方式來管控節點，決定讓哪些節點參與交易驗證及存取所有的資料，並提供治理架構及商業邏輯兩大關鍵特性。

　　目前區塊鏈可分為非實名制和實名制兩種，前者如比特幣區塊鏈，後者如臺大的 GCoin 區塊鏈。現在的區塊鏈已經可結合認許制，來配合金融監管所需的反洗錢（AML）與身份驗證（KYC）規範，而銀行和金融機構想採用的都是實名制的區塊鏈。

　　區塊鏈的應用必將轉變身分驗證到人工智慧，顛覆人類未來生活，未來區塊鏈會應用於任何領域，替人類生活帶來極大影響。區塊鏈應用專案大致分為：存在性證明、智慧合約、物聯網、身分驗證、預測市場、資產交易、電子商務、社交通訊、檔案存儲、資料 API（應用程式設計發展介面）等。

　　請想像一下這樣的世界——你可以用你的手機參與選舉，可以在

幾分鐘內就買下房子，或者壓根兒就不存在現金這回事。這正是區塊鏈（Blockchain）為我們描繪的未來。

　　在西維吉尼亞大學，學生會正在考慮要不要用基於區塊鏈技術的投票平臺來進行學校選舉。如果運用這樣的平臺，學生們就能用行動裝置來投票，而由於投票結果會被計入公共系統，因此投票是完全安全的。一名支援這種方式的學生解釋道：「大家的投票絕不可能被我們——也就程式員、工程師、學校管理員或學生修改、刪除。」相信在不久的將來，這種安全的投票形式將會被運用到更為重要的地方——總統大選。

　　未來區塊鏈會應用於任何領域，替人類生活帶來極大影響。區塊鏈應用場景大致分為：存在性證明、智能合約、物聯網、身分驗證、預測市場、資產交易、電子商務、社交通訊、檔案存儲、資料 API（應用程式設計發展介面）等。

汽車產業的應用

1. 汽車的供應鏈和製造業：汽車製造過程中，所使用的零件記錄在區塊鏈上，資料可以永續保存。這些記錄可以方便瞭解供應商、零件原產地追溯和驗證並精準召回有問題的車輛。

2. 車輛保養和修理：可加強車主對汽車修理流程的信任。

3. 用區塊鏈註冊車輛和追蹤車輛所有權人：保險公司也可掌握更多意外發生的資料，降低了虛假索賠事件的發生。

4. 人性化的車險：保險公司通過使用智慧合約可以減少約 13% 的運營和理賠處理成本。

5. 智能無人駕駛汽車：區塊鏈有效提高和解決了無人駕駛的精確與即時執行的問題。

6. 車對車的（V2V）微交易：由於有智慧合約，區塊鏈可以實現自動支付的系統。

選舉：減少舞弊、簡化程序

將投票紀錄放在區塊鏈上，節省了身分核對的流程，結果公布更即時。如果與行動通訊結合，未來可能連投票亭、唱票、計票都不需要，只要使用手機就能投票，並自動且安全地完成計票。

醫療去中心化

醫療方面，區塊鏈最主要的應用是對個人醫療紀錄的保存，可以理解為區塊鏈上的電子病歷。目前病歷是掌握在醫院手上的，患者自己並沒有自己的完整病歷，所以病人就沒有辦法獲得自己的醫療紀錄和病史，就像銀行的帳戶看不到過往的交易紀錄一樣，這對未來的就醫會造成很大的困擾。但現在如果可以用區塊鏈技術來進行保存，就有了個人醫療的歷史資料，未來看病或對自己的健康規劃就有真實而完整的資料可供使用，而這個資料真正的掌握者是病患自己，而不是某個醫院或協力廠商機構。另外，這些資料涉及個人的隱私，使用區塊鏈技術也有助於保護患者的隱私與個資。

這種應用具有去中心化的特性，更具開放性，用戶也更有自主性。它所實現的是一種新的組織資訊的形態，每個人都掌握自己的資訊，而不需要像過去那樣把資訊託管給某一個機構來保管。

根據 IBM 在 2018 年區塊鏈研究報告（Healthcare Rallies for Blockchain）指出，2020 年前，全球將有超過 56% 的醫療機構投資或應用區塊鏈相關技術。透過區塊鏈技術可以讓散布在醫院、健檢中心或運

動裝置的資料整合統整，再利用加密技術，讓病患選擇授權開放的對象，無須擔心使用過程中被盜用或流出。病患同意書未來也有機會「上鏈」，減少醫院文書往來的流程。

智慧鎖

德國一個新創公司 Slock.it 想做一個基於區塊鏈技術的智慧鎖，並將鎖連接到互聯網，透過區塊鏈上的智能合約對其進行控制。任何一個控制鎖的人都可以發放一把或多把私密金鑰，並對私密金鑰進行複雜的定制，設定鎖什麼時候啟用、具體什麼時候開啟等。透過這種方式，共享經濟能夠被進一步去中心化，將任何能被鎖起來的東西輕易租賃、分享和出售。

Slock.it 的概念更是超越了為 Airbnb 使用者服務的範疇，想要進一步顛覆這種共享經濟，讓使用者能夠直接向一把鎖進行支付，然後打開；出租者也可以隨時更換私密金鑰的定制，讓整個體驗更為方便、安全。人們也可以透過使用這一技術進行自行車、密碼櫃的租賃等，甚至讓他人在自家門口替電動車充電，然後收取費用等。

保險：智能合約，讓理賠更快速

飛機延誤，旅遊不便險的理賠多久才能入帳？如果你買的是具備「自動理賠」功能的智能合約，當系統確認符合班機延誤理賠條件，就能依約履行。除了旅遊外，搭配放上區塊鏈的醫療紀錄，醫療或意外險亦能適用。甚至有人預測，未來可以不須透過保險業務員或保險公司，實現由保戶組成的「網路互保」。

數位藝術：區塊鏈認證服務

數位藝術是區塊鏈加密技術能提供顛覆性創新的另一個舞臺。數位藝術在區塊鏈行業的主要應用是指，利用區塊鏈技術來註冊任何形式的智慧財產權，或將鑒定、認證服務變得更加普遍，如合約公證。數位藝術還可以透過區塊鏈來保護線上圖片、照片或數位藝術作品，這些數位資產的智慧財產權。

區塊鏈政府：效能提升

區塊鏈以去中心化、個性化、便宜高效的特點提供傳統服務，實現全新的、不同的政府管理模式和服務。充分利用區塊鏈優勢，能讓政府工作更高效，進而獲得民眾的信賴。

區塊鏈能利用其公開永久保存資料的優勢——共識驅動、公開審計、全球性、永久性——保存所有社會檔案、記錄和歷史，供未來使用，成為全球性的資料庫。這將成為區塊鏈政府服務的基石。透過區塊鏈技術重新配置公共資源、提高政府效率、節約成本、讓財政惠及更多人、提高民眾基本收入水準、促進平等、提高民眾政治參與度，最終過渡到自治的經濟形態。

線上音樂

許多音樂人正選擇區塊鏈技術來提升線上音樂分享的公平性。《告示牌》（Billboard，美國音樂雜誌）報導，目前有兩家公司正透過直接付款給藝術家和利用智能合約來自動解決許可問題。在區塊鏈音樂平臺上，使用者可以直接付款給藝術家，而無須中間人插手。除了媒體音樂，還有人預想將智能合約作為歌曲清單的自主大腦，能夠更好地將歌曲背後

的藝術家和創作者分類。

汽車租賃和銷售

Visa 和 DocuSign 公司宣布了一項合作計畫，利用區塊鏈技術為汽車租賃打造特定解決方案，以後汽車租賃只要「點、簽、開」三步即可完成。具體操作是：顧客選擇想要租賃的汽車，這筆交易就會上傳到區塊鏈的公共帳戶；然後，顧客在駕駛座簽署一份租賃協定和保險協定，區塊鏈便會即時將資訊上傳。不難想像，這種租賃模式或許也將應用於汽車銷售和汽車登記領域。

全球公共衛生及慈善捐贈

捐款流向可追蹤，難竄改。

影響族群：非政府組織、公益團體工作者

接受比特幣或其他虛擬貨幣捐款，或是透過ICO（Initial Coin Offering，指企業或非企業組織在區塊鏈技術的支持下發行代幣，向投資人募集資金的融資活動）發行「慈善幣」的公益團體，可以透過區塊鏈「可追溯」、「難竄改」的性質，了解帳務用途，並提升帳務透明度。除此之外，在國際救援行動上，區塊鏈也能降低手續費與轉帳時間等交易障礙。

區塊鏈基因測序

當前公民獲取個人基因資料有兩個問題：第一，法律法規對於個人獲取基因資料的限制；第二，基因測序需要大量計算資源，高昂的費用限制了產業進程。

區塊鏈測序則解決了這兩個問題：透過全球分布的計算資源，低成本地完成測序服務，並用私密金鑰保存測序數據規避了法律問題。有了資料，如果發現有潛在的高血壓、老年癡呆症，可以提前改變生活習慣來減少其發生機率。相信在不遠的將來，隨著區塊鏈基因測序技術的成熟，針對大眾消費者的基因測序服務將得到普及。

區塊鏈應用到大數據領域，使其進入下一個數量級，迎來真正的大數據時代，基因測序就是推進大數據的一個典型案例。

區塊鏈智慧城市

生活在基於區塊鏈的智慧城市，我們可以為自己製造的麻煩付費：發生交通事故造成大塞車，可以支付給過往車輛延誤費用，促進社會朝自律、高效自治的方向發展。我們還可以公開透明地為好的服務、好的學校支付費用。

區塊鏈助學系統

區塊鏈的智能合約有無數用途，智慧文化合約就是其中一種。如果有人給孩子提供上學資助，可以透過智能合約自動確認學習進度，滿足學習合約後，自動觸發後續資金撥付給下一個學習模組。區塊鏈學習合約能夠使學習者和資助者之間完全以點對點方式進行協調，公開透明，對雙方都是正向激勵。學習合約將為慈善資助帶來革命性的突破。

數位身分驗證

現在很多網站使用中心化的協力廠商登錄，比如臉書登錄、微博登錄。那麼未來，我們也許就會使用區塊鏈技術提供的去中心化協力廠商服

務登錄，可以用姓名、地址或二維碼登錄，且和手機綁定，可以自由暢遊網路世界。在電商網站購買時，也不需要繁瑣地綁定銀行卡就可轉接到支付寶、微信等操作，直接用電子錢包一鍵購買。

區塊鏈身分認證

最早使用區塊鏈身分認證的國家是愛沙尼亞，區塊鏈具有人人都可以查閱的特性，每個人都可以在任何一個有網路的地方，查詢區塊鏈資訊，高度透明的特性也讓區塊鏈充滿魅力。不妨這樣設想，在未來，身分證和戶口名簿基本不需要了，因為每個身分資訊都可以寫入區塊鏈裡，當需要驗證資訊的時候，只需要查閱就可以找到。無論是緝拿逃犯還是證明「你是誰」都不再是問題。

區塊鏈婚姻

區塊鏈婚姻是區塊鏈作為公開檔案資訊庫的一個嘗試，如果以後能得到廣泛推廣和認可，會帶來很多好處：因為透明、公平、自由，能解決重婚、隱婚等各種情況，並通過智能合約來改善贍養老人、生兒育女、購買房產等生活事宜。

學歷證書

加州軟體技巧專案 Holbertson School 宣布，它將利用區塊鏈技術來鑒定學歷證書。此舉將確保 Holbertson School 的學生在課程認定上的真實性。如果更多的學校採用這種透明的學歷證書和成績單，那麼學術界的腐敗將大幅減少，更不用說，省去了不少人工核驗時間和紙本文件的成本了。

網路安全

　　雖然區塊鏈的系統是公開的，但其核驗、發送等資料交流過程卻採用了先進的加密技術。這種技術不僅確保了資料的來源正確，也確保了資料在中間過程不被人攔截、更改。如果區塊鏈技術的應用更為廣泛，那麼其遭受駭客襲擊的機率也會下降，區塊鏈系統之所以能降低傳統網路安全風險，就是因為它解除了對中間人的需求。省去中間人不僅降低了駭客襲擊的潛在安全風險，也減少了腐敗產生的可能。

人工智慧區塊鏈

　　區塊鏈讓智慧設備在設定的時間進行自檢，會讓管理人員回到設備出故障的時間點去確定究竟什麼地方出了錯。應用區塊鏈技術可以遠端實施人工智慧軟體解決方案。如果一個設備有多個使用者，人工智慧區塊鏈也可幫助提高安全性，區塊鏈會讓使用各方共同約定設備狀態，基於智慧合約中的語言編碼做決定。

　　還有太多的應用不勝枚舉，區塊鏈的應用已經越來越生活化、普及化，區塊鏈解決了人類自古以來最大的社會成本就是「信任成本」，信任成本在我們生活中無時無刻都是存在的，例如銀行的保全、電腦的伺服器、金庫保險箱、履約保證帳戶、信託帳戶等等，這些都是在解決信任而衍生出來的產品或服務，而區塊鏈已經幫我們解決這個問題了，相信未來區塊鏈的應用更將無所不在，只要有更多的人認識區塊鏈，相信對於區塊鏈的應用就能更加擴大到各個層面。

為什麼要借力於區塊鏈？

　　因為區塊鏈的效能是純互聯網的 100 倍以上，區塊鏈的本質究竟是什麼呢？如果區塊鏈只是一個簡單的分佈式帳本，憑什麼全世界的所有國家、商業領域掀起一波又一波的熱潮，而如此多的精英人士不顧一切地爭相進場？假設比特幣是第一張骨牌，區塊鏈究竟翻倒了哪些牌？骨牌的底層邏輯又是什麼？未來對這個世界的影響又將如何？

　　我們可以從以下五點來思考：

❶ 從生產力和生產關係的角度去思考

　　整個人類社會的發展，在生產力和生產關係這兩個維度，交替演化推進。生產力是從人類開始學會發明和使用工具開始以來，就在不斷提升。1784 年，瓦特改良的蒸汽機、電力、鐵路、飛機、計算機、互聯網、大數據、雲計算、物聯網、人工智能，這些都是生產力革命，核心是「效率提升」。

　　而生產關係的本質是，人類自從有了虛構故事的能力和想像能力以來，人類通過一個個虛構的故事來展開分工和協作的組織形態，部落、國家、公司這些都是生產關係的呈現。

　　人工智能是生產力革命的最後一個階段；區塊鏈則開啟人和人之間協作的新型生產關係。隨著雲計算、大數據、物聯網、人工智能的發展，區塊鏈開始了與新一代信息技術的融合。人工智能是「自學習」，區塊鏈

是「自組織」；人工智能解決「效率」問題，區塊鏈解決「協作」問題。人工智能進行機器學習，區塊鏈進行的是機器與機器、機器與人、人與人之間生產關係的協調。

1956 年，人工智能在達特茅斯學院（Dartmouth College）正式面世，今年 64 歲，已經是一個老人；2008 年，區塊鏈源於華爾街的金融危機，今年 12 歲，一個是翩翩少年才剛剛開始他的蓬勃之旅。

過去 240 年，生產力發展日新月異，生產關係卻從未改變，自從以「公司製」為核心的資本主義被發明以來，人類社會發生了無數次的經濟危機，而現在危機已經到了無法緩和的地步，生產力已經嚴重落後於生產關係，矛盾越來越尖銳，世界局勢也越來越動盪，人類極其需要生產關係的再一次根本性變革，所以今天區塊鏈產生的本質原因是由於生產關係跟不上生產力的發展。人工智能正在把這個世界帶往一個更加不可莫測的未來，區塊鏈則把這個世界重新拉回原有軌道，所以區塊鏈是「對這個世界的一次糾正」。

在蒸汽機發明之前，荷蘭人發明了一個詞叫「公司」，後面緊跟著一個詞叫做「股份制」，第三個詞叫「證券交易所」。世界上第一個交易所是阿姆斯特丹交易所，第二個是倫敦交易所，第三個是紐約證券交易所。今天全球交易量第一名的是紐約證券交易所，第二名是那斯達克，第三名是倫敦證券交易所。過去 500 年，全世界所有的商業組織或者公司，全部圍繞 IPO 這個皇冠上的明珠展開。

2008 年開始的區塊鏈，給人類拉開了另外一個帷幕，未來可能有很多的企業不再需要 IPO，他們會通過生產關係的重新調整，憑藉自身的信用來發行通證，人們基於通證展開一種全新的協作模式，例如 ICO 首次代幣發售（Initial Coin Offering）、STO 證券型通證發行 (Security

Token Offer）。

科技發展到今天，人工智能是生產力革命的最後一個階段，區塊鏈則顛覆了「公司製」的底層存在基礎，Token 扮演了「超級殺手」的角色，也會改變傳統公司的運行模式，一個個開放、公平、共贏的通證經濟體將會形成，資本、資源、人才等要素良性循環和流動，從而打開一個全新的世界。

② 區塊鏈的本質是什麼？

區塊鏈的本質是什麼？眾說紛紜，我們描述區塊鏈就像「盲人摸象」，摸到腿就是一個柱子，摸到尾巴就是繩子……，沒有人知道全貌。

現在，台灣、中國、泰國、菲律賓、瑞典、瑞士、俄羅斯等國家都在思考數字貨幣監管政策，大家都在定義這頭五百年一遇的巨象。如果區塊鏈只是分佈式帳本，如果只是一個數字貨幣，就沒有那麼複雜。

區塊鏈到底穿透了這個社會哪些東西？

第一個是信息科技，這個延伸到底層，是分佈式帳本、密碼學、P2P網絡。

第二個是金融學。過去華爾街開的會一般是兩二百人，現在華爾街開區塊鏈的會都是千人以上，這是從未有過的景象，高盛摩根的人陸續在離職，因為他們看到了金融科技和加密貨幣這樣一個大時代。

如果說金融分為三個階段：傳統金融、科技金融、數字金融。傳統金融是華爾街的天下；科技金融的掌控權在谷歌、阿里巴巴和騰訊這些科技巨頭的手上；這次，數字金融的執牛耳者重新回到華爾街。毫無疑問，紐約是這個世界區塊鏈的數字金融中心。

第三個是社會學。社區治理和共識機制是區塊鏈給社會學帶來的新

衝擊，未來的社會會和當代社會很不一樣，共識、共有、共治、共享、共贏將是未來社會的主旋律，正如恩格斯在《共產主義原理》中所說，人類將實現從必然王國朝向自由王國的飛躍。

第四個是商業。區塊鏈對這個世界最大的影響，不是信息科技、金融學和社會學，而是商業，整個商業世界將面臨一次全新的重構。

毫無疑問過去五百年，公司是最偉大的發明。但「公司」這個詞在區塊鏈時代即將被改寫。區塊鏈技術帶來新的經濟學或商業，通過 Token 將進化出一個個全新的物種。

這個物種叫什麼？有兩種說法，第一個是基金會，第二個叫可編程的分佈式自組織（DAO）。這個詞的正式名稱叫什麼現在還不知道，就像一百年前，紐約街頭出現了汽車，第二天紐約時報刊登的報導寫著「這是一輛跑得比馬車還快的馬車」。今天，我們只能把「它」叫做分佈式自治組織，是什麼還不知道，要讓未來的哲學家來命名和定義這個新物種。

③ 區塊鏈憑什麼是互聯網的 100 倍以上

世界大概分為三層，現實世界、互聯網世界和區塊鏈世界。如果不能分為三層，你就沒有辦法認識區塊鏈。

現實世界是物理世界，互聯網世界和區塊鏈世界共同構成了「數字世界」。他們是「平行」和「鏡像」的關係。這個模型出來就很清晰，所有的邏輯是基於這個模型的。

線下是什麼？比如線下買東西，去家樂福，線上有雅虎購物，區塊鏈的「阿里巴巴」是誰？不知道。線下旅遊是東南旅行社，線上的旅遊是易飛網，區塊鏈的「易飛網」是誰？不知道。

區塊鏈為什麼會產生五萬億美金的公司？

因為隨著層級的提高，運行效率會是指數級的提高，雅虎購物的效率肯定比家樂福的效率高，區塊鏈的「電商巨頭」一定會比阿里巴巴的效率還高，因為裡面的摩擦和交易成本更低，按照科斯的理論來說，公司存在的原因是內部交易成本比外部交易成本要低，區塊鏈再一次大幅度降低了組織內部的交易成本。

　　五年前西門子提出了「數字雙胞胎」，線下有一個工廠，線上也有一個數字工廠。毫無疑問地未來的數字工廠更為重要。

　　史丹佛大學教授張首晟曾講「區塊鏈可能是互聯網的一百倍」，這是一個大框架描述，到底有沒有理論力證？有沒有數據支撐？

　　憑什麼區塊鏈是互聯網的一百倍呢？

　　區塊鏈的基礎技術我認為比較簡單，回想 1996 年上網有多難，而如今還難嗎？連三歲小朋友都會，所以區塊鏈的技術發展大家無須擔心，它會發展得非常快。區塊鏈技術對這個世界的影響很小，只有穿透了四大革命：科技革命、金融革命、商業革命以及社會革命，才能掀起一個更大的浪潮。

　　過去台灣很多資產無法變現，很多公司不能 IPO，因為資產無法衡量，你是做海霸工的，他做汽車修理，雙方的資產不能交易。但區塊鏈不一樣，它的顆粒度特別小，資產能夠快速變現，市場自由靈活定價。區塊鏈激活了沉睡已久的全資產市場。

　　通證的意義，一定是全新的市場經濟，只有站在這個維度你才能理解。如果只是一個分佈式帳本，只是一個數字貨幣，我認為沒有那麼厲害，可能只是類似於一個技術的替代，但有了通證，一切價值便都有了載體，商業世界便有了一個全新的基石。

　　因此，區塊鏈所帶來的新商業體系和新的社會體系通過對於生產關

係的根本性變革，對傳統的機制產生顛覆性重構，在人類生產力進步的天平上，如果說互聯網和人工智能是在市場的天平上增加籌碼，而區塊鏈則是直接改變天平的支點，帶來的影響是互聯網、人工智能的幾何級倍數，可能是一百倍，也有可能是一千倍、一萬倍以上。

④ ▷ 區塊鏈的下一個 10 年？

區塊鏈的下一個十年跟互聯網上一個二十年邏輯是一樣的，階段的對應性也有類似的參照。首先解決物質需求，再解決精神需求，產業應用也是「先 To C，再 To B」。

首先要解決物質需求，互聯網、區塊鏈是一樣的，邏輯一致，相互映射。未來我想開一個專門賣區塊鏈寵物貓的公司，每一個貓都是一個獨一無二的虛擬動物，這種生意足以滿足人在數位世界的精神需求。

矽谷 A16Z 基金創始人馬克·安德森說，二十年後，我們就像討論今天的互聯網一樣討論區塊鏈。

從 2009 年到 2018 年，區塊鏈的重心在比特幣、挖礦、以太坊、交易所。全世界領先的交易所都在中國，亞洲也只有中國能夠跟美國進行 PK。

未來十年，區塊鏈大概有七個賽道：第一個是交易所；第二個是挖礦；第三個是技術供應商；第四個是代幣和 Token；第五個是數字金融；第六個是 ICO 的全案服務；第七個是區塊鏈周邊：大會、媒體、培訓、評級。

當然未來我們會有三種生活狀態，第一個是線下；第二個是線上；第三個在鏈上。我們的商業邏輯可能是「O2O2B —— Online To Offline To Blockchain」

5 如何認識這個時代？

從全球的歷史看，義大利文藝復興時期曾是一個黃金時代，未來是科技跟人文交匯之巔，區塊鏈技術跨越了四大學科，帶來了史詩級的科技革命和商業重構。

前段時間流傳一個段子，李嘉誠 40 年賺 300 億美金，馬雲 18 年賺 400 億美金，到 V 神只用了 4 年，賺了 400 億美金。這是指數級的發展，越往後，其賺取鉅額財富所花費時間越來越少。

如何認知即將到來的區塊鏈時代：

第一，區塊鏈不是下一代互聯網，也不是價值互聯網，雖然「它」加速了價值的傳輸，從資產證券化到資產通證化，但區塊鏈帶來的不是價值本身，而是一個可信的協作方式和公平的分配方式。

第二，區塊鏈時代是人類歷史最大的數字化遷徙，一個 100 萬億美金的市場正在展開。

我們要知道，不是說這個 100 萬億美金數字貨幣產生了，傳統貨幣就沒有了，這是一個疊加效應，等於說未來人類社會增加了 100 倍的財富。

李嘉誠是現實世界的，馬雲是互聯網世界的，區塊鏈裡一定會產生比馬雲更厲害的人，你們看大的邏輯就可以了。所以這將是一個黃金時代啊！

請大家拭目以待 !!!

4 | 區塊鏈演進四階段

區塊鏈技術隨著比特幣出現後，經歷了四個不同的階段：

第一階段 **Blockchain 1.0：加密貨幣**

比特幣（Bitcoin）開創了一種新的記帳方式，以「分散式帳本」（Distributed Ledger）跳過中介銀行，讓所有參與者的電腦一起記帳，做到去中心化的交易系統。

這個交易系統上有兩種人，一是純粹的交易者，一是提供電腦硬體運算能力的礦工。交易者的帳本，需經過礦工運算後加密，經所有區塊鏈上的人確認後上鏈，理論上不可竄改、可追蹤、加密安全。

礦工運算加密的行為稱為 Hash，因為幫忙運算，礦工可獲得定量比特幣作為酬勞。交易帳本分散在每個人手中，不需中心儲存、認證，所以稱為「去中心化」。

無論是個人對個人、銀行對銀行，彼此都能互相轉帳，再也不用透過中介機構，可省下手續費；交易帳本經過加密，分散儲存，比以往更安全、交易紀錄更難被竄改。

第二階段 **Blockchain 2.0：智慧資產、智能合約**

跟比特幣相比，以太坊（Ethereum）是多了「智能合約」的區塊鏈底層技術（利用程序算法代替人執行合約）的概念。

智能合約是用程式寫成的合約，不會被竄改，會自動執行，還可搭配金融交易。因此，許多區塊鏈公司透過它來發行自己的代幣。

智能合約可用來記錄股權、版權、智慧財產權的交易，也有人用它來記錄醫療、證書資訊。因此開啟比特幣等虛擬貨幣之外，區塊鏈的應用有無限的可能性。

例如食品產業的應用，從原料生產、加工、包裝、配送到上架，所有資料都會被寫入區塊鏈資料庫，消費者只要掃讀包裝條碼，就能獲取最完整的食品生產履歷。

在旅遊住宿方面，再也不需要透過中介平台，屋主直接在區塊鏈住宿平台上刊登出租訊息，就可以找到房客，並透過智能合約完成租賃手續，不需支付平台任何費用。

往後，歌手不用再透過唱片公司，自己就可以在區塊鏈打造的音樂平台上發行專輯，透過智能合約自動化進行音樂授權和分潤；聽眾每聽一首歌，就可以直接付款給創作團隊，不需透過 Spotify 等線上音樂中介平台。

第三階段　Blockchain 2.5：金融領域應用、資料層

強調代幣（貨幣橋）應用、分散式帳本、資料層區塊鏈，及結合人工智慧等金融應用。

區塊鏈 2.5 跟區塊鏈 3.0 最大的不同在於，3.0 較強調是更複雜的智能合約，區塊鏈 2.5 則強調代幣（貨幣橋）應用，如可用於金融領域聯盟制區塊鏈，如運行 1:1 的美元、日圓、歐元等法幣數位化。

第四階段　Blockchain 3.0：更複雜的智能合約

更複雜的智能合約，將區塊鏈用於政府、醫療、科學、文化與藝術等領域。

由於區塊鏈協議幾乎都是開源的，因此要取得區塊鏈協議的原始碼不是問題，重點是要找到好的區塊鏈服務供應商，協助導入現有的系統。而銀行或金融機構要先對區塊鏈有一定的了解，才能知道該如何選擇，並應用於適合的業務情境。

去年金融科技（Fintech）才剛吹進臺灣，沒想到才過幾個月，一股更強勁的區塊鏈技術也開始在臺引爆，全球金融產業可說是展現了前所未有的決心，也讓區塊鏈迅速成為各界切入金融科技的關鍵領域。

儘管現在就像是區塊鏈的戰國時代，不過，以臺灣來看，銀行或金融機構要從理解並接受區塊鏈，到找出一套大家都認可的區塊鏈，且真正應用於交易上，恐怕還需要一段時間。

技術演進：區塊鏈是怎麼來的

1982 年／拜占庭將軍問題

Leslie Lamport 等人提出拜占庭將軍問題（Byzantine Generals Problem），把軍中各地軍隊彼此取得共識、決定是否出兵的過程，延伸至運算領域，設法建立具容錯性的分散式系統，即使部分節點失效仍可確保系統正常運行，可讓多個基於零信任基礎的節點達成共識，並確保資訊傳遞的一致性，而 2008 年出現的比特幣區塊鏈便解決了此問題。

David Chaum 提出密碼學網路支付系統，David Chaum 提出注重隱私安全的密碼學網路支付系統，具有不可追蹤的特性，成為之後比特幣區

塊鏈在隱私安全面的雛形。

1985 年／橢圓曲線密碼學

Neal Koblitz 和 Victor Miller 分別提出橢圓曲線密碼學（Elliptic Curve Cryptography，ECC），首次將橢圓曲線用於密碼學，建立公開金鑰加密的演算法。相較於 RSA 演算法，採用 ECC 的好處在於可用較短的金鑰，達到相同的安全強度。

1990 年

David Chaum 基於先前理論打造出不可追蹤的密碼學網路支付系統，就是後來的 eCash，不過 eCash 並非去中心化系統。

Leslie Lamport 提出具高容錯的一致性演算法 Paxos。

1991 年／使用時間戳確保數位文件安全

Stuart Haber 與 W. Scott Stornetta 提出用時間戳確保數位文件安全的協議，此概念之後被比特幣區塊鏈系統所採用。

1992 年

Scott Vanstone 等人提出橢圓曲線數位簽章演算法（Elliptic Curve Digital Signature Algorithm，ECDSA）

1997 年／ Adam Back 發明 Hashcash 技術

Adam Back 發明 Hashcash（雜湊現金），為一種工作量證明演算法（Proof of Work，POW），此演算法仰賴成本函數的不可逆特性，

達到容易被驗證，但很難被破解的特性，最早被應用於阻擋垃圾郵件。Hashcash 之後成為比特幣區塊鏈所採用的關鍵技術之一。

Adam Back 於 2002 年正式發表 Hashcash 論文。

▶ 1998 年

Wei Dai 發表匿名的分散式電子現金系統 B-money，引入工作量證明機制，強調點對點交易和不可竄改特性。不過在 B-money 中，並未採用 Adam Back 提出的 Hashcash 演算法。Wei Dai 的許多設計之後被比特幣區塊鏈所採用。

Nick Szabo 發表 Bit Gold

Nick Szabo 發表去中心化的數位貨幣系統 Bit Gold，參與者可貢獻運算能力來解出加密謎題。

▶ 2005 年／可重複使用的工作量證明機制（RPOW）

Hal Finney 提出可重複使用的工作量證明機制（Reusable Proofs of Work，RPOW），結合 B-money 與 Adam Back 提出的 Hashcash 演算法來創造密碼學貨幣。

▶ 2008 年／比特幣

Satoshi Nakamoto（中本聰）發表一篇關於比特幣的論文，描述一個點對點電子現金系統，能在不具信任的基礎之上，建立一套去中心化的電子交易體系。

未來趨勢

雖然數字貨幣市場進入熊市長達將近 16 個月，直到了 2019 年的 5 月底比特幣已經突破了八千大關，小牛有逐漸甦醒的趨勢，雖然歷經熊市牛市不斷的交互發生，但過去幾年區塊鏈的技術本質發展從未停下。許多基礎建設並沒有被反映在過度投機炒作而下跌的市場估值當中。區塊鏈雖然在這一兩年被定義了許多極限，許多應用的嘗試仍無法實現，但區塊鏈也找出了許多新趨勢，目前以區塊鏈賦能傳統企業最為可行，其效果也是最立竿見影，相當值得關注的。

1 區塊鏈賦能傳統企業

在區塊鏈的世代到來時，許多人投向區塊鏈的新創產業，大多以失敗收場，真正區塊鏈新創的產業並不多，原因當然有非常多點，新創產業本身就是一個高風險的創業，加上區塊鏈本身就是時代的新趨勢，在社會的氛圍、法律的規範、人們的習慣等等尚未改變之前，從事新創的公司就會冒非常大的風險，相對地，若是成功了，其獲得的利益也是非常可觀的，如同幣安交易所的老闆趙長鵬，他從一無所有到資產近 20 億美金，只花了大約半年的時間，這是新創產業加上區塊鏈的趨勢所創造出來的暴利結果，但是現行市場上擁有的企業大部分都是傳統企業，不是每一個傳統企業都可以拋棄現有的市場去從事新創產業，而最好的選擇是將區塊鏈如何賦能傳統企業，以往傳統企業因為技術、法律、社會規範等等的限

制，沒有辦法突破的企業障礙，或許在區塊鏈的時代可以找到答案，只要企業透過導入區塊鏈的特點加以改變，就會在原有的企業上踏著區塊鏈的高蹺，在最短的時間就可以看到最大的成果，重點是沒有太大的風險，最差的情況就是回到現狀，但是一旦成功，透過區塊鏈的特性就可以一飛沖天，幫公司創造無可限量的收入，或是正向的巨大的改變，所以區塊鏈如何賦能傳統企業是目前最值得關注的議題。

❷ 穩定幣（Stable Coin）

價格穩定的數字貨幣在這近三年來，一直不停地受到關注。加密貨幣是區塊鏈的「副產品」。但是，它們最為人詬病的是價格的高度波動性。穩定幣是為了擺脫區塊鏈領域的市場條件限制，並確保這樣的貨幣始終能保持穩定性。多數人都聽說過 Tether（USDT）這枚長期壟斷市場的穩定幣，但一直以來也幾經周折。

大多數穩定幣都是由法定貨幣支持的，但實際上開發穩定幣也可以由其他資產支持，如黃金、或石油，甚至能以其他密碼貨幣作為錨定資產來開發。然而，目前多數穩定幣的治理和模型都是中心化的，對於投資者來說容易產生信任問題。

連之前罵區塊鏈很兇的 Facebook 如今也要發幣了。筆者認為 Facebook 發幣的真相應該不單單是他們所說的那樣。不管他們發的是不是真正意義上的加密貨幣／數字貨幣，這一舉動都已經在業內引起震動，但是很多人似乎並沒有看穿 Facebook 這麼做的真正目的，而他們的「野心」其實比任何人想像的都要大——因為 Facebook 可能會成為全世界最大的中央銀行。

根據此前《紐約時報》的報導，Facebook 很可能會發行一個與傳統

法定貨幣掛鉤的穩定幣，而且並非只和美元，而是與「一籃子」外幣掛鉤。也就是說，Facebook 公司也許會在自己的銀行帳戶裡持有一定數量的美元、歐元、或是其他國家貨幣來支持每個「Facebook Coin」的價值。

　　Facebook 公司現在擁有 Messenger、WhatsApp 和 Instagram 三款重量級即時通訊應用，而這三個應用程序的用戶量一共有多少呢？答案是驚人的 27 億！這意味著全世界大約每三個人當中就有一個人使用 Facebook 的產品。所以，如果 Facebook 公司真的如《紐約時報》所報導的那樣，將其發行的加密貨幣與「一籃子」外幣掛鉤，那麼他們真的有可能成為世界上最大的中央銀行──因為這其實就是中央銀行正在做的事情：發行（印刷）由「一籃子」外匯儲備支持的貨幣。所謂「項莊舞劍意在沛公」，Facebook 公司這麼做，不只是為了對抗社交網絡領域裡的競爭對手，而是會在世界經濟史上產生巨大影響，甚至將對傳統金融業巨頭構成嚴重威脅，導致他們快速走向消亡。在接下來幾年的中長期發展中，相信穩定幣的發展勢頭仍會十分強勁。

 **Libra 是什麼？**

　　簡單來說就是一種世界貨幣、一種穩定幣，Facebook、WhatsApp 和 Messenger 使用者可以在 Facebook 平台上買 Libra，存到叫 Calibra

的數位錢包裡，用來支付其他使用者或商家。英國金融專家多弗里斯比（Dominic Frisby）指出，儘管行銷文案和白皮書裡彰顯 Libra 特性，不斷提到區塊鏈、去中心化和無需許可，但實際並非如此。他說：「據我所知，Libra 既不去中心化，也不是無需許可。一個不具備去中心化、不帶挖礦獎勵特性的區塊鏈就不能叫區塊鏈，它只是一個資料庫。」Libra 是一種基於資料庫的加密結算貨幣，有硬貨幣資產為依託，有獨立管理機構。所以，Libra 不同於比特幣、數位信用額，也不同於傳統貨幣。Libra 具有比特幣的全部優點，卻沒有它的弊端。具體來說，就是跟比特幣一樣即時、全球化，但比後者安全、穩定。而且對環境（電力成本、硬體開支等）無害，因為它不需要挖礦。

Libra 有三個特點：

第一它不是由政府發行的超主權貨幣

第二它採用了區塊鏈的技術

第三它的貨幣價值是穩定的

第一個目的：當然是為了賺錢

因為 FB 本業不好

2018 年臉書（Facebook）爆發個資外洩事件，除了導致股價大跌以外，也使得美、德兩國近六成民眾在事件後，對臉書投以不信任的態度，而其中矽谷科技大亨特斯拉執行長馬斯克（Elon Musk）更是刪除旗下兩大公司的臉書粉絲專頁，讓 Facebook 面臨著平台創辦以來最大的危機。

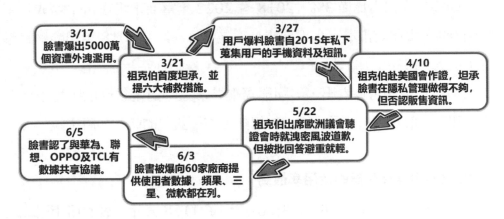

2018臉書洩密事件簿

3/17
臉書爆出5000萬個資遭外洩濫用。

3/21
祖克伯首度坦承，並提六大補救措施。

3/27
用戶爆料臉書自2015年私下蒐集用戶的手機資料及短訊。

4/10
祖克伯赴美國會作證，坦承臉書在隱私管理做得不夠，但否認販售資訊。

5/22
祖克伯出席歐洲議會聽證會時就洩密風波道歉，但被批回答避重就輕。

6/3
臉書被爆向60家廠商提供使用者數據，蘋果、三星、微軟都在列。

6/5
臉書認了與華為、聯想、OPPO及TCL有數據共享協議。

◉ 全球支付市場大

　　全球領先的支付服務提供商 Worldpay 近日發布了關於 2018 年的全球支付報告。報告闡述了全球 36 個國家和地區的支付市場現狀，並且表示中國在未來的四年都將是全球最大的電子商務市場，讓中國在行動支付市場引領全球！

　　報告中的數據顯示：2017 年中國電商市場人均支出為 787 美元，實體店市場人均支出 10911 美元。其中電商市場移動錢包支出占比高達 65%，實體店市場移動錢包支出占比也達 36%。2018-2022 年電商市場複合平均成長率達到 9%，實體店市場複合平均成長率為 11%。其 2018 年網際網路滲透率達到 61%。

🪐 各國行動支付市場現狀（部分國家）

◉ 1. 美國電子錢包時代即將來臨

　　2017 年美國電商市場人均支出達到了 2271 美元，實體店市場人均

支出 24248 美元。其中電商市場移動錢包支出占比達到 20%，實體店市場移動錢包支出占比僅 3%。2018 ～ 2022 年電商市場複合平均成長率達到 9%，實體店市場複合平均成長率為 7%。其中 2018 年網際網路滲透率達到 79%。

從以上數據可以看出，美國網際網路滲透率還是很高的，電子商務市場和電子錢包支出都是呈增大的趨勢，電子錢包的時代即將來臨。

● 2. 日本全球後付費的使用率最高

2017 年日本電商市場人均支出達到了 1158 美元，實體店市場人均支出 14530 美元。其中電商市場移動錢包支出占比達到 3%，實體店市場移動錢包支出占比僅 3%。2018 ～ 2022 年電商市場複合平均成長率達到 6%，實體店市場複合平均成長率為 -1%。其 2018 年網際網路滲透率達到 100%。

日本雖然網際網路滲透率為百分百，但是電子錢包的使用率卻很低。而且日本的消費者很多都是在網上選擇好商品，然後在線下付款取貨的習慣，這也讓日本成為了後付費使用率最高的國家。

● 3. 印度正在推動數字支付革命

2017 年印度電商市場人均支出為 27 美元，實體店市場人均支出 659 美元。其中電商市場行動支出占比達到 26%，實體店市場移動錢包支出占比為 6%。2018 ～ 2022 年電商市場複合平均增長率達到 21%，實體店市場複合平均成長率為 11%。其 2018 年網際網路滲透率達到 45%。

我們都知道，印度是一個人口大國，網際網路的滲透率並不高甚至

連一半都不到，然而印度行動錢包的占比和成長率都很高，這也成為了行動支付市場前景較大的國家。目前，去貨幣化改革正在推動數字支付革命。

▶ 4. 馬來西亞行動錢包占比低，銀行轉帳超過卡支付

2017 年馬來西亞電商市場人均支出為 110 美元，實體店市場人均支出 4493 美元。其中電商市場行動錢包支出占比為 7%，實體店市場行動錢包支出占比為 1%。2018 ～ 2022 年電商市場複合平均成長率達到 21%，實體店市場複合平均成長率為 6%。其 2018 年網際網路滲透率達到 87%。

馬來西亞同為東南亞國家，其網際網路滲透率雖然較高，但是行動錢包的市場占比卻很低，其銀行轉帳支付甚至超過了卡支付。

報告分析在未來幾年，全球三大行動商務市場將會是中國、美國和英國。到 2022 年，中國行動商務市場將實現跳躍式發展，許多國家和地區也在追隨行動商務這一全球趨勢。

▶ 全球跨境匯款市場大

國內跨境支付市場由四類參與方主導，分別為銀行電匯、專業匯款公司、國際信用卡公司與第三方支付公司。銀行電匯普遍採用 SWIFT（環球同業銀行金融電訊協會）通道實現跨境匯款，收費高昂且交易進度較慢，3 ～ 5 天才能匯款到帳，優點在於手續費有上限，適用於大額匯款與支付。專業匯款公司依賴郵局與銀行物理網點，不經過銀行通道跨境匯款，將交易時間縮短到 10 分鐘，但匯款幣種有限，費用方面實行分檔付費模式，適用於中小規模匯款支付。

▶ 光手續費就賺翻了

交易時所需要付的手續費，每一年全球交易數萬兆，只要有一小部分的交易使用 Libra 作為交易時的主要貨幣，那麼臉書就非常非常賺錢了。

🪐 第二個目的：替代一些弱勢的法定貨幣

17 億人不在現有的金融體系內也就是沒有銀行帳戶的，但 17 億裡頭有 10 幾億人是有手機的。

為什麼 Facebook 可以辦得到？

主要就是 Facebook 的用戶量，2019 年第二季 Facebook 用戶數持續上升，日活躍用戶達 15.9 億人，月活躍用戶則為 24.1 億人，同比成長皆為 8%。且至少使用 Facebook、Instagram、WhatsApp 其一的日活躍用戶高達 21 億人；月活躍用戶則為 27 億人。Facebook 表示，目前每天使用 Facebook、Instagram、WhatsApp 上限時動態的用戶，已經成長至 5 億人以上；從 21 億日活躍用戶來看，全世界平均 4 人中有 1 人會使用這項功能。

再來是看 Facebook 的影響力。它的聯盟裡面有 MasterCard、PayPal、eBay、Spotify、Uber，如下圖所示，未來將創造更豐富的應用場景。

　　再來就是它是多方系統的，是聯盟制的。有成千上萬個節點一起維護運營 。Libra 聯盟有 28 個創辦成員，各自擁有同等投票權，來自金融、電商和數位貨幣等產業。Libra 聯盟計畫擴展到 100 個成員，並不是 Facebook 一家說了算。

各國對 Libra 反應

　　Facebook 的目標是創造全球通用的數位貨幣，但使用 Libra 的手機軟體和相關服務必須遵守所在國的市場規則，接受當地監管。

美國

　　美國總統川普批評比特幣（Bitcoin）、Libra 和其他加密貨幣，要求有意「成為銀行」的企業先取得銀行業許可證，並遵守美國和全球規範。

　　路透社報導，川普推文指出：「我不是比特幣和其他加密貨幣粉絲，它們根本不是錢，價值高度波動，且無中生有。」他還說：「如果 Facebook 和其他公司想要成為銀行，他們必須取得新的銀行業許可

證，且遵守所有銀行業規定，就像其他銀行一樣，包括國內和國際（規定）。」

美國聯邦準備理事會（Fed）主席鮑爾（Jerome Powell）告訴國會議員，Facebook 計畫發行 Libra，除非 Facebook 化解有關隱私、洗錢、消費者保護和財務穩定等疑慮，否則不能推動這項計畫。

▶ 中國

Facebook 進不了中國，它旗下的 WhatsApp 和 Messenger 也一樣。

目前中國有三大行動支付：阿里巴巴的支付寶、騰訊的微信支付和中國電信的翼支付。勢力較弱的還有中國移動、中國聯通提供的行動支付服務。

它們和 Libra 及其支付系統一樣，附著在使用者資料庫上。最大的不同是它們沒有自己的虛擬貨幣，用來結算的還是人民幣。

▶ 印度

印度目前對虛擬貨幣的政策如果不是充滿敵意，至少也是冷淡、不友好的。最新統計報告顯示，明年 Libra 推出時，全世界只有十二個市場可能做好了接納它的準備。WhatsApp 在印度現有三億用戶。但印度政府正在打擊亂象頻生的虛擬貨幣業。

▶ 英國

一位不願透露姓名的外匯圈業者對 BBC 表示：最難、成本最大的是合規部分。還有身分認證。有些國家規定用公民身分證認證，但美國、英

國之類先進國家沒有這個相對簡單易行的認證機制，英國甚至沒有個人身分證。

3 區塊鏈即服務

區塊鏈無疑是 20 世紀革命性技術之一。它正在改寫世界運行的規則，許多新創公司和企業也都開發屬於自己的「區塊鏈解決方案」。但是，也有不少公司自行打造的解決方案，到頭來才發現系統實際上難以符合預期該有的成效。

在互聯網時代我們已經見證了這類服務模型的可行性。科技巨頭在區塊鏈領域也紛紛推出區塊鏈即服務（BaaS）這類「基於雲」的服務，能讓客戶建構自己的區塊鏈驅動產品，包括應用程式、智能合約，以及使用其他區塊鏈提供的功能。企業本身無需自行開發、維護、管理或執行基於區塊鏈的基礎設施。

目前亞馬遜（AWS）、微軟（Azure）和其他部分大型科技公司都已經推出了這樣的服務。採用 BaaS 也能讓中小型企業能夠採用區塊鏈技術，而無需擔心初期的建置成本。

4 證券型代幣（Security Token）

ICO 市場在 2017 到 2018 年間幾乎成為全世界的「流行話題」。也很大程度上證明了這樣完全自由不受監管的市場，僅僅是淪為投機炒作，堆疊出的泡沫與外界對區塊鏈領域的不信任，反而在很大程度上阻礙了技術本質的發展。

超過一半以上的 ICO 項目都被證明從一開始就是騙局，這也導致投資者失去信任。

證券型代幣產品提供的是會受到監管機構的融資途徑。目前多數企業仍在與政府溝通：如何在保護投資者的權利，不讓創新的發展被阻擋，並重新定義公司募得資金的整個過程。總體而言，且不論 STO 會以什麼樣形式在世界「各地」進行，可以肯定的是目前募資市場的趨勢已經從 ICO 轉向 STO。

在美國，STO 是一個合法合規的 ICO。雖然傳統資產通證化的生態已經在美國出現，甚至能找到專業的虛擬貨幣律師和審計事務所，但是美國對當前證券通證的監管依然很嚴格。

據相關消息，美國交易所運營商那斯達克正在研究一個證券代幣平台，用來幫助企業發行代幣，在區塊鏈上進行交易。

如果這個平台成立，並且能有眾多傳統證券企業和中小企業尋求合作，那將毫無疑問成為區塊鏈行業的里程碑事件。當然，目前還沒有任何一個國家放寬有關發行證券類代幣的政策。

除了各國監管尺度的差異化，STO 還存在著各種極待解決的問題，但總的來說，STO 比 IPO 更靈活高效，比 ICO 更符合政府監管，使得資產的流動突破了國家的界限，並在實際資產的支持下，積極推動區塊鏈產業脫虛向實，是一種更健康、更理性、可持續的新型融資模式。相信未來隨著各國監管體系的不斷完善，STO 將會成為投資者廣泛接受的主流融資方式。STO 未來成為主流融資方式的時候，區塊鏈經濟也將迎來下一個「春天」。

⑤ 混合型的區塊鏈

接下來我們來談談區塊鏈面臨的技術挑戰：

▶ 高效率，卻低性能

目前公鏈網絡（也適用於大部分私鏈）的吞吐量極其有限，而且不具備向外擴容性。這樣的性能顯然無法支撐起「世界電腦」所需要的大型計算能力。

▶ 鏈無法自主進化，而必須依靠「硬分叉」

區塊鏈平台像一個生命體，它需要不斷地自我適應和升級。然而今天的大部分區塊鏈沒有任何自我變更的能力，唯一的方式是硬分叉，也就是啟用一個全新的網絡並讓所有人大規模遷移。

▶ 區塊鏈的技術模式與社會習慣的衝突

區塊鏈應用需要兩個大前提：一是區塊鏈在全社會已經得到了大規模的普及；二是所有人都充分理解了區塊鏈的運行機制，並且能夠妥善保管自己的私鑰。而這兩個前提實際上都不存在，在可以看得到的未來，也很難實現。

區塊鏈的三角悖論一直難以突破，在對去中心化的堅持終究會妥協到系統的效率。這類型「部分中心化」的混合式區塊鏈，目前還沒有太多成功的應用，但許多公司已經開始探索，是否能夠以不同程度上的分權治理來發揮區塊鏈的優勢，進而創新商業模式。

這樣的模型也能兼顧公有和私有區塊鏈的長處。例如，政府不可能直接採用公有鏈，由於公有鏈多數是傾向於發展「完全」去中心化的治理，難以符合現行的政府決策模式。換個角度想，政府也不能完全以私有區塊鏈來進行，因為政府終究需要人民的參與。

因此，混合兩者特性的區塊鏈透過提供「可定制的解決方案」，並正確設計符合需求（如透明度、完整性和安全性）區塊鏈，可能可以提供一個理想的平衡解決方案。

目前除了政府單位外，許多物聯網、供應鏈產業多數往這樣的方向去設計區塊鏈應用，試圖解決目前的科技瓶頸。

6　聯盟鏈（Consortium / Federated Blockchain）

在 2015 年，由 Linux 基金會主導了基於區塊鏈，但導入一定程度的私有特性的項目 Hyperledger（超級帳本）。聯盟鏈適合於機構間的交易、結算或清算等 B2B 場景。例如在銀行間進行支付、結算、清算的系統就可以採用聯盟鏈的形式，將各家銀行作為記帳節點。

相信在 2019 年，我們可以看到更多聯盟區塊鏈的應用增加，並為企業提供了更多「可定制」的場景。聯盟鏈類似於私有區塊鏈，節點由許多「權威機構」組成，可以控制區塊鏈和預選節點，但仍不是由單一組織控制。

聯盟鏈的利用，例如包括保險索賠、金融服務、供應鏈管理、供應鏈金融等。由 IBM 開發的 Hyperledger Fabric 目前有許多企業採用，例如世界最大的零售企業之一 Walmart（沃爾瑪）將利用區塊鏈追蹤生鮮食品，以提升產品產地履歷的透明度。

此外，R3 的 Corda 平台，採用類似的治理機制導入分散式帳本供金融業應用，目前也將試驗整入「支撐著世界各銀行大量的跨境交易」的環球銀行金融電信協會（SWIFT）。

區塊鏈如何應用在教育

深入了解後，可見區塊鏈的運用在當今的時代已經遍及各行各業，且工作效率特別高。

在當今的時代，教育是培養人才最重要的方法。社會上的各行各業包括教育在內，很多方面都講究形式化、檔案化。在知識含量都相當的情況下，選拔人才的標準便從素質、人格修養出發。因此，在如此多的教育與社會事業裡產生出的文件檔案，需要一項技術來高效處理。

區塊鏈技術便迎合了這種社會的需要。區塊鏈技術擁有強大的數據處理功能，龐大的數據庫決定了它能比人工更高效快捷地處理數據。區塊鏈技術不僅在當今時代熱門的金融行業被廣泛使用。它在教育與社會其他事業方面的運用同樣十分廣泛。對於文件與檔案這種文字性的數據區塊鏈技術也能毫不費力地快速處理，減輕了行業面臨的巨大壓力。區塊鏈不僅能快速處理數據，它還能保存數據，並且保密性較高不易更改，也避免了數據的丟失與被人篡改，安全性極高。那麼功能如此強大的區塊鏈技術，究竟是如何應用於教育與社會事業的呢？

區塊鏈在教育行業的運用為這個行業培養人才節省了大量繁雜的工作。教師自古以來是以「授業解惑」為職責的，但在形式化的當代，教師除了教書之外，還要處理學生大量檔案性的工作，記錄學生個人表現的檔案，偶爾還有其它活動文件。此時區塊鏈的運用發揮了極大的作用。學生從小學到大學甚至研究生畢業都有大量的檔案記錄與學歷證明而這些都是

跟隨每個人一生的檔案，不容有任何閃失。運用區塊鏈技術就能將這些檔案保存起來，既不會丟失，也不會記錄錯任何信息，安全性保密性都能得到保障。並且區塊鏈有其獨特的去中心化優勢，被記錄在檔的文件需要用到時，能夠立即被調出來。因此，區塊鏈技術在教育行業的運用也是十分廣泛的。

除了在教育行業的運用，區塊鏈技術如今也被運用在其它社會事業的管理上。在中國，社會事業種類特別多，需要處理的數據量也十分巨大。在檔案管理，個人社會信用、公證、身份認證、遺產繼承以及代理投票方面的作用十分突出。只要需要網絡處理的事物，區塊鏈技術都能被運用在其中，它對於網絡來說是更進一步的發展。因為網絡有隨時被入侵的風險，而使用區塊鏈技術就能進行風險防控，大大增強了網絡的安全性和可靠性，同時也提高了網絡的工作效率。

正因為區塊鏈技術的功能如此強大，它在兼具以前數據處理技術擁有的功能之外，更難的是它還擁有其它技術所沒有的功能。選擇區塊鏈，讓教育更專注於培養人才，讓社會事業各項管理有序協調。

區塊鏈將會轉變及改善教育培訓的方法，區塊鏈的特性之一分佈式帳本，其技術為產業帶來的改變是較少被宣揚的，然而透明、可受驗證交易數據用例其實很多，透過分佈式帳本平台，能防止詐欺情事的發生。以教育為場景的區塊鏈應用可做以下變化應用：

▶ 技能證明

口說無憑的技能可以透過「數位徽章」來驗證與傳達。

多種技能相關的徽章可以整合在「公開徽章護照」之中，學生們可以提供給相關雇主，你可以上傳你所提供的經歷，由其他用戶來驗證該聲

明。

▶ 身份

隨著學習 App 與服務的成長，身份管理在教育中會是一個問題。像是 Blockstack 或是 uPort 這樣的平台，可以幫助用戶在整個網路中使用他們的身份。透過 Blockstack，用戶可在去中心化網路上使用 App，同時具有資料可轉移性。

▶ 治理

使用區塊鏈智能合約的好處是可以讓商業上的會計更加透明。以 Boardroom 這個軟體為例，它提供一個治理框架，讓公司可以公開或是在受認證的以太坊區塊鏈上管理智能合約。

不僅可以為組織提供管理系統，確保條約執行。還可以讓董事會透過應用程序進行提案管理與股東投票。

▶ 成績單

學業成績單必須是可全球通用、又能被驗證的。基於多項紙本文件與個案審查，驗證義務教育與高等教育的過程仍然耗工。分佈式帳本的解決方案可以將驗證過程精簡化，並減少學歷造假問題。

實例：Learning Machine，十年經歷的軟體公司，與 IBM 合作開發工具，用以創建、發行、審閱、驗證，由區塊鏈為基底的證書。

成績單服務公司 Parchment 的 CEO Matt Pittinsky 表示，在大量應用分佈式技術成績單前，還有許多設計決策需要努力。由於區塊鏈會紀錄全面性的資料，因此必須在永久性與可轉移性間取得平衡。

▶ 出版

出版業在區塊鏈上具有多種應用，從如何入門出版業、版權管理到隱私權。許多新平台都在為作家、編輯、翻譯與出版社做整合。教育者、學生、非營利組織都會因出版業的發展而受惠。

▶ 雲端儲存

學習者可以雲端儲存更多資料，分佈式帳本可以提供更安全、便宜的選擇。

標榜「檔案儲存 Airbnb」的 Filecoin，就是一個受高度矚目的加密貨幣項目，讓人們可以透過儲存空間得到酬賞。

▶ 人力資源

進行背景調查與驗證就業履歷是耗時耗力的工作，如果將就業與犯罪紀錄放在分散式帳本之中，將會簡化審查流程，並更快推動聘雇手續。

Chronobank 致力於短期工作招聘，他們幫助用戶快速找到工作，並用加密貨幣付款，而不走傳統金融機構途徑。

▶ 學生紀錄

索尼全球教育與 IBM 共同開發一個用來保障與分享學生紀錄的區塊鏈平台。但是要完整地將學習者的紀錄放上分佈式帳本可能會造成負擔，成本也較昂貴。分佈式帳本較適合作為一個目錄，而非資料庫。

▶ 基礎設施安全

學校基於安全理由增設的監視器，需要有免於駭客攻擊的網路。

Xage 這樣的公司正是利用區塊鏈的不可篡改的特性來傳遞網路間的保全資料。

▶ 共乘

區塊鏈可以為寡占的共乘市場注入新選擇。

透過分佈式帳本，駕駛員與乘客之間可以創造一個更具使用者導向、價值創造的市場。

Arcade City 這間公司讓司機可以自行決定其費率（從車費抽成的部分），並用區塊鏈來登錄所有的互動。他們可以使一個想要有自己事業的專職司機，能免於受制於企業。

學區可以與一組經篩選的司機合作，以方便為學生交通提供特殊需求的服務，例如：特殊學生路線、偏遠地區學子、半工半讀者之類。

▶ 能源管理

對於使用再生能源的教育機構，分佈式帳本可以減低對中間人的需求。

Transactive Grid 提出去中心化的能源生產方案，讓產電機構可以與其鄰居產出、買賣能源。

▶ 預付卡

區塊鏈可以幫助零售商在沒有中間人的情況下提供安全的禮物卡和忠誠點數計畫。例如：Gyft, Chain Loyyal。

城市、學校與家庭可以使用預付卡來支付校外教學（例如：LRNG）以及相關的交通費用。

▶ 智能合約

　　智能合約的規則是能自動執行功能，可以減少教育單位中的許多文書工作。

　　一群牛津大學教授所創立的 Woolf University，將會用分佈式帳本來執行智能合約。學生和教師的「簽到」是執行智能合約的關鍵，這些合約可以驗證出席和作業完成情況。

　　分佈式帳本可以促進分散式的學習方案。一個州或是組織可以透過區塊鏈的智能合約為學生帳戶募資，並預先提供資金。當達到某些標準時，智能合約將自動釋放資金。

▶ 學習市場

　　分佈式帳本的核心競爭力是消除中間人。它可用於從考試學習到衝浪學校的各種學習市場。

　　TeachMePlease 是一個俄羅斯的試點計畫，在 Disciplina 上聚集老師與學生，它幫助學生尋找並支付課程。

▶ 記錄管理

　　分佈式帳本可以減少紙本作業流程、能將詐欺可能縮到最小，還能增強機構彼此之間的問責機制。美國德拉瓦州（Delware）的區塊鏈倡議旨在為基於分佈式帳本的股權，創建適當的法律基礎。

▶ 零售

　　分佈式帳本可以連接全世界的買家與賣家。因此可以為學校商店或學生企業提供助力，在某些例子下全球網路會很有吸引力，但在其他私有

帳本可能會限制校園經濟。

　　例如：OpenBazaar 提供消費者以 50 種加密貨幣進行無中介的點對點交易。

▶ 慈善機構

　　對於慈善捐贈，分佈式帳本提供精確的追蹤贈款的能力，並在某些情況下提供影響力。例如：GiveTrack。

　　因此，給予學校或是非營利組織的善款，能追究相關責任與產生透明度。

▶ 圖書館

　　分佈式帳本幫助圖書館擴展他們的服務，並制定館藏協議，有效管理數位版權。San Jose State's School of Information 已獲得 10 萬美元贈款，用以資助這方面的開發。

▶ 公共援助

　　區塊鏈可以幫助簡化家庭和學生的公共援助系統。

　　英國於 2016 年開始與創業公司 GovCoin Systems 合作，開展試驗，開發基於區塊鏈的福利支付解決方案。

最新 STO 眾籌模式

IPO（Initial Public Offerings）首次公開募股到 ICO（Initial Coin Offering）首次代幣發行再到升級後的 STO（Security Token Offer）證券型通證發行，如今的世代變遷十分快速，從以前每十年時代趨勢一大變，到後來的每五年時代趨勢一大變，直到現在時代趨勢一年、半年就大變的年代，現在大部分上市的公司，都是透過 IPO 的流程管道一步步地挺進交易市場，許多專家、學者都認為，再過五年後所有的股票市場都可能消失，所有上櫃上市公司的股權投資都會變成虛擬貨幣的交易市場，所有的公司都會用 STO 的方式來上櫃上市。

此刻正是從 ICO 轉化成 STO 的黃金年代，2019 年前一兩年的 ICO 是天之驕子，現在變成慘劇中的慘劇，就是「ICO」莫屬了；作為一種使用代幣發行、全新概念的集資方式，ICO 從點石成金的天之驕子、到人人喊打的過街老鼠，也就幾個月的時間而已，其無視監管的特性讓集資的成本大幅降低，卻也成為詐騙吸金的天堂，2017 年初引燃的這場投機狂潮，也在燒盡投資人的信心後，將市場推入資本的寒冬。

STO 以救世主姿態引領下波熱潮，雖說幣價低迷，不過「加密貨幣與區塊鏈」這項議題的能見度有顯著提升，對未來的看法眾說紛紜，其中「ICO 已死」是少數不多的共識，這時、以合法合規為核心概念的「STO」，被期望能讓投資者重拾信心，以救世主姿態引領下一波熱潮出現。

縱觀企業的募資方式，從公開發行股票的 IPO，到去年火熱的代幣發行募資 ICO，再到當前不斷被人提到的一種新型證券化通證 STO，可謂在不斷推陳出新。雖說 ICO 在各國呈嚴管趨勢，但仍有像百慕達政府通過首個 ICO 項目融資的可行案例，這無疑給很多在觀望的國家開了個頭。同時，又有報導稱美國那斯達克旨在推出通證化證券平台，與某企業達成合作。一方面似乎是 ICO 的破局，一方面又像是 STO 要入局，這兩種方式有可能再次成為引爆方式嗎？

ICO 的現狀與前景

在 2017 年以以太坊為引爆點，很多項目憑藉發行代幣短短時間內籌集上百萬資金。但隨著不負責的項目方進場，一邊圈錢，一邊跑路，導致空氣幣歸零，投資者被騙，幣圈亂象橫生時，各個國家開始著手禁止或管控 ICO。ICO 帶來的亂象，恰恰反應出沒有任何的管控和條件的金融市場，是很容易出問題的，畢竟企業趨利，人的本性也是貪婪的。很多人猜測 ICO 會不會是暫時嚴管，後期是否會開放？個人看來，單純像之前的 ICO 模式是不可能的，因為我們已經走過一些彎路，得到一些教訓了。但若有一套監管體系，即受一定條件約束的 ICO 還是有可能出現的。事實上，唯有管控，才是一個行業開始走上正軌的跡象。就像一個有家的小孩，在各種家教下良好成長，野孩子倒是自由，但被放任成長的孩子往往成不了社會主流分子。

STO（Security Token Offer）指的是證券型通證發行。簡單理解就是把證券當做 Token 來發行。證券常指企業的股權、債券、基金、黃金或珠寶等資產；而 Token，我們之前也專門分析過，可流通的加密數字權益憑證，具有股權＋貨幣＋物權的屬性。從定義上看，Token 實際本身就

可以作為證券的證明，對於 Token 為載體的證券發行，本就是可以對等的方式，換句話說，其實這種方式早就存在，不過是現在人們給它起了個名字 STO。

監管	投資難度	權益	應用場景	風險
IPO（嚴格監管）	只對部分投資人，一般人難以進入	股權	傳統資產	較低
ICO（超弱監管）	零投資門檻、只需稍懂網路操作	實用權	虛擬資產	超高
STO（一定程度監管）	有專業性，也接受一般人投資	股權＋實用權	傳統＋虛擬	中等

STO 與傳統 IPO 有什麼不同？

　　IPO 是單純的首次公開發行股票，投資者買到股票後就持有股權，享受股息和分紅紅利；IPO 發行時對於企業各方面要求很高，且審核流程繁瑣、時間也較長，門檻較高；其針對的受眾對象也多為專業投資人。STO 作為代表證券的 Token 發行，投資者持有 Token 就持有股權、物權，甚至還有數字貨幣的權利。持有 Token，相當於你持有項目背後的一定比例資產，數字貨幣也可以在項目資產中進行流通；STO 也需要國家的監管，但沒有 IPO 嚴格；受眾人為廣大群眾。可以看出 STO 就像是 ICO 與 IPO 的一種折衷，既受到一定程度監管，又可以使證券通證化，使流通方式更靈活，降低項目方的募資門檻。

　　乍看 STO，似乎是一種新型募資的完美方式，但真的是這樣嗎？其實仔細想想，受監管的 ICO 似乎和 STO 並無多大區別。當國家出台相關政策明確對 ICO 做了指示後，此時的 ICO 就多了一種條件，發行之前，

政府需要對其項目團隊、資產等作出評估，條件通過後，允許發行，這不也是另一種形式的 STO 嗎？因此，無論是受監管後的 ICO 是否能繼續；還是 STO 會入局，實際上都是多了國家的管控，對項目方的准入門檻抬高了些。但無論是哪種得到推廣，對想要做實事的企業都是一種利好，且對沒有太多投資經驗的老百姓來說，也少了一道風險。但目前來看，雖然有一、兩個國家陸續對某些企業通過 ICO 和 STO 宣告許可，但大多數國家還未曾給出明確的態度，或者說沒有製訂一套完善的監管機制，所以我們還需要靜觀其變。但如果想企業的新型融資方式再次入場，在沒有國家管控的前提下，一定是不能永久存在的。

一個新事物或許是偶然事件的催發，不受控制，通常是在毫無準備中突然崛起，但要想長期良性運轉下去，必定要有一套運行的規則。對於金融領域，更是如此，唯有各國製訂明確的監管制度，才能知道哪條路能走，哪條道不能過。就像前不久李笑來老師在新書見面會上說：「法治這件事情對區塊鏈的發展尤為重要。因為如果沒有法律明定什麼可以做，什麼不可以做，就會出現很多的亂象，不利於行業的發展。一旦法治健全了，那麼很多的事情、好事情就會自然發生了。」

魔法講盟區塊鏈的應用

STO 眾籌案例：利用區塊鏈完善教育培訓案例

公司名稱：全球華語魔法講盟股份有限公司（簡稱魔法講盟）

以下是考慮及思考的切入點：

▶ 對魔法講盟（知識提供者）而言

魔法講盟將自己定位為知識服務商，所以只要是知識相關類的產品幾乎都有，包括公開培訓課程、企業內訓、線上諮詢、線上課程、資訊型產品、實體書及雜誌……等等。服務的對象不僅僅只是台灣地區而是定位為全球有華人的地方就有魔法講盟的服務，初期的重點會在兩岸三地，所以除了服務的種類多元化，銷售的管道也是很多種，加上服務的地區涵蓋全球，產品種類以及服務地區基本上都沒有太大的問題，而收費勢必是一個嚴重的問題，光是要收哪個國家的貨幣？匯率怎麼算？能使用信用卡嗎？等等這種國家與國家之間法定貨幣邊界的問題，所以會考慮發行魔法講盟自己的智慧幣，當然初期會以魔法講盟的產品為主，最後希望所有華人世界關於知識產品的買賣都可以用智慧幣如同音樂幣一樣，將知識產業結合智能合約＋區塊鏈也是我們的使命。

▶ 對學員（知識需求者）而言

現在是一個全球化的時代，例如在台灣如果你的電腦有問題，你打

電話給電腦公司的技術服務諮詢專線尋求協助，電話的那一端可能是中國在地的服務人員，就像美國很多企業都已經委託印度來做客服服務，所以現在很多線上的服務都是全球化的，尤其是知識提供者這個行業更是如此，很多資訊行的產品都是在網路上銷售販賣，對學員來說現在的付款雖然很多元，但是也很麻煩，最簡單的就是用信用卡來支付。信用卡雖然方便但是衍生問題也挺多的，例如不是每個人都有信用卡，信用卡在網路上也常常出現被盜刷的問題，且信用卡還有手續費等，所以如果有一個透過智能合約＋區塊鏈而衍生出來的虛擬貨幣「智慧幣」來做給付，既安全又快速，手續費就是礦工費也是相當便宜的，對知識需求者而言其實都是在用虛擬貨幣支付（信用卡也是虛擬貨幣的載體），換一個更安全、更便宜、更迅速的新虛擬貨幣為什麼不呢？

公司類型：知識服務商、教育培訓、出書出版

魔法講盟是台灣最專業、最大的開放式培訓機構，全球總部位於臺北，海外分支機構位於北京、香港。

什麼是開放式的培訓機構呢？簡單來說就是講師的舞臺不為特定講師而開，即使是素人的你也可以站在魔法講盟的國際舞臺發光發熱，為什麼你可以站在魔法講盟的舞臺呢？這必須從魔法講盟的創辦初衷談起，魔法講盟的起源是因為看到許多優秀的講者在參加講師培訓並順利結業後就沒了後續的舞臺；也有許多傑出的講師，從講師競賽中過五關斬六將後脫穎而出，得了不錯的名次，然後呢？還是要面臨同樣的問題——沒有「舞臺」，有鑒於此，采舍國際集團董事長王晴天博士，著手架構一個包含大、中、小舞臺的平臺，讓優秀的人才有所發揮。讓學員參加講師培訓結業後就能立即就業的理念，還可以搭配專業的雜誌及協助你出一本暢銷

書，打造你在該領域的專業形象，更與台灣成資國際合作，引進了世界第一商業首席教練布萊爾‧辛格以及彼得‧杜拉克的課程將給予優秀人才發光發熱的舞臺。

你想成為講師或是你本身就是講師卻沒有舞臺嗎？我們已搭好了兩岸三地的舞臺，一起和我們前進中國吧！

公司產品：培訓課程如布萊爾‧辛格、彼得‧杜拉克的國際級課程、出書出版班、眾籌、市場 ing 的秘密等數十種品牌課程。

魔法講盟 STO 智慧幣籌備會議：

時間：2018 年 02 月 23 日下午四點

地點：魔法講盟臺北總公司

🪐 STO 幣種名稱：智慧幣

STO 發行數量：發行量到時候依目標市場需求才會再去訂定，基本上發行量與市值是不會有絕對的關係（規劃公司保留 50% 智慧幣，公開募資 50% 智慧幣）STO 募資與市值：市值經評估精算後為一億台幣，初期開發費用預估 1%。

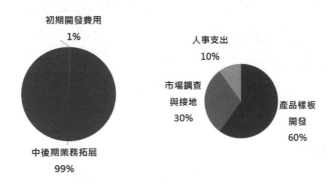

▶ 公司的產品與服務

公開課程（自有課程與國際品牌課程）、線上一對一顧問式諮詢服務（分門別類專業輔導）、資訊型產品（線上課程、書、雜誌、DVD等）、虛擬貨幣交易所服務商、企業合作案、所有知識服務相關、顧問案、孵化器、眾籌種子投資案、凡是與知識提供相關的服務皆有。

🪐 STO 智慧幣智能合約 & 區塊鏈應用規劃

▶ 傳統通路的問題

- 無法立即找尋能夠解決問題的人。
- 無相關評論無法比較老師或業師品質。
- 諮詢對象是否可靠。

- 仲介費用過高。
- 如何付款。

▶ 透過線上智能合約 & 區塊鏈解決

- 網路設定後可以立即進行全球條件篩選配對。
- 透過社群的留言及網站的評分可以篩選掉不夠優秀的老師。
- 透過網路第三人的評價可供參考。
- 透過網路配對篩選,無仲介費的疑慮。
- 智慧幣透過智能合約的架構,以事先的約定進行付款。

▶ 智慧坊平臺功能

　　知識供給者→透過平臺個人頁面提供個人專業服務。

　　知識尋求者→透過平臺用較低的時間與金錢成本,在關鍵時刻得到最專業的協助。

為什麼要透過區塊鏈支付智慧幣呢？

假設知識需求者是台灣人，而他配對到的知識提供者是日本人，那麼在結帳、付費時就會出現問題了。

▶ 第一、有可能不付款

大陸火紅的第三方支付「支付寶」就解決了彼此不信任的這個問題，如果用智能合約寫明付款條件，如果你接受對方的條件並符合智能合約寫定的條件，立即就會觸發啟動，智能合約就會自動執行付款，本身智能合約＋區塊鏈＝支付寶，一旦以太坊流行起來，「支付寶」有可能就會被淘汰囉!!

▶ 第二、貨幣不同怎麼付款？

由於知識提供者是日本人，使用的是日幣，知識需求者是台灣人使用的是台幣，要用法定貨幣付款有一定的難度，如果用智能合約＋區塊鏈的技術用「智慧幣」付款，只要知識提供者與知識需求者連接上，並同意雙方的條件就立即開始運作付款流程，當服務流程結束所有的金流也都完成了，是不是便利又安全。

▶ 第三、用信用卡手續費高

如果選擇用信用卡付款的話，手續費也是一筆開銷，但用智慧幣付款則只需付少許的礦工費（每個交易不一定，大約 0.003，礦工費越高交易速度越快），而且用智慧幣付款不會有信用卡被盜卡、盜刷的風險，絕對安全隱密。

TEAM

顧問團隊

高雄軟體工業園區
產發部CEO
輔導超過25個創業團隊
並有多個團隊獲取SBIR國發基金

區塊鏈開發團隊

17直播開發團隊
新型社交區塊鏈-秘銀
市值100,543,800 USD

APP應用開發團隊

矽谷Startup-Giftpack
Frontend-developer
全端應用程式開發

▶ STO 智慧幣目標

短期：平臺／APP 開發、市場調查、STO 開發。

中期：鎖定獲利目標、亞洲市場開發、平臺收入。

長期：創造規模經濟、穩定獲利、與持有智慧幣的擁有者共享獲
利。

魔法講盟因應數字經濟的到來已全面升級

▶ 1、ICO 升級 STO

從 ICO 盛行的 2017 年、2018 年有在這方面琢磨，但隨時代趨勢
演變，魔法講盟在 2019 年已將 ICO 全面進化成 STO 大躍進，目前將結
合更多的落地應用以及趨勢風口課程，讓所有的學員都可以站在巨人的肩
膀借力致富。

▶ 2、全面接受數字加密貨幣支付

魔法講盟是第一個全面接受主流虛擬貨幣，以作為支付的培訓機
構，目前可接受的有六大貨幣，比特幣、比特幣現金、以太幣、瑞波幣、

萊特幣、SCA 搜秀鏈，以落實虛擬貨幣的應用場景。

▶ 3、與落地項目方合作提升競爭力

　　魔法講盟將打造亞洲地區最大區塊鏈項目孵化基地，讓所有上區塊鏈認證班的學員，想要落地應用的項目，魔法講盟將全力支持，將提供對接的資源、資金、應用、技術、市場等等，魔法講盟也與現有的區塊鏈落地項目合作，讓所有的學員有一個好的項目可以運營，魔法講盟凡事講求結果，只要上過魔法講盟課程的學員，皆可以共同參與魔法講盟評估後的項目，打造學員、項目方、魔法講盟三贏的局面。

▶ 4、將與泰好交易所合作提升

　　區塊鏈最直接的應用就是虛擬貨幣，魔法講盟為了幫學員在區塊鏈上打造成功平坦的道路，特別與泰好交易所合作，將來學員的項目如果有發自己的公司幣，便可以把公司發行的虛擬貨幣直接上泰好交易所，這樣可以防止學員選錯交易所而受騙上當，因為不是上交易所之後就沒事了，之後的幣值管理才是重點，所以學員的項目從前段、中段、後段，魔法講盟將一一打通各個環節，讓所有的學員可以不必多走冤枉路，浪費多餘的金錢與時間，因為區塊鏈這個趨勢是不允許浪費任何的時間，趨勢一旦過了就沒了。

▶ 5、與愛絲蜜直播平台強強合作打造知識付費大平台

　　愛絲蜜直播平台目前是以網紅結合娛樂為主的直播平台，目前已經與魔法講盟共同打造知識付費的頻道，未來在大陸地區以及整個華語地區，只要透過愛絲蜜直播平台的 APP，便可以收看魔法講盟優質的課

程。魔法講盟是台灣最大、最開放的培訓式機構,魔法講盟的課程非常的多元化,從代理國際級課程到各個行業需要的項目課程,可以說是應有盡有,加上魔法講盟歷年所累積的上千種教學影片,已經是一個非常龐大的線上資訊型課程資料庫,愛絲蜜直播平台的會員數眾多,魔法講盟與愛絲蜜直播互相截長補短,將打造整個華人區最具競爭力的知識付費頻道。

魔法幣

　　魔法幣的權益設計是朝向通證的概念加以設計，讓持有魔法幣的持有者躺著都可以享有被動式的收入，打破以往 ICO 代幣的缺點，讓持有者更加想要長期持有魔法幣，而不是炒短線最後導致破發等因素造成一個項目的告終。

① 去中心化的交易

　　魔法幣的取得必須透過加密貨幣兌換加密貨幣，也就是所謂的幣幣交易，就是以太幣兌換一定比例的魔法幣，而交換的地方則稱為「交易所」，目前市面上的交易所 90% 以上都是中心化的交易所，中心化的交易所最大的安全隱憂，就是一夕間遭受駭客攻擊時，可能全部的貨幣都將被轉走，交易所兢兢業業辛苦了好幾年卻在幾分鐘內倒閉收場，所以魔法講盟的區塊鏈應用致力於打造去中心化的交易所，防止以上的情事發生，去中心化交易所裡頭的錢包是在每一個人的名下自行保管，並不是像目前中心化的交易所，是由交易所的大錢包來管理，這樣的風險就相對安全許多了。

② 以智能合約執行

　　除了交易所去中心化的規劃，在交易的過程當中，也避免了有中間化的行為發生，因為點對點的交易如果必須透過中間人，那麼出錯的機率

就大大地提升了，如果可以將中間必須要執行的部分，透過區塊鏈智能合約來執行，在公平、公開、透明的環境下，大家都可以看得到智能合約的執行規則，這樣既可避免人為操作的錯誤，也可以大大提升交易的效率以及正確性。

③ ▶ 以持有魔法幣的比例做為新購魔法幣的利潤分配

魔法幣打破一個傳統的新思維，就是當有一個人以幣幣交易的方式購入魔法幣時，當下就會將一定比例（至少 50%）的以太幣撥發到當時所有魔法幣持有人的地址，那麼持有魔法幣數量越多的人當然就可以收到越多的以太幣，所以第一個人購買魔法幣，就會分到第二個人及之後購買魔法幣的一定比例之以太幣，第一個人以及第二個人就會分到第三個人及之後購買魔法幣的一定比例，這個比例就會用你持有魔法幣的數量來做分配，簡單來說如果你持有 1% 的魔法幣，那麼當一個人用 100 顆以太幣來兌換魔法幣時，假設當初設定的是 50% 進公司 50% 發放給擁有魔法幣的持有者，那你持有百分之一的魔法幣，當次你就可以分得 0.5 顆以太幣，以此類推。

④ ▶ 擁有分紅權

擁有魔法幣的人，不但擁有下一個人購買魔法幣的分配權，還可以擁有整個魔法幣盈利一定比例的分紅，如同股票一樣，當你持有越多的魔法幣當然可以，擁有越多的分紅權，持有魔法幣就是打造被動收入的一種方式。

White Paper

魔法幣在魔法講盟的應用

現在在台灣支付的方式越來越多元，從信用卡、悠遊卡、Line Pay、街口支付、各家的儲值卡等等，魔法講盟辦理的眾多應用場景均將接受魔法幣支付，不但接受魔法幣支付，還會以更優惠的方案來讓學員使用魔法幣，如：實體課程、線上課程、魔法弟子、專業證書、形象短片……等。

魔法講盟旗下擁有眾多的出版社，以及出書出版相關的行銷廣告等，如出書出版、新書行銷、雜誌廣告等，都可用魔法幣進行支付。

魔法講盟正在建購幫客戶打造自動化的賺錢系統，透過互聯網的方便性，結合區塊鏈的去中心去信任化的特性，再結合「接建初追轉」的行銷策略，將領先打造全世界唯一自動化系統銷售平台，讓有好商品的製造商，透過自動化賺錢系統達到全自動運轉的機制，做到真正去中心、去邊界、去信任、去中間化的銷售平台。

區塊鏈認證班的學員對於區塊鏈的落地應用，有很多的場景和創新思維，但是一開始往往都是缺乏應用場景，也就是說如果因為某一項目而發幣，但只有一種應用場景的話，這樣該數字貨幣未來的價值一定會大打折扣，如果可以由大家一起用各種項目來支持一種貨幣的流通和可應用場景落地的話，這樣對彼此雙方都是有利的。魔法幣將基於區塊鏈認證班的學員為核心，一同將魔法幣的應用場景擴大，讓一個好的項目也可以節省發幣的冗長過程，因為一個項目要成功並不是發個幣就可以完事，當幣到交易所交易時，還必須留意幣的價格和維持幣價，所以魔法幣基於魔法弟子及魔法學員共同創造並擴大應用場景，如餐飲、百貨、家電、課程、新孵化項目等等均可應用。

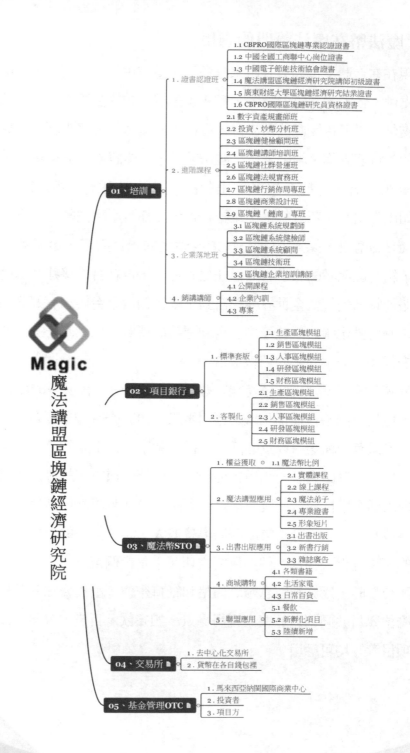

Magic
魔法講盟區塊鏈經濟研究院

01、培訓

1. 證書認證班
- 1.1 CBPRO國際區塊鏈專業認證證書
- 1.2 中國全國工商聯中心崗位證書
- 1.3 中國電子節能技術協會證書
- 1.4 魔法講盟區塊鏈經濟研究院講師初級證書
- 1.5 廣東財經大學區塊鏈經濟研究結業證書
- 1.6 CBPRO國際區塊鏈研究員資格證書

2. 進階課程
- 2.1 數字資產規畫師班
- 2.2 投資、炒幣分析班
- 2.3 區塊鏈健檢顧問班
- 2.4 區塊鏈講師培訓班
- 2.5 區塊鏈社群營運班
- 2.6 區塊鏈法規實務班
- 2.7 區塊鏈行銷佈局專班
- 2.8 區塊鏈商業設計班
- 2.9 區塊鏈「鏈商」專班

3. 企業落地班
- 3.1 區塊鏈系統規劃師
- 3.2 區塊鏈系統健檢師
- 3.3 區塊鏈系統顧問
- 3.4 區塊鏈技術班
- 3.5 區塊鏈企業培訓講師

4. 銷講講師
- 4.1 公開課程
- 4.2 企業內訓
- 4.3 專案

02、項目銀行

1. 標準套版
- 1.1 生產區塊模組
- 1.2 銷售區塊模組
- 1.3 人事區塊模組
- 1.4 研發區塊模組
- 1.5 財務區塊模組

2. 客製化
- 2.1 生產區塊模組
- 2.2 銷售區塊模組
- 2.3 人事區塊模組
- 2.4 研發區塊模組
- 2.5 財務區塊模組

03、魔法幣STO

1. 權益獲取
- 1.1 魔法幣比例

2. 魔法講盟應用
- 2.1 實體課程
- 2.2 線上課程
- 2.3 魔法弟子
- 2.4 專業證書
- 2.5 形象短片

3. 出書出版應用
- 3.1 出書出版
- 3.2 新書行銷
- 3.3 雜誌廣告

4. 商城購物
- 4.1 各類書籍
- 4.2 生活家電
- 4.3 日常百貨

5. 聯盟應用
- 5.1 餐飲
- 5.2 新孵化項目
- 5.3 陸續新增

04、交易所

1. 去中心化交易所
2. 貨幣在各自錢包裡

05、基金管理OTC

1. 馬來西亞納閩國際商業中心
2. 投資者
3. 項目方

White Paper

第七篇

魔法講盟區塊鏈培訓

Business & You

White
Paper

[第七篇]
魔法講盟區塊鏈培訓

為什麼魔法講盟要重視並發展區塊鏈認證培訓班呢？

第一個原因：未來的趨勢

　　未來有三大趨勢，第一個趨勢是有關於健康大數據的產業，尤其是防癌的這個部分，第二個趨勢是 AI 人工智慧，第三個趨勢就是互聯網升級而成的區塊鏈。2017 年為區塊鏈的元年，目前進入區塊鏈的時機最恰當的，因為從落地應用、法律規範、產業需求都已經漸漸區塊鏈化。在區塊鏈化的年代下，培訓這產業是趨勢的先驅，也是每個年代需要傳承、跨界、應用所需要的重要管道之一，先瞭解正確的技術應用才能將區塊鏈的特性賦能在傳統的產業上。

第二個原因：市場規模龐大

　　現在 IPO 所謂的股票市場看起來規模頗大的，例如台灣的股票市場、中國的 A 股市場、美國的那斯達克市場，每一個市場看似都是非常大的市場，但是以現在的角度來看他們都是屬於區域型的市場，也就是每一個市場的買賣都有所限制，舉個例子比如你想買中鋼的股票只能在台灣股票市場買，你要買蘋果公司的股票也只能在美國市場買，但是現在區塊鏈的市場卻是全世界的市場，因為它是透過網路向全世界去眾籌，它的市場規模不是以往傳統市場可以比擬的。

第三個原因：藍海市場

現在培訓業也是非常競爭的，在台灣已經有上百上千做培訓的同業了，如果我們的產品跟他們相似度很高的話，那我們的競爭力相對來說就低了，所以我們選擇目前還沒有培訓業進入的區塊鏈培訓市場，加上我的恩師王晴天董事長，他是台灣的比特幣教父，也是台灣最早挖礦的人，所以對於區塊鏈並不陌生，結合了技術、落地、培訓、講師訓練等等，所以這個市場目前是魔法講盟獨有的市場。

第四個原因：已經有對接的資源

自 2018 年以來魔法講盟已接觸到了許多的項目，參加了許多的路演，也受邀了許多大型區塊鏈演講，綜合以上機會，認識了許多區塊鏈相關的人脈，所以有很多區塊鏈對接的資源已經成型。

第五個原因：進入區塊鏈的時候到了

每個商機或是科技，都會有所謂的春夏秋冬四季，要進入每個趨勢賺大錢就必須要從春天發芽的時候就近入這個產業，但是春天又有分春初以及春末，以歷史的經驗來看，春末投入趨勢產業才有機會賺大錢，例如日本人發明的二維碼，卻讓中國人拿去賺了大錢，二維碼是日本 Denso-Wave 公司在 1994 年開發的，直到 2016 由中國人發揚光大，所以 Denso-Wave 的執行董事田路勝彥遺憾地說：「早知道，哪怕是按照每個編碼 1 分錢的標準收費也好啊。」現在支付寶的日支付達 1.3 億筆，而微信支付用戶超 8 億，中國二維碼難以數計，如果日本公司真能這樣做的話，豈不是坐著就可以瘋狂聚財了。

區塊鏈從 2008 年末至今雖然已經十個年頭，然而區塊鏈的元年則

是被定為 2017 年，當時區塊鏈衍生出的比特幣為歷史高點，隔年之後比特幣一路下滑到 3000 多美金上下震盪，也就是說春夏秋冬四季當中的春初已經過去了，現在就是春末的到來，如今進入區塊鏈這個領域是最恰當的，所以現在各國對於區塊鏈不再停留在炒幣、ICO 等等不落地的項目，而是著重在區塊鏈如何賦能傳統行業做落地的應用，還有很重要的法規問題，各國也開始對區塊鏈的產業重視，相關的法律規定也陸陸續續出爐，這對區塊鏈領域來說是非常好的消息，一旦法律問題確定了，那麼相關的產業就會有所依據，也就可以大顯身手不必擔心觸法。

2018 年 9 月 6 日至 7 日這兩天，在台灣圓山飯店有場台灣最大規模的區塊鏈論壇大會，主辦單位想邀請台灣區塊鏈的專家，於是找上王晴天董事長，但王董事長因為那兩天剛好率領百位弟子及會員，前往杜拜參加杜拜舉辦的區塊鏈大會，於是把這個上臺演講的機會提供給弟子們，弟子裡面又剛好我吳宥忠出了一本關於區塊鏈的書籍《虛擬貨幣的魔法即賺力》，於是王董就將這個機會引薦給我，這世界變化得很快，你要隨時做好準備，提昇自己的價值，一旦機會來臨，你就可以全力以赴，發揮所長。

之前在王道這邊所學的公眾演說技巧讓我比一般學者更能吸引觀眾，站上臺的魅力得以發揮；出書出版班的課程讓我得以出版兩本暢銷書，也是因為我又是王董弟子的關係，王董會特別幫弟子出書並打造暢銷書，出書讓我有了知名度，從一般的無名小老百姓變成暢銷書作家、變成區塊鏈專家；Business and You 讓我懂得商業模式、自我激勵、幸福快樂，得以在競爭激烈的環境下平靜心靈、創造商機，種種的一

切都是以往的努力學習給我的回饋，學習的當下並沒有立即性效益，但是機會一旦來臨我能立即抓住並發揮所學。

於是圓山飯店區塊鏈論壇大會的那場主講師之一，就由我上場分享，王董常常說身份的改變可以創造商機，那一次的機緣印證了這句話，演講完後同年 11 月我受邀至馬來西亞的一場「東盟區塊鏈達沃斯論壇」進行專題演說，在那場盛會中我認識並對接許多區塊鏈方面的資源，結識了馬來西亞的拿督斯里、拿督、泰國的將軍、台灣的立法委員、大陸工信部的官員等等。

同年 12 月我又受邀到廣東的「2018 數字經濟峰會暨粵港澳大灣區區塊鏈產業（廣州）論壇」發表專題演說，這時就與曹耀群博士在廣州的「數字區塊鏈科技有限公司」進行區塊鏈教育培訓合作事宜，並且對接到中國頒發區塊鏈認證證書的單位，也與他們談妥在台灣授課、發證書、落地應用都由全球華語魔法講盟股份有限公司作為台灣唯一合作培訓機構，並確定開課的時間、學費、證書等事宜，還與鏈商大學實際落地區塊鏈項目合作，並且對接的中國區塊鏈培訓機構與師資等資源彼此支援，畢竟魔法講盟未來主要的市場是在中國大陸，所以在當地必須要找到一個合作夠

伴，數字區塊鏈科技有限公司在區塊鏈方面也是非常專業，在落地項目的應用也有許多成功的案例，但是他們唯一的弱項就是教育培訓最關鍵的「招生」，而招生這一塊正好是魔法講盟的強項之一，強強合作將拿下區塊鏈教育培訓的第一品牌。

　　2019 年元月我接受馬來西亞的邀請，為一個區塊鏈落地的項目「搜秀鏈」進行專題演講，那三天的會議認識了許多區塊鏈重要的人士，連馬來西亞的王儲都來參與這場盛會，這場演講對接了更多落地的項目，如搜秀鏈、愛絲蜜直播、獨角獸錢包、泰好交易所等等，為區塊鏈培訓打造更多的場景應用，讓區塊鏈學員經由培訓後即可有落地項目的應用，馬上啟動區塊鏈項目，將區塊鏈賦能傳統行業，讓學員的項目更有競爭優勢。

2019 年 02 月更與愛絲蜜直播平臺合作，推出區塊鏈專屬的帶狀性節目「欸！區塊鏈你哪位？」以聊天的方式討論區塊鏈相關的話題，每一星期一場直播，讓更多完全不懂區塊鏈

的人可以瞭解區塊鏈到底是什麼，也藉由節目置入區塊鏈培訓的項目。

自馬來西亞回國後我積極推動區塊鏈認證培訓課程，與馬來西亞及中國大陸三方共同研議課程內容方向。馬來西亞、中國、台灣三方更決議只要報名上課的學員日後在馬來西亞、中國、台灣有開課的地方均享有終身免費複訓，學員只要自付機酒。為的就是希望將所有區塊鏈相關的知識、落地項目、對接資源在課堂上與學員們分享。

2019 年 3/16 ～ 3/17 開辦魔法講盟國際級區塊鏈認證培訓班第一期。報名區塊鏈認證班的學員非常踴躍，因場地的限制原本只能坐 30 位學員卻擠進了50 位學員。

　　兩天完整的課程結束後就立即進行測驗。課程結束後會設一個微信群組，此微信群組目的在於共同討論分享區塊鏈相關的議題，群組裡的學員有新的區塊鏈商業模式也可以一同腦力激盪，有好的項目甚至可以大家一起投資運作，因為第一期的魔法講盟國際級區塊鏈認證班報名太過踴躍，於是第二期區塊鏈認證班 2019 年 5/4 ～ 5/5 於台中開課；第三期區塊鏈認證班 2019 年 7/13 ～ 7/14 於臺北開課，班班客滿，所以魔法講盟於 2019 年三月在新竹竹北成立了魔法講盟區塊鏈培訓分部。

　　直至 2019 年年底已陸續前往中國各省份籌備開課事宜，而台灣這邊也積極訓練優質的講師群，目前魔法講盟與區塊鏈孵化基地，在每週二和週一都有魔法弟子及 BU 講師訓練課程，未來五年內陸陸續續將在馬來西亞、中國、台灣各地開辦區塊鏈及 Business & You 的課程。

BU 結合區塊鏈乃是最落地的課程，區塊鏈偏技術應用，而 Business & You 其中的三日快樂創業班能結合區塊鏈開創全新事業新思維，Business & You 的行銷五日專班，更可以將區塊鏈項目行銷出去，兩個課程相輔相成。

2019 年 07 月 26 日魔法講盟在廣東財經大學正式授權掛牌，魔法講盟在大陸分部又多一處廣東財經大學分部。廣東財經大學（Guangdong University of Finance & Economics）是一所位於中華人民共和國廣東省的財經類公立大學。

廣東財經大學華商學院，坐落於風景秀麗的廣州市增城區，在校本科生兩萬多人，是一所財經特色鮮明，經、管、文、工、藝、教等多學科協調發展的大學。學校由世界著名生物化學家、中國科學院院士、香港浸會大學前校長陳新滋教授任校長，秉承「創百年名校，育華夏英才」的辦學理念，以建設國內一流、世界知名的高水準民辦大學為目標；立足粵港澳大灣區，面向全國，面向世界，為國家、為「一帶一路」沿線區域及中小型企業培養具國際視野，專業知識的高級應用型人才。

學校開設了 31 個特色本科專業，涵蓋了管理學、經濟學、文學、工學、藝術學、教育學等六個學科門類。致力於實踐教學體系建設的探索，不斷提高學生的應用能力和創新能力。建立「互聯網＋會計教學一體化改革實驗區」，依託校企協同育人平臺和校外實踐基地建設相結合，將實踐教學環節通過合理配置，讓學生在實踐教學中掌握必備的、完整的、系統的技能和技術。同時在校內投入逾千萬元高標準、高水準建成經管學科跨專業綜合模擬實習、雲計算、雲桌面平臺，以及大傳播實驗教學平臺。

　　學校先後榮獲「廣東省十佳獨立學院」、「中國民辦高等教育優秀院校」、「廣東省最具就業競爭力獨立學院」和「廣東省最具綜合實力學院」、「中國財經類獨立學院排名第四」等稱號。

　　魔法講盟將與廣東財經大學深度的合作，在廣東財經大學就讀完的學生，在進入職場之前，先經由魔法講盟的成人培訓，相信進入商業市場後，所面臨到的種種一切已經有充分的準備，尤其是 Business and You 培養的是有關於創業、經營公司、談判、組織行銷、推銷與行銷等等都是商場上最需要的能力，以學校培養的專業知識為核心，魔法講盟成人培訓課程為應用，必定能在職場上少走許多冤枉路，進而在專業的領域發光發熱。

區塊鏈六大賺錢商機

區塊鏈在 2107 年創造了非常大的財富效應，我身邊至少有十幾位朋友，他們從屌絲逆襲成為富豪。大家是用什麼標準定義富豪呢？他們的身價從幾十個億人民幣到幾個億人民幣之間，讓我最吃驚的是這些這些富豪平均的年齡都在 23 歲左右，所以 2018 年我進入一個非常強烈懷疑我人生的階段，因為我覺得我能力比他強、長得比他帥、口才比他好，怎麼就賺得比他少，所以 2018 年我全心投入區塊鏈行業，投資了很多比特幣，也買了不少以太幣，不過到 2018 年年底都虧得差不多了（虛擬貨幣走熊市），這給我一個很大的啟發，就是每一個人的成功一定要做自己最擅長的事，有些人擅長做交易，就能從交易上賺到錢，有些人不擅長做交易，可以通過投資硬體賺到錢，也可以透過做培訓賺到錢。很多人說區塊鏈市場都涼了，虛擬貨幣也都跌那麼慘了，其實我不太認同，因為是整個資本市場都不好，並不單單是區塊鏈，例如中國的 A 股市場，看過新聞報導的都知道中國 A 股市場大約有一百多家公司連續爆倉。

甚至一些幣圈的朋友們曾接到 A 股上市公司的董事長的電話，董事長向他們借二十萬人民幣「過年」

這就是中國 A 股市場 2018 年的場景，像小米這樣優秀的企業上了港股還跌破發行價，就是俗稱的「破發」，美國那斯達克市場亦是如此，幣圈也是如此，以比特幣和以太幣為首的主流的數字貨幣，在 2017 年底比特幣的價格，接近兩萬元美金（約 60 萬台幣），但後來 2019 年一月

的價格約三千多美金，以太幣也是如此，從一千多美金跌到一百多美金。

當初的募資環境是多麼的容易，只要站在臺上說你發行一個基於區塊鏈技術的某某幣，然後頻繁召開說明會，你就能輕易募資到幾千萬到幾個億的資金，同樣的場景到今天，面對一樣的人、一樣的項目，基本上你從上台到路演結束後是募不到任何錢的。

在區塊鏈進入了寒冬，以比特幣和以太幣為首的主流數字貨幣都表現得那麼差，那麼世界上的其他上千種數字貨幣呢？其他的許多數字貨幣基本上都已經歸零了，即便是不歸零你看它每天的交易量都是只有幾十幾百元美金，同時在區塊鏈的投資市場有一個巨大的特色，就是變化極快，快到讓你還沒熟悉到一個名詞背後的意義就又換另一個名詞了。例如年初大家談 ICO，年中談 IEO，不到年底又變成談 STO，但是「變化」意味著你要大量裁員，變化就意味著你要把你的員工教育一遍，但是要重新教育改變舊觀念是很難的，最簡單的就是把他們開除，重新招募一批新的

知識站 Knowledge

　　所謂爆倉，是指在某些特殊條件下，投資者保證金帳戶中的客戶權益為負值的情形。在市場行情發生較大變化時，如果投資者保證金帳戶中資金的絕大部分都被交易保證金佔用，而且交易方向又與市場走勢相反時，由於保證金交易的槓桿效應，就很容易出現爆倉。如果爆倉導致了虧空且是由投資者的原因引起，投資者需要將虧空補足，否則將面臨法律追索。

　　專家表示，爆倉大多與資金管理不當有關。為避免這種情況的發生，需要特別控制好持倉量，合理地進行資金管理，切忌像股票交易中可能出現的滿倉操作；並且與股票交易不同，投資者必須對股指期貨的行情進行即時跟蹤。因此，股指期貨實際上並不適合所有投資者。

員工教育比較快，所以在區塊鏈創業的人是極其不容易的，一間成立一年的區塊鏈公司，就等於傳統行業連續創了三次業，就是因為它每天都在變化。

那區塊鏈到底是不是一次新的財富成長的時機呢？區塊鏈到底有沒有投資的機會呢？

我們都知道，所謂投資就是要投資未來，我告訴大家「區塊鏈」就是下次財富成長的機會，而區塊鏈的成長機會會體現在幾個方面，最重要的第一點就是區塊鏈的全球化，所謂全球化就是它的參與者都是全球的菁英，這是你在其他行業幾乎看不到的，它的投資人也是來自全球化的資本，很少有一個產業能夠在短短幾個月的時間，獲得全球投資人的聚焦，這是在之前不太可能見到的，但是區塊鏈做到了，同時它這個機會不是由一個國家、公司、領導說了算，一個國家或是一個政權說了算，它意味著一個巨大的機會也是極大的風險。華道數據的創辦人楊鵬，原任職中國商務部，後到澳大利亞新南威爾斯大學就讀 MBA，畢業回國後創業成立華道數據公司，這華道數據公司被哈佛大學列為經典的商業案例，像臉書創辦人馬克・祖克柏、商業菁英們，他們讀哈佛大學念到領導力課程的時候，都會讀到楊鵬的成功案例加上楊鵬的微信，所以全世界很多的商業菁英都有加他的微信。

華道數據主要是為中國及世界最大的銀行和保險公司，提供數據的收集及分析服務，華道數據在中國最多有一萬五千多名員工，是中國第一的數據公司，楊鵬參訪中國的各大城市都是省長或市長親自接待，楊鵬這個人也極其的低調，連楊鵬也轉投資區塊鏈，而且全都是用自己的錢，為什麼呢？

因為 2017 年年底到 2018 年年初不到一年的時間，他一共在中國的

A 股市場損失了 20 億人民幣的現金，所以對於他而言投資區塊鏈，比拿出幾百千萬人民幣來投資一個項目，這對他來說太少了，而且全球化的市場很少有球員兼裁判的情況發生，但是在中國的 A 股市場就不是這樣的，基本上每個國家的股票市場都是用一句成語可以表示，就是「甕中捉鱉」，所有的投資者基本上都是「鱉」，政府就是一個大「甕」。但是全球化市場不一樣，要不全部都是甕或是全部都是鱉，那區塊鏈領域裡到底有哪些具體的投資機會呢？到底有哪些值得進入的領域呢？區塊鏈投資至少還有以下的投資機會：

① 區塊鏈相關的培訓

　　區塊鏈一定會在未來的三年內，在全球形成一個巨大的資本市場，沒有一個市場可以像區塊鏈一樣能在短時間內成為全球資本市場的中心及重心，其他的產業不可能做到，正在閱讀此書的讀者，你們也不要羨慕那些已經在區塊鏈賺到財富的人，因為在此時你們依然是最早參與的人，就現在這個時間看來確實是如此，之前有參與的也大多已退場了，那些也不算是真正參與區塊鏈的項目，充其量只能算是路過的路人，尤其是在現在虛擬貨幣走熊市之際更是如此，那為什麼我認為區塊鏈是當下比較好的投資機會呢？就是因為培訓可以帶來許多的流量，它可以帶動許多的傳統企業做「區塊鏈賦能傳統行業」的模式，目前區塊鏈大多沒有成為傳統企業蛻變的選項之一，最主要的因素就是他們不懂區塊鏈，在他們的印象裡區塊鏈都是騙人的項目，當然就不會去研究它，更別說把區塊鏈應用在現有的傳統企業，傳統的企業在時代的變遷碰到了許多問題，有些問題是沒有辦法解決的，有些問題卻可以透過區塊鏈來解決，只要傳統企業透過培訓瞭解區塊鏈的特性之後，自然會帶動現有的傳統企業紛紛擁抱區塊鏈，到

那個時候區塊鏈的流量就會被無限放大，商機就自然而然地形成巨大的市場，如果能透過培訓在一年的時間找到十個比較優秀的傳統企業，我們在為這十家傳統企業做區塊鏈賦能的服務，第二年的企業成長收益都會超過30% ～ 70% 以上。

 2　區塊鏈媒體

2018 年許多的媒體大量進入區塊鏈的領域主要是因為媒體進入的門檻比較低，你只要準備好文案，再開辦一個公眾帳號，你就可以成為一個自媒體了，因為自媒體的時代是互聯網帶給我們一個很方便表達個人意見的管道，但是隨著區塊鏈市場一步一步進入寒冬，導致大部分的媒體都發不出薪水，存活不下去。那現在還存活在市場上的區塊鏈媒體，很有機會可以成為全球化的媒體，當他們成為全球化媒體到時候，這些媒體會成為區塊鏈生態圈最前頭的一環，最前頭的一環也代表是接觸到最好的資源，也可以收集到區塊鏈最新的資訊，以上種種很有可能為區塊鏈媒體在下一個牛市來臨前，創造巨額財富的一個機會。

 3　區塊鏈公鏈、跨鏈

區塊鏈公鏈、跨鏈的技術帶來的機會，這是一個投資的好時機，大家都知道因為 2018 年區塊鏈的募資環境實在太好了，讓很多做區塊鏈項目的浮躁團隊大賺了一筆，後來幣價狂跌，導致之前浮躁的團隊現在發不出工資。而之前那些保持冷靜、保持清醒的團隊，如公鏈、跨鏈技術的團隊，也就是現在存活下來的團隊，只要他們按部就班地幹活，他們就是非常值得投資的團隊，只要他們稍微調整他們服務的對象，例如轉向服務於傳統的企業，像賣酒的公司，賣精品的公司，把這些傳統企業的資料建在

自己的公鏈上，幫這些傳統企業做區塊鏈賦能的升級，這商機是非常大的。

 ## 4 跟實體相關產業的賦能

例如一家做資料儲存的私家雲公司，創始人李祥明，作為一個二次創業且選擇了區塊鏈行業的創業者，他對區塊鏈行業瞭解甚多，尤其是在區塊鏈分佈式儲存領域，有不少獨到的見解。

李祥明少年成才，15 歲就考上西安交大的少年班，當時他讀的是熱能與動力，在讀書期間自學成為中國最早的一批高級軟件工程師。1996年就拿到了高級程式員的證書，進入了當時新興的資訊安全和軟件行業。而後創業，從事資訊安全和雲儲存產業，並成為細分領域行業第一，被 A股上市公司併購。2015 年他選擇再次起航——創立私家雲。

在區塊鏈技術如火如荼的今天，能抓住區塊鏈的風口，並且在自己擅長的資訊安全領域深耕，這為私家雲項目的發展打下了紮實的技術基礎。也因區塊鏈項目很難落地的痛點，私家雲一開始就是從實在的應用做起，以共用儲存的理念被廣大用戶喜愛。

李祥明對區塊鏈未來的發展還是非常樂觀的，他個人非常支持那些對有益於區塊鏈產業的發展的項目盡快落地，但他認為那些不太好落地的項目可能會慢慢死去，或者換一種新的生存方式盡快落地，傳銷幣、空氣性項目肯定是無法落地。而私家雲項目作為有應用意義的項目，將逐步發展壯大。

私家雲是一款家用網絡智慧儲存設備，私密安全、多人共用。私家雲可以幫助用戶一鍵備份自己手機裡的資訊、視頻、照片等等，自動備份到用戶放在家中的「私家雲盒子」當中，只要有網路，手機隨時可以存

儲、閱覽用戶放在家裡的私家雲資料數據，這些數據的來源不僅是手機，可以是電腦、平板等一系列智慧產品，相當於隨身攜帶了一個智能的數據儲存小管家。除此之外，用戶還可以將自己硬盤裡閒置的儲存空間與別人共用，按照用戶的貢獻值返還給用戶一定的積分，高效利用社會總資源和節省社會運行總成本。

　　私人儲存是大趨勢，也是被驗證過能落地的項目。未來主要還是做節點和應用落地。節點到了一定數目了，項目自然就成了。

⑤ 與資產上鏈相關的實體產業

　　互聯網帶給人們一個很大的作用就是訊息的溝通、無障礙溝通，它帶來最大的變化就是自媒體的到來，例如臉書，每一個人拍些照片發個文章或開個直播到臉書去就是一個自媒體，你可以表達自己的言論，這也是互聯網帶給人類最大的革命改變。區塊鏈帶給人們最大的改變是什麼呢？並不是大家認知的那樣，例如食物的溯源等等的應用，因為這個需求點太小，而且目前的互聯網在這方面做的也很好了，區塊鏈它則是帶來了「自金融時代」的開端，造就了「資產上鏈」這個領域。

　　什麼是自金融呢？簡單來說，金融活動大部分都要透過向銀行這樣資產龐大的企業，自金融時代就是每一個人都可以變成銀行的角色，舉個例子，假設小明想要與幾個朋友共同投資，每一個人要出資一百萬元，但小明目前戶頭裡並沒有多餘的現金，但小明名下有一間房子市價一千萬，如果透過銀行貸款可以取得資金，但是在區塊鏈領域大可以不必如此，小明只要透過 DAPP 及智能合約將他的資產上鏈，小明就能發行一百萬枚 Token，這一百萬枚 Token 對應每一枚 Token 是一塊錢，於是把這一百萬枚 Token 交出去就等於是現金一百萬了，這就是自金融時代的意義，

你不需要再與銀行打交道，不需要付出高額的手續費，也不需要每個月支付高利率下產生的利息，你只需要將資產上鏈。這樣會帶來什麼樣的改變呢？自金融時代將帶來金融產業翻天覆地的改變，當然，自金融時代目前還沒有到來，但是我相信在未來的三年內一定可以做到的，到那個時候每一個人都有虛擬貨幣的錢包，在錢包裡你會有各式各樣的 Token。

⑥ 區塊鏈的專業基金

2017 年的超級牛市而生的 Token Fund 正從最初「躺著賺錢」到如今「沙裡淘金」，造富神話下的泡沫正一點一點被擠出，「虛擬貨幣」熊市便持續至今，一二級市場倒掛嚴重，項目方價格「跌跌不休」，部分 Token Fund 不是被「套牢」，就是跌至血本無歸，最終暫停或退出。

Token Fund，業內尚無準確的定義。Token Fund 是專注於投資區塊鏈領域上下游的數字資產投資基金，投資及回報都是以 Token 的形式來實現、結算。

也有從業人士將 Token Fund 按照傳統基金劃分：一級市場投資基金（主流），二級市場量化投資基金，母基金 FOF，指數基金 ETF 等，市面上大多數是一二級市場連動的投資基金。

Token Fund 通過投資以太坊或比特幣給項目方，進而獲得項目發行的各類 Token，待這些 Token 登陸交易所實現二級市場交易流通，Token Fund 便在交易所賣出當初獲取的 Token，並換取比特幣、以太坊等通用 Token，進而實現投資資金的回籠並獲得收益。不過，由於部分海外項目會需要用美金進行投資，因此一些 Token Fund 的募集端也會儲備美金。但這些項目在結算退出時，仍以 Token 形式進行。

現在市面上大部分的 Token Fund 都是封閉型基金，它並不需要備案

登記，這就會帶來一些監管上的風險，很多時候在交易所裡的地址是匿名的，具體的交易流程相對暗箱化，基金經理的不當操作可能會給投資人帶來損失風險。

事實上，近年來有不少傳統 VC 轉型 Token Fund，這種轉型難點可能存在於，Token Fund 的資產監管和清算難度大；以及區塊鏈項目估值邏輯與傳統 VC 對項目的估值邏輯存在很大的偏差。相對於傳統項目，區塊鏈項目估值難度大很多。目前大部分 Token Fund 主要從項目類型、市場行情，以及項目的發展階段等方面進行估值。

或許也正是與傳統 VC 在募資、投資、管理、退出等環節的差距，使得部分 Token Fund 在接下來的「寒冬」中更加難受。

如今的 Token Fund 應向傳統的 VC 投資一樣，那些二級市場的投資人也就是俗稱的「韭菜」，他們轉而進入 VC 的市場就很適合，因為 VC 的邏輯就是純粹的風險投資，VC 是要伴隨一家企業五年、十年甚至更久一起共同成長，在公司成長當中幫公司解決問題、給予支援、對接資源，VC 的基因不是博弈，不是用賭博的方式去投一個區塊鏈的項目，VC 的基因是共贏，所以類似這樣投資區塊鏈的 VC 是很值得我們注意。

投資建議——

第一、不要借錢投資。

第二、做好一夜暴富的心理準備，也做好血本無歸的心理準備。

第三、拿出可投資金額的 10% ～ 30% 來投資區塊鏈。

第四、當市場低迷時入場，當別人貪婪時我恐懼，當別人恐懼時我貪婪，記得要反其道而行之。

廣州數字區塊鏈科技有限公司

廣州數字區塊鏈科技有限公司是一家創新型的區塊鏈技術公司，由廣州政府扶持的首批區塊鏈創新企業，位於廣州區塊鏈國際創新中心。創始團隊成員主要骨幹為區塊鏈行業內的一批有實戰經驗的 80 後年輕人，對區塊鏈技術服務實體經濟的信念，結合多年的從業與技術研發經驗，以對區塊鏈和其行業的深刻理解，利用區塊鏈不可篡改，公開透明，數據安全等多項特性發揮其知識產權、交易透明，交易公正方面的優勢。基本區塊鏈技術，打造區塊鏈＋藝術，主要業務對藝術品進行檔案收集和建立分佈式數據庫的管理，為藝術品查詢和考察提供數位化服務；對個人或者企業的藝品進行追蹤溯源、防偽校驗，物物交換，和對藝術品進行數字認證等服務。

愛絲蜜直播平臺

愛絲蜜直播是一個以分享內容為核心的直播社交應用，擁有時下最多的帥哥、正妹、多才多藝素人的平臺，任何人都可以秀出自己的生活點滴、興趣、才藝，愛絲蜜將成為你唯一最好用的生活實錄平臺，今天就讓 50 萬人愛上妳／你吧！

讓網紅與喜歡拍照的你，透過愛絲蜜分享你的動態能得到最多人的評價與留言！

全新的 Socialchain 讓您的照片、文章得到更高的價值、讓更多人看見，全新的社交區塊鏈能帶來更多的人潮與知名度。

▶ 愛絲蜜的特色

　　★ 一鍵全螢幕即時直播

　　★ 輕鬆上傳照片與錄影

　　★ 天天獲得金幣（不要懷疑！這是真的）

　　★ 訂閱正妹／帥哥主播，隨時關注主播最新的消息

　　★ 快來嘗試送獨特禮物給主播

　　★ 虛擬禮物送出越多，就能與主播會面

　　★ 內鍵美肌拍照與直播功能（自然拍得美美）

　　★ 獨家優質專屬 VVIP 直播服務

　　★ 點讚、留言、對話互動的生活實錄通通都可以

　　★ 使用後容易上癮、天天都要直播（戒不掉請跟我們說 XD）

　　★ 新手主播也能快速上手

　　★ 隨意分享照片提升照片的價值

　　★ 社交區塊鏈讓你結交更多新朋友

▶ 社交區塊鏈平臺

　　★ 把每張照片與文章的價值發揮極致

　　★ 認識更多新朋友

▶ 直播內容

　　★ 聽素人歌手唱歌，唱到你心坎裡（感動中）

★ 跟著帥哥／正妹一起直播去旅遊

★ 「保證不寂寞」每天都有認識不完的新朋友

★ 美食主播直播教你如何吃遍各地小吃

★ 一起跟正妹做體操健身，維持美好體態

★ 看直播拍賣，撿便宜又買正貨

久和投資控股，是一個孵化網紅與網路藝人的多元行銷平臺，發掘、打造極具特色與發展潛力的對象。也透過系統規劃、專業設計的線上活動：如電影、出版、電視等等異業結盟方式，培養素人成為旗下網路藝人；直播平臺 AppsMe、自媒體新聞平臺 Enewspace.com、與 Zine 雜誌等等皆屬於久和旗下之經營品牌。

泰好交易所

TWCX.IO 的目標是打造一家自治、透明、便捷，全面的數位化的資產交易平臺，提供最優質的服務及最完善的機制，使普通投資者、機構投資者以及專業交易團隊都能夠快速方便的完成任何規模的交易，並認真聽取用戶及社區的意見，以期最快速滿足用戶及社區的要求。

TWCX 核心團隊成員背景包含華爾街金融高管，矽谷技術菁英，幣圈早期投資者等，團隊成員曾任職於巴克萊資本、谷歌等多家國際知名企業。TWCX 已完成 A 輪融資，募集共計數千萬美元股權融資，投資人包含澳洲頂級區塊鏈資本 Blockchain Global，澳洲主機板上市公司 DigitalX，馬來西亞國際金融科技基金會，臺灣知名藝人吳宗憲等等。

獨角獸錢包

獨角獸超級錢包涵蓋的支付範圍包括娛樂、網上購物、點餐、叫車及水電方面的消費。

加密貨幣在區塊鏈技術上是必備工具，也是無法逆轉的趨勢，公司打算先積極展開市場宣傳，主要目標是餐飲業、旅遊業、零售業及保健業的商家。

CBPRO 國際區塊鏈專業認證

CBPRO（Certified Blockchain Professional）國際區塊鏈認證專業機構由 IFF（金融科技國際基金會）、BLOCKCHAIN CENTER（國際區塊鏈中心聯盟）共同支持。註冊於美國，目前落地中國廣州，廣州數字區塊鏈科技有限公司為中國運營中心總部。IFF 目前於馬來西亞、新加坡、澳大利亞及印尼均設有機構。BLOCKCHAIN CENTER 馬來西亞、澳大利亞、印尼、台灣等落地。

其願景是培育 2100 萬的國際區塊鏈認證專業人士會員，協助孵化 1000 家區塊鏈項目應用落地。期許讓每個人都能創造無限價值，打造一個公平機制的生態。

中國電子節能技術協會

中國電子節能技術協會（英文譯名是：CHINA ELECTRONIC ENERGY——SAVING TECHNOLOGY ASSOCIATION 縮寫：CEESTA）成立於八十年代，其宗旨是面向全國電子行業，堅持理論與實踐相結合的原則，宣傳貫徹國家（節能法）和節能法規，努力為政府部門和企業、事業服務；積極發揮能源管理幹部、科技人員的作用，開拓節

能新領域，為推廣應用電子技術節能和加速實現電子資訊產業現代化做出貢獻。

中國全國工商聯人才交流中心

　　全國工商聯人才交流服務中心（簡稱「人才中心」）成立於 1995 年，是經中央編辦批准設立的事業單位（公益二類），是中華全國工商業聯合會的直屬機構（正局級）；同時，人才中心也是中國人才交流協會的會員單位，國家科學技術獎勵工作辦公室的科技成果評價試點單位。

Topic 4 | 區塊鏈生態圈

　　魔法講盟致力於透過培訓將區塊鏈生態圈串連起來，任何的項目始於一個想法，透過區塊鏈的培訓將啟發學員的創意思維，結合本身從事的產業，將區塊鏈賦能到自己的產業上，或是有一個區塊鏈模式創新的想法，當有一個想法要開始落地時，必然會碰到許多的問題，魔法講盟希望如同 VC 一樣，一開始給予資金上面的投資，接下來給予對接的資源，以及幫忙尋找相對應的市場，好讓項目獲得落地應用產生商業上的效益，所以魔法講盟將區塊鏈生態分成五層。

第一層、硬體層（晶片、礦機、區塊鏈周邊）

　　魔法講盟弟子林柏凱也是暢銷書《Hen 賺！虛擬貨幣之幣勝絕學》的作者，他正是區塊鏈硬體這方面的高手，他的團隊創造出世界體積最小台的礦機，用電也很省，在這個幣市跌到很低的時候還可以靠挖礦賺錢。

　　其他弟子如林子豪也是暢銷書《神扯！虛擬貨幣 7 種暴利鍊金術》的作者，也是區塊鏈生態圈資源很多的團隊。所以魔法講盟在硬體資源方面是絕對有競爭力的。

🪐 第二層、底層技術層（提供不同公司不同區塊鏈需求）

魔法講盟的合作夥伴廣州數字區塊鏈科技有限公司，擁有這方面落地的技術，對於底層技術可以提供不同公司解決不同的痛點，以多年的從業與技術研發經驗，以對區塊鏈和其行業的深刻理解，利用區塊鏈不可篡改、公開透明、數據安全等多項特性發揮其知識產權、交易透明，交易公正方面的優勢，對個人或者企業的藝品進行追蹤溯源、防偽校驗，物物交換，和對藝術品進行數字認證等服務。

🪐 第三層、API 層（開發各種智慧合約）

搜秀鏈的幕後團隊針對智能合約的撰寫，擁有許多產業的經驗，在落地應用的實戰也都不勝枚舉，目前在區塊鏈智能合約的領域裡是數一數二的。

今天，區塊鏈三大落地應用一為加密公鏈，二為數據溯源，三為錢包與交易，僅此而已，區塊鏈誕生巨大價值的事業時機還未到來，未來智能合約的潛力無窮。

🪐 第四層、商業模式層（新創 & 賦能傳統企業）

魔法講盟的 Business & You 就是針對企業的創新、商業模式等等，提供世界上最棒的解決方案，當然以最新的區塊鏈技術結合商業模式，這樣賦能傳統企業就可以提升企業的競爭力、降低營運成本，區塊鏈的變革不全然都是 100% 創新，而是要配合現有落地的項目做「區塊鏈＋」才能真正的落地應用。

第五層、投資層（投資區塊鏈相關優質公司）

這一層是未來魔法講盟很看重的一個環節，一個區塊鏈項目是否可以成功，除了取決於你的項目本身有無競爭力之外，還有募資的情況，最重要的是可以陪伴創新項目共同成長的投資者背後是否擁有強大的資源可以支援，如果只是單純地投資金錢如此而已，對項目方並沒有太大的幫助。

魔法講盟未來規劃成立一個利潤中心：區塊鏈投資研究室，並且發行與美元掛鉤的穩定幣，用來募資、分紅、公司決策、資源配比、工作貢獻、交易買賣等方式進行投資計畫。

也就是利用穩定幣投資一個新的項目，投資後伴隨項目成長的期間給予資源的協助，並且每個階段進行評估，投資研究是以一個顧問的角色自居，並協助創新項目方給予建議調整方向，並且會將背後的所有資源做對接，相關的項目方也可以彼此形成一個生態圈相互合作，把資源、項目、名氣做大，未來有需要做區塊鏈項目的人自然就會找上門了。

區塊鏈證照班

　　台灣唯一在台授課結業經認證後發證照（四張）的單位，不用花錢花時間飛去中國大陸上課，在中國取得一張證照成本至少 2 萬人民幣（不含機酒），在台唯一對接落地項目，南下東盟、西進大陸都有對接資源，不單單只是考證照如此而已，你沒想到的，我們都幫你先做好了 !!

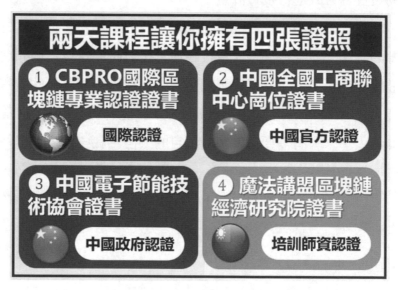

兩天課程讓你擁有四張證照

① CBPRO國際區塊鏈專業認證證書　**國際認證**

② 中國全國工商聯中心崗位證書　**中國官方認證**

③ 中國電子節能技術協會證書　**中國政府認證**

④ 魔法講盟區塊鏈經濟研究院證書　**培訓師資認證**

為什麼區塊鏈市場人員需要專業認證？

1. 成為區塊鏈領域人才，認證通過者，可從事交易所的經紀人、產品經理、市場領導及區塊鏈項目市場專業人士或區塊鏈初級導師。

2. 快速進入區塊鏈行業，升級成為區塊鏈資產管理師，懂得往區塊鏈投資管理及資產管理。

3. 企業＋區塊鏈，企業家緊跟趨勢風口，區塊鏈賦能傳統企業，協助現有的傳統企業在短時間內提高競爭力。

區塊鏈相關證照未來將炙手可熱的

所有的認證證照都有其發展史，例如金融界的「財務規劃師」、房地產業之一的「經紀人執照」、保險業之一的「投資型保單證照」等等……，這些證照一開始的考試取得相對簡單，付出的學費也相對低，到了市場壯大成熟後，那時候再來取得相關證照將會很困難，不論是學費高出許多，更要付出很多的時間去上課研讀考證的資料，一開始就取得是 CP 值最佳的入手時機。

全球華語魔法講盟已與 CBPRO 國際區塊鏈專業認證機構合作，一同推動華語區的區塊鏈教育及生態，是唯一台灣上課即可以拿到中國政府官方認證證照。

台灣第一開放式培訓機構＋中國內地落地區塊鏈公司合作

台灣魔法講盟與大陸廣州數字區塊鏈科技有限公司攜手合作，是將培訓結合區塊鏈落地公司，讓學員結訓後立即有落地的區塊鏈項目可以賺錢，要朝區塊鏈講師發展的學員，魔法講盟將提供舞臺讓學員得以發揮，再結合四張證照落地應用的超強優勢。

終身免費複訓

▶ 與時俱進掌握最新資訊

　　區塊鏈是目前最新的趨勢，雖然區塊鏈發展已經十個年頭了，但是真正的應用是在 2017 年開始，所以 2017 年被認定為區塊鏈的元年。

　　區塊鏈的技術、應用是非常快的，要能夠隨時更新區塊鏈的資訊這點是非常重要的，但是如果靠自身的力量自學再消化，最後吸收，幾乎是非常困難的一件事情，但是透過「借力」的方式就非常容易，經由上課的方式，借老師的力、借同學間的力、借產業經營的力、借技術人員研發的力，就可以與時俱進隨時掌握最新資訊。

▶ 可以認識全亞洲頂尖的人脈

　　區塊鏈的課程是全亞洲華語地區都會開班授課的，報名的學員只需報名一次後終身可以免費複訓，更可以結交當地對區塊鏈有興趣的人脈或是願意付高額學費來上課的精準人脈，透過上課學習自然形成一個小團體，因為一起上課過，自然有一定的信任度，也是對學習有意願且想要成功的人脈，之後要談對接項目、共同合作、產業交流就會容易得多。

▶ 有機會投資優質的項目

　　我們知道 ICO 與 STO 的報酬率都是很可觀的，少則數十倍，多則上千上萬倍，但是高獲利、高風險。根據統計其倒閉率的風險也是高達 93%，其中的 7% 成功的 ICO 與 STO 根據統計其特徵大多都是以誰發行的 ICO 其成功率最高，也就是說發行團隊有沒有區塊鏈相關的經驗和資源尤為重要。

　　如果透過培訓可以認識一些想要發展區塊鏈項目的人或團隊，在本質上至少是真正要做區塊鏈的項目，並不是用區塊鏈來圈錢割韭菜，這就避免掉一些靠包裝非常好的圈錢項目，加上通過培訓可以對接到區塊鏈的生態圈，從人才、培訓、市場、技術、行銷等等的資源都有，新的項目要成功的機會自然大許多。

　　所以透過培訓可以有機會接觸好的項目，因為本身也上過課，對項目的判斷也會有自己的意見，再透過一群同學和老師的相互討論就可以一起幹件大事。

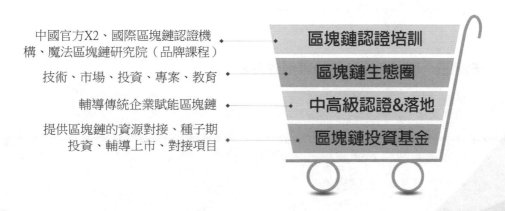

魔法講盟區塊鏈證照班課綱

認證班將課程分成六大模組、兩天集訓，把原理講透、結合實際操作、輔以案例、工具，將整個理論真正的實操一遍，而認證是對學習最好的結果驗證。

▶ **模組一：從區塊鏈的成功案例，掌握區塊鏈基本創富原理**

通過本模組，學員將領悟及掌握：

- 比特幣為何這樣成功及能獲得如此多的支持？
- 如何通過比特幣原理創富？
- 比特幣創富工具系統實操
- 0 到百萬的創富導圖

▶ **模組二：活用區塊鏈智能合約**

通過本模組，掌握如何通過智能合約判斷好專案：

- 區塊鏈智能合約的種類及應用
- 智能合約及通證的應用
- 智能合約的查詢分類及工具
- 智能合約應用的賺錢平臺實操

▶ **模組三：明辨智能合約的案例成與敗**

通過本模組，學員掌握：

- 專案的成功與失敗的關鍵
- 專案的區塊鏈通證模式的設計目的
- 項目分析的工具實操

- 手把手帶你辨析國內外典型的區塊鏈項目

模組四：區塊鏈資產的財富配置

通過本模式，學員將全面地實操掌握：

- 什麼是區塊鏈錢包及其運營模式
- 二級市場的種類
- 區塊鏈資產的財富配置
- ICO、STO 的基本認識
- 區塊鏈資產的財富導圖

模組五：資產區塊鏈化的原理

通過本模式，讓學員掌握到：

- 幣改是什麼？
- 鏈改是什麼？
- 如何應用智能合約進行鏈改？
- 五大資產區塊鏈的模式
- 資產區塊鏈化的商業模式畫佈

模組六：實戰完成一個區塊鏈項目分析

通過本模式，學員能完成：

- 智慧合約項目的分析
- 區塊鏈資產的配置類比實操

資產區塊鏈化的商業模式畫布展示

- PK 展示，導師點評

一次取得四張區塊鏈認證證照

▶ 第一張 CBPRO 國際區塊鏈專業認證

☆ CBPRO（Certified Blockchain Professional）國際區塊鏈認證專業機構由 IFF（金融科技國際基金會）、BLOCKCHAIN CENTER（國際區塊鏈中心聯盟）共同支持。註冊於美國，目前落地中國廣州，廣州數字區塊鏈科技有限公司為中國運營中心總部。

☆ IFF 目前分佈於馬來西亞，新加坡。澳大利亞，及印尼都有機構

☆ BLOCKCHAIN CENTER 馬來西亞，澳大利亞，印尼，台灣等落地

願景：

☆ 培育 2100 萬的國際區塊鏈認證專業人士會員

☆ 協助孵化 1000 家區塊鏈項目應用落地

使命：

讓每個人都能創造無限價值，打造一個公平機制的生態

簡介：http://www.cbpro.org/

◉ 第二張中國全國工商聯人才交流中心

全國工商聯人才交流服務中心，是經中國中央機構編制委員會批准成立的國家正局級事業單位，是中華全國工商業聯合會的直屬機構，擁有人才開發、人才培訓、人才測評、人才推薦等職能。

全國工商聯崗位能力培訓的課程設置種類很多，參加崗位能力培訓並考核合格的學員，頒發全國工商聯人才交流服務中心的《崗位能力培訓證書》。該證書可作為持證人上崗、升職、考核的重要參考依據。

根據全國工商聯人才交流服務中心對我單位的授權，我們可以申辦全國工商聯的各種崗位能力證書，證書資訊在全國工商聯人才交流服務中心的官網查詢。中國人圓夢行動計畫專案的所有服務機構也只認可全國工商聯的證書。

◉ 第三張中國電子節能技術協會

中國電子商務協會（CECA）是由中國信息產業部申請和主辦、中國國家民政部核准登記註冊的全國性社團組織，其業務活動受資訊產業部的指導和國家民政部的監督管理。是中國唯一的國家級跨行業電子商務組織。協會於 2000 年 6 月 21 日在北京成立，呂新奎同志擔任名譽理事長，總部設在北京。

中國電子商務協會下屬的中國電子商務協會職業經理認證管理辦公室（CCCEM）負責統一管理與協調中國電子商務職業經理人資質認證項目的實際運作，以及相關人才的培養、考核、認定、職業推薦。

● 第四張魔法講盟區塊鏈經濟研究院

　　魔法講盟為台灣最大的開放式教育培訓機構，致力於培養最優秀的講師並提供舞臺讓講師發揮，區塊鏈這領域目前需要大量的講師人才，通過培訓認證後有機會站上舞臺，將代表魔法講盟到中國、東盟、台灣各地與區塊鏈相關的課程授課。

取得證照的優勢

很多學員問我說：「老師，區塊鏈證照能做什麼啊？」我認為來上區塊鏈證照班進而取得證照將享有六大優勢：

▶ 1 比較好找工作

不論是在台灣的求職網或是在中國的求職網上搜尋區塊鏈相關的工作，你會發現有區塊鏈證照會比沒有區塊鏈的薪水高出許多，但是幫別人打工當一個上班族是取得區塊鏈證照所享有最低、最少的優勢。

如果你想靠車子來賺錢，你開始研究車子的機械構造、電子配線、安全配備、引擎動力、材料科學等等，花了大半輩子的精力、燒了大把的銀子，好不容易將一台車子製造出來可以開始販售，還要靠行銷方案、銷售專家去推廣你的車子，你才有可能開始靠你製造的車子獲利，過程耗時又燒錢。而另一個靠車子賺錢的模式就是 Uber，Uber 是目前最大、最賺錢的計程車行，但是卻沒有一台車子是 Uber 自己的，區塊鏈也是一樣，不要想去開發什麼了不起的技術，那個耗時又花錢，可能還沒研發出來你就因為彈盡援絕而倒閉，應該懂得借力，借區塊鏈本身的特性去結合一些商業模式或是用區塊鏈去賦能傳統企業，這樣才對。

當初那些幫 Uber 寫程式開發平臺的工程師，這些人也不會因為 Uber 賺大錢而有分紅，因為他們是 Uber 付錢委託的工作人員，所以在區塊鏈的風口下，學到了區塊鏈的技術去幫別人打工是最低的優勢。

▶ 2 為未來做好準備

你每天是在驚喜中醒來呢？還是每天都覺得今天又是老樣子了！

如果放大自己的視角來看，在快速的社會與科技變遷下，我們應該時常都會在驚喜之中度過，內心一定常常油然而生現實與理想之間的碰

撞，覺得時代的進步與變化似乎不間斷地追著我們跑，剛要適應一件事情，又要適應另一件事情。快速的生活讓我們容易焦慮，而到處充斥著機會讓我們感受到滿滿的生命力。世界快速的轉變，我們也要有快速調適的情緒與智慧才能追趕得上。各式各樣的科技發展快速，你是否發現在驚奇之中我們又帶著不安。

我們的未來到底還會帶給我們多少驚奇呢？我們要如何做準備才能夠從容不迫地面對這些驚奇呢？通常我們還是要依賴過往的經驗來為未來做準備。

這世界變化很快，隨時都有新的趨勢在發生，每一個人都要隨時做好準備，不斷地累積實力，等待機會來臨的那一刻，你就可以全力出擊。

那些在風口下錯失機會的人，通常是機會來得太快而措手不及，不是你的能力決定了你的命運，而是你的決定改變了你的命運，你決定要學習區塊鏈，學習後順利取得四張證照，等待區塊鏈風口一旦突然到來，你就可以盡情發揮、全力出擊。

▶ 3 可以斜槓你的事業

「斜槓」這兩個字這一年來非常夯，但是很多人都誤解了斜槓，斜槓青年」是一個新概念，來自英文「Slash」，其概念出自《紐約時報》專欄作家麥瑞克‧阿爾伯撰寫的書籍《雙重職業》。他說，越來越多的年輕人不再滿足「專一職業」的生活方式，而是選擇能夠擁有多重職業和身份的多元生活。這些人在自我介紹中會用斜槓來區分，例如，萊尼‧普拉特，他是律師／演員／製片人。於是，「斜槓」便成了他們的代名詞。

在大環境下多重專業的「資源整合」才是最稀缺的能力，它包含著整合自身及外部的資源，這是一般人比較少思考到的事情。很多人常誤

解，認為去學多種專長就能創造多重收入，其實那只是專長與收入無關，它沒有經過你內化後的整合。且重點不是你花多少錢、報名了多少課程、考了幾張證照，而是你能透過這些證照與技能，賺回多少錢？

創業也是一樣的，大多數的老闆某程度上來說也是斜槓，他們同時具備業務、行銷、產品開發、會計、管理、人資、企業經營、投資、財務管理等等能力，並用於增加收入，這樣把自己的時間價值提高只是第一步，真正關鍵還是要透過資源整合，讓你能更有系統地去運用資源。

斜槓不只是單純的「出售時間」，千萬別說你成為斜槓的策略是「白天上班、晚上再去打工、半夜鋪馬路」，這是低層次的斜槓，甚至這根本稱不上斜槓。成就斜槓創業，要先從你專精的利基開始，不要一心想去學習多樣專長。因為多工往往源自於同一利基，所謂「跨界續值」是也！而如今這個世代的利基和風口趨勢，就是「區塊鏈」。

▶ 4 未來區塊鏈證照不好拿

我之前從事過保險產業，從事保險產業必須要有相關的證照才可以販售相關的保單，簡單來說要有三次的考試，第一張證照是人身保險證照和財產保險證照，第二張則是外幣收付保險證照，最後第三張是投資型保單證照，以上三張證照都考到的話，基本上就可以銷售所有的保單了。

第一張「人身和財產保險證照」非常容易考到，我記得我只花了兩個晚上的時間，看看考古題和相關書籍就輕鬆過關，但是第二張「外幣收付保險證照」就難很多，我花了一兩個月時間去準備，總共考了三次才考到，對我來說難度還蠻高的。而第三張投資型保單證照基本上我直接放棄，我不賣投資型保單總可以吧！因為我認識一個保險業務員，他是清大研究所畢業的碩士生，他考投資型證照考了兩次才考到，我得知後當下念

頭是「我不考了，我不賣投資型保單總可以吧！」

　　後來我才知道我認識的一位做保險的阿姨，今年約莫 60 歲，她竟然有投資型保單證照，但她時常會問我台幣轉美金、美金轉台幣的問題，我就納悶這位阿姨這樣的財經程度怎麼可能有投資型保單證照呢？於是我就問她的投資型保單證照怎麼考到的。她跟我說在二十幾年前，公司說有一個投資型的培訓要去參加，於是整個通訊處都去了，上了兩天的課程後，第二天下午進行考試，考卷發下來有選擇題、是非題就是沒有申論題，加上不會的脖子伸長些看看隔壁的就考到了投資型保單證照，她描述考證照比吃飯容易。

　　原來所有的證照都是一樣的，我有朋友最近才拿到財務理財規劃師的證照，她足足花了一整年的時間上課讀書學習，也砸了幾十萬元的學費才拿到財務理財規劃師的證照。我相信財務理財規劃師的證照在初期也是不難考取的，學費也不會如此高。同樣地，區塊鏈證照也是相同，目前在台灣還沒有官方有發行證照，所以現行可拿的就只有對岸中國官方發的區塊鏈證照，目前世界以區塊鏈專利技術證書量來看，中國是排名第一，遠遠狠甩第二名的美國，根據 2018 年世界區塊鏈專利統計，中國有 1001 項區塊鏈專利，而美國只僅有 138 項區塊鏈專利，兩國差了 7.2 倍的區塊鏈技術專利量，所以中國在區塊鏈領域是獨步全球的，這時候當然拿到中國區塊鏈的認證也是非常值錢的。

　　目前區塊鏈證照非常好拿，只要參加我們兩天的課程訓練，課程中不缺席、不神遊，過關率幾乎有九成，剩下沒過的也可以進行補考，只要認真學習，過關不是問題，但是再過半年、一年甚至兩年後就不一定是這樣了，因為到時候區塊鏈的應用面以及普遍性高的時候，自然會提高難度及考證費用，據網路上的中國考證價格，一張區塊鏈證書約莫 2 萬人民

幣，機票和住宿另計，大約要 13 萬台幣左右才有辦法取得一張區塊鏈證書，在未來因為區塊鏈更多的場景應用下，區塊鏈證書必將水漲船高，到那時候即使花大筆的學費和很多的時間都未必能考到，為什麼不記取之前的教訓，趁現在初期剛發展就先取得區塊鏈認證的證書呢？

▶ 5 可認識全亞洲區塊鏈精準人脈

我上過許多實體和網路行銷的課程，大部分的課程提到行銷最重的第一點都是一樣的，就是廣告要下對「受眾」群，人脈也是一樣的，不是認識越多的人就是對你越好，而是要認識對你有幫助的精準人脈。

那麼精準人脈怎麼尋找呢？透過「參加課程」的篩選就是很好的方式，例如知名大學都會開的一門 EMBA 的課程。

EMBA 的全名是 Executive Master of Business Administration（高階管理碩士學位班），主要在培育高階主管的管理能力，因此在報考限制上會有工作經驗門檻的要求，有些需要五到八年的工作經驗，少部分的只要三年的工作經驗即可報考，因應時代變遷，現在有些學校也開放應屆畢業生報考；EMBA 主要著重在培育主管管理意涵、具備全球化的視野、個案分析與應用等，因此入學方式以書審、口試為主，透過口試來瞭解該同學是否適合，但報考 EMBA 的學生多為業界主管，各校基本上都會錄用，避免有遺珠之憾。

我有一個企業老闆的朋友，他就曾上過某知名大學開的 EMBA 班，我好奇地問他學些什麼，沒想到他說他只是去認識精準人脈的，用來開拓更深、更廣的生意，至於作業和報告都是請他的助理幫忙處理的。

區塊鏈認證班也是一樣的，會來付費上課的學員都是對區塊鏈有興趣的精準人脈，加上魔法講盟將會在兩岸三地及東南亞陸續開班授課，只

要報名繳費完成的學員，即可享受終身免費異地複訓的資格，屆時就可以結識各地區塊鏈的高手，對於要發展區塊鏈精準人脈及商機絕對是最好的管道之一。

▶ 6 有機會優先投資優質項目

每開一次區塊鏈認證班都會有來自各個不同產業的學員，每個人上過區塊鏈課程後，因每個人的產業、經驗、背景等等的差異，都會有些區塊鏈應用場景的想法發酵，這時候透過老師評估可行性與否，一旦覺得有可行性的機會，此時再結合班上各個不同的資源對接，魔法講盟的資源分配，這項目成功的機會就增大許多，如果從想法階段就開始進行投資，那麼一旦這項目成功後的投報率將是很可觀的報酬，例如，我的一個朋友田大超，他早期投資一個項目叫做「私家雲」，起初投資成本約十幾萬人民幣，一年多過後這個項目很成功，當初的十幾萬的股權已經變成六千多萬到一億五千萬之間了。

尤其是區塊鏈項目，2016～2017 年的 ICO 階段，那時候就是割韭菜的豐產期，為什麼一般的投資人很容易淪為小韭菜呢？主要是因為小韭菜們都是一窩蜂地跟投，根本不管項目本身是做什麼的，主要的負責人是誰、項目靠不靠譜等等的問題都沒有釐清，就一股腦地瘋狂搶購一些垃圾幣。

如果發行的人是你當初上課的同學，你自然對這個人或是項目的掌握度就提高不少，當然成為韭菜的機會就會減少許多。

區塊鏈進階課程

Topic 6

　　區塊鏈認證班只是初步認識區塊鏈的入門課程，在縱觀整個區塊鏈後每個人都會有自己想發展的方向，從廣的寬度往下的深度去發展，所以區塊鏈認證班之後的下個階段就是進階班，魔法講盟針對區塊鏈的進階班開發出十個發展方向。

① 數字資產規劃師

　　資產上鏈是未來的趨勢，現有的財務規劃藍圖中，在不久的將來一定會有一個叫做數字資產的項目，例如規劃遺產的問題，將來數字貨幣一定是遺產中很大的資產，現在大部分人的遺產大多是現金、股票、房地產，在未來數字經濟主導之下，以上的三種資產將都會演進成一連串的數字而已，這種改變將要面臨法規、實務、人性、技術等等層面的提升，以現有的財務規劃資源來看，是無法規劃實行這塊領域，就必須要學習新的知識和技術來為將來做規劃，這就是數字資產規劃師的領域。

② 投資、炒幣分析班

　　區塊鏈的投資不光光是投資數字貨幣，對於好的項目如何去評估選擇，甚至於如何入手投資等等都是一門學問，本班將教會你如何評估未來的獨角獸企業，並且教你在茫茫幣市中投資獲利，甚至如何發幣、炒幣等等的內容都會在本進階班裡學到。

White Paper

③ 區塊鏈健檢顧問班

現在每一家不管大到小的公司都幾乎都 E 化了，做到企業資源規劃（Enterprise resource planning，縮寫 ERP）其中很重要的一項就是從生產、銷售、人事、研發、財務全面地導入電腦自動化，以增加效率，減少因人為的疏失而造成不必要損失，而區塊鏈是互聯網的升級，它解決了電腦化之後無法解決的核心問題，例如信任化、中心化、中間化等等的問題，是傳統 E 化的公司無法解決的，這時就必須要有顧問去做整體的企業健檢，規劃是否可以導入區塊鏈進而升級目前的企業，做到區塊鏈賦能傳統企業，本進階班就是培訓相關顧問，進而去評估、導入、輔導、上線區塊鏈而開的課程。

④ 區塊鏈講師培訓班

要讓一般人迅速進入區塊鏈的領域靠的就是教育，一名區塊鏈的專家未必能成為區塊鏈的講師，因為站上臺授課除了本身的專業知識要夠之

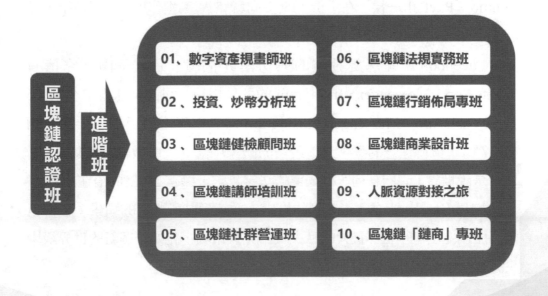

外，還包括台風、表達技巧、肢體語言、教案、案例等等的事前準備工作非常的繁瑣專業，真的是臺上一分鐘，台下十年功，對於想要站上舞臺傳遞區塊鏈知識的學員，我們也特別安排區塊鏈講師培訓的進階課程，教你專業講師必須要具備的一切，也會為你搭建舞臺讓你可以站上舞臺收人、收錢、收魂。

5 ▶ 區塊鏈社群營運班

推動區塊鏈專案發展的四大動力，技術開發是骨架、社群運營是血肉、市場推廣是包裝、資本支援是效率。

一個區塊鏈的項目能不能成功，尤其是有發幣的項目，社群運營是非常！非常！非常！重要的！因為很重要所以要說三遍，例如臉書（Facebook）傳出將致力開發一種名為「全球幣」（GlobalCoin）的 Libra，是一種與國家貨幣掛鉤的穩定幣（stablecoin），並與旗下 WhatsApp、Messenger、Instagram 通訊服務整合，讓用戶像使用 Venmo、PayPal 一樣，在手機上直接向聯絡人發送匯款、國際轉帳，預計下半年開始測試，明年第一季可望正式推出。

Facebook 用區塊鏈發幣的成功率非常高，完全是因為它擁有 WhatsApp、Messenger、Instagram 的社群用戶。目前全球人口約為 76 億，WhatsApp、Messenger、Instagram 這三大平臺用戶總和，就大約有 27 億，值得注意的是，人口最多的國家中國，人口數約為 14 億人，也就是說世界上沒有任何一個國家的法定貨幣，擁有 27 億的潛在用戶。

如果 Facebook 的 Libra 真的推出，並達到其所設定的願景，社群巨頭將能創造出，全世界最大的私人貨幣兌換市場，宛如一個新的世界級中央銀行。

所以社群可以說是一個項目成功與否的關鍵因素，在進階課程中將教導世界做組織第一名都在使用的 WWDB642 系統，教你如何快速複製團隊打造區塊鏈項目成功的基石。

6 區塊鏈法規實務班

一個最明確的趨勢就是國家的政策，尤其適用在共產極權國家上，中國歷年頒布國家政策規律，每次頒布具有代表性的經濟條例，都造就了一大批富翁與成功人士，通常都會經歷三個五年，第一個五年不被人認可，第二個五年小有成就，第三個五年鑄就輝煌。請看如下說明。

▶ 1980 年頒布了第一部有關經濟的條例《工商管理條例》

1980-1985 年，一些被生活所迫，無生計來源的人在擺地攤，所有在職的人從心裡看不起他們，叫他們「小地皮」，「小混混」，「擺地攤的」，他們頂著社會壓力、別人的白眼，度過了五年。

1985-1990 年，他們終於迎來了自己堂堂正正的名字：「個體戶」、「生意人」、「商人」，大批的百萬富翁就誕生在這幾年。

1990-1995 年，這批人又有了自己新的名字叫「老闆」，什麼是老闆？老闆就是挺著大肚子，拿著大哥大，收入上千萬，上億資產的富翁出現了。

1996-1997 年，中國政府鼓勵一些大中型企業的在職幹部下崗、下海，一時之間很多人雲集到了商海，做起了生意，開起了門店，激烈的競爭隨即而來，社會上很快有了「出租、轉讓」的名詞，直到今天滿大街都是「出租轉讓」的字樣，每天都有新開的店，也有倒閉的店。如今做生意賺點小錢還可以，但是要成就千萬富翁、億萬富翁卻很難了，因為這一波

財富的黃金時間十五年已經過去了。

▶ 1993 年中國頒布了第二部有關經濟條例的《證券管理條例》

1993-1998 年一些在金融系統上班的，或有思想、有格局、想法超前、敢想敢做的人，把家裡所有的積蓄拿出來買了基金，買了股票，回到家後被家人、親人抱怨，不諒解，這些人頂著巨大的壓力熬了五年。

1998-2003 年這些人終於可以揚眉吐氣了，很多人透過炒股，買基金成了百萬，乃至千萬富翁。

2003-2007 年，是眾所周知的股市牛年，幾年內成就了大批的千萬億萬富翁。炒股賺錢的比比皆是，所以很多人拿出了積蓄買了基金、買了股票，但誰都沒有料想到，在 2007 年後半年美國爆發「次貸」危機，一夜之間影響了整個金融業，影響了股市，從此股票一路下跌，很多人因此破產，直到今天還有不少人被牢牢套在股市，現在股市行情雖有所回升，但是想通過炒股成為千萬，億萬資產的富翁確實很難了，因為這一波財富的黃金時間十五年過去了。

▶ 2005 年中國頒布了第三部有關經濟的條例《直銷管理條例》

2005-2010 年，社會上看待直銷人員的眼光是不認同的，認為做直銷的人坑蒙拐騙，騙了親戚、朋友，是不務正業。從 2011 年起，中國政府和社會人員看待直銷是理解的，認可的，支持的，無論是在大城市還是偏遠山村，很少有人說直銷是非法的了，也沒有人再說是坑蒙拐騙了。如果從今年我們切入直銷業，選擇一個好的公司，一個好的系統就有可能成為「幾百萬的富翁」，如果能再堅持五年到 2020 年將有大批的千萬、億萬富翁出現在直銷界。社會發展到今天，經歷了五波財富，正在迎來第六

波財富。

2019 年 2 月 15 日頒布了《區塊鏈資訊服務管理規定》

這表示又是一個造就大量億萬富翁的年代即將到來，所以法規在商業中扮演一個非常重要的角色，一個很賺錢、很成功卻違法的企業，都有可能在一夕間崩盤，管你是有意還是無心，所以每個大型企業都一定有自己的法務部門，所以在進階課程中將會教你如何看懂各國法規，消極來說是避免觸法，積極來看就是借力於法條規範創造新商機。

區塊鏈已經成為了時代的浪潮，這也是任何人、任何國家都無法阻擋的大趨勢，因為歷史的長河畢竟都是永遠向前走的。區塊鏈的時代真的來了，它比網際網路來得更加兇猛，更加徹底，更加具有顛覆性。2018年，無論是從國家層面還是企業層面，區塊鏈已經成為了時代的浪潮，這也是任何人、任何國家都無法阻擋的大趨勢，因為歷史的長河畢竟都是永遠向前走的。就比如網際網路必然會顛覆傳統行業一般，同時區塊鏈也必然會顛覆傳統網際網路。

股票我們未能趕上，房地產沒趕上，電子商務沒有趕上，網際網路沒趕上，區塊鏈就是我們年輕人改變人生的一次大商機。

所以說選擇大於努力，趨勢發展是不可以阻擋的。需要每一個人用睿智的眼光看到這個趨勢未來發展。「區塊鏈是窮人最後一次翻身的機會！」身為區塊鏈信仰者的我也認為如此。五百年一遇的金融變革，讓我們用全部的力量與全部的熱忱來擁抱區塊鏈。

⑦ 區塊鏈行銷佈局專班

世界上任何的富豪、領袖、成功人士都是佈局的高手，他們都瞭解

「以終為始」的重要，也時時刻刻遵循以終為始。

2018 年幣圈一年造富，外面行業百年，甚至千年都比不上。2019 這一年將又誕生無數個億萬、百億、千億級富豪！

因為現在區塊鏈技術行業高速發展，每 1 天有 400 個億的資金，湧進這個行業，10 天就有 4000 個億，100 天就有 40000 個億，1000 天就有 40 萬個億的錢湧進來。也就是換一句話說，在接下來的二～三年時間，有幾十萬億的錢湧進區塊鏈，形成一個全新的全球性數字貨幣資本市場，和股市相媲美。

現在第一波參與區塊鏈的人，就像 90 年代第一波參與股市的人一樣，甚至還要瘋狂，還要賺得荷包滿滿。因為當你提前佈局好了，站在了風口浪尖上，當這個巨量的財富湧進來的時候，不知不覺就把你堆起來，推進富豪的行列。

至於處於區塊鏈佈局時代的我們，該怎麼佈局、佈局什麼、找誰佈局、佈局的策略對嗎？這些佈局相關的知識將在區塊鏈行銷佈局專班一一解密。

8 區塊鏈商業模式 BM 設計班

要賺錢靠產品就可以了，例如賣車子可以讓你賺到錢，但是要賺大錢甚至成為鉅富就要靠商業模式（Business Model BM）。例如 2003 年，蘋果公司（Apple）推出 iPod 音樂播放機和 iTunes，促使可攜式娛樂起了革命性的發展，創造出一個新市場，公司也因此脫胎換骨（iTunes 是線上商店及影音播放應用程式）。短短三年，iPod ／ iTunes 的組合，造就了一個約一百億美元的產品，占蘋果總營業額的 50% 左右。蘋果的市值，從 2003 年初約五十億美元一飛沖天，到 2007 年末已超過 1,500

億美元。

　　這個成功故事，人盡皆知；但比較不為人知的是，蘋果不是率先產銷數位音樂播放機的公司。鑽石多媒體（Diamond Multimedia）早在1998年就推出Rio，一流資料（Best Data）也在2000年推Cabo 64上市；兩種產品的性能都很好，不但可攜，造型也時髦漂亮。既然如此，為什麼是蘋果iPod獲得成功，而不是Rio或Cabo？

　　因為蘋果的做法聰明許多，而不是只運用好技術與動人的設計包裝而已。它是在有了好技術後，再用一套出色的「商業模式」包裝起來。其中真正的創新，是讓數位音樂的下載變得簡單而便利。為了做到這一點，蘋果建立一套突破性的商業模式，把硬體、軟體和服務結合在一起。這套方法的運作，就像把吉列公司有名的「刀片與刮鬍刀」銷售模式（買刮鬍刀就必須買它的專用刀片）倒過來做：蘋果基本上是免費奉送「刀片」（利潤率低的iTunes音樂），鎖住消費者購買「刮鬍刀」（利潤率高的iPod）。這套模式用新方式定義價值，帶給消費者耳目一新的便利性。

　　商業模式的創新，改變了各行各業的面貌，並重新分配高達數十億美元的價值。沃爾瑪（Wal-Mart）和標靶（Target）等平價零售商以開創性的商業模式踏進市場，現在已占這個產業總值的75%。低成本的美國航空公司，原本只是雷達幕上的一個小光點，脫胎換骨之後，占整個航空公司市值的55%。過去25年成立的27家公司中，有11家曾在過去十年間，以商業模式創新的方式，成功地躋身《財星》（Fortune）雜誌前五百大企業，超過50%的企業高階主管相信，企業經營要成功，商業模式創新會比產品或服務創新更重要。

　　區塊鏈雖然是個趨勢風潮，要能夠在區塊鏈的風潮下賺取一筆巨額的資產，就一定要區塊鏈結合商業模式才有機會，在區塊鏈商業模式設計

班中將帶領你探討世界頂級的商業模式，並且為自己的項目設計商業模式。

9　人脈資源對接之旅

社會上有很多事情不是靠自己的努力就能夠完成的，而是要抱團取暖，懂得資源互享，正所謂「齊力才能斷金」。

對你有用的人脈並不是商場上面交換名片得來的，而是在學校、休閒娛樂、上課學習，等自然認識的人脈通常才是對你最有幫助的人脈，為什麼呢？因為少了猜忌、利益、損失等負面的連結，因為你跟他在商業的場合交換名片，隔天對方打電話來說要拜訪你，你的第一感覺是他打來的目的是什麼呢？通常都是想在你這邊取得好處（賣你東西、請你幫忙等），很少是積極打電話來給你好處的，相信那感覺是不好的，自然不會有好的對接，就算有好的對接，但是以上的管道都有一個很大的問題，就是沒辦法掌握你需要的精準人脈。

區塊鏈人脈資源對接之旅，是透過旅遊玩樂來讓彼此更加熟悉對方，而且參加的對象都是上過區塊鏈的學員才有資格參加，所以區塊鏈資源對接之旅的對象已經是精準人脈，加上魔法講盟會邀請世界區塊鏈界知名的大咖共同參與，透過幾天的旅遊行程可以深度地認識並增加合作的可能性。

10　區塊鏈「鏈商」專班

賣東西的模式自古到今隨著趨勢不斷地演進，從最早期的面對面介紹產品做銷售，這種傳統的銷售模式一直到了網路時代，銷售模式在網路時代進化成電商，在現在幾乎人手都有一支智慧型手機，網路商店在網路

上更是隨處可見。2000 年電子商務網站數量、規模都進入了爆發期，其中網上購物類 B2C 門戶網站為數最多，在眾多的電商平臺中，根據商業模式的不同可以分為四類，即 1.0 PC 電商、2.0 行動電商、3.0 社交電商、4.0 生態電商。區塊鏈世代出現之後將有一個完全不同於電商的模式會衍生出來，就是「鏈商」模式。

▶ 電商 1.0 —— PC 電商時代

諸如雅虎賣場、露天拍賣、淘寶、天貓、京東等這類都是電商 1.0 的典型代表。這類平臺在模式上主要以 B2B、B2C、C2C 為主，以 PC 電腦有線連接為硬體基礎、流量入口主要是各大門戶網站和搜尋引擎；同時圍繞「搜索＋購買」主動消費的用戶體驗模式不斷進行疊代優化；整個體系不複雜，用戶容易上手。運營競爭重點是價格和物流體系。截至 2019 年，從電了商務的交易規模看來，電商 1.0 的占比仍大於六成。

▶ 電商 2.0 —— 行動電商時代

這一時代具有以下五大特徵：

1. 商業模式簡單，基本還以 B2C 的模式為主。
2. 這一時代的硬體基礎是智慧型手機。
3. 流量入口以手機 APP 和微信公眾號為主。
4. 各電商平臺圍繞「補貼＋購買」的營銷手段，靠燒錢買流量吸粉、幫助用戶養成主動消費的習慣。
5. 電商在商品品類領域呈現垂直態勢。

2.0 時代的電商究其本質來看，實質上是 1.0 時代再各細分行業的專注經營和專業化的衍生。

▶ 電商 3.0 —— 社交電商時代

這一時代具有以下特徵：

1. 商業模式以 B2B2C、B2M2C、三級分銷為主，最常見的就是依靠三級分銷系統推動的品牌電商及微商等。

2. 這一時代的硬體基礎還是以智慧型手機為主。

3. 流量入口和營銷手段主要依託社區、社群、社交為典型特徵，眾所周知的微商便是社交電商的典型代表，電商平臺採用了團購、砍價、點評等社交營銷手段。

4. 各電商平臺圍繞「分享＋購買」在消費者被動消費的流程上不斷疊代升級，讓用戶體驗更加舒服自然。

5. 微商平臺化運營，在微商野蠻生長之後，開始向微店、微盟等規範化平臺轉移入駐。

▶ 電商 4.0 —— 生態電商時代

1. 商業模式不斷地創新：C2B、C2M 反向定製；F2C：Factory to Customer 的縮寫，是從廠商直接到消費者的電商模式，如戴爾電腦的直銷模式，這是 B2C 模式的進化，還有一種 F2B2C 是平臺化運營模式。

2. 硬體基礎：進入多螢幕連動的時代，PC 屏、手機螢幕、電視螢幕、閱讀器螢幕、智能家電平板電腦 PAD 屏等無線行動智能終端交互屏。

3. 流量入口：PC 端網站＋移動端獨立 APP ＋微信服務號＋跨界共用＋商品連結；構建多元化的流量入口體系；未來需要一個有公信力的綜合平臺來整合全網商品資訊幫助用戶做決策，這也為將來電商智慧化提供技術支援。流量備金體系亦將發生改變，過去是商家到中心平臺買流

量，生態電商時代是流量共用、互惠共生的時代。

4. 用戶體驗：4.0 時代的用戶是「搜索＋連結＋購買」，主動搜索消費和場景被動消費相結合；物流將進一步送達時間，從現在的平均 2～3 天，加快到 24 小時的行業標準，在美國 Amazon 已經開始啟用 Prime Air 無人飛機提供 30 分鐘內生鮮配送服務；用戶反向定製將得到重視；國家主管部門將通過法律手段來打擊假冒偽劣商品，確保產品品質和顧客權益。

5. 流程智慧化：未來生態電商的倉儲系統會向無人化操作方向發展，顛覆傳統電商物流中心「人找貨」模式，通過智慧化升級實現「貨找人」的管理模式；虛擬現實 VR 技術將在電商用戶體驗領域推廣：例如虛擬試衣間、虛擬裝潢效果等；智慧終端進一步拓展，除智慧型手機以外，智慧手錶、智慧電視、智慧冰箱、智慧汽車、智慧機器人都會成為能自主向電商平臺下單購物的終端。

以區塊鏈為核心衍生的「鏈商」模式將會取代「電商」。

- 傳統公司 —賺錢公司：利潤最大化，產品收入最大，成本最低。
- 新型公司 —有錢公司：現金流最大化，模式，量，盈利。
- 未來公司—估值及權益最大化，用戶，投資，融資，得用戶者得天下。

鏈商時代思維商業模式的改變，從「產品中心」演變成「人」、從「管理」演變成「賦能」、從「行銷」演變成「分享」、從「投資」演變成「融資」、從「員工」演變成「合夥人」、從「中心化緊密組織」演變成「去中心化鬆散組織」。

鏈商它的驚人商業模式就是分散式商業模式；鏈商模式沒有 CEO 可

以管理全球幾十萬的員工；鏈商模式員工自動自發，不會爭權奪利，運作正常；鏈商模式沒有給多餘的行銷費用，但可以輕鬆獲取數萬用戶；鏈商模式沒有融錢，但公司估值卻價值數億。

　　區塊鏈「鏈商」專班將分享未來的商業模式，提供鏈商落地系統，讓你可以提前佈局，擁抱財富。

電商升級為鏈商解決4缺

Topic 7 區塊鏈聯盟合夥人

創富配套方案

1、課程全套──終身學習

- 區塊鏈應用規劃師（魔法講盟、CBPRO 國際區塊鏈專業認證機構、中國工商聯、中國工信部支持）
- 數字資產規劃師（CBPRO 認證）
- 權益社交新零售總裁班 （CBPRO 及 廣東財經大學認證）
- 溯源規劃班（CBPRO & 廣東財經大學）
- 區塊鏈講師（魔法講盟、CBPRO）
- 人脈資源遊學團
- 數字資產投資
- 社群運營（魔法講盟、CBPRO & 工信部）
- 區塊鏈商業模式設計及佈局

2、聯盟合夥人權益分配機制

- 合夥人加入平臺的總分紅 5%
- 所有課程收入的分紅 5%（證書成本不計）
- 項目的積分糖果
- 機構 Token 上市糖果

- 權益可換取將來集團上市的股權

▶ 3、附加服務配套

- 企業個人 IP 品牌打造（溯源防偽、出版業務）
- 企業服務（①智慧合約及通證設計的輔導業務、②海外上市 —— STO/ICO 牌照、③交易所上市、④幣值管理）
- 基金管理（數位資產量化服務）

▶ 4、項目銀行

項目上市權益創新板：

- 商城企業項目上市創新板進行招商
- 成為項目權益合夥人
- 協助推廣項目權益合夥人獲得提成

▶ 5、初級合夥人

- 獲得 1 個權益
- 標準配套
- 給予 4 位區塊鏈應用規劃師課程（認證費另計）

▶ 6、招商合夥人

- 獲得 3 個權益
- 標準配套
- 課程全套
- 微信行銷手機一部

- 區塊鏈應用規劃師—8 位（認證費用另外）
- 社群運營課程—4 位（不包含手機及認證費）

▶ 7、商城合夥人

- 獲得 4 個權益
- 標準配套
- 課程全套
- 上市權益創新板招商
- 區塊鏈應用規劃師—10 位（認證費用另外）
- 權益社交新零售總裁班—2 位（不包括系統證書）

▶ 8、企業合夥人

- 獲得 5 個權益
- 標準配套
- 課程全套
- 上市權益創新板招商
- 區塊鏈應用規劃師—13 位（認證費用另外）
- 權益社交新零售總裁班—4 位（不包括系統證書）

區塊鏈商業模式實操專班

　　區塊鏈商業模式實操專班課程，從傳統產業的資產模式出發，結合實際業務場景，將權益通證經濟的落地應用劃分為十一大模式。如下所列：

◉ 模式一、權益社交新零售模式

該模式通過結合基於區塊鏈技術作為憑證的虛擬股權技術、結合社交新零售，以量化的模式思維掌握如何以金融思維做好融資、融人、融資源的三步驟快速成長。

◉ 模式二、去中心化權益模式

通過智慧合約將分紅機制寫好，每一次的消費都直接進行一定的紅利分配，自動打入去中心化的錢包。同時，通過這個模式設計好數位資產增值的全民是股東的生態模式。我們也會探討時下流行的鏈商及鏈銷的模式。

◉ 模式三、貨幣模式

通證經濟的貨幣模式，本質上就是數位加密代幣（CryptoCoin），最典型的就是比特幣，這是大部分區塊鏈專案的必備模組。貨幣模式下的代幣，可用於點對點支付和結算，以及對資產 Token 的定價，也可用於資金的流通、消費的激勵、投資理財份額管理等各種數字加密用途。當中包括如 Facebook 的穩定幣，各種主流幣的模式。

◉ 模式四、溯源版權品牌模式

該模式的 Token 主要來自於食品安全的上鏈追溯，利用區塊鏈的分散式帳本和數位加密技術，對物聯網採集的食品／農產品資料，進行加密上鏈和分散式儲存，並將每個食品鏈條上的節點都通過 DApp 進行公開金鑰加密確認上鏈，最終經由消費者實現溯源閉環。同時知道如何運用品牌版權上鏈，放大品牌價值。

▶ 模式五、積分／集點模式

　　這種模式比較特殊，因為積分／集點本身就類似虛擬貨幣，所以很多區塊鏈其實都是在做積分。但通證經濟下的積分模式，是基於消費者的消費和行為進行吸引、激勵和刺激，進而實現差異化服務和關懷。該模式適合零售、快消品、3C 耐用品及會員制的行業。

▶ 模式六、資產數位化海外上市模式

　　該模式是以企業如何合法合規地在海外設計上市自己的通證的整個佈局及流程，會探討各類的上市模式。包括應用通證，資產股權類通證等。其實就是一種上鏈的數字資產，包括實物資產和加密資產的上鏈數位化。它也可能是數字加密的所有權、使用權、經營權、收益權或數字權益。同時，通過資料 Token 將個人資料貨幣化，將資料控制權和收益權還給個人。資料模式的通證經濟適合接觸和管理海量使用者資料的企業，或者海量用戶入口的流量平台。

▶ 模式七、交易所模式

　　這個模式是目前生態的重要一環，探討交易所目前的商業模式及盈利點在哪裡。

▶ 模式八、白條模式

　　如何運用區塊鏈技術設計一個供應鏈的白條模式，讓企業發展不再受資金限制，能真正做到資源放大的效果。

▶ 模式九、應用模式

　　我們將探討幾類應用模式：

1. 內容應用模式——該模式的 Token 可圍繞內容創作、知識版權、藝術版權實現分散式帳本和貨幣化，實現內容真偽、版權追溯、實現以創作人、評論人、收藏人等為主體的產業共識價值。

2. 服務模式——這是一種分散式的服務合約，通過對服務合約的數位化以及支付結算的代幣化，實現自帶激勵機制、代幣增值的分散式共用經濟生態。適合計次式收費的服務，如外賣、家政、地產仲介、售後上門等。

3. 粉絲模式——經由打造個人 IP 偶像或網紅打造成娛樂鏈的 Token，進一步的打賞、服務、票務等場景，形成一個分散式娛樂價值協議，或打造成共用機制。

4. 遊戲模式——通過遊戲社群結合權益概念，如何讓更多社群參與。

模式十、公鏈生態模式

通過如分散式帳本的模式，讓使用者和投資人可以透過挖礦，獲得平臺專屬的數位加密代幣，兌換服務或交易專區收益。我們也會探討如何應用分散式儲存，利用閒置的寬頻和儲存空間，實現寬頻共用和分散式儲存，以供有需要的人或機構使用，從而獲得對方給出的 Token，實現與儲存、寬頻相結合的共用經濟應用場景模式。

▶ 模式十一、投行基金模式

通過進行區塊鏈生態資源的孵化，如何設立自己的基金，進行數字資產的管理及投資。

課程中，我們也將會實操完成權益社交新零售的商業模式設計，區塊鏈商業模式畫布，數位資產錢包及 DApp 實操等。

第八篇

Kore區塊鏈旅宿交易平台

[第八篇]

Kore 區塊鏈旅宿交易平台 /何旻承

本創作搭建「Kore 區塊鏈旅宿交易平臺」，目的在解決旅遊住宿行業（以下簡稱旅宿業）的三個痛點。

➤ 一是透過區塊鏈的獨特資產交易機制，將訂房系統變成資產交易系統，將客房資產化，增加住房客的購買意願。

➤ 二是透過區塊鏈的獨特信任機制，讓真正有住宿的房客才能評鑑旅宿業者，重塑旅宿服務評鑑，提高旅宿業評價的可信度。

➤ 三是當客房（資產）購買者需要轉讓時，將交易條件（合約）和價格放上平臺，沒有任何人可以篡改，透過智能合約增加媒合成功率，提高客房的流動性。

臺灣整體住房率從 2014 年～ 2017 年從 53% 一路下滑為 47%，對岸中國的住房率也在 52% 上下，兩岸的旅宿業接近一半住房資產閒置，住房率已成為業者重中之痛。此外，數據顯示，2017 年台灣民眾訂房方式以訂房網站（如 Agoda、Hotels.com、Booking.com）訂房的比例為最高（約 40%）且逐年攀升，其次為旅行社及飯店官網。旅宿業者通路不僅受訂房網站掌握，也要付訂房網站的高抽成佣金。

旅宿業也常年存在虛假服務評鑑和廣告欺詐等現象，導致旅宿業主和住房客之間信任流失。

「Kore 區塊鏈旅宿交易平臺」將客房視為缺乏流動性但能夠產生可預見的穩定現金流的資產，通過一定的結構安排，旅宿業主可以將客房包裝成資產賣給顧客，購買客房（資產）可以是真正的住客或是投資人。顧客可以選擇履約或將此客房（資產）再從平臺上轉售其他需求者，由於住宿權利可以轉售，能提升顧客訂房的意願，活化旅宿業的住房資產，而且顧客不用擔心買到假資產。因此可以增加客房的銷售速度，有效增加旅宿業主的現金周轉。

　　通過搭建區塊鏈旅宿交易平臺，旅宿業主可以清晰地追蹤住房客的評鑒等資訊，避免假住房客的惡行，確保業者服務評鑒的真實性。旅宿業主也可以直接從住房客處收集他們願意分享的資訊，資料維度更加豐富、資訊來源真實可靠、使用者畫像更加立體，幫助旅宿業主提高廣告投放轉化率。對於住房客來說，分享資料的行為可以獲得獎勵，並且自身的隱私權也能得到保護。

創業機會與構想

Topic **1**

「Kore 區塊鏈旅宿交易平臺」選擇以 2、3、4 星級及商務旅宿業為主要合作對象，合作旅宿業主涵蓋臺灣、香港、大陸主要旅遊省分、東南亞及日本。本方案一方面得以提高旅宿業者的住房率及降低中間抽成成本；一方面讓旅宿業者專注於服務經營，提高服務品質，同時建構一個可信、公正的旅宿服務評鑑平臺。

該產品／服務能解決顧客什麼問題？滿足何種需求？

據統計，觀光旅遊業在 2016 的產值接近 7.2 萬億美元（相當於 9.8% 的全球 GDP）。線上預訂涵蓋了觀光旅遊業絕大部分的收益，然而有近 76% 的線上預訂都被現今前五大中介商所獨占。他們透過收取高額的手續費來獲利，而這舉動，也使得這項產業的發展受到限制。

由於近十年的線上預訂平台幾乎處於停滯不前的狀態，過時的交易方式、高額的手續費等問題依然存在。此現象提供了我們一個絕佳的機會，本團隊將透過區塊鏈的導入，為這具有龐大利益的產業帶來一個全新的面貌。

目前的線上預訂平台對供應商有著很大的權力，據統計，他們針對每筆預訂平均收取高達 30% 的費用（某些案例甚至收取高達 50% 的費用）。由於目前的線上預訂幾乎被少數幾家業者所把持，因此不論是大型的供應商或是小型的自營商，都很難轉移至其他費用較為便宜的平台。

本團隊推出的平台將致力於改善現存既有的平台之缺點，並透過區塊鏈技術，使顧客有更加美好的體驗。

▶ 對於旅宿業者而言，存在以下問題

1. 住房權利損失不可避免：住房率不會是 100%，如何提升住房率降低住房權益的損失。
2. 中間商抽高額佣金：線上預訂平台對供應商有著很大的權力。
3. 籌資不易：除了不動產抵押，很難把旅宿服務轉化為有型的資產，要籌資有一定的困難度。
4. 訂金收取不易：旅宿之現金流被 OTA 綁住。
5. 評鑑真假問題：無法追蹤網路評鑑對象，謠言也無法澄清影響信譽。

▶ 對於旅客而言，存在以下問題

1. 取得最便宜的住宿價格
2. 訂房後房間未被保留，爆房問題
3. 出遊的日期沒有空房
4. 旅遊時對於預訂服務的不確定感
5. 碰到假旅店或是旅店的評價不如預期或無法實兌

我們將不可儲存的服務轉化為可流通的商品，透過區塊鏈架構一個信任機制，發揚唯一性的特質，預售長天期的住宿權利。因為資料永久保存、無法修改，就算是開發者也不能，以確保旅宿業者無法超賣權利，一個房間一年住 365 次，不能重覆賣出。旅宿業可以依自己的需求，把未來一年、二年甚至五年後的住房權利轉換為期貨商品，透過智能合約預先

銷售。

消費者可以依自己未來出遊的需求，選擇自己需要的期貨，用較低廉的價格買進，就算未來有什麼變動，也無須知會業者就能轉手他人。經由觀光旅遊住宿的權益資產化，讓住宿權利也可以用資產流通模式來有效轉化為創立資源，並回收住權利殘值提升旅宿業房間利用率與創造資產巨大化的管道。

現行的在線預訂平台通常在收到訂單時，須要費時 24 到 48 小時才能完成訂單之確認，這樣的效率往往會影響到顧客在消費時的用戶體驗。有些平台甚至默許供應商花錢去製造虛假的評價或修改用戶反饋，使這些評價系統並不能完全地反應顧客真實的評價。此外，多數平台的退費機制也十分繁瑣，使得顧客在預訂完成後，無法輕易退款。

2 產品與服務內容

產品以及服務內容之創新性與核心技術

為了解決前述之問題，本團隊透過區塊鏈超級帳本推出了一個創新的去中心化應用程式及互聯網平台。我們將不可儲存的服務轉化為可流通的商品，透過區塊鏈架構一個信任機制，發揚唯一性的特質，預售長天期的住宿權利，因為資料永久保存無法修改，就算是開發者也不能，來確保旅宿業者無法超賣權利，一個房間一年住 365 次，不能重覆賣出。

旅宿業可以依自己的需求，把未來一年、二年甚至五年後的住房權力轉換為期貨商品，透過智能合約預先銷售。

經由觀光旅遊住宿的權益資產化，讓住宿權利也可以用資產流通模式來有效轉化為創立資源，並回收住權利殘值提升旅宿業房間利用率與創造資產巨大化的管道。

▶ 減少爭端的安全交易

我們將提供一個解決爭議的機制去解決每筆透過本平台所衍生出的交易糾紛。（該訂單或服務產生爭議時，雙方須提供具體證據，並須在一定時間內做出回應。）

▶ 透明且準確的評論

因著區塊鏈不能被更改的特性，所有的評論將會是消費者最直接且

未經竄改的原始評價。消費者及供應商讓用戶對用戶做直接聯繫，本平台將會是第一個將這個機制導入旅遊市場的平台。

　　本團隊提供一個對消費者友善的線上預訂系統及交換平台，透過區塊鏈超級帳本的技術，帶給消費者更美好、完善的用戶體驗。透過本團隊所導入的技術，此平台將會帶給供應商許多好處。例如，供應商能大幅降低使用線上預訂平台的成本，而該成本的降低，也使得供應商能在不損及其獲利下，將其售價降低，形成一個顧客及供應商雙贏的局面。本平台將會為顧客提供一個嶄新的用戶體驗，透明、安全且不受外在影響的交易環境，使顧客能在最輕鬆自在的環境下，安全無虞地挑選適合自己的產品。

P2P 的交易平台—去中心化的 DAPP

　　Kore 不只會為整個旅宿業的生態帶來革命，我們還提供一個 P2P 的交易平台給消費者，讓消費者可以在交易平台上進行買賣住宿權，這項去中心化的應用程式也是由超級帳本作為底層架構。這個交易平台是在賦予消費者更大的權利。目前，消費者在購買住宿券或在網路上訂房後，因無法避免的因素而必須取消入住，消費者很難獲得補償。這個交易平台能讓消費者在購買旅宿住宿權的時候可以有更多的信心，讓消費者在取消行程時有機會得到旅宿住宿權的全額退款，甚至熱門時段的旅宿住宿權可能還會獲利。Kore 的交易平台是去中心化的，因此不會有第三方中介，每筆交易會是立即的，並且有 Kore 超級帳本的性質，擁有高度的安全性以及隱私性。

二、核心技術之可行性或授權使用之自由度

▶ 為何使用區塊鏈？

- 區塊鏈技術具有五大獨特特徵：去中心化、開放性、獨立性、安全性、匿名性。

- 區塊鏈是一種通過共識建立起來與智能合約系統和其他輔助技術相結合的對等分散式帳本，這些技術可以一起用於構建新一代的交易應用，企業使用區塊鏈可方便讓商務流程與資料在多個組織間共用，不僅減少浪費，也降低了詐欺風險，並創造新的收益流。

目前區塊鏈概念技術解決方案很多，較為知名的有分散式分類帳平台 Corda、以公有鏈架構為實作常態直接面對 51% 攻擊指數的 Ethereum，與由 Linux 基金會主管的全球跨行業領導者的商業區塊鏈技術合作專案 Hyperledger 為其中的佼佼者。

Hyperledger 以商務應用為訴求並廣泛應用於商業活動的優化，自由軟體與私有鏈結構增加了短中長期在成本上的競爭優勢，且具有生態系模組分明且健全，基礎架構、技術框架與應用工具完整，易於開發、佈建與治理等特殊優勢。

▶ 陽光區塊鏈科技股份有限公司實現技術領先優勢

- 2018.03 成立的新創專業團隊，致力於區塊鏈創新服務的整合與應用，成員專業方向專注區塊鏈技術、系統架構、程式發展與資訊安全；核心成員平均 25 年資訊科技相關學術與產業實務經驗以及擁有專業證照；與學界科研單位無縫接軌。

- 合作觸角廣泛，包含公民營財金保險、教育學習、健康醫療、觀

光旅宿、長期照護、農產銷貨、遊戲娛樂與資訊科技等產業面向。

• 2018.06 已在領先實際應用 Linux 基金會領導的全球跨行業商業區塊鏈 Hyperledger Fabric 技術，開發商業等級學習履歷系統於台灣高雄科技大學財金學院區塊鏈學程證書及中國福建陽光學院全校上線發給福州大學與陽光學院區塊鏈證學位與畢業證書逾 4,000 張。

• 技術實現部分由深具實務能力的四方通行旅遊網與陽光區塊鏈科技股份有限公司共同合作以完成技術面的創新與落實。

• 四方通行旅遊網提供完整的旅遊電商平台與實體金流服務。

• 陽光區塊鏈科技股份有限公司提供商務級區塊鏈、智能合約與人工智慧的公信化與智慧化應用服務。

三、營運模式

Kore 是一個提供透明、簡單的線上預訂平台，不論是酒店、商旅甚至是其他用戶希望轉讓的住房權。我們旨在創建一個全球性的互動及交換平台，減少消費者的交易成本，並大幅提高服務品質。本平台改善了既有線上預訂平台的缺點，提供給顧客一個更完善、美好的旅遊體驗。

時下的網路旅行社平台（如：Booking.com，Airbnb.com，Expedia. com）都是中心化的，並且會對消費者以及旅宿業者收取服務費。在 Kore 交易平台上的刊登、交易皆會被記錄在後台的區塊鏈超級帳本上，去掉所有中間人，並且讓所有程序透明公開。

Kore 平台的控房系統是採資產處理，完全區塊鏈化。金流的部分，一樣會讓消費者可以綁定傳統法定金流，Kore 交易平台有內建演算法，會將所有人民幣以外的法定貨幣自動匯兌成平台內的 Token 以進行交易。初期本團隊會選擇一些旅宿業者，讓他們以優惠的手續費用

Token 進行交易的收支。消費者則是可以自行選擇使用傳統法定貨幣金流（paypal、信用卡）或是 Kore 交易平台的 Token，消費者選擇使用平台的 Token 也會得到優惠的手續費。Kore 交易平台與後台區塊鏈超級帳本的協作幫助我們創造一個完整的線上旅遊生態，讓我們能在價值五兆美元的旅遊產業裡具備優勢。

對於旅宿業者，我們提供一個非常簡單、好用的介面，讓旅宿業者可以輕鬆地在 Kore 區塊鏈超級帳本上增加或是編輯住宿刊登資訊。我們正在努力開發一個介面，讓業者可以把已經在其他平台上列出的資訊一鍵轉移到我們的平台，不用再耗費時間在不同平台刊登同樣的資訊。旅館經過安全驗證後，便可以透過 Kore 交易平台刊登服務內容、提供房間住宿權。消費者可以透過 Kore 交易平台，依據區域、城市、房型、價格、住宿名稱找尋合適的旅宿或是住宿權期貨組合。

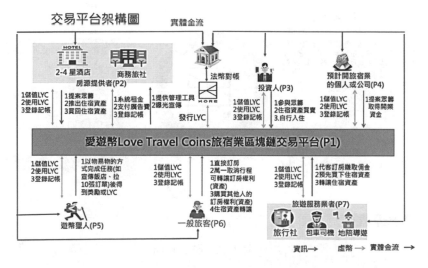

對於旅客及投資人而言，本平台讓他們可以用 Kore 網站或是手機應用程式搜尋網路上最合適的住宿、商旅。我們專注於讓 Kore 交易平台以用戶為中心去做設計，讓消費者介面和使用體驗是舒適且愉快的。

支援旅宿業營運的區塊鏈雲端服務

旅宿業認証中心
透過區塊鏈認証每一家加入的旅宿業者，提供旅客最安全可信賴的服務。一旦通過認証所有的相關活動與交易將全部記錄於區塊鏈之中。

旅宿業評鑑機制
透過區塊鏈訂房的旅客，可以評鑑旅宿品質，交易所提供獎勵評鑑制度提供評鑑誘因，旅宿業本身也可以提出忠誠制度，對於評鑑者給予報酬讓旅客好感度提升。

權益資產交易中心
把長天期住宿權利轉換為權益資產，旅宿業可依自身需求決定轉換的房型、數量、住房日期，供旅客選擇預先購買，而且個人與個人之前可以隨時交易買賣，交易所只收取千分之一的手續費。

旅客評鑑機制
透過區塊鏈旅宿業者可針對住房旅客進行評鑑，並分享給通過認証中心的同業，讓好客人被知道，發生過糾紛的客人也可有事先預防的做法。

發行旅遊幣，成為旅遊生態圈的主要流通貨幣，並與法幣掛勾，可隨時相互轉換。

飯店專屬管理服務

旅客評鑑機制
Customer Rating System
針對住房的旅客做行為評鑑，分享結果予交易所中的所有旅宿業者，在預防客人產生不正常或不友善行為時，將產生很大的功效

區塊鏈訂房系統
Online Booking System
提供旅店官網與旅客在交易所內直接向旅店訂房，就算沒有購買期貨也可以直接訂房付款

通路管理系統
Cannel Manager
透過區塊鏈技術管理線上通路的放房情況，只要在本系統內即時控制所有合作的行銷通路後台

權益資產交易系統
Futures trading system
旅客直接購買住宿期貨的機制，旅客購買的期貨可以隨時在交易所內交易，收取千分之一的手續費

▶ 金流處理概述

1. 購買代幣：消費者支付法定貨幣以購買 Kore 幣（以下簡稱 K 幣）。

2. 使用代幣：K 幣將會被用來支付區塊鏈上，意即本平台上的交易。

3. 轉換代幣：當 K 幣進到旅宿業者之帳戶後，旅宿業者可以自由選擇將該代幣轉為法定貨幣。

4. 旅宿業者可以選擇將代幣轉成法定貨幣的流程在 Kore 平台上自動完成

四、營收模式

▶ 交易手續費

　　本平台將收取交易價格 2% 的手續費作為收入來源。住宿權的資產化，讓旅宿業賣出的一天住宿可以被不限次數的交易。平台將對每筆交易進行抽成，交易頻率的提高讓平台的收益模式不被限制。

　　舉例來說，從旅宿業者賣出一套期貨組合或是房間一晚的住宿權，轉手到最終使用住宿權利的消費者，可能在市場上被轉手十次，本平台的獲利將會是 2% 乘以 10 次交易等於交易金額 20% 的獲利。

▶ 廣告收益

　　酒店、飯店、商旅等旅宿業可以付廣告費給平台，讓旅宿業的服務得到更高的搜尋結果。消費者的搜尋結果每頁最多有三筆的廣告，如此能帶來兩個優勢。第一，本平台並不會因為廣告影響原本的有機搜尋結果。第二，對於旅宿業而言，本半台提供重要的價值主張，讓購買本平台廣告服務的旅宿業者可以將自己的服務列在搜尋結果的前端。

　　本團隊認為，旅宿業者原本要付給第三方中介如 OTA 省下的資本就會被應用在廣告行銷上，讓服務提供者可以有更大的曝光。付費廣告的旅宿會有標記標示其為「精選」與有機結果做出區分，讓消費者清楚自己的選擇，提供一個優良、公平的搜尋引擎。

　　註：廣告收益並不會影響有機的搜尋結果，維持平台的公平性。

Topic 3 市場與競爭分析

市場特性與規模

　　網路旅行社產業（以下簡稱 OTA）的成長在這幾年預計會趨緩。旅遊業網路化的程度在這幾年已逐漸趨於成熟，網路旅行社產業的成長依賴著整個旅遊產業本身的有機成長。旅遊服務提供者，如旅宿業，透過網路旅行社的訂單成長漸漸走緩，卻還是被收取高額的手續費，導致旅遊服務業者之獲利備受影響。因此旅遊業者開始尋找方法，找尋該如何不透過中介商，又能輕鬆觸及到潛在客戶。

　　現階段 OTA 還是扮演「中間人」的角色，對於航空機票與酒店這類同質性高的產品，當每個中間人提供的訂購體驗不斷進化而趨於完善時，「價格」成為選擇中間人的首要因素，除非 OTA 各自的忠誠度計畫具備足夠吸引力。原搜尋引擎的出現，將多個單一搜索引擎集結在一起，提供統一的檢索介面。對於航空公司、酒店等元件供應商而言，原搜索引擎是讓他們脫離仰賴 OTA 與傳統旅行社的最好機會，因為只要提供 API 接口給原搜索引擎，就能把終端用戶直接導入官網來預訂。所以原搜索引擎不僅只是同時搜索幾個引擎並集合結果，而且會刪除重複結果、對結果排序，當然也就可以「操弄」搜索結果。

🌏 目標市場

在計畫的初期，本團隊的行銷著重在擁有最高潛力的市場。為了判定這樣的市場，本團隊對世界各地的旅遊產業做出深入的分析。2017年，國內旅遊市場高速成長，入出境市場平穩發展，供給側結構性改革成效明顯。國內旅遊人數 50.01 億人次，比上年同期成長 12.8%；入出境旅遊總人數 2.7 億人次，同比成長 3.7%；全年實現旅遊總收入 5.40 萬億元，成長 15.1%。

初步測算，全年全國旅遊業對 GDP 的綜合貢獻為 9.13 萬億元，占 GDP 總量的 11.04%。旅遊直接就業 2,825 萬人，旅遊直接和間接就業 7,990 萬人，占全國就業總人口的 10.28%。

●目前旅遊市場規模

2017 旅客市場	消費額	成長
留宿旅客	497.5 億	18.2%
不過夜旅客	115.7 億	9.5%
全年旅客	613.2 億	16.4%

酒店及公寓	數量	增幅
客房	37,117 間	2.3%
住客	13,155,173 人次	9.6%
平均留宿	1.5 晚	3.6%

根據國內旅遊抽樣調查結果，2017 年全年，國內旅遊人數 50.01 億人次，比上年同期成長 12.8%。其中，城鎮居民 36.77 億人次，成長 15.1%；農村居民 13.24 億人次，成長 6.8%。國內旅遊收入 4.57 萬億元，上年同期成長 15.9%。其中，城鎮居民花費 3.77 萬億元，成長 16.8%；農村居民花費 0.80 萬億元，成長 11.8%。

▶ 市場區隔（Segmentation）

　　市場區隔的部分，我們將分別細分旅客端以及旅宿業端。

　　a. 旅客端：以年齡為區分，我們認為年齡是決定旅客類型的一項重要區分方式，因為不同的年齡層不僅旅遊方式不同，其安排旅行的方式也非常不一樣。例如老年人多會選擇傳統旅行社來替他們安排行程，因此旅遊網站對他們而言並不會是首選。所以我們以年齡作為旅客端的區分，切割出合適的年齡層旅客。

　　b. 旅宿業端：以價格及旅館類型做為區別，我們認為，價格是旅客選擇旅館的優先事項，而不同類型的旅館會有不同類型的行銷方式與客群，因此我們選擇以價格及其類型做為市場區分的方式，選出適合放上我們平台的旅宿業。

▶ 目標市場的選擇（Targeting）

　　旅客端：主要以千禧世代，也就是所謂的 90 ～ 00 世代，18 歲至 35 歲的青年、壯年為主。我們認為，會使用線上旅遊平台的，目前還是以年輕人為主，而且年輕人對於新的事物較感興趣，因此我們將旅客端市場以年齡作為區分。

　　旅宿端：鎖定價格位於 300 ～ 600 人民幣之間的中階旅館，及服務

商務人士為主的旅館。我們認為，中階旅館在廣告預算、目標客群方面，基本上都遠遠不及高階連鎖品牌；此外，價格較為便宜的旅館抑是年輕人出遊的重要考慮事項之一。因此我們將以價格作為區分，鎖定較中階的旅館，以較低的手續費吸引他們，並且吸引更多年輕人。

◉ 市場定位（Positioning）

Kore 將會營造出一個全新的線上訂房生態，並成為年輕人出遊的首選網站。不同於傳統線上旅遊平台，Kore 著重在更實惠的價格、更安全的交易、更靈活的轉換，並使中階旅宿業者擁有更廣闊的客源以及更高的獲利。

我們的存在將會改變整個線上旅遊業，我們使用全新的訂房方式，以 K 幣進行交易，並將房間使用權轉換成資產的形式，讓顧客能更輕易地在線上進行交易。同時，在交易的過程中，若需要取消預訂或是轉讓房間，只要幾個簡單的步驟，便能輕鬆將住房權利進行轉換。此外，透過區塊鏈的應用，以上的交易都會被記錄在交易鏈上，因此可以大大的降低消費糾紛。

我們的定位將會是在新興消費族群，他們有著龐大的消費力及勇於嘗試新事物的心，因此我們將市場鎖定在此，希望透過這潛力無窮的年輕市場，將我們想營造的生態擴展出去。

競爭對手與競爭策略分析

目前線上旅行社市場主要被美國的 Priceline、Expedia、TripAdvisor 和中國大陸的攜程所壟斷，而許多消費者不知道的是，有些旅遊品牌是出自於同一個集團。例如 Priceline 旗下的 Agoda、Booking.com，他們

都是擁有許多廣大消費者的線上預訂平台，Priceline 將子品牌呈現成競爭對手，讓消費者以為擁有選擇權，但實際上許多平台都是同一個集團所有。

Competitive Advantage

Low Commission Market Place	Incentivize Content Creators	Hyperledger Infrastructure
• Decentralized • Low commission	• Gaining user traffic To kick-start the ecosystem • By incentivizing users and content creators to leave valuable reviews	• Higher flexibility • Scalability • Privacy • Lower costs

● SWOT

Strengths	Weaknesses
1. 高度靈活性 2. 高度延展性 3. 真實性 4. 隱私 5. 低成本	1. 轉換平台不易 2. 現有平台廣告效益大
Oppotunities	Threats
1. 市場年輕 2. 影響者行銷 3. 社群媒體	1. 易被抄襲、模仿、取代 2. 受現有平台壓制

▶ **優勢**

　　Kore 是一個將區塊鏈帶入旅遊業的平台，我們將發揮區塊鏈所帶來

的優勢，改變人們出門旅遊的方式。區塊鏈的保密以及安全性是眾所皆知的，因此旅客們可以安心使用本平台。

◉ 劣勢

現行的線上旅遊業被幾家業者所壟斷，而 Kore 作為一個新興的商業平台，勢必會有許多的劣勢需要面對。經過我們團隊與旅宿業者的接觸後發現，縱使 Kore 擁有上述之優勢，旅宿業者仍舊不會輕易轉換平台，因為既有的獨占平台已擁有廣大客戶，如旅宿業者轉移平台，勢必會影響到他們原本既有在原平台上的客戶。此外現行的平台也提供給旅宿業者很大的廣告效益，甚至超過我們低手續費所帶來的效益。因此，這些既有平台的優勢是我們當前最大的劣勢。

◉ 機會

Kore 的目標客群是較為年輕族群，並且使用社群平台，積極打入年輕市場。而我們的機會在於透過影響者行銷，主動且有效率地為我們的平台創造流量，打入年輕人的生活。年輕有活力是我們團隊的莫大的機會，我們能緊抓年輕人的需求，解決他們在旅遊上的困擾。

◉ 威脅

Kore 是一個以嶄新的概念來詮釋旅遊網站的平台，然而技術以及商業模式都是極易被模仿甚至抄襲的，因此這是我們的威脅之一，我們必須時刻創新，避免被市場淘汰。另一個威脅是目前旅遊市場屬於一個寡占的現象，幾個現行的大平台勢必會將本平台視為一大威脅，因此也極有可能會壓制本平台的成長，而這也是我們所面臨的威脅之一。

⑤ 目標客戶

本團隊需要觸及到的目標客戶分為兩部分，消費者（旅客）和旅宿業者（飯店、商旅、民宿老闆）。不同族群需使用不同的行銷策略。

Kore 的主要目標客戶是 18 至 35 歲之年輕旅客，由於這個世代為互聯網世代，因此我們對其主要的行銷方式，多為網上之行銷。

▶ 影響者行銷

根據統計，每一美金投資在社群媒體影響者，可以為該投資帶來大約 6.5 美金的獲利。（source：https://blog.tomoson.com/influencer-marketing-study/）由於現今的青壯年時代，資訊的來源往往來自於互聯網，因此，藉由具有大量粉絲的博主或是公眾號的行銷，能讓 Kore 迅速在 18 ～ 35 歲的民眾間，廣泛地被討論，達成我們行銷的目的。

▶ 巨型網站之廣告投放

我們將投放廣告於 Facebook、Google 關鍵字搜尋或是微博上，藉由這些流量十分巨大的網站或是搜尋引擎的廣告，讓 Kore 能在前期的行銷中，投入少量的金錢而得到豐碩的成果。

▶ 社群媒體行銷

除了在各大網站投入廣告外，Kore 亦會在各大網站上建立粉絲群，像是在微信上建立公眾號，讓我們的品牌被更多人看見，同時讓旅客們能隨時掌握關於本平台的最新資訊，拉近跟客戶們的距離。

針對旅宿業者 ，Kore 所營造的是一個雙邊市場，除了讓旅客有更好

的旅遊體驗，也致力於讓旅宿業者能減低中介成本，提供更好的服務。而 Kore 所著重的業者將會是中階、以商務人士為主之旅館，並藉由以下方式，讓更多業者加入我們。

▶ 1. 電子郵件之推送

▶ 2. 參與各大旅遊展

參與一些大型旅遊展覽，像是 ITB Berlin，全世界最大的旅遊業博覽會。我們將在大型旅遊展上擺攤，觸及全世界的旅宿業者，增加曝光度，讓世界看到 Kore，更認識 Kore，並加入 Kore。

▶ 3. 社群網站

社群網站上不僅有潛在的旅客，就連旅宿業者也都透過社群網站去行銷自己。因此 Kore 也會在微信公眾號上或是微博刊登廣告，讓世界各地的旅宿業者一起加入我們的行列。

▶ 4.Craigslist、趕集網

像是 Craigslist、趕集網這類型的大型廣告網站，上面有著成千上萬、各種類型的廣告，其中更不乏旅遊業相關業者，諸如旅宿業者或者在地導遊等等。Kore 為了在短時間達到觸及各個業者，我們將會在 Craigslist 或是趕集網上，推廣關於 Kore 之訊息給各類賣家，藉此迅速累積旅宿業者之用戶。

▶ 5. 巨型網站之廣告投放

4 │ 財務計畫

募資金額

自從四方通行旅行社股份有限公司在 2006 年成立,邱總經理就一直為旅宿產業創造價值,但現在線上旅行社產業成長漸漸趨緩。2018 年三月陽光區塊鏈有限公司成立,透過區塊鏈超級帳本的技術,結合四方通行的市場,希望可以將旅宿產業去中心化,將高抽成的中間商移除,旅宿服務透過科技的創新,以低價特色針對目標消費族群,突破現有市場所能預期的消費改變。2018 年 8 月 Kore 計畫啟動,本團隊就依據里程碑的進度開發產品,目前已經完成部分使用者介面。過了產品初期的市場適應,Kore 將會有平台手續費以及廣告費的營收來源。

根據本團隊的財務預估,依照目前的發展,2019 ～ 2020 年的收入會以倍數成長,在 2021 ～ 2022 年,因逐漸達到市場飽和,每年個別成長 70% 與 40%。本次預計增資 600 萬人民幣,釋出 60% 股份,公司估值在 1000 萬人民幣,本團隊以 40% 股份技術入股。

預估資金消耗率

▶ 產品開發階段

主要的支出為技術人員的開發費用,包括區塊鏈技術、Kore 交易平台的設計開發。技術人員加前期的行政人員一個月所有成員加總的資金消

耗率控制在 10 萬人民幣。

◉ 客戶開發階段

團隊規模增加行銷以及客戶開發人員，整合四方通行股份有限公司的資源，增加合作的旅館數目，並且開始創造現金流。一個月所有成員加總的資金消耗率控制在 20 萬人民幣。

◉ 業務開發階段

團隊規模增加業務，一個月所有成員加總的資金消耗率控制在 30 萬人民幣。

營業成本明細（人民幣）		
項目	第一年	第二年
平台開發	1200000	1800000
區塊鏈系統開發費用	200000	300000
伺服器維護	28800	48000
合計	1428800	2148000

營業費用明細（人民幣）		
項目	第一年	第二年
管理	480000	840000
營運	480000	840000
行銷	360000	600000
活動	40000	70000
實習生	60000	100000
辦公室	120000	200000
合計	1540000	2650000

5 │ 團隊陣容介紹與獲獎經歷

團隊成員組成與主責業務分工

▶ 主導者

　　何旻承為中山大學海洋生物科技系大四的學生。小時候在澳洲長大，因此英文是何旻承的第二母語，他擅長企劃以及領導。他的經驗相當豐富，是專家媒合平台 Eminus 計畫的負責人，Eminus 得到中山創業貨櫃的進駐，並且在 Startup starts now 的跨國創業比賽獲得 Best entrepreneurship award。他在行銷與營運方面也有所涉獵，近幾年創立了手工銀飾品牌「Soar 羽翼屋」，並在 2017 突破了百萬營業額。現在的團隊成員都是何旻承經過了多方思考與長期合作過後，所篩選出來的，他有信心能夠帶領這個團隊，達成目標。

　　陳耀融是團隊的主要工程師，就讀資訊管理學系，負責 Eminus 所有科技相關的業務。他曾是師大附中的資訊校隊、大學資訊社團講師，精通 C 語言與 Python，在管理方面，大一即有創業經驗，也曾贏下校內百萬提案競賽首獎、許多大小競賽獎項，是資訊與管理兼顧的高手。他有一個完整的工程團隊，成員包括矽谷創業經驗者、資深的 Python 工程師、專精於 UI/UX 設計的專業前端工程師、區塊鏈研究生。這個團隊將會提供 Eminus 最強而有力的技術支援。姜鐙鈞負責營運與行銷，他的專業是政治經濟學，目前著手於大陸地區之政經相關研究，曾經擔任過系學會會

長，實習經歷相當豐富。他曾在緬甸的工廠實習，學習工廠營運與管理；也曾在高雄的 NGO 實習過，與來自菲律賓之教授進行交流；今年更在深圳證券交易所進行實習，對大陸市場有一定的瞭解。此外，他也有網路社群經營的經驗，他將會負責團隊的營運與行銷的規劃，並且藉由經營社群與他實習之經驗，將團隊的曝光度達到最大。也希望藉此讓更多使用者對 Kore 產生黏著度，行銷本平台。

許育銘負責市場營銷及策劃，他的專業是電子商務數位營銷，目前就讀台灣大學國際企業學研究所博士班。他有豐富的留學經驗，曾就讀美國聖地牙哥州立大學及中國大陸南京大學，碩士畢業於美國密蘇里大學。他具備豐富的數位營銷經驗，之前在美國的 WellFit Parts Int'l Co. 擔任 Digital Marketing Coordinator，工作內容主要包括善用 Google 分析來完成搜尋引擎最佳化、日常例行工作專注於增加公司在美國電子商務市場之交易量以及透過 HTML 知識和技能來設計公司的 eBay 線上商城。他將善用這些技能，成功行銷本平台，讓本平台成為新一代商務和旅遊的新趨勢。

何旻承	陳耀融	姜鎧鈞	許育銘
負責人	技術長	營運長	營銷長

Lily（吳家瑋）是本團隊的前端工程師。Lily 是矽谷新創公司 Giftpack，Inc 的實習生，她從舊金山藝術大學網頁設計系畢業，並且在前端設計、平面設計、網頁設計皆擁有豐富的背景。Lily 熟悉的程式語言 Ruby on Rails 和 Wordpress 開發，專長為前端設計、產品開發、人造

系統互動設計、網頁設計以及平面設計。

▶ 技術顧問

　　許孟祥指導老師現為台灣高雄科技大學資訊管理系特聘教授，教授區塊鏈課程。曾任台灣高雄第一科技副校長、管理學院院長、研發長、圖書館館長，目前為台灣陽光區塊鏈科技股份有限公總顧問並與該公司合作共同研發區塊鏈產品。曾獲管理科學學會李國鼎管理獎章，發表國際期刊四十餘篇，被引用論文四篇，及著有區塊鏈商業應用概論：實例與分析一書。

　　林楚雄指導老師現為台灣高雄科技大學財務管理系特聘教授兼財金學院院長，與許孟祥教授共同創辦區塊鏈商業應用研究中心，承接區塊鏈商業應用橫向課題。曾任台灣高雄第一科技大學研發長、臺灣金融科技研發聯盟秘書長、美國密蘇里大學聖路易訪問學者。曾獲管理科學學會高雄市分會青年管理獎章。

　　邱文鴻總經理，台灣四方通行旅遊網、四方通行旅行社總經理。四方通行旅遊網提供完整的旅遊電商平台與實體金流服務，讓 Kore 旅宿交易能快速累積市場牽引力。

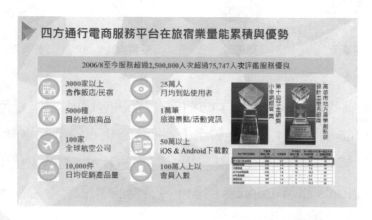

如何由ES象限晉級至
BI象限而財務自由

如何由 ES 象限晉級至 BI 象限而財務自由／黃一展

　　世界上努力的人很多，但窮人更多，很多人儘管很努力，還是沒賺到錢。**這些的群體中，有些是時運不濟，有些是背景太差努力難於彌補，但有更多是因為沒把握到賺錢的核心。**人們總是傾向於把成功歸結於主觀因素，把失敗歸結於客觀因素。從來沒有人會覺得自己窮是因為自己不夠努力、沒掌握方法，他們往往認為這主要是因為自己太過誠實（不會拍馬屁）、沒有關係（無貴人相助）、起點太低（怎麼追都追不上）。

　　這些因素當然都是客觀存在的，但是如果就此滿足，除了讓你找到心理安慰之外，沒有任何意義。與其如此，還不如認真思考一下，如何在抓到一手爛牌的情況下盡量贏。

　　但事實是：**如果你想成為「富比士」排行榜上排名前面的大富豪，基本是需要幾代傳承才能做到的，不然就是能力或者運氣突破天際。如果你想成為一般的有錢人，過上舒服的小日子，只要腦子不錯、執行力不錯，是有方法論的。**

　　其實這世界大多數人抓到的都是一副爛牌，誰也沒比誰好到哪裡去。可這也不妨礙這其中很多人仍能靠自己的能力，白手起家改變命運。首先我們要明白，為什麼那麼多努力的人還是窮呢？原因很簡單──**因為我們從小到大，幾乎從來沒有學習過賺錢的思維和方法。**

　　請想一想，上大學的時候我們在學習什麼呢？我們可能學習了數

學、物理、英文等專業課程。但這些技能，都不屬於直接賺錢技能，你學習這些科目，只不過是為了取得好成績，方便以後找到一份好工作。但找一份工作，拿一份薪水，是每個人都要做的，屬於生存的基本技能。

也就是說，你接受的所有教育，主要目的是讓你在現代社會能生存下去，而不是成為一個有錢人。

有句話是這樣說的——打工者如果只是幻想打工致富，貧窮將是他最終的歸宿。

這是最壞的時代，但這也是最好的時代，每個人都有一把能向上的梯子，工資收入只是我們獲得財富的基本途徑，最重要的是沉澱自身，累積知識。

工作並不是簡簡單單的工作，如果只是為了一份死薪水去工作，那收穫的只有那少少的錢。我們需要重新思考工作的意義。在選擇每份職業的時候，必須想清楚自己需要什麼，想要得到什麼。而且在做任何職業的同時，都要學會利用業餘時間多嘗試、多探索，漸漸發展自己的副業。在這個瞬息萬變的時代，不要把你一生的財富賭在一份工作上。

近年來，「斜槓青年」已成為趨勢，更多的人不再止步於一種技能，開始學習更多對自身有幫助的技能。對他們而言，本職工作只是一份基本的生活保障，他們積極發掘人生的多種可能。在幾年之內完成資源的累積和能力的提升，從而實現華麗轉身，擺脫工作時間的限制，真正讓時間產生增值。而隨著時代的進步，對於自身的要求也會越來越高，你需要學著像經營公司那樣經營你自己。你需要提升對外界訊息的敏感度，你需要大膽嘗試，你更需要定期梳理與反思，隨時修正與調整自己的目標、方式及方法等等。社會給了我們一個龐大的舞臺，而我們要做的就是在這個舞臺活出自己。

財富的現金流

有一名富翁到小島度假，雇用漁夫當導遊，幾天相處下來，很欣賞漁夫工作勤奮、實在，表示願意投資他買一條漁船，以抓捕到更多的魚，等到賺到第一桶金，再買第二艘、第三艘漁船，擁有自己的船隊。這樣二十年後，漁夫就可以像他一樣，每年有一個月可以悠閒地在小島上度假，享受人生。漁夫覺得很好笑，他回答說：

「你辛苦二十年，每年只能來小島度假一個月；可是，我卻天天在小島度假，過你辛苦二十年後才能享有的生活。」

原本這個故事是在說：「你本來就可以這樣享受人生，並不需要那麼努力」，既然努力的目的是享受人生，那又何必汲汲營營，直接從一開始就享受人生不就得了？

後來，這個故事被加了一段，新版本的富翁是這樣回應漁夫：

「但最終我們的人生結局不一樣。你終其一生，只能在這個小島度假，我卻可以自由選擇到地球上的不同小島度假。」

是的，**辛勤工作、努力賺錢，求的無非「自由」二字**。而什麼是自由？指的是「選擇的自由」。看過美國南北戰爭時代黑奴爭取自由解放的電影，就懂得主人與奴隸的分界，在於誰能夠自由選擇人生，奴隸沒得選擇，人生如同煉獄。所以不自由，毋寧死，自由比生命重要，而擁有「選擇的自由」是人類幸福的起點。

在這個時代，你不敢冒險，你貪圖安逸，你渴求穩定，這輩子註定

會活得心驚膽顫，禁不起任何風吹草動。

醒醒吧，領著一份死薪水正扼殺著人們的創造性，讓你的人生越來越沒有可能！

穩定和致富，你只能二選一。

選擇了穩定，你就要做好窮困一生的心理準備。

想要發財，你就要勇於打破穩定，將自己變成不可替代的稀缺品。

然而什麼樣的人會在危機到來時手足無措呢？他們有以下這些共同特點──

他們對外部的世界發生了什麼不感興趣，他們感興趣的是如何逼走對手，他們所有的精力和時間，都在琢磨該如何爭功邀寵、如何凌駕於員工之上作威作福，他們甚至還在幻想哪天自己爬上總經理的職位，他們對於財富最大的想像，就是能夠賣掉手中的股份，成為千萬富翁！

在財商大師羅伯特・T・清崎所著的《富爸爸・窮爸爸》一書中，提出的重要價值觀在於「如何不用工作，又能有收入？」但是身為人一定要吃喝，所以一定會有所謂的固定支出。要做到這點，就需要「非工作收入」，也叫做「被動收入」來抵銷開支。但現實中，一般人很難完全不做事就有錢進帳，但有可能花費出極少的努力就能夠創造出持續的現金收入。「被動收入」這個詞在維基百科上的定義，是不需投入任何時間和精力，就可以自動獲得的收入。「錢生錢」就是一個通俗的詮釋，只要有資本，你就算無所事事躺一天，鈔票也會爭先恐後地跑到你的口袋裡。但被動收入並非表面上的「不勞而獲」，而是長周期的「厚積薄發」。

一切被動收入，都來源於資本的累積

財務自由也是一個相對的概念。人們的欲望是無止境的，因此對財

務自由的定義也是不斷嚴苛化的。你領月薪 22 K 的時候覺得年收百萬是財務自由，你突破了百萬大關之後又覺得年收千萬才是財務自由⋯⋯再往後，一個億、五個億可能都滿足不了你了。

財務自由不是一個數字，而是一個結構，一種模式，一種習慣。你如何分配自己的收入，儲蓄多少？消費多少？如何追蹤自己的現金流？收入的大部分來自工資還是資產？⋯⋯是這些決定了你能否合理處置和駕馭金錢，能否在日常和緊急情況下平衡好資金，能否在永遠相對不完美的收入量級中，獲得最大的效用。

這就是為什麼，有些企業家的家業總在第二代折腰。「發財容易守財難」，對理財概念的缺失乃至錯誤解讀，導致很多人即使突然中獎一千萬，不久後又會變回窮人。資本終有敗光的那一天，而且一旦消費習慣已經定型，又會惡化財務結構，支出遠高於收入，過得還不如以前。

理財的核心，在於結構，而不是數額

然而財務自由是什麼？

當你的被動收入多於日常開銷，就意味著你已經開始走向財務自由。所以，獲得被動收入，是實現財務自由的必要不充分條件。要想獲得自由，必須嚴格控管消費模式，同時儘量增加被動收入。

然而要怎麼達成財務自由的目的呢？這部分需要分成以下三步驟：

▶ 1. 要將所有的金錢計算，都轉換成「現金流」的概念

以金錢為例，賺 100 萬很多嗎？

事實上賺 100 萬本身沒有意義，因為少了時間的概念，你不知道是 1 小時賺 100 萬，還是 1 年賺 100 萬，要將金額轉換為時間，才有意

義。

例如：我每天的早餐是 50 元，一個月有 30 天，就應該把它轉換成：每天早餐流出現金 50 元；等於每月流出 1,500 元現金。

買一台機車 60000 元，若假設 4 年後淘汰換一部新車，所以每年現金流出 15000 元。

換算成現金流的好處在於，對金錢的掌握度會提高，你也可以更清楚知道自己「未來會需要多少錢」。

◎ 2. 計算自己所有生活支出，推估出每月需多少現金流？

只要經過簡單的記帳，就能推估出一個家庭每月的「食衣住行」，加起來需要多少錢。然而一開始建議由最低的基本生活條件開始，等收入的現金流真的增加了，再慢慢提高每月支出。

◎ 3. 創造出生活支出 2 倍的被動收入，就達成財務自由！

一般來說，只要 1 倍就算是財務自由，例如：每月固定開銷 10 萬，被動收入也是 10 萬。但問題是，一來存不到錢，二來風險過大，不能抵抗意外事件，為保險起見，被動收入應該要達到固定支出的 2 倍。例如：每月固定開銷 10 萬，那每月最好有 20 萬的被動收入（例如：股息、房租等收入）。

然而要怎麼創造「被動收入」呢？常見的被動收入有：房地產（房租）、股票（股息）、債券（利息）、出書（版稅）等……，它們的共同特色在於：「一開始投入資源及努力，可以在未來持續得到回報」，只要符合這個條件的，都可以被當做被動收入。

在人類的演進裡，從狩獵慢慢演進成農耕，也就在於人類能夠有意

識地犧牲立即的好處以換取未來更大的利益。狩獵是一次性的，今天狩獵到一隻山豬，可以飽餐一頓，明天卻不見得也能順利獵到獵物，如果一整個月都沒收穫，就會活活被餓死。

而農耕時代，就是犧牲短期利益，將原本今天可以吃掉的種子留下，把它播種到田地，只要付出耕耘，耐心等待作物收成，就能有穩定的食物來源，餓死的機率就降低許多。因為這小小的轉變，就有了穩定的食物來源，促進了人口成長、社會進步。這也是人類最早期的投資概念！

🪐 什麼是 ESBI？

獲得被動收入的方法，最簡單的就是從你的「事業」著手，而一般人的事業又分成四種類型，「E，S，B，I」四個象限，分別是：

▶ E — Employee（雇員）

定義：以時間換取金錢的上班族，注重安全。

穩定性很高，但努力只有一次性的回報。有做就有錢，沒做就沒有錢。可以累積的事情是工作技能，用它換取更高的薪資，但不太容易創造被動收入。

雇員階層的收入範圍很廣，少部分能領到優渥生活的高薪，但大部分的人，只能存下一點點錢，非常符合 80/20 法則。

▶ S — Self employed（自由職業者、專家）

定義：以獲利換取收入的業務人員，自營商老闆和專業人士（S 象限的銷售力是一切成功的開始），注重獲利。

因為有一技之長，所以不需依附在大型企業底下，可以自己當自

己的老闆，例如：醫生、律師、小吃攤、SOHO 族，與近期最火紅的 Youtuber、直播主，但仍是有做就有錢，沒做就沒有錢進帳。

特色是收入平均比一般職員高，在國外，有許多專業工作者，時薪可以高達 500 美金，他們工作半天的薪資，就贏過大多數人薪水。如果真有一技之長，而且做到全球頂尖，這也是一條可行的路。但同樣的，大多數人仍是在自己的公司或店面就忙不過來了。

▶ B — Business owner（企業所有人）

定義：擁有一個具銷售網路的企業，並且用 OPT 與 OPM 為工具擴大產出，並讓工具自主運行，注重組織及策略。

一般來說，中小企業主雖然看似可以支配自己的時間，但其實並沒有這麼自由，除非變成大型企業，或者有很穩定的商業模式，否則老闆一旦脫離公司，可能公司就很難維持創新及經營效率。成為企業干的特色是失敗風險高、報酬也高，需要具備相當的能力，投入大量的時間，而且不得不承認，還需要點運氣，好處是有非常高的獲利潛力，能創造巨大的被動收入。

▶ I — Investor（投資者）

定義：用金錢及財商，人脈或資源創造財富的投資家，時間與金錢都很自由，注重自由。

「讓錢幫他工作」，聽起來是一件很美妙的事情，也是創造「被動收入」最輕鬆的方式，但現實中並沒有這麼容易。其實投資者，是四個象限中最難的一塊。首先，多數人根本沒有足夠的資金成為投資者，所謂足夠的資金，在美國專業投資人的定義是 100 萬美金（在台灣，要有 3000

萬財力證明），就能投資一些較高風險，也高報酬的投資商品，例如：配息 8% 的債券、投資一些未上市的企業。當然，即使不成為專業投資人，也可以購買到一般的股票、房地產，但一般來說，如果沒有 2000 萬，很難達成財務自由。其次，一般人也沒有判斷投資好壞風險的能力，除非在市場中的磨練，或者因為開公司，對企業或景氣有敏感度，否則一旦虧損，金額將非常巨大，一般人承受不起。

　　你可以問問自己，你想成為哪一個象限的人？很多人一輩子勤勉努力，卻沒有取得財務自由，其中一個原因可能就是他們沒有改變自己的象限，而僅僅是簡單地變換工作。因而，我們常常聽說某人頻繁換工作，或聽到有人欣喜地說：「我終於找到了很棒的工作！」然而，即便他們找到了很棒的工作，他們的人生也不會有多大的改變，因為他們沒有改變自己所屬的象限。

　　你在為金錢工作嗎？我們學習道路上的學霸，即便他們擁有很高的智商，在學校裡表現出眾，後來卻沒能晉級到富人之列，原因就在於他們缺乏累積財富所需要的財商，主要的原因可能有四：

- 致富之路過於緩慢，在這場金錢遊戲中過於謹慎。
- 想一夜致富。
- 憑著一時衝動花錢。
- 不能堅持擁有任何真正有價值的東西。

　　你想成為富人，就要先成為一名企業所有者和投資者。而世上最富有的人總在不斷建立人脈網路，而窮人則被教育著去找工作。那麼是不是只有傳統意義上的富人才有能力獲得被動收入？當然不是。

　　比如說，銀行存款的利息，買基金買保險的收益，房產每個月的房

租，投資企業獲得分紅，這些都是靠累積資金獲得被動收入的途徑。炒股需要投入時間和精力去分析和跟進，所以嚴格說起來不算被動收入，除非是長期持有收益穩定、小風險的股票。

以上幾種被動收入的資本，錢，屬於保守意義上的資本。但在這個知識為王的時代，資本還可以有很多種呈現方式。

比如，靠智慧財產權賺被動收入。你寫了一本書，每次再版都能獲得新版稅，而不需要再有多餘投入。電影票房、開發軟體、知識付費、網路課程，也都是同理。在這裡，書本、影片、軟體、內容……本身就成為了資本，讓你不需勞動，就能獲得源源不絕的收入。

每個人都該明白，累積資本的過程，也是不斷投入的過程。在坐擁不斷生產被動收入的資本之前，在你從付出時間和精力中解放之前，首先要投入大量的時間和精力，去累積知識、實力和財富。每一種大快人心的自由，都需要前期大量的付出。

說完了資產，再介紹一下資產負債表。它有兩個板塊，左邊是資產，右邊是負債，當資產多於負債的時候，我們認為經濟狀況是穩健的。所以區別窮人和富人最科學的方法，就是看他的資產負債表上哪邊的比重更大。

我們可以把資產負債表看作一個整體，一個人的內部財務系統。此後他的主動收入如工資，他的各項支出如消費，都是在這個系統之外，與系統內部進行現金流動的。

對普通人來說，收入主要來自系統外部的主動收入，而且大部分收入將以消費的形式流出系統。再加上萬一還要還房貸，擴增了負債板塊，而資產板塊總是趨近於零。所以儘管很多年輕人勤勤懇懇地工作，但是財務結構不合理，負債大於資產，支出多於收入，所以永遠處於被資金支配

的被動狀態，難見出頭之日。

而對富人來說，收入的大部分來自被動收入，是系統內部資本成長的結果。同時，被動收入多於開銷的部分，又可以再次歸入資本，讓它在未來產生更多被動收入，省出更多的時間精力來累積資本或者提升生活品質。

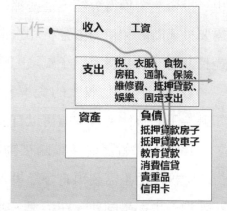

所以，實現財務自由的第一步，不是人們認為的加大勞動量努力賺錢，而是立刻調整自己的消費模式和財務結構，重視起理財的力量。

調整思維，永遠比付諸行動更重要。

分散資產就是規避風險。

簡單總結以上所說的幾點：

1.實現財務自由，結構優於量級。

2.每個人對財務自由的衡量標準不同，努力產生被動收入是重中之重。

3.利用資產負債表觀測個人財務狀態，動態調節，動態優化。

如何才能成為 B 或 I 象限的人？

大部分企業擁有者成功的路線可能是 E→B 或 E→S→B，通常你必須經過員工（E）的訓練，再到小企業擁有者或職業的自由工作者（S），最後才是企業擁有者（B），想成為企業主這樣子進程是比較可行的。

為什麼有些人能直接當企業主「B」？你發現有些人甚至員工都沒當

過，卻直接創業成功的。之所以能這樣子的前提是你在進入社會之前已經把某個 business 給 run 起來了，例如比爾‧蓋茲或 Facebook 創辦人都是還在哈佛時就把自己的生意 run 起來了。或如全球華語魔法講盟的創辦人王晴天天縱英才，他並沒有經歷 ES 就直接來到 BI 象限做老闆，而他的弟子林柏凱先生也是還在就學就已有了自己的數字幣公司……所以才有辦法直接跳過 S 跟 E 階段而直接挑戰成為企業主「B」。

問問自己，你的現金流是來自哪個象限？如果你的現金流主要來自於 E，那麼你應該想辦法增加 B 與 I 的現金流來源，這兩個象限才是真正可以讓你致富的現金流象限。從一個象限到另一個象限的轉變，就是一種核心價值觀的轉變。當你的象限轉變了，表示你的思考方式已經逐漸轉變為富人的思考方式。

改變象限的三要素

象限的改變實際上也代表著你對事情有更多的掌握力：

E-T-C 這三個字母分別代表——

- 實體（entity）
- 時機（timing）
- 收入特性（characteristic）

Entioy 實體

E 代表著對實體的控制管理，即對商業組織結構的選擇，也就是指選擇什麼類型的公司。如果你只是一名領薪水的上班族，那麼這往往是你無法控制的。S 象限的人通常能選擇以下的公司實體：獨資企業、合夥經營（這是最差的組織結構，因為你有權擁有收益的一部分，但卻要承擔所有的風險）、有限公司、股份有限公司。

首先對於不能選擇實體的 E 象限人們，不管怎麼努力工作，不管賺多少薪水，總得先向政府繳納所得稅。他們工作越努力、賺錢越多，政府向他們徵收的稅就越多。究其原因，位於 E 象限的人不能控制實體、支出和稅款。再者，他們不能先支付自己的所需，因為早在一九四三年的美國《稅收法案》就規定了政府有權向公民徵收所得稅。自該法案通過之日起，政府一直是首先需要支付的物件。

如果你想要變成富裕的個人，那麼就必須在帳面上盡量顯得一貧如洗，身無分文，特別在法律訴訟滿天飛的年代，當你想要從事商業活動時，你應該讓你的分身（a clone of you），也就是公司，進行商業活動。公司，它不僅僅是你的外部延伸，它也能成為你的複製人。與此相反，窮人和中產階級總是希望以個人的名義擁有一切，富人不想擁有一切而想控制一切。他們透過公司和有限責任公司控制一切。而這正是富人對 E-T-C 中的 E（實體）進行控制至關重要的原因。

在過往新聞的許多例子使我清楚認識到，對於商業實體的準確選擇，確實能幫助一個家庭避免毀滅性財務事件的發生。

我住家附近有一家米行經營得非常成功，這是一個家庭合夥制的小企業。這家人在地住了二、三十年之久，認識我們區裡的每一個人，生活也很富裕，積極參與社會活動，並加入了各種慈善組織。你再也找不到比他們更充滿愛心、願意慷慨解囊的一家人了。在某一天夜裡，他們的兒子酒後駕車，出了車禍，撞死了另一輛車上的一位乘客。這家人的生活從此產生巨變。二十三歲兒子被判入獄，整個家庭失去了包括生意在內的一切所有。我舉這個例子，只是想說明合理的理財方案，無論是家庭或是公司的財務方案，如果能夠透過使用保險、有限合夥或是公司等方式，或許就能阻止這個家庭朝悲劇收場。

✨ Timing 時機

E-T-C 中的第二個組成部分 T（Timing，時機），因為最終我們都需要納稅，所以納稅時機才是最重要的，納稅是文明社會的一種生活費用，富人不但盡力控制納稅數額，而且控制納稅的時機。而瞭解法律有助於控制納稅時間。比如以台灣的法律，個人、合夥企業、自由職業者公司

和有限責任公司，必須在每年 5 月申報納稅，而股份有限公司能按會計需要，挑選不同的年終納稅報帳時間（如六月三十日）。這就使得公司有時間制定如公司和個人納稅計畫並確定納稅時機。

以下圖表描述了多種形式的商業實體，指出了當你選擇實體時應考慮的問題。請注意，當你選擇適合的商業實體時，有必要與律師、會計師仔細討論一下你個人的財務與稅務狀況。

	獨資	合夥	有限公司	股份有限公司
法人人格	無	無	有	有
控制	一人同意	全體合夥人同意	每一位股東一表決權，決議要全部股東同意，章程可定按出資比例分配表決權	每一股一表決權，決議可由不同比例股權同意，特別股得無表決權
負債	無限清償責任	無限清償責任	有限清償責任，僅就其出資額為限或所認股份負其責任	有限清償責任，僅就其出資額為限或所認股份負其責任
稅務－營業稅	除核准免用統一發票外，均應報繳營業稅	除核准免用統一發票外，均應報繳營業稅	應使用統一發票並報繳營業稅	應使用統一發票並報繳營業稅
稅務－營所稅	免發票者不需報；需發票者盈餘併入個人綜合所得稅申報	免發票者不需報；需發票者盈餘併入個人綜合所得稅申報	需報	需報
會計年度	曆年制	曆年制	曆年制，允許申請為特殊會計年度	曆年制，允許申請為特殊會計年度
股份轉讓	個人決定	合夥人決定	董事股東要轉移股份需得全體股東同意	一年內發起股東股份不得轉讓，一年之後無限制
存續期間	個人決定	合夥人決定	永續原則	永續原則

White Paper

Characteristic 收入的特性

E-T-C 中的第三個組成部分 C（Characteristic，收入的特性），富人之所以富有是因為與窮人和中產階級相比，他們對錢有更大的控制力，你一旦瞭解金錢遊戲就是控制遊戲，你就會把精力放在獲得更多對錢的控制力，而不是賺更多的錢。

收入的種類分為：

1、工資收入（ordinary earned income）

2、被動收入（passive income），如房租、股息、版稅

3、證券組合收入（portfolio income），如 0050 與 0056ETF、建立你的投資組合年報酬達 5 ～ 10%

瞭解收入的特性是十分重要的，因為各種收入的特性把富人和窮人區分開來，**窮人和中產階級關注工資收入，富人則關注被動收入和投資組合收入**。在美國和其他一些經濟發達國家，即使是一美元的工資收入也須繳納比非工資收入和證券收入更高的稅率。這部分稅款用來提供多種形式的社會保險。

所謂「社會保險」就是政府支付給社會各階層的保障費用。在美國，社會保險包含有社會安全保險、醫療保險、失業保險。在台灣，社會保險包含有公教人員保險、軍人保險、勞工保險、農民健康保險與國民年金。而這些社會保險都是以工資收入為保費基礎，所得稅又被列為社會保險稅之首，而被動收入和投資組合收入不需繳納社會保險稅。

所以當你每天起床後拼命工作，賺到的錢都屬工資收入。你需要學會怎樣把工資收入轉變成被動收入投資組合收入，這樣才能讓你的錢為自己努力工作。

除了以上討論的三種收入特性外，你還必須要對下列概念瞭若指掌：

- 好債與壞債
- 好的支出與壞的支出
- 好的虧損與壞的虧損

一般來說，好債務、好支出、好虧損都能為你帶來額外的現金流。例如，用來獲取每月都有現金收入的可出租資產的債務就是好的債務。同樣地，用於法律、稅務諮詢方面的支出就是好的支出，因為在納稅時，它能為你節約上萬元的稅款。因不動產貶值而引起的虧損稱為好的虧損，因為這種虧損只是帳面的虧損，還不是實際花費，其最終結果是一筆因虧損而收入抵減，納稅額減少形成的儲蓄。

普通人一聽到「債務、支出、虧損」這些詞時，觀感都很不好，因為據他們的經驗，債務、支出、虧損總會導致現金流出錢包。而 I 象限的人會虛心聽取會計師、財務顧問、稅務顧問的建議，然後建構出最有利於他們的投資方案。

以風險來論，窮人和中產階級認為安全的事，富人卻認為是危險的。舉例來說，在工業時代，我們的父母總是要我們去找一份沒有風險的工作，他們認為那樣的生活最有保障。是嗎？當大的股份公司宣佈大量裁員時，會有什麼情況發生呢？股票價格通常不跌反升。而這就是現金流象限左右兩側的人有著巨大的差異，對一方來說是安全的東西，從另一面來看，卻是危險的。如果你想要致富，並為你的後代創造財富，你就必須看到風險與安全這兩個方面，而窮人和中產階級都僅僅看到了其中的一面。

E/S VS B/I 的不同：

E/S 象限	B/I 象限
僅擁有一張財務報表	擁有多張財務報表
希望每樣東西都以私人名義獲得	不想以私人名義得到任何東西，而是利用公司實體。私人住宅、汽車通常不在其名下。
不把保險當投資，投資追求多樣化	把保險當作投資，以避免風險帶來的損失。多使用如「已投保」、「承受風險」等詞語。
僅持有貨幣資產，包含現金和儲蓄	擁有軟資產（貨幣資產），又有硬資產，如不動產、貴金屬。貴金屬能避免因政府對貨幣供給管理不善而帶來的損失
關注於工作保障	關注於財務自由
重視專業教育，害怕犯錯	重視財商教育，懂得犯錯是學習的一部分
不關注財務資訊，或希望得到免費財務資訊	樂意付錢獲取財務資訊
考慮問題的方式非黑即白、非對即錯	從不同角度思考問題
死盯著過去的指標，如過往獲利率	尋找未來指標，如動向、形式、管理及產品的變化
先找經紀人，徵詢投資建議，或者不請教任何人獨自投資	與財務、法律顧問商量後再找合適的經紀人。經紀人通常為工作組合的一部分
尋求外界保障，如工作、公司、政府等	重視自信、獨立等人格力量的培養

富人的遊戲規則

富人只對淨收入納稅，而窮人與中產階級是從總收入中提留稅款。所以富人會用總收入購買資產，而以淨收入納稅。而窮人與中產階級是以總收入納稅而用淨收入購買資產，這就是窮人與中產階級很難變有錢的根本原因。

然而這個規則是從何而來呢？許多歐美國家的法律是共同建立在英國法律的基礎上，而這個法律由英國的東印度公司傳遍整個世界。而富人開始制定法律的時間約略在 1215 五年「大憲章」（Magna Carta），而這個法案的重要性在於該法案簽署後，富人們就一直在制定法律，制定他們的遊戲規則。在道德上的黃金規則是「待人如己」；經濟上的黃金規則是「有錢人制定法律」；然而真正的規則是「制定法律的人才能獲得財富」。

在歷史上，波士頓居民為了抗議繁重的賦稅，而產生了「波士頓傾茶事件」（Boston Tea Party），這正是美國與其他英屬殖民地不同之處。當時的美國是低稅率國家，吸引來自世界各地想迅速致富的企業家們，所以美國在十九世紀與二十世紀經濟上取得迅速發展。1913 年，美國通過了「第十六次憲法修訂案」，該法案規定富人必須向政府繳納足夠稅款，美國的低稅歷史就此結束。然而，富人們已找到逃出陷阱的辦法。由此可見對於不同象限的人來說，規則是不同的。但規則特別青睞 B 方案的人，也就是超級富有的企業家們的象限。富人們為了報 1913 年稅法

改革的一箭之仇，悄悄尋機會修改法律。他們把稅款壓力轉嫁到其他象限上。

稅款的演變過程如下：

1943 年，「現行納稅法案」通過。如今，不光是富人要向政府納稅，E 象限的人也必須納稅，如果你是雇員，即在 E 象限內，你再也不能先支付自己的生活費用，因為政府首先會得到你的個人收入所得稅。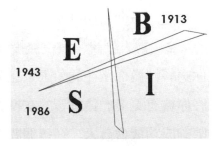這時人們驚訝地發現，從他們收入中扣留的直接稅和隱藏稅竟是如此之多。

1986 年「稅務改革法」（Tax Reform Act）通過，它大大影響了社會中每一位職業人員，如醫師、律師、會計師等。該法案阻止了 S 象限的人運用與 B 象限的人相同的稅率；而 B 象限的人很可能在同等收入上支付 0% 的稅款。

換句話說，這條黃金法則──「誰控制了規則，誰就擁有了財富」，再次被證明是真實的。自從 1215 年英國貴族強迫國王簽署「大憲章」起，法律的制定就一直被 B 象限的人所控制。

在一百多年前，許多人擁有自己的公司。大約 85% 的美國人是農場主或小商販，僅有少數人是雇員，而工業時代來臨，在為高薪工作、生活保障的前提下，人們彷彿都失去了獨立意識。而我們的教育體系被設計為專門培訓雇員與專業人員，而非企業家的搖籃。因此，自然而然地，人們就覺得創立公司是件危險、風險很大的事。

我想指出的是──

1、如果我們下定決心發展自己在商業方面的技能，所有人都有潛力成為成功公司的老闆。我們的先人們就是透過不斷發展，並依靠他們的創業本領而生存下來。如果你今天沒有自己的公司，你願意付出努力去學習怎樣建立一個公司嗎？

　　2、當人們說「我沒錢投資」或「我不想花錢購買不動產」時，或許你應該轉換你所在的象限，在允許你先投資後納稅的象限中投資，那樣也許你會有更多的錢投資。在投資方案中，你首先要考慮的是自己在哪個象限的成功機會最大。在這個問題上做出決定，你就可以開始用最低風險進行最高的回報投資。我相信你一定能抓住最好的機會，獲得越來越多的財富。

別把時間浪費在兼職上

　　人的最大弱點就是為金錢所累，大多數人的財務狀況總是得不到改善，是因為當他們需要更多錢的時候，他們就去做兼職。但事實上，如果他們真的想改善財務狀況，應該做的是——在工作之餘開始兼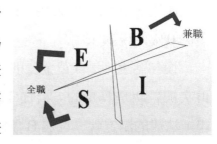職創業。不要把你的時間浪費在做兼職工作上。如果你做了兼職工作，那麼你就只能待在 E 象限，但如果你把業餘時間拿來創立自己的企業，你就會來到 B 象限了。多數的公司一開始時都是企業主在業餘時間創立經營起來的。

　　有些人跟我說過這樣的話：

　　1、「我有一個新產品的創意」

　　2、「在建立公司之前，我得找到合適的產品」

但事實上，世界上充滿新產品的偉大創意和已經生產出來的出色產品，可是卻缺乏遠見卓識的企業家。利用業餘時間創辦公司的主要目的，不是要製造出卓越的產品，而是要使你成為卓越的企業家。以終為始，越是出色的產品，往往就是很普通常見的東西，雖然成功的企業家很少，可是他們都很富有。

　　拿微軟的創始人比爾・蓋茲來說，他從一群電腦程式人員那裡買到 DOS 系統，透過公眾演說方式轉賣給 IBM，因此開創出至今世界歷史上最有實力和影響力的公司之一。比爾・蓋茲本身沒有生產出卓越的產品，但是他創辦出色的企業，這個企業使他成為世界上最富有的人。其要訣就是不要絞盡腦汁去生產最好的產品，而是要集中精力去關注創辦一家公司，讓你能在其中學會如何成為一名卓越的企業家。

　　許多人夢想建立自己的公司，但因害怕失敗而不去嘗試。不少人想成為富人，卻因他們缺少基本的技巧和經驗而落了空，而商業技巧和經驗正是獲得金錢的「法寶」。馬凱教授告訴我們，只學好學校教育是無法在市場上與人競爭的，而成人教育正好補足了這個不足。技職教育、學校教育、成人培訓教育缺一不可。學習後透過業餘時間創建企業時，他將會學習到社交技巧、領導藝術、合作技巧、稅法、公司法與證券法。如果一個人能夠試著學習去開一家公司時，那他就擁有獲得無限財富的商機。然而，E 象限和 S 象限人們所遇到的問題是──他們的機遇通常已被他們工作時的努力程度和一天中有限的時間限定了，因此，終究無法獲得更多財富。所以需要重新考量工作的意義。選擇每份職業的時候，想清楚自己到底要什麼，同時一定要注意，不論做任何職業，都要利用業餘時間多嘗試、多探索，看準時機發展自己的副業。記住一句話，不要把雞蛋放在一個籃子裡，同樣地，在這個動盪的年代，不要把你一生的財富賭在一份工

作上。

許多人有著同樣的疑問：「有多少錢才算富有？」、「多少錢才算夠？」有這類問題的人，一定從來沒有開過一家賺錢的公司。有這類問題的人通常來自 E 象限和 S 象限。在象限左側和象限右側的人之間，實際上存在著相當大的差別。

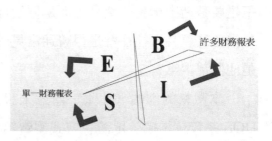

在象限左側的人，一般只有一張財務報表，因為他們的收入來源很單一，只有一份工作，在象限右側的人則有很多財務報表，他們的收入來源多元。

就我而言，本身是公司的員工，也是數家公司的股東，同時又有著業外投資項目。所以，我不僅擁有各自的財務報表，而且持有我們公司的財務報表。由於公司的經營與業外投資成功，為我們帶來更多的現金流，所以我不必完全依賴做上班族領的那份死薪水。在象限左邊的許多人沒有體會過錢越來越多，工作量卻越來越少的感覺。金錢固然重要，但它不是建立企業的主要動機。如果你用另一個方式問同樣的問題必然得到最好的答案。若你問一個高爾夫球員，為何堅持打高爾夫。他會回答你，「你會在體育競賽的精神裡找到答案。」在成功建立 B 象限企業時，創業精神一直是最有價值的資產。當今世上，許多卓越的企業家的創業精神仍留在人們的心中。

為什麼要創業開公司？羅伯特‧清崎在富爸爸一書中提出了三個原因，可以解釋創立公司不僅僅是為了創造資產。

① 為你提供充足的現金流

富爸爸之所以建立許多企業，是因為他從他的其他企業中，獲得額外的現金流。他有充裕的時間，因公司花不了他太多的精力。於是，他的空閒時間和額外的錢就能投資在越來越多的免稅資產上。所以他成為富人，並強調「關注你自己的事業」的原因。

② 賣掉它

做為一名員工真正的問題，就是不管你工作有多努力，都不可能出售你的這份工作。在 S 象限，建立企業所存在的問題是買方市場不興旺。例如，一位醫生自行開業診所，一般來講，診所的購買者只會是另一個醫生。那是一個非常有限的市場，真正有價值的產品，應該是除了你之外，必須是許多人也想要得到它。問題是 S 象限的企業，你可能是唯一需要的人。所謂資產是能夠往你口袋裡裝錢的東西，即能夠以比你投資或購買時更高的價格，自由地賣給他人的東西。如果你建立成功的企業，通常你就會有很多的錢。如果你學會創立成功的企業，那麼你將具有一般人所沒有的能力。」

為何出售也是建立企業的其中一個原因呢？

1. 企業主認為自己在退場過程中，獲得公平的對待，他們為事業投注的心血以及為創業承受的風險，也都拿到了應得的報酬。

2. 企業主有成就感，也能在回顧這段經歷時，覺得自己透過經營事業對世界有所貢獻，也從中獲得樂趣。

3. 企業主對那些幫他們打造事業的人將要發生什麼事了然於胸，平靜面對，包括他們的待遇、獎勵，以及他們在業主退場的經歷中，會減弱什麼。

4. 企業主在事業之外找到新的目標，充分投入令他們興奮的新生活。

5. 對有些人來說，公司在他們離開後更加蓬勃發展。他們對自己完成了交棒任務（執行長的最大挑戰）引以為榮。

▶ 退得漂亮的人的特質

1. 和我在許多傑出創業家身上看到的一樣，他們都非常瞭解自己及創業的目的。

2. 漂亮退場的業主很早就明白光是把事業經營起來、讓它穩定發展還不夠。事實上，多數企業是賣不出去的。這些業主為了幫公司創造市值，學會從潛在買家或投資人的角度來審視自己的事業。

3. 他們給自己很多時間去準備退場（是好幾年，而不是幾個月），持續開發不同的選項，以避免陷入不得不賤賣事業的窘況。

4. 不見得適用在所有業主身上，但是對多數業主來說很重要，包括那些對自己的公司期許甚高的業者。我是指接班——具體來說，是把公司交棒給對的人。

5. 如願滿意退場的業主都有人從旁協助，他們不僅有收購企業的專業人士幫忙處理退場事宜，也多方傾聽其他業主分享的退場心得和經驗教訓。

6. 業主仔細思考過他們對員工和投資人應盡的責任。雖然每位業主得出的結論不盡相同，但漂亮退場的業主都認真思考過這個議題，也對自己的決定感到放心。

7. 這些業主事先知道買家是誰，以及買家收購的動機。若事先未查清楚買家來頭，事後得知買家的實際打算時，往往都悔不當初。

8. 漂亮退場的業主對事業出售後的人生早有盤算，所以比較能夠從叱

吒風雲的大老闆，轉型成一般老百姓的生活。

對大多數人而言，創辦企業是最冒風險的求生之路。但如果你能生存下去並不斷提高自我技能，那麼，你獲得財富的潛力是無限的。但在 E 象限與 S 象限中，雖然你可以避免冒險並遊刃有餘地執行本職業務，但你的收入卻是有限的。

③ 建立企業並將其上市

建立企業並使其上市的理念讓比爾‧蓋茲、享利‧福特、華倫‧巴菲特、傑佛瑞‧貝佐斯變得非常富有。他們出售股份，而我們購買股份。他們是內部投資者，而我們只是局外人。如果有人告訴你「你已經太老或你還太年輕，不可能建立

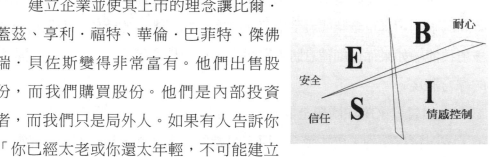

起別人想買的企業」，那你就應該用充滿自信的思想激勵自己：眾所周知，比爾‧蓋茲年輕有為，創立了微軟；而桑德所上校六十六歲才建立了肯德基。

每個象限都擁有自己的特質，然而傑出的企業家需要具備如下的個性特徵：

- 遠見：見別人所不能見的能力
- 果敢：面對懷疑的目光仍能大膽行動的能力
- 創意：思想超前，有創新意識
- 禁得起批評的能力：成功人士都曾遭過批評。
- 永不滿足：要做到戒驕戒躁非常困難，但它有益於我們獲得更大的長期回報。

創造自己的斜槓

在世界上的很多城市裡，活躍著許多斜槓青年的身影。對他們而言，本職工作只是一份基本的生活保障，他們積極發掘著人生的多種可能，在幾年之內完成資源的累積和能力的提升，從而華麗轉身，擺脫工作時間的限制，真正讓時間發生增值。其次，面對多變的時代，練就自己的多項技能。如果你仔細留意將不難發現，很多核心競爭力往往是多項能力的綜合體現。

比如曾經來魔法講盟上課的一名業務人員，她就感覺自己能力提升不上去，後來諮詢之後才發現，原來是她的個人認知出現了問題。她認為業務只是單純的銷售能力，從來不曾意識到銷售只是一個最起碼最基本的能力，更重要的是信任感，以及對客戶心理的掌握等等。對技能認知的單一，將會成為阻礙你前進的絆腳石。最後，隨著時代的進步，我們與公司的關係註定會越來越疏離，你需要學著像經營公司那樣經營你自己。你需要提升對外界訊息的感知力，你需要大膽嘗試，你更需要定期自我檢示與反思，隨時修正與調整自己的目標、方式及方法等等。

那麼，沒錢到底怎麼創業呢？

其實，這個世界從來不缺的就是沒錢還能賺錢的「空手道」，「空手道」一直是商界經營的最高手段，也是經商、創辦公司的最高境界。什麼是空手道？用科學的語言來描述，就是通過獨特的創意、精心的策劃、完美的操作、具體的實施，在法律和道德規範的範圍之內，巧借別人的人

力、物力、財力，來賺錢的商業運作模式。其運作模式可以參考創見文化出版的《斜槓創業》與《借力與整合的秘密》。

綜觀商業發展史，許多商賈巨富，開始的時候都是身無分文的窮光蛋，到底是怎麼發展起來的呢？你只要去看看他的自傳就知道了。

草船借箭的故事相信大家都耳熟能詳，周瑜對諸葛亮說：「三天之內，給我打造十萬支箭來。」諸葛亮滿口答應。三天要打造十萬支箭，這根本不可能，但諸葛亮為什麼又答應了呢？諸葛亮自有辦法。當時要打造十萬支箭，就是有錢、有材料，時間也來不及。怎麼辦呢？製造不出可以借嘛！向誰借？那當然只有曹操。曹操會借嗎？他會借箭給你來殺他嗎？辦法總比困難多，沒有

做不到、只有想不到。諸葛亮想到了，他是如何向曹操借的呢？

在一個大霧濛濛的早上，諸葛亮派出幾千艘木船，千帆齊發，船上放滿了稻草，當船駛到河中央的時候，敲鑼打鼓，鞭炮齊鳴，殺聲震天，佯裝攻打曹營的樣子。曹操站在城牆上一看，江面上朦朦朧朧地有很多船隻向他駛來，曹操以為周瑜真的要攻城了，於是，就命令所有的弓箭手萬箭齊發，結果箭一支支射到了船上事先備好的稻草上。不到一個時辰，諸葛亮就滿載而歸，收到曹操送來的十多萬支箭。這就是歷史上有名的「草船借箭」的故事。

還有一個國外的故事。英國大英圖書館，是世界上著名的圖書館，裡面的藏書豐富，包羅萬象、應有盡有。有一次，圖書館要搬家，也就是

要從舊館要搬到新館去，結果仔細一算，搬運費高達幾百萬，根本就沒辦法負擔。怎麼辦？有一個高人，向館長貢獻了一個點子，結果只花了幾千塊就解決了問題。

沒多久，圖書館就在報上刊登一則廣告：從即日開始，每位市民可以免費從大英圖書館借出十本書。結果，許多市民蜂擁而至，沒幾天，就把圖書館的書借光了。書借出去了，要怎麼還呢？這時就能讓有借書的市民將書還到新館去，如此一來，圖書館巧借了市民群眾的力量搬了一次家。

現在很多人一談起投資理財，就以為是要先有了錢才可以開始的。其實不然。在我們這個千載難逢的大好時代，只要你有眼光和信用，沒有錢也是可以投資理財的。做投資理財關鍵不在於你有多少錢，而在於你能調動多少錢。你能調動的錢就可以假定是你的錢。

我曾經突發奇想試圖想找看看是否有從沒有借過錢的老闆，但一直沒有找到。原來實力再雄厚的老闆也需要借錢，而且事業做越大的老闆越需要借更多的錢，就連李嘉誠也不例外。

二十世紀六十年代，香港遭遇嚴重的房地產危機，房地產價格一落千丈。在別人都不看好香港房地產的時候，李嘉誠獨具慧眼，覺得香港商業地產潛力無限，並實行「人棄我取」的策略，用低價大量收購地皮和舊樓。不出三年，香港經濟復甦，大批當年離港的商家紛紛回流，房產價格一時飛漲，李嘉誠趁機將早期廉價收購來的房產高價拋售，並轉而投資購買深具發展潛力的商辦大樓及地皮。這也讓李嘉誠更加看好房地產行業，隨後房地產投資就成了李嘉誠的主業。

試想：假定李嘉誠香港回歸時沒有將自己的公司的 200 億銀行存款，投入房地產 400 億元的項目，所以他同樣要去銀行借 200 億元。他

不可能等到自己有了 400 億元的存款時再去爭取那個專案。因為如果等到他有 400 億元的時候，那個專案早就被人家拿走了。正因如此，李嘉誠特別喜歡向銀行借錢，因為他借了錢之後就可以賺更多錢。而那些銀行也非常喜歡將錢借給李嘉誠，因為將資金借給他安全、額度又高，省事不少。

當然，要想更順利地去「借力致富」，就要注意以下「九大」技巧：

① 恪守信用

一個不守信用的人是很難借到錢的。我出身單親，在校時半工半讀畢業，但我最引以為榮的一句話是：「有生以來任何人都找不到我任何一次借錢不按時歸還的紀錄。」所以我說，「你值得很多人信賴和有很多人值得你信賴是兩筆巨大的財富！信譽是永不破產的銀行！」只要你有了信譽品牌，借錢就會越來越容易了。

② 有良好的心態

要把借錢投資理財當作一件很光榮的事，不要有任何「不好意思」的感覺。

很多人不好意思開口向親戚朋友借錢，為什麼不跟銀行借錢呢？因為：

• 一般的人只會用勞動賺錢，如果你會用錢賺錢，那你就是個「不一般」的人啊！

• 不怎麼聰明的投資者只會用自己的錢賺錢，只有聰明的投資者才會用別人的錢賺錢。

③ 學會「化整為零」

不管你是要借 10 萬元或是 500 萬元去投資，你都要學會「化整為零」。比方說，例如你有一個 idea 創業需要 100 萬元，找一個金主借 100 萬，說不定連 1 萬也借不到，但透過眾籌的方式，小款項的 1000 元，大則 10 萬元，「化整為零」的方式反而更容易籌到資金，若籌不到就表示市場不看好這個案子，早早收攤也免了初期創業投入的風險。

④ 要不斷累積「信用記錄」

從來沒有借過別人和銀行的錢，和從來沒有借錢不按時歸還的紀錄只代表沒有「不良信用紀錄」，不代表「有良好的信用紀錄」。在我們這個時代，一個從來沒借過錢的人是很難借到錢的，一個借錢不按時歸還的人更借不到錢的，只有經常借又按時還的人才最容易借到錢。經常借又按時還就代表有「良好的信用紀錄」。借錢的次數越多，借錢的金額越大，並且沒有一次「不良信用紀錄」就代表信用紀錄非常好。

為了幫你建立起良好的信用紀錄，不妨在你暫時不需要錢的時候，找你往來的銀行嘗試一下你借錢的能力，你借的錢即使暫時用不上，卻能幫你建立起你的「信用紀錄」。你的「信用紀錄」對你未來的投資理財一定是很有價值的！

⑤ 最好向不怎麼會餵「雞」的人去「借雞」

「借雞生蛋」一定要看物件，最好是吸收社會閒散資金和向那些只會將錢存到銀行的人去借。如果向商人和企業家去借錢就不是社會資源的優化配置，因為那些人多數都是養「雞」的高手，他們養的「雞」比你養的「雞」下的「蛋」還多，他們的「雞」借給你就很難再增加更多的新財

富了。當然，在你臨時急用時向那些暫時有閒置資金的商人和企業家們借用幾天還是可以的。

如果你掌握了以上五大「借力致富」的技巧，一定能給你帶來更多的機會，增加更多的財富。

半缺席業務

在兼職創業裡，你可以找那些可以半缺席的業務。為什麼呢，什麼是半缺席業務呢？創業的型態通常分為兩大類型——需要全職投入的，以及只需兼職（半缺席）服務的。對於那些不需要你全職投入的、自由度高的事業，像是讓加盟商雇門市經理監督門市的日常運營事宜。讓經理去處理每天的工作，而你主力在做全職工作，享受半缺席經營的好處。

當你尋找一個不需辭掉正職可以兼著做的事業時，需要注意以下四大面向。

▶ 心態

很多人在選擇創業事業時會犯一個錯誤，他們大部分以事業的類型、消費者的喜好和自己的興趣來決定要創立什麼事業。而我認為認真去分析這個創業業務初期是否真正可兼著做、自由度高才是更重要的。如果你對開咖啡店感興趣，你會發現這一類型的事業是，需要店主、老闆全身心的投入。所以當你在尋找創業機會時請保持開放的心態，盡量不讓自己受限。

▶ 財務狀況

你的財務狀況是決定你能負擔何種半缺席業務的關鍵因素。因為半缺席業務往往是零售業，你可以考慮傳統貸款或中小企業小額貸款。當然你也可以考慮成為某一家已上軌道公司的股東，而魔法講盟也提供大眾入股的機會。（請參考後文的 P548）

▶ 技能

管理能力是在職創業的成功關鍵，因為你需要對經理人或多位經理人進行監督。你要能完全掌控，並將業務的日常運營授權給經理人。

▶ 足夠的時間

既然你是兼職創業，還有正職工作，你要考慮是否有足夠的自由一邊上班一邊經營你的新事業，同時保持工作和生活的平衡。

如果沒有做到以上四點的話，就很難找到一個符合標準的半缺席創業項目。

一邊工作一邊創業是一個可行的選擇。擁有自己的企業，是多元化投資的明智方法。對一些人來說，邊工作邊創業是他們離開公司後的另一退路。一旦新開創的公司創造足夠多的收入，足以取代目前全職工作的薪水，就可以開始考慮可以辭掉它將重心移往新創的事業。

另一個常見的動機是補貼當前的開銷，例如孩子的學費、教育費，或多攢一些退休金。不管你是出於投資的打算還是離職的策略，邊工作邊創業、能讓你半缺席投入的創業項目，是你明智的首選而且它的獲利是比較可期待的。

5 | 完美的企業結構

有人問到：「建立 B 象限的公司和 S 象限的公司有什麼不同嗎？」答案是「不同點在於團隊合作。」

多數 S 象限的公司，是建立在獨資個人所有或合夥關係之上。他們可能有團隊合作，但不是這邊所談論的團隊合作。正如 E 象限的人常常聯合起來組織工會，而 S 象限的人組織建立合夥關係。我們所說的合作是具有不同技能、不同類型的人聯合起來一起工作。在工會和合夥關係中（如律師公會）是同一類型的人和專業人士聚在一起討論問題。

R. 巴克敏特 . 富勒博士（**Dr.R. Buckminster Fuller**）的研究當中，他發現在自然界中根本不存在正方體和立方體。他說：「四面體是大自然的基本構造體。」當今的許多摩天大樓出現後又消失，而那些金字塔在經歷數十個世紀的風吹雨打後，仍然屹立不動。但只要在局部區域放置少量炸藥，就可能導致摩天大樓倒塌，而同規模的爆炸根本動搖不了金字塔。

富勒博士一直尋找宇宙中的穩定結構，最後他在四邊形中找到了答案。

接下來我用以下的圖形解釋不同的企業結構：

1. 這是獨資：

2. 這是合夥關係：

3. 這是 B 象限企業：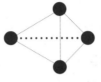

英文「四面體」（tetrahedrons）中的字首「tetra」代表四，換句話說，它有四個端點。一個穩固的企業結構應如以下這幅圖所示：

一個管理出色的企業會有許多優秀的員工。在這方面，E 代表了「優秀」（excellent）和「基礎」（essential），因為員工肩負著日常業務活動。同時，E 又代表著「擴展」（extension），因為員工是企業的延伸，在客戶面前，他們代表著企業。

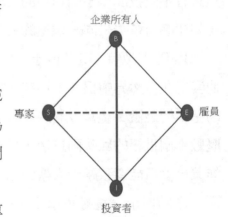

專家主要來自 S 象限。S 代表「專業」（specialized），因為每個專家都可以在他的專業領域利用他的專業知識來指導你。雖然，專家們不參與日常工作，但他們的指導對於你的企業朝著正確的方向前進至關重要。

如果四點聯合起來工作，企業結構就會像四面體一樣的穩固持久。投資者提供資金，企業主與專家、雇員一起努力，拓展業務，發展公司，那麼投資者的原始投資將會得到好的回報。

做為投資者的我最關心的一件事是企業背後的工作團隊。如果這個團隊搖搖欲墜，或是沒有行業經驗或成功紀錄，我是不會投資的。許多公司的商業計畫都說：「一旦公司業務蒸蒸日上，我們就會推動公司上市，而身為投資者的你們將獲得巨大利潤……」。身為投資者的你們也該提出問題反問，「在你的團隊中，誰有過主導過公司上市的經驗？或者有什麼成功的行業經驗？」

　　另外需要關注的一點是工資。如果員工的薪水很高，就可以意識到，這是一群為了自己得到豐厚薪水而籌資的人。投資者投資於管理，在投資目標的企業中，他們關注於工作團隊的情況，並希望看到他們的經驗、熱情和責任。金錢追隨管理，想要成功，企業必須在關鍵部分有好的專家。工作團隊裡還應包含著公司周邊的顧問。會計師、稅收顧問、財務顧問和法律顧問的正確指導，會為你的投資帶來令你意想不到的報酬，在前進的道路上指導你避開那些容易犯的錯誤，並幫你建立強大的公司。有關 BI 三角形的詳細介紹於羅伯特‧清崎的「富爸爸投資指南」裡有詳細說明。

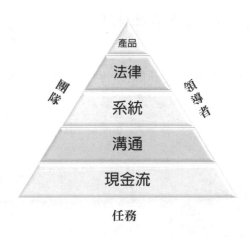

　　人們努力工作，努力升職，或是努力靠信譽開創他們的事業，卻總

是感到生活窘迫，事業壓力沉重。一般來說，這些人都是 E 和 S 象限的人。如果你是工作狂，或是正如富爸爸一書中所描繪的那種「終日勞碌卻兩手空空的人」，那我就建議你和那些終日忙於工作的人們坐下來，探討如何只做一些更重要的工作，就能賺到錢。

E 和 S 象限的人與 B 和 I 象限的人的差異在於：前者太忙了。《富爸爸·窮爸爸》一書說過：「成功的秘訣在於偷懶，你越忙於工作反而可能越窮。為什麼那麼多人無法進入 90/10 的富豪之列呢？就在於當他們本應該尋求事半功倍的辦法時，他們卻忙得沒法想。如果他想成為以資產創造財富的人，就必須找到少量工作卻能賺大錢的方法。」

當「特定的使命」、「果斷的領導」、「團結而高素質的合作隊伍」結合在一起時，「B-I 三角形」就會由一個平面變成一個立體三度空間的錐體，進而變成一個四面體。

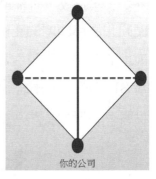

你的公司

最後談的是公司的完整性。完整指的是整體的統一性、完善的條件和健全的結構。完整更是指人格上的誠實或忠誠。雖然這兩個定義不同，但本質意義是一致的。

靠「B-I 三角形」原則、以共同努力為目標的建構的公司，無疑是完整而健全的。

Topic 6 用財富創造財富

在農耕時代，富人是擁有大片肥沃農田的堡主、貴族。如果你不是出生在這個群體中，那麼你就是平民，也沒什麼機會成為當權者。90/10的規律控制著人們的生活，因此90%的人們努力工作來供養餘下的10%的人，但這些人終日遊手好閒，因此這一觀念也同樣從父母傳給孩子，慢慢成為一般人普遍想當然爾的想法，並代代相傳下去。

然後，工業時代來臨，財富轉變成不動產。但建築物、工廠、礦產、仍受到土地的限制。突然間，富饒肥沃的農田開始跌價。事實上，有趣的事發生了：即岩石地的作用日益顯現。肥沃的土地價值比不上不易耕作的岩石地，只因岩石地可以容納大樓、工廠這些更高、更大型的建築物，有的還蘊藏著石油、鐵、銅這類的天然資源。當工業時代來臨時，許多農民的實際收入降低了，為了維持生活，他們不得不更加努力地耕作比以前更多的土地。

在工業時代，去學校學習然後找工作的觀念開始流行。早期的農耕時代，正統的教育是不必要的，因為職業技能可以由父母教給他們的下一代，例如麵包師傅傳授他們的子女做麵包的技藝，成為麵包師，以此類推。在工業時代末期，「工作」或「一份賴以維生的工作」的觀念變得很普遍。去上學，然後找一份賴以維生的工作，在公司或團體中拚命工作、努力表現，爭取往上升，當你退休時，公司和政府會照顧你的老後生活。

在工業時代，白手起家的傳奇驅策著野心家們、創業者們可以由一

無所有變成億萬富翁。但在工業時代仍和農耕時代一樣，只有少部分人掌握著大部分的財富。有 10% 的人不是因為出身高貴，而是依靠自身能力成為了富人，但 90/10 的規律仍然成立。它能成立的原因是：創造和管理財富除了需要大筆資金、人力、土地、建設能力和經營管理能力之外，還需要有巨大的努力和協調能力。例如建立一個資本密集型的石化公司，需要花費鉅額資金、占用大片土地和雇用許多受過正規教育且具聰明才智的人才。

然而在網路普及之後，許多規則產生了變化。最重要的變化是 90/10 規律的改變。雖然好像仍只有 10% 的人能掌握 90% 財富，但成為那 10% 的人的機會產生了變化。網路使加入那 10% 的人需要花的代價產生了改變。如今不再像農耕時代那樣，你必須出身為貴族世家，也不再像工業時代那樣，需要鉅額資金、土地和人才的投入，才能成為那 10% 的人。

能讓你進入到 10% 之列的代價就是思想，而思想是免費的。

在資訊時代，需要的只是能使你變得非常富有的資訊和思想。因此，一名在今年還名不見經傳的人，有可能明年就會出現在世界級富豪的排行榜上。

在今日的股票市場上，你經常會看到：「舊經濟對抗新經濟。」在很大程度上，跟不上時代的人正是那些繼續沿用與新經濟觀念相抗衡的人。亞馬遜網路公司，在上市初期沒有任何盈利和不動產，但我們每個人都看到它在股票市場上的成長速度和價值比許多公認的零售企業更快、更高。

在美國有個本身不是旅行社、也不受旅遊業法規的人，創立了一家網路公司叫做「價格線」網（priceline.com）。一夜之間，「價格線」

公司的創始人傑‧渥克憑著一個創新的構想，讓他躋升進入「富比士」排行榜，成為世界上最富有的四百人之一，而這一個構想就是拍賣一件「垃圾」商品——眾所周知的航線中的空位。Priceline 在早期的商業模式精髓是：「找尋未被充分利用的閒置固定資產。」簡單說來，就是不浪費。鎖定那些逼近登機時間的航班空位或者接近入住時間的酒店空房來銷售。不僅協助航空公司處理剩餘機票，也為旅館、飯店銷售每日的剩餘客房。

既然這個世界發生了變化、既然不必用錢去賺錢，如果你還沒有開始自己的事業，是不是該行動了。但有的時候，最難改變的就是陳舊的觀念。以下列出必須要改變的陳腐觀念，雖然它們已傳了一代又一代。

▶ 做個規規矩矩努力工作的人

如今的現實是：從事體力勞動最辛苦的人，報酬最低，繳稅最多。我的意思不是不要努力工作，我所說的是我們需要向老觀念挑戰，如果可以的話，需要重新考慮新的東西，考慮在業餘時間為自己的事業努力工作吧！

我們不應只位於一個象限中，而需要對「現金流象限」的四個象限都非常熟悉。畢竟我們處於資訊時代，一生中只為一份工作而努力，已經是很落伍的觀念了。

▶ 悠閒的富人非常懶惰

事實是當你在工作中花費的體力勞動越少，你成為富人的機率越大。再次強調，我不是說不要努力工作，我是指在今日我們都需要學會多多利用智慧而不是單靠體力來賺錢。那些錢賺最多的人們體力勞動最少，這是因為他們是為被動收入和證券組合收入工作，而不是為了賺取某一份

工資收入。一名真正的投資者所要做的，是將工資收入轉化成被動收入和證券收入。在我看來，悠閒的富人並不懶惰，只不過他的錢在為他們努力工作。如果你想要加入 10% 的群體，你必須學會多多靠腦力賺錢而不是用體力賺錢。

▶ 上學然後找份工作

工業時代，人們在六十五歲退休，因為他們會因體力不濟，無法在生產線上工作。今日，因為資訊時代技術發展如此之快，如果你在技術上已經落伍，十八個月甚至更快，你很可能就要面臨被淘汰。許多人所說的學生，從學校剛一畢業，技術就已經過時了。學校中學習到的知識很重要，但社會知識同樣重要。我們所處的是一個自學的社會，不再是從父母處學得知識（譬如在農耕時代），或是從學校中學到知識（譬如在工業時代）。當然，從學校習得一些基礎性的知識很重要，但我們看到今天更多的是孩子們教著他們的父母使用智慧型手機，許多公司也是招聘有高技術的年輕人，而不是用那些有高學歷的中年人當經理。

如果想再繼續站在時代的前端，從學校和社會中汲取知識仍然非常重要。我們應該學習職業運動員和大學教授的思維方式。職業運動員心裡都明白：一旦更年輕的運動員超過了他們，他們的職業生涯就會結束。大學教授們也知道：如果他們不斷地學習，那麼年齡越大，他們的身份、身價就會隨之越高。

不論你是否同意，不論你有沒有理解，你現在閱讀這本書就是在進行一項重要的投資。在今日這個不斷變革的世界，你能做的最重要的投資，是持續學習和找尋創新的構想。你有能力創建一個短缺的世界，也完

全可以創建一個金錢富足的世界。建立一個金錢富足的世界需要有一定程度的創造力、高水準的財務和企業知識，同時尋找機會而不是尋找安全保障，去尋找更多的合作而不是競爭。我們必須不斷地修正我們的想法──「你可以選擇一個缺乏金錢的世界生活，或是選擇一個金錢富足的世界生活。選擇權正在你的手中。」

魔法講盟股份有限公司股權認購

Magic

「天使輪」股權認購權益憑證

憑此憑證可於 2020 年 12 月 31 日前以
25 元 / 股 認購魔法講盟之股權
最低認購股數 1,000 股

認購流程：

第一步 ▶ 確認認購天使輪為 **25** 元 / 股

第二步 ▶ 匯款至「全球華語魔法講盟股份有限公司」，帳號如下
玉山銀行北投分行　　戶名：全球華語魔法講盟股份有限公司
帳號：0864-940-031696

第三步 ▶ 將匯款單傳真至 02-8245-8718 或 mail 到 jane@book4u.com.tw

第四步 ▶ 請打電話至 02-8245-8786 與會計部蔡燕玲小姐確認

關於股權的相關問題，可諮詢魔法講盟培訓高專蔡秋萍小姐→ hiapple@book4u.com.

申購者姓名		身份證字號	
聯絡電話		**Email**	
聯絡地址			
認購數量	股	申購金額	
匯款日期		匯款帳號後**5**碼	

第十篇

美國KS集團IPO
上市白皮書

[第十篇]

美國 KS 集團 IPO 上市白皮書

／王兆鴻博士

　　我是兆鴻老師，從事英語教學培訓行業 22 年，即將邁入第 23 年，在十年前發現台灣少子化的現象，非常多的大學即將合併，許多的語言中心即將倒閉，所以在 2008 年毅然決然進入企管博士班就讀，經過了十年，俗話說「十年磨一劍」，所以現在我是多家企業的企管顧問、營銷賺錢教練，而英文教學則變成我的興趣，我主要的工作內容是協助中小企業老闆，打造自動賺錢機器。

　　接下來我要跟各位介紹美國 KS 集團的連鎖餐廳項目，這很有可能是你這一輩子會碰到最好的美國上市 IPO 項目，等不及要了解了嗎 ?!

　　我們現在馬上就開始……

講師簡介

王兆鴻
企管博士

- ▶ 全球華語魔法講盟 首席營銷講師
- ▶ 中國人人行集團 股東&聯合發起人
- ▶ 美國KS集團 股東&總講師
- ▶ 世界創富協會 副理事長&副院長
- ▶ 聯發科總經理一對一培訓教練
- ▶ 賴世雄英語集團 營銷總顧問
- ▶ 南陽街菁英語言集團 講師
- ▶ 臺灣師範大學 講師
- ▶ 培訓年資超過二十年 演講超過百場……

專業

- ▶ 微信營銷
- ▶ LINE營銷
- ▶ 連鎖營銷
- ▶ 商業模式營銷
- ▶ 股權營銷
- ▶ 日日分紅系統

全球華語
Magic 講師聯盟

美國 KS 集團呂董事長
其人其事

　　我是在 2016 年的暑假認識呂董事長，當時第一次見面是在松山火車站旁邊的一個新矽谷大樓辦公室。坦白說，在這樣一個很像倉庫的地方，如果有一位先生走出來，跟你說他是美國上櫃集團董事長，相信你一定會跟我一樣，心中浮現兩個字：詐騙!!

　　幸好當時的我還是秉持著大膽假設、小心求證的好習慣！經過一段時間的相處，我發現呂董事長是一位親切的大家長，即使呂董已經在國際金融方面相當有成就，處世為人依然非常謙虛。你一定不相信，在松山辦公室的時候，我幾乎每天早上跟董事長一起擦桌椅，你有看過上市櫃董事長自己擦桌椅嗎?! 我有，這就是呂董。後來公司開始雙 B 汽車專案，董事長依然開著他十多年的老賓士，一直到多位幹部力勸呂董，公司做的是雙 B 豪車項目，董事長開的車太差，沒人會相信，呂董才勉強換車，這就是呂董。

上頁的照片是我在 2017 年 12 月，於 KS 集團香港總部所拍攝的照片，香港星集團主要從事歌手培訓以及電影、連續劇的拍攝工作，還有舉辦演唱會、贊助拳擊賽等等。

美國 KS 集團，代號 KSIH，在網路上都可以 GOOGLE 查到公開資訊，董事長呂應必先生是金門時報社長，前中國版權協會副理事長，也是亞洲衛視電視台創辦人董事長，也是諾貝爾獎得主穆拉德的經紀人。

呂董事長從 $200 起家到現在成為美國 KS 上櫃集團 OTCBB 佔股 96.7% 股權的擁有者。呂董事長在金門購置一萬多坪的土地，希望在日後有機會能夠建設神學院。呂董事長熱受學習且非常用功，目前還在攻讀企管博士班。呂董事長做公益更是不落人後，他也捐款給中央社，讓很多的台灣年輕人，可以到海外當實習記者，以下的照片是呂董事長參與中央社的活動和當時的行政院長一同合影。

美國 KS（KSIH）集團創立於 2003 年美國內華達州，目前營運總部設立在香港，2009 年美國 KS 集團已經在那斯達克上櫃，目前全世界有數百家分公司，KS 集團有六大產業——

第一、文化影視。

第二、商品百貨。

第三、汽車租賃。

第四、餐飲娛樂。

第五、資訊科技。

第六、資本管理。

美國 KS 集團 2009 年已經在美國掛牌上櫃，即將在美國那斯達克上市。

呂董事長在 2018 年 10 月初，從美國回台灣後內部幹部會議報告，董事長在美國期間參觀了兩大股票市場，第一個是美國 NASDAQ 市場，第二個是紐約證交所股票市場，在美國停留期間，有多家證券商積極爭取 KS 集團股票上市專案。

環視創富公司，美國 KS 集團里程碑，1996 年開始，台灣亞洲衛星電視台 1996 到 2001，2012 到 2015 環視集團控股有限公司，環視創富有限公司。2002 版權協會協會副理事長，2016 到 2017 汽車租賃項目，2018 百家連鎖餐廳併購，2019 KS 飯店、KS 旅行社以及中國大陸

百萬台雲端販賣機項目準備啟動，對於股價來說絕對會是一大利多消息。

2018 年美國 KS 集團創新飲食文化專案，讓你越吃越健康、越吃越富有。到底吃飯怎麼理財呢？其實非常簡單，首先你有兩個選擇，第一個選擇是儲值會員，儲值會員就是預繳 10 萬元，可以百分之百完全抵扣餐廳用餐消費，儲值 10 萬元的餐廳會員有非常多的好處。

首先，可以獲得新臺幣 10 萬元等值的消費點數，完全可以在 KS 時尚會館連鎖餐廳裡面消費；第二，可以獲得 KS 集團設定質押股權 2000 股，舉個例子來說，如果美國 KS 集團股票上市到達股價美金 $10，你所獲得的設定質押 2000 股，將會變成 20,000 美金，20,000 美金 × 30 匯率，等於將近 600,000 新臺幣，就算閉鎖期過後，也還是會有幾十萬的獲利。

是不是越吃越健康、越吃越有錢？

千萬不要以為加入 KS 連鎖餐廳的 10 萬元儲值會員只有以上兩個好康，還有第三個好康，你可以獲得購買 KS 集團相關產品的超值優惠。最後第四，你還享有 KS 集團獨門產品——靈芝啤酒通路分潤。

這個合作的方式也非常簡單。我們用一般經銷通路小盤商、中盤商以及大盤商的概念來理解就可以了。如果你想成為小盤商，方式非常簡單，只要你立刻註冊成為 KS 連鎖餐廳的累積會員，你就已經可以成為小盤商，每人可以推廣 30 家餐廳，每賣出一瓶靈芝啤酒，你就可以獲得新臺幣 \$2 的利潤。例如每一家餐廳每天賣出 12 瓶靈芝啤酒，那麼你一個月還有可能就會多新臺幣兩萬元的被動收入。

　　如果你說兆鴻老師，我不滿意每個月只有兩萬元的被動收入，我想要挑戰更多、更高的收入，方法非常簡單，就是成為 KS 集團靈芝啤酒的中盤商，成為中盤商的方式非常簡單，只要加入 \$100,000 餐廳儲值會員，你就有中盤商的資格，中盤商可以推廣 30 家餐廳，每賣出一瓶靈芝啤酒，你就可以獲得 \$5 的利潤，稍微計算一下，如果你推廣 30 家餐廳，我們是每一位有限制額度，只能推廣 30 家餐廳，每家餐廳每天賣出 12 瓶靈芝啤酒，那麼你一個月下來就可以獲得 54,000 的收入，將近 \$60,000 新臺幣的每月收入。

　　每個月將近 \$60,000 新臺幣的收入 ×12 個月大約一年可以賺 700,000 新臺幣的年收入，加上儲值 100,000 會員，設定質押給你的 2000 股會變成 600,000 新臺幣（當股價到達 \$10 的時候）。

　　現在我們把幾個數字簡單地加在一起，也就是 600,000+700,000，等於 130 萬，最簡單的說法，當你儲值 10 萬元成為 KS 連鎖餐廳的消費會員之後，你在 KS 集團股票上市之後以及你推廣靈芝啤酒的獎金，一年能夠賺 130 萬新臺幣。這是多麼令人驚訝的一個數字呀！重點是，你所支出的十萬完全可以在 KS 集團旗下餐廳裡消費抵用掉。

　　接下來說明第二個餐廳會員的合作方式，第二個餐廳會員的合作方式，是採用累積會員，也就是說，你現在還沒有 \$100,000 的用餐預算，

沒有關係，你可以一次吃 $500、吃 $1,000 都可以，不斷地累積消費，最後當你累積到 120,000 的消費總額之後，我們拿 60,000 來做股權的換算，這邊計算給你看，你消費到 120,000 拿 60,000 來做換算，除以當月收盤股價，先把 60,000÷30 匯率等於 2,000 美元。

再把 2,000 美元除以當月月底股價，如果是 2 美元，那麼 2,000÷2 等於 1,000 股權。另外一個例子，如果當月月底收盤股價到達 5 美元，那麼 2,000 美元 ÷5 就是 400 的股權，這個就是當你累積消費達 120,000 拿 60,000 來除以當月月底股價的計算，就可以計算出你所能獲得的股權。

以上說明兩個 KS 連鎖餐廳集團的會員方式，第一種是儲值 10 萬元的消費方式，可以直接獲得 KS 集團 2,000 股股權設定質押，第二種消費方式現在沒有 $100,000 的預算也沒關係，你可以先用累計消費的方式，不斷地越吃越健康、越吃越有錢。

如何將項目風險降到最低，幾乎等於 0！

市場上太多項目，有產品盤有資金盤，到底什麼合法什麼非法，別擔心，兆鴻老師一次幫你搞懂四大法規：銀行法、公平交易法、刑事詐欺法、證券法。

▶ 銀行法

根據銀行法的規定，除非你是銀行，不然你不可以每個月返還利息，只要違反這個銀行法，你就會惹上麻煩，KS 集團餐廳項目，只有業務推廣獎金，沒有返利，合乎銀行法的規定。

▶ 公平交易法

公平交易法主要管轄的範圍是傳直銷的制度，KS 集團餐廳項目，只有代理商與業務推薦制度，不是傳直銷。

▶ 刑事詐欺法

所有 KS 集團的子公司以及併購下的餐廳，全部是由呂應必董事長掛名負責人，為百分之百股權擁有者，所以完全沒有違反刑事詐欺法的相關規定。

▶ 證券法

證券法規定，境外股票不可以買賣或是贈送，除非你是券商，所以 KS 集團的股權，全部採用設定質押模式，不買賣股票，而是採用獎勵消費者以及獎勵代理商的方式，進行股權設定質押。

了解完四大重點法規之後，我們再來看當你在評估項目的時候，還要注意哪些重點，其中一個，一定要記得的重點就是，股票代號！

因為我聽說在市場上有很多老師，從二十年前就說他要股票上市上櫃，但是時間已經經過了二十年，他要上市上櫃的股票代號，還是沒有辦法提供給他的學員，那就表示，這個項目到目前為止還沒有成真。

除了股票代號之外，作為一家即將上市的集團，應該已經在市場的不管主板或者是其他的上櫃板已經進行到一個階段，所以當你獲得這一個項目集團公司的股票代號之後，你就要到他所要上市的那個地區國家查詢他的股票代號。舉個例子來說，KS 集團的相關資訊，完全是公開透明在網路上，你只要 Google 一下 KSIH OTC 你就可以找到美國那斯達克證

券交易所的官方網站上面關於 KS 集團的相關資訊。

以下提供幾個網路公開透明資訊的重點，各位可以做進一步的驗證。

首先，你可以點到公司簡介的部分看公司所登記的地址，是不是符合現在你所參加的這個項目實際運作的地址，以 KS 集團為例，在美國那斯達克上櫃公開資訊站裡面所查詢到的地址，就是台北市內湖區港墘路 200 號 2 樓，跟現在 KS 集團在台灣運作的公司集團地址完全符合，有了這個資料，我們再來驗證關於公司負責人的相關資訊，是否符合美國官網上的資訊。

集團董事長呂應必先生，目前市場價值 120,000,000 美金，除了股票代號、公司運作地址、董事長的資訊以及目前股票的市值之外，其實兆鴻老師認為，從事一個項目、參與一個項目，最關鍵的重點，就是兆鴻老師在兩年前確定要參與美國 KS 集團這個項目的最重要關鍵，那就是老闆經營者到底是一個什麼樣的人。

前面我已經簡單介紹過 KS 集團董事會主席呂董事長，這邊我再補充說明一些重點，讓大家更了解呂董事長的背景，首先董事長是師大音樂系肄業，他曾經幫鄧麗君小姐寫過「你怎麼說」這首歌。後來董事長也是中國版權協會的副理事長。董事長也代理過美國好萊塢在中國的電影版權，這個部分押金就高達美金 50,000,000。另外董事長也是亞洲衛視創辦人以及呂董事長曾經在中國大陸進行 300 多家醫院改革。

呂董事長出生於金門，從 $200 起家，他目前是美國 KS 集團上櫃公司佔有 96.7% 的股權擁有者，呂董事長的人生座右銘：尊榮以前，必有謙卑，義人所願，必蒙應允。這是聖經箴言的一句話。

呂應必 環視創富集團董事長

呂應必 Lu, YING-PI

金門時報社長
原中國版權協會副理事長
原亞洲衛視董事長
原諾貝爾醫學獎得主莫拉德經紀人

從200元起家 **到** ▮▮▮▶ 美國KSIH上櫃公司OTCBB占96%股權擁有者

【人生座右銘】 " 尊榮以先 必有謙卑 義人所願 必蒙應允 ----- 箴言 "

市場價值：US$ 122,726,401

集團董事長：呂應必

公司簡介

台北市內湖區港墘路200號2F

股票代號：KSIH

結語

　　基於商業機密考量，關於 KS 未來三到五年的大戰略計畫，暫時不方便在此公開，簡單地說 KS 集團以靈芝啤酒佈點台灣三十萬家餐廳，UBER 五百台雙 B 車隊正在洽談中……未來五萬消費會員天天上網團購以及一萬家餐廳聯合採購，最後大陸市場方面有一百萬臺雲端販賣機（與中國銀行策略聯盟）……美國上市在即！

　　立刻聯絡兆鴻老師，回覆：我要越吃越有錢！

　　手機：+886-913-528-697

　　E-MAIL：saleking888@gmail.com

台灣最大培訓機構

魔法講盟集團

突破｜整合｜聚贏

兩岸知識服務領航家 · 開啟知識變現的斜槓志業

職涯無邊，人生不設限！知識就是力量，魔法講盟將其相加相融，讓知識轉換成收入，創造獨特價值！告別淺碟與速食文化，在時間碎片化的現代，把握每一分秒精進，與知識生產者或共同學習者交流，成就更偉大的自己，綻放無限光芒！

大師的智慧傳承

魔法講盟 的領導核心為全球八大名師亞洲首席——王晴天博士，他博學多聞、學富五車，熟識他的人都暱稱他為「移動的維基百科」，是大中華區培訓界超級名師、世界八大明師大會首席講師，為知名出版家、成功學大師、行銷學權威，對企業管理、個人生涯規劃與微型管理、行銷學理論與實務，多有獨到之見解及成功的實務經驗，栽培後進不遺餘力。

王博士原本是台灣補教界的數學名師，99％的受教學生學測成績都超越 12 級分，屢創不可思議的傳奇故事，其獨到的教學與解題方式，被喻為思考派神人神解！王博士考量每年講的內容都一樣，而這些知識無法讓學生畢業後投入社會就能脫穎而出，於是急流勇退，全心經營最有興趣且擅長的圖書出版業—— 采舍國際出版集團。但是他並沒有就此懈怠，反而積極到處上課，舉凡國內、國外的世界級培訓老師所開的課，王博士都報名參加，甚至專程飛到國外只為一親大師的風采。在一次次課程中，他開始思考成人培訓的價值與重要性，因此開始積極布局，決心要開創一間專為成人培訓服務的機構。

魔法講盟的緣起

　　王晴天博士為台灣知名出版家、成功學大師和補教界巨擘，於 2013 年創辦「**王道增智會**」，秉持著舉辦優質課程、提供會員最高福利的理念，不斷開辦各類教育與培訓課程，內容多元且強調實做與課後追蹤，每一堂課均帶給學員們精彩、高 CP 值的學習體驗。不僅提升學員的競爭力與各項核心能力，更讓學員在課堂上有實質收穫，上過課的學員好評不斷，為台灣培訓界開創了一股清流！

　　每年六月份舉辦世界華人八大明師大會與亞洲八大名師高峰會，為台灣培訓界一大盛事，至今參與過的學員高達 200,000 人，期許在為學員打造主題多元優質課程的同時，也能提供一個讓講師發揮的平台，讓學員在參加講師培訓結業後立即有舞台，並讓學員與講師相互交流，形成知識的傳承與流轉。2017 年更與成資國際集團 (Yesooyes.com) 合作，創立全球華語講師聯盟；2018 年與 24 位弟子正式成立**全球華語魔法講盟**（簡稱 ）。融合王晴天博士多年智慧結晶、結合多元豐富資源，致力開創知識分享的課程，實現知識共享的經濟時代，藉由汲取成功者的經驗、萃取得勝者的思維，以改變生命、影響生命、引領良善智慧的循環為職志，創建台灣最大的培訓聯盟機構，成為全球華人華語知識服務的標竿！

　　魔法講盟是亞洲頂尖商業教育培訓機構，全球總部位於台北，海外分支機構分別位於北京、杭州、廈門、重慶、廣州與新加坡等據點，以「國際級知名訓練授權者◎華語講師領導品牌」為企業定位，集團的課程、產品及服務研發，皆以傳承自 2500 年前人類智慧結晶的「曼陀羅」思考模式為根本，不斷開創 21 世紀社會競爭發展趨勢中最重要的心智科技，協助所有的企業及個人，落實知識管理系統，成為最具競爭力的知識工作者，更有系統地實踐夢想，形成志業型的知識服務體系。

全球華語魔法講盟

北京・上海・廣州・深圳
台北・杭州・廈門・重慶
香港・吉隆坡・新加坡

Magic https://www.silkbook.com/magic/

魔法講盟的特色

　　當年王道增智會有開設一門「公眾演說」的課程，結訓完的學員們都會面臨一個問題：那就是不論你多會講，拿到了再好的名次、再高的分數，結業後必須要自己尋找舞台，也就是要自己招生，然而招生跟上台演說是兩個截然不同的領域，而培訓開課最難的部份就是招生！畢竟要找幾十個甚至上百個學員免費或付費到指定的時間、地點聽講，是非常困難的。有感於此，王晴天博士認為專業要分工，講師歸講師、招生歸招生，所以 **魔法講盟** 透過代理國際級課程，讓魔法講盟培訓出來的講師直接授課，搭配專屬雜誌與影音視頻之曝光，幫講師建立形象，增加曝光與宣傳機會，再與台灣最強的招生單位合作，強強聯手，襲捲整個華語培訓市場。

　　魔法講盟 的課程最講求兩個字「**結果**」！你會覺得理所當然，但是很多學員參加各種培訓機構辦的培訓課程，例如公眾演說班，繳交所費不貲的課程學費並在課堂上認真學習，參加小組競賽並上台獲得好名次好成績，拿到結業證書和競賽獎牌，也學得一身好武藝，正想要靠學來的技能打天下、掙大錢時，發現一個殘酷的事情：就是要自己招生，而這正是整個培訓流程中最難、最重要、最燒錢的一環。

魔法講盟
- 體驗
- 記住
- 成長

認證培訓中，透過體驗式教學並當場實踐所學，讓你確實學以致用！

「親身體驗」的學習效果遠遠超過坐著聽、看、讀或寫，不只是學習實戰經驗與智慧，更讓你用身體牢牢記住。

朝著目標前進、成長才是人生真正的目標。

經過 **魔法講盟** 的密集培訓，將能讓你成為一個比以往任何時候的你還要更大、更好，並且隨時準備承擔更大、更令人興奮的目標與責任！

魔法講盟對於所開設的課程給出承諾：只要是弟子或學員，並且表現達到一定門檻以上，**魔法講盟** 會依照學員的能力給予不同的舞台，就是要講求結果。

✓ 保證有結果

出書出版班	➡	出一本暢銷書
區塊鏈認證班	➡	保證擁有四張證照 （東盟國際級證照＋大陸官方兩張＋魔法講盟一張）
WWDB642 課程	➡	建立萬人團隊，倍增收入
Business & You 課程	➡	同時擁有成功事業&快樂人生
CEO4.0暨接班人團隊培訓計畫	➡	保證有企業可以接班
密室逃脫創業密訓	➡	創業成功機率增大十數倍以上
講師培訓 PK 賽	➡	擁有華人百強講師的頭銜
公眾演說班	➡	站上舞台成功演說
眾籌班	➡	保證眾籌成功

別人有方法，我們更有魔法；

別人進駐大樓，我們禮聘大師；

別人有名師，我們將你培養成大師；

別人談如果，我們只談結果；

別人只會累積，我們創造奇蹟。

口碑推薦並強調有效果
有結果的**十大品牌課程**

BUSINESS & YOU
↳ 同時擁有成功事業&快樂人生

　　魔法講盟董事長王晴天博士，致力於成人培訓事業多年，一直尋尋覓覓世界最棒的課程，好不容易在 2017 年洽談到一門很棒的課程，就是有世界五位知名培訓元老大師所接力創辦的 Business & You。於是魔法講盟投注巨資代理其華語權之課程，並將全部課程中文化，目前以台灣培訓講師為中心，目標將輻射中國及東南亞 55 個城市。

　　Business & You 的課程結合全球培訓界三大顯學：**激勵．能力．人脈**，全球據點從台北．北京、廈門、廣州、杭州、重慶輻射開展，專業的教練手把手落地實戰教學，Business & You 是讓你同時擁有成功事業&快樂人生的課程，啟動您的成功基因，15 Days to Get Everything， B&U is Everything ！

企業界．學術界．培訓界一致推崇

全球華語總代理． 魔法講盟 **培訓體系 ▶▶▶**

台灣最大、最專業的開放式培訓機構

★保證有結果的國際級課程★

全球最佳國際級成人培訓課程**每期僅收30人** 一次繳費，終身免費(異地)複訓！無限高端人脈!!
一級講師全程華語中文授課，無翻譯困擾！ 每年新教材&PPT全球同步！

BUSINESS & YOU
最落地的實務課程

晴天魔法弟子
報名BU課程
免費

5

BU 15日完整課程，整合成功激勵學與落地實戰派，借力高端人脈建構自己的魚池。一日齊心論劍班＋二日成功激勵班＋三日快樂創業班＋四日 OPM 眾籌談判班＋五日市場 ing 行銷專班，讓您由內而外煥然一新，一舉躍進人生勝利組，幫助您創造價值、財富倍增，得到金錢與心靈的富足，進而邁入自我實現與財務自由的康莊之路。

❶ 一日齊心論劍班 → 由王博士帶領講師及學員們至山明水秀之秘境，大家相互認識、充分了解，彼此會心理解，擰成一股繩兒，共創人生事業之最高峰。

❷ 二日成功激勵班 → 以 NLP 科學式激勵法，激發潛意識與左右腦併用，搭配 BU 獨創的創富成功方程式，同時完成內在與外在之富足，含章行文內外兼備是也！創富成功方程式：內在富足＋外在富有，利用最強而有力的創富系統，及最有效複製的 know-how，持續且快速地增加您財富數字後的「0」。

❸ 三日快樂創業班 → 保證教會您成功創業、財務自由、組建團隊與人脈之開拓，並提升您的人生境界，達到真正快樂的幸福人生之境。

❹ 四日 OPM 眾籌談判班 → 手把手教您（魔法）眾籌與 BM（商業模式）之 T&M，輔以無敵談判術與從零致富的 AVR 體驗，完成系統化的被動收入模式，參加學員均可由 E 與 S 象限進化到的 B 與 I 象限。從優化眾籌提案到避開相關法律風險，由兩岸眾籌教練第一名師親自輔導您至成功募集資金、組建團隊、成功創業為止！

❺ 五日市場 ing 行銷專班 → 以史上最強、最完整行銷學《市場 ing》（BU 棕皮書）之〈接〉〈建〉〈初〉〈追〉〈轉〉為主軸，傳授您絕對成交的秘密與終極行銷之技巧，課間並整合了 WWDB642 絕學與全球行銷大師核心秘技之專題研究，讓您迅速蛻變成銷售絕頂高手，超越卓越，笑傲商場！堪稱目前地表上最強的行銷培訓課程。

只需十五天的時間，就能學會如何掌握個人及企業優勢，整合資源打造利基，創造高倍數斜槓槓桿，讓財富自動流進來！

區塊鏈國際認證講師班
⮕ 保證取得四張證照

　　由國際級專家教練主持，即學·即賺·即領證！一同賺進區塊鏈新紀元！特別對接大陸高層和東盟區塊鏈經濟研究院的院長來台授課，是唯一在台灣上課就可以取得大陸官方認證機構頒發的四張國際級證照，通行台灣與大陸和東盟 10 ＋ 2 國之認可，可大幅提升就業與授課之競爭力。課程結束後您會取得大陸工信部、國際區塊鏈認證單位以及魔法講盟國際級證照，魔法講盟優先與取得證照的老師在大陸合作開課，大幅增強自己的競爭力與大半徑的人脈圈，共同賺取人民幣！

接班人密訓計畫
⮕ 保證有企業可接班

　　針對企業接班及產業轉型所需技能而設計，由各大企業董事長們親自傳授領導與決策的心法，涵養思考力、溝通力、執行力之成功三翼，透過模組演練與企業觀摩，引領接班人快速掌握組織文化、挖掘個人潛力、累積人脈存摺！已有十數家集團型企業委託魔法講盟培訓接班人團隊！魔法講盟將於 2021 年起為兩岸企業界建構〈接班人魚池〉，引薦合格之企業接班人！

國際級講師培訓
↳ 保證有舞台

不論您是未來將成為講師，或是已擔任專業講師，透過完整的訓練系統培養授課管理能力，系統化課程與實務演練，協助您一步步成為世界級一流講師！兩岸百強 PK 大賽遴選優秀講師並將其培訓成國際級講師，給予優秀人才發光發熱的舞台，您可以講述自己的項目或是魔法講盟代理的課程以創造收入，生命就此翻轉！

眾籌
↳ 保證募資成功

終極的商業模式為何？借力的最高境界又是什麼？如何解決創業跟經營事業的一切問題？答案將在王晴天博士的「眾籌」課程中一一揭曉。教練的級別決定了選手的成敗！在大陸被譽為兩岸培訓界眾籌第一高手的王晴天博士，已在中國大陸北京、上海、廣州、深圳開出多期眾籌落地班，班班爆滿！三天完整課程，手把手教會您眾籌全部的技巧與眉角，課後立刻實做，立馬見效。在群眾募資的世界裡，當你真心渴望某件事時，整個宇宙都會聯合起來幫助你完成。

　　魔法講盟創建的 5050 魔法眾籌平台，提供品牌行銷、鐵粉凝聚、接觸市場的機會，讓你的產品、計畫和理想被世界看見，將「按讚」的認同提升到「按贊助」的行動，讓夢想不再遙不可及。透過 5050 魔法眾籌平台與《白皮書》的發佈，讓您在很短的時間內集資，藉由魔法講盟最強的行銷體系、出版體系、雜誌、影音視頻等多平台進行曝光，讓籌資者實際看到宣傳的時機與時效，助您在很短的時間內完成您的一個夢想，因為魔法講盟講求的就是結果與效果 !!

CEO 4.0 暨接班人團隊培訓計畫
↳ 保證晉升 CEO 4.0

　　特邀美國史丹佛大學米爾頓‧艾瑞克森（Milton H.Erickson）學派崔沛然大師，針對企業第二代與準接班人進行培訓，從美國品牌→台灣創意→中國市場，熟稔國際商業生態圈 IBE 並與美國 LA 對接人脈，出井再戰為傳承，提升寬度、廣度、亮度、深度，建立品牌，晉身 CEO 4.0！

　　讀破千經萬典，不如名師指點；高手提攜，勝過 10 年苦練！凡參加「CEO 4.0 暨接班人團隊培訓計畫」的弟子們都將列入魔法講盟準接班人團隊成員之一。

出書出版班
↳ 保證出一本暢銷書

　　由出版界傳奇締造者王晴天大師、超級暢銷書作家群、知名出版社社長與總編、通路採購聯合主講，陣容保證全國最強，PWPM 出版一條龍的完整培訓，讓您藉出出一本書而名利雙收，掌握最佳獲利斜槓與出版布局，布局人生，保證出書。快速晉升頂尖專業人士，打造權威帝國，從 Nobody 變成 Somebody！

　　我們的職志、不僅僅是出一本書而已，而且出的書都要是暢銷書才行！魔法講盟保證協助您出版一本暢銷書！不達目標，絕不終止！此之謂結果論是也！

　　本班課程於魔法講盟采舍國際集團中和出版總部授課，教室位於捷運中和站與橋和站間，現場書庫有數萬種圖書可供參考，魔法講盟集團上游八大出版社與新絲路網路書店均在此處。於此開設出書出版班，意義格外重大！

WWDB642
➡ 保證能建立萬人團隊

WWDB642 為直銷的成功保證班，當今業界許多優秀的領導人均出自這個系統，完整且嚴格的訓練，擁有一身好本領，從一個人到創造萬人團隊，十倍速倍增收入，財富自由！100％複製＋系統化經營＋團隊深耕，讓有心人都變成戰將！傳直銷收入最高的高手們都在使用的 WWDB642 已全面中文化，絕對正統！原汁原味!!

從美國引進，獨家取得授權!!未和任何傳直銷機構掛勾，絕對獨立、維持學術中性!!結訓後可成為 WWDB642 講師，至兩岸及東南亞各城市授課，翻轉你人生的下半場。

公眾演說
➡ 保證站上舞台成功演說

建構個人影響力的兩種大規模殺傷性武器就是公眾演說＆出一本自己的書，若是演說主題與出書主題一致更具滲透力！透過「費曼式學習法」達於專家之境。魔法講盟的公眾演說課程，由專業教練傳授獨一無二的銷講公式，保證讓您脫胎換骨成為超級演說家，週二講堂的小舞台與亞洲八大名師或世界八大明師盛會的大舞台，讓您展現培訓成果，透過出書與影音自媒體的加持，打造講師專業形象！完整的實戰訓練＋個別指導諮詢＋終身免費複訓，保證晉級 A 咖中的 A 咖！

密室逃脫創業祕訓
⤷ 保證走出困境創業成功

　　創業本身就是一個找問題、發現問題，然後解決問題的過程。創業者要如何避免陷入經營困境和失敗危機？就必須先對那些創業過程中最常見的錯誤、最可能碰上的困境與危機進行研究與分析，因為環境變化太快，每一個階段都會有其要面臨的問題，誰對這些潛在的危險認識更深刻，就有可能避免之。事業的失敗，其造成主因往往不是一個，而是一連串錯誤和N重困境疊加導致的。只有正視困境，才能在創業路上未雨綢繆，走向成功。

　　當你想創業時，夥伴是一個問題、資金是一個問題、應該做什麼樣的產品是一個問題，創業的過程中會有很多很多的問題圍繞著你，猶如一間密室，要逃脫密室就必須不斷地發現問題、解決問題。

　　密室逃脫創業祕訓是由神人級的創業導師──王晴天博士親自主持，以一個月一個主題的博士級 Seminar 研討會形式，共 12 個創業關卡，帶領學員找出「真正的問題」並解決它。因為在創業過程中，有些問題還是看不見的，甚至有些是方法上出了問題、效率上出了問題、流程上出了問題，甚至是人方面的問題……。本身有三十多年創業實戰經驗的王博士將從以下這十個面向，結合歐、美、日、中、東盟……最新的創業趨勢，解決創業的 12 大問題，大幅提高創業成功之機率！

魔法講盟 是台灣射向全球華文市場的文創之箭

魔法講盟

B2B	B2C	知識服務	國際運作
采舍國際	新絲路網路書店 華文網網路書店 華文自資出版平台 新絲路電子書城 魔法眾籌平台	創見文化等二十餘家知名出版社 新絲路視頻 魔法講盟IP ef 東京衣芙雜誌	北京、廈門等各地分公司
兩岸及新馬影音平台			
兩岸書刊發行流通聯盟			廣州、大馬等各地聯盟機構

1 集團旗下的采舍國際為全國最專業的知識服務與圖書發行總代理商，總行銷八十餘家出版社之圖書，整合業務團隊、行銷團隊、網銷團隊，建構全國最強之文創商品行銷體系，擁有海軍陸戰隊般鋪天蓋地的行銷資源。

2 集團旗下擁有創見文化、典藏閣、知識工場、啟思出版、活泉書坊、鶴立文教機構、鴻漸文化、集夢坊等二十餘家知名出版社，中國大陸則於北上廣深分別投資設立了六家文化公司，是台灣唯一有實力兩岸 EP 同步出版，貫徹全球華文單一市場之知識服務數字＋集團。

3 集團旗下擁有全球最大的華文自資出版平台與新絲路電子書城，提供紙本書與電子書等多元的出版方式，將書結合資訊型產品來推廣作者本身的課程產品或服務，以 **專業編審團隊** ＋ **完善發行網絡** ＋ **多元行銷資源** ＋ **魅力品牌效應** ＋ **客製化出版服務**，協助各方人士自費出版了三千餘種好書，並培育出博客來、金石堂、誠品等暢銷書榜作家。

  華文網 全球最大的華文**自費**出版集團

www.book4u.com.tw 自2000年8月起，華文網自資出版服務平台已策劃出版超過3000種好書（含POD）

4. 定期開辦線上與實體之新書發表會及**新絲路讀書會**，廣邀書籍作者親自介紹他的書，陪你一起讀他的書，再也不會因為時間太少、啃書太慢而錯過任何一本好書。參加新絲路讀書會能和同好分享知識、交流情感，讓生命更為寬廣，見識更為開闊！

5. 魔法講盟 IP 蒐羅過去、現在與未來所有魔法講盟課程的影音檔，逾千部現場實錄學習課程，讓您隨點隨看飆升即戰力；喜馬拉雅 FM—新絲路 Audio 提供有聲書音頻，隨時隨地與大師同行，讓碎片時間變黃金，不再感嘆抓不住光陰。

6. **新絲路視頻**是魔法講盟旗下提供全球華人跨時間、跨地域的知識服務平台，讓您在短短 40 分鐘內看到最優質、充滿知性與理性的內容（知識膠囊），偷學大師的成功真經，搞懂 KOL 的不敗祕訣，開闊新視野、拓展新思路、汲取新知識，逾千種精彩視頻終身免費對全球華語使用者開放。

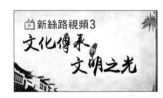

魔法講盟 由神人級的領導核心——王晴天博士，以及家人般的團隊夥伴——魔法弟子群，搭建最完整的商業模式，共享資源與利潤，朝著堅定明確的目標與願景前進。別再孤軍奮戰了，趕快加入 **魔法講盟** 創造個人價值，再創人生巔峰。

魔法絕頂，盍興乎來！

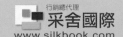

魔法講盟 招牌課程——

打造賺錢機器

不再被錢財奴役，奪回人生主導權

想要有錢，就得學會將賺錢系統化，
儘管身處微利時代，
也能替自己加薪、賺大錢！

SYSTEMATIZE
MAKE MONEY

您的賺錢機器可以是……
替自己賺取十倍收入，打造被動收入！
讓一切流程**自動化、系統化**，
在本薪與兼差之餘，還能有其他的現金自動流進來！

您的賺錢機器更可以是……
投資大腦，善用**費曼式、晴天式學習法**！
透過不斷學習累積，擴充知識含量、轉換思維，
把知識變現，任何夢想、行動、習慣和技能，
都將富有價值，進而產生收入，**讓你的人生開外掛**！

打造超級賺錢機器，學會自己掙錢，
您不用多厲害，只要勇敢的向前邁步。

倘若不會掙，魔法講盟也能提供平台幫您掙，
讓行動從低門檻開始，助您一臂之力，
保證賺大錢！解鎖創富之秘！

14 開課日期及詳細授課資訊，請掃描 QR Code 或撥打真人客服專線 02-8245-8318，
亦可上新絲路官網 silkbook●com www.silkbook.com 查詢

華文版 Business & You 完整 15 日絕頂課程

從內到外，徹底改變您的一切！

自然為背景，
人、一個項目、
心、一塊兒拼、
一起贏！古
華山論劍〉，
〈BU齊心論
，「齊心」的
是互相認識，
充份了解，彼
心理解，擰成
繩兒，一條鞭
！

以《BU藍皮書》
《覺醒時刻》為教
材，採用 NLP 科
學式激勵法，激發
潛意識與左右腦併
用，BU獨創的創
富成功方程式，可
同時完成內在與外
在的富足，含章行
文內外兼備是也！

以《BU紅皮書》
與《BU綠皮書》
兩大經典為本，保
證教會您成功創
業、財務自由之外，
也將提升您的人生
境界，達到真正快
樂的人生目的。並
藉遊戲式教學，讓
您了解 DISC 性格
密碼，對組建團隊
與人脈之開拓能力
均可大幅提升。

以《BU黑皮書》
超級經典為本，手
把手教您眾籌與商
業模式之 T&M，輔
以無敵談判術，完
成系統化的被動收
入模式，由 E 與 S
象限，進化到 B 與
I 象限，達到真正的
財富自由！

$$\begin{array}{c} E \quad B \\ S \quad I \end{array}$$

以史上最強的《BU
棕皮書》為主軸，
教會學員絕對成交
的祕密與終極行銷
之技巧，並整合了
全球行銷大師核心
密技與 642 系統之
專題研究，堪稱目
前地表上最強的行
銷培訓課程。

接 建 初 追 轉

1 日 齊心論劍班

2 日 成功激勵班

3 日 快樂創業班

4 日 OPM 眾籌談判班

5 日市場ing 行銷專班

以上 1+2+3+4+5 共 **15** 日 BU 完整課程，

整合全球培訓界主流的二大系統及參加培訓者的三大目的：

成功激勵學 × 落地實戰能力 × 借力高端人脈

建構自己的魚池，讓您徹底了解《借力與整合的祕密》

15

人生最高境界

市場ing
史上最強、最完整的行銷學
Marketing and Sales
BU

斜槓創業

B&U
幸福人生終極之祕
A Class of Perfection
Awakes the Excellence
Business & You & Everything !

幸福人生終極之秘 🔓
決定您一生的幸福、快樂、
富足與成功！

超譯易經 🔒
知命・造命，不認命，
掌握好命靠易經！

眾籌
無所不籌・夢想落地

玩轉眾籌實作班 🔓
大師親自輔導，保證上架成
功並建構創業 BM！

成交的秘密
SECRET OF THE DEAL

行銷絕對完勝營 🔓
市場ing＋接建初追轉，
賣什麼都暢銷！

公眾演說的秘密
The Secret of Public Speaking

世界級講師培訓班 🔓
理論知識＋實戰教學，
保證上台！

**暢銷書作家
是怎樣煉成的?**
PWPM

寫書 & 出版實務班 🔓
企畫・寫作・保證出書
出版・行銷，一次搞定！

覺醒時刻

**投資＆創業
白皮書**

**有幾人
都在學!**

**642
神奇的創富
課題系統**

Business & You
B&U

B&U
超級事業成功學
A Golden Guide
Leading A to Life
Business & You & Everything

★ 保證有結果的國際級課程 ★

BU生之樹，為你創造由內而外的富足，跟著BU學習、進化自己，升級你的大腦與心智，
改變自己、超越自己，讓你的生命更豐盛、美好！